# 冰嬉合院　匠心智造

## 北京冬奥村装配式钢结构居住建筑综合建造技术

§

北京城建集团有限责任公司　组织编写
张学生　主编



中国建筑工业出版社

**图书在版编目（CIP）数据**

冰嬉合院　匠心智造：北京冬奥村装配式钢结构居住建筑综合建造技术 / 北京城建集团有限责任公司组织编写；张学生主编. —北京：中国建筑工业出版社，2023.11

ISBN 978-7-112-29239-4

Ⅰ. ①冰…　Ⅱ. ①北…　②张…　Ⅲ. ①居住建筑—钢结构—装配式构件—建筑设计—北京　Ⅳ. ①TU241 ②TU391.04

中国国家版本馆CIP数据核字（2023）第186342号

在北京冬奥村工程建设与管理实践过程中，形成了诸多宝贵的技术和管理方面实践成果，系统地总结和梳理北京冬奥村工程建设中的技术发展历程，总结项目管理的变革，对于未来我国开展装配式钢结构住宅工程建设和促进建筑业发展具有重大现实意义。

本书主要面向工程技术管理人员、高等院校师生等。

责任编辑：高　悦　张　磊　范业庶
书籍设计：锋尚设计
责任校对：张　颖

**冰嬉合院　匠心智造**
**北京冬奥村装配式钢结构居住建筑综合建造技术**
北京城建集团有限责任公司　组织编写
张学生　主编
*
中国建筑工业出版社出版、发行（北京海淀三里河路9号）
各地新华书店、建筑书店经销
北京锋尚制版有限公司制版
临西县阅读时光印刷有限公司印刷
*
开本：880毫米×1230毫米　1/16　印张：17　字数：463千字
2024年9月第一版　2024年9月第一次印刷
定价：**188.00**元
ISBN 978-7-112-29239-4
（41914）

# 本书编委会

# 序一

2022年第24届冬季奥林匹克运动会是继2008年夏季奥运会后在北京举行的又一全球范围体育盛事，北京冬奥村是2022年北京冬奥会及冬残奥会的非竞赛类场所，赛时为运动员及随队官员提供住宿、餐饮、医疗、健身等服务，赛后转化为人才公寓，有利于丰富北京“双奥之城”的文化内涵。当前建筑产业工业化、智慧化、绿色化成为行业发展趋势，以冬奥为契机，在建设北京冬奥村过程中坚持“绿色办奥、共享办奥、开放办奥、廉洁办奥”的理念，突出科技、智慧、绿色、节俭的特色，展现出冬奥工程建设的国际一流水平、简约厚重的中国气质。

北京冬奥村设计理念独具匠心，以四合院理念设计建设冬奥村，体现了北京千年古都既古老又现代的独特魅力。本项目首次在居住建筑中大规模采用装配式钢框架-防屈曲钢板剪力墙结构体系，通过大开间的平面布局使室内空间灵活可拓展，满足赛时与赛后建筑功能转换的需求，推进了装配式钢结构居住建筑产业化的发展。

《冰嬉合院　匠心智造》以北京冬奥村全过程项目管理为载体，由北京冬奥村建设的工程师，针对工程施工的技术难点和项目管理理念，通过科技攻关和项目管理实践，使施工技术水平达到国际先进水平，将工程实施过程中取得的技术创新成果及项目管理成果进行深入总结凝练，并由高校及业内专家给予指导，反复斟酌，撰写出版了这部著作。

该部作品包含装配式钢结构、装配式半单元幕墙、高品质住宅舒适度提升、被动式超低能耗建筑、智慧建造与智慧社区等内容，介绍了北京冬奥村工程施工情况、关键创新技术和项目管理理念，全景式展现了北京冬奥村的建设过程。本著作分为技术篇和管理篇两部分，为我国装配式钢结构居住建筑提供难能可贵的可借鉴资料，为推动建筑业实现“双碳”目标和可持续性发展贡献智慧和力量。

清华大学教授
中国工程院院士　王思敬

# 序二

## 匠心筑就经典

2022年北京冬奥会、冬残奥会已经圆满结束，北京冬奥村在收获了入住的参赛运动员、随队官员及社会各方人士高度好评的同时，也为北京城的北中轴延长线增添了一道靓丽的风景。北京冬奥村是为服务2022年北京冬奥会、冬残奥会和赛后北京人才提供租赁而建设的居住社区，设计和建造上运用了许多建筑的创新技术和创新理念，打破了人们对居住建筑陈旧的印象，打造了一个既具有传统意向又面向未来的智慧人居环境。就有关工程建设成果，工程总承包方之一的北京城建集团项目负责人张学生为此执笔编写了题为《冰嬉合院　匠心智造——北京冬奥村装配式钢结构居住建筑综合建造技术》一书，本人作为北京冬奥村项目设计的总建筑师受邀为此书编写序言，深感荣幸。

北京冬奥村在设计中，抛弃传统的思维定式，强调建筑本体的需求，坚持对人的关怀。建筑的首层主要用于公共服务，包括电梯厅、门厅等公共空间，充分提升使用者感受。另外，在建筑形态上希望这个建筑摒弃一般住宅的呆板印象，充分体现当今居住建筑发展的创新理念。

北京冬奥村项目是采用了整体设计观指导下的设计实践，寻求项目的整体性、系统性，设计和施工一体化。它体现了一种协作的、跨学科的设计方法。每个专业人员不仅要完成自己的专业任务，还要从开始就充分关注相关专业的技术特征、实施工法和环境影响等问题，从而让设计和建造得到科学、有序的运行。

北京冬奥村设计和施工创新点很多，赛时赛后功能复杂多样，赛时赛后转换需灵活可持续。地上建筑采用了钢结构，钢框架-防屈曲钢板剪力墙结构体系首次在居住建筑中大规模采用，提高了工程的结构抗震性能。外围护系统采用层间装配式复合外墙体系，外立面将窗墙组成几类标准单元体，错动组合，灵活布置。通过管线、设施、部品的一体化集成设计，实现了装配式建筑的智能化建造。

北京冬奥村项目的赛后利用问题在建设初期就被充分关注，作为冬奥遗产，赛后的利用并没有进行简单的市场化运营，它将作为城市住房的保障设施，用于北京的人才公租保障房。这个项目也是首次尝试精细化的钢结构住宅体系，已经成为国家钢结构住宅的示范工程。

北京冬奥村在绿色可持续的设计理念指引下，工程中引入了“绿色三星”及WELL金级认证标准，通过对建筑各类要素的精细设计，为居住者提供健康舒适的居住体验，选取综合诊所作为超低能耗示范项目，成为国内首个医疗用房获得德国被动房认证的项目。

北京冬奥村的创新性和复杂性，使得设计和施工都面临了很多的挑战，工程建设中设计方和施工方合作默契、顺畅。作为项目施工总承包单位之一的北京城建集团项目团队是一支能打硬仗的团队，组织高效、敢于创新、勇于创新、不畏艰苦，始终追求工程的最佳效果呈现。

再次祝贺北京城建集团项目团队在奋勇求新、精益求精、为打造高质量精品工程中取得的优异成就。相信书中所呈现的北京冬奥村工程大量创新的技术成果和工程经验会为今天城市的高质量发展、为社会对好房子的需求提供有益的示范。

全国工程勘察设计大师　邵韦平

# 前言

第24届2022年北京冬奥会是继我国成功举办第29届2008年北京奥运会后的又一次盛会，是中华民族圆梦冬奥的一件盛事。北京将成为世界上第一座“双奥之城”，在全面推进中华民族伟大复兴的道路上，增添了浓墨重彩的一笔。

在北京冬奥会的筹办过程中，一项项重大工程陆续建设。伴随我国建设技术、项目管理和信息化水平突飞猛进的发展，我国以“绿色办奥、共享办奥、开放办奥、廉洁办奥”四大理念，推进北京冬奥会场馆及配套工程的建设工作。

北京冬奥村是运动员参加冬奥会抵达的第一站，是运动员对本届冬奥会的第一印象。北京冬季奥运村人才公租房项目作为2022年北京冬奥会及冬残奥会重要的非竞赛类场馆之一，赛时为参赛各国运动员提供住宿、餐饮、娱乐、医疗、健身以及社交等服务，赛后作为人才公租房持续运营、面向符合首都城市战略定位的人才配租，建设意义重大。

2022年1月4日中共中央总书记、国家主席、中央军委主席习近平在北京考察二〇二二年冬奥会、冬残奥会筹办备赛工作时指出：冬奥村是冬奥会的重要场所和重要遗产，你们统筹赛时需要和赛后利用，把冬奥村建设成为永久设施，赛后转化为人才公寓，这个做法很好，有利于丰富北京“双奥之城”的文化内涵。你们以四合院理念设计建设冬奥村，体现了北京千年古都既古老又现代的独特魅力。

作为北京冬奥村的施工总承包单位，北京城建集团始终坚持“绿色办奥、共享办奥、开放办奥、廉洁办奥”四大理念，坚决贯彻集团公司“创新、激情、诚信、担当、感恩”的企业核心价值理念，秉承以工程完美履约为重的全局思想，切实履行总包管理职责，全力建成这座第24届冬奥会和冬残奥会体量最大、接待人员最多的非竞赛场馆，成功地向各国参赛人员展示了中式风格建筑的特有魅力，让来自92个国家和地区的代表团感受到了中国建筑承包商优异的施工质量和精益求精的工匠精神。

在北京冬奥村工程建设与管理实践过程中，创造了诸多宝贵的技术和管理方面的实践成果，系统地总结和梳理北京冬奥村工程建设中的技术发展历程，总结项目管理的创新变革，对于未来我国开展装配式钢结构住宅工程建设和促进建筑业发展具有重大现实意义。本书就是对这个过程的全面回顾和系统总结。全书分为技术篇和管理篇，重点呈现了项目在技术创新、管理创新两方面的探索和实践。

以技术创新为关键，实现装配式钢结构住宅建造核心技术新突破。项目在建设过程中积极应用住房和城乡建设部推广的十项新技术（2017年版），同时，充分考虑装配式钢结构绿色居住建筑结构体系、外围护体系、细部节点处理等施工技术难题，形成了一系列自主创新技术和科研成果，为类似项目的设计与施工提供了借鉴。主要包括六大方面的技术创新：钢框架-装配式防屈曲钢板剪力墙设计与施工技术、小截面多隔板大长度钢管混凝土柱施工技术、层间装配式窗墙体系半单元幕墙的研发与应用技术、装配式钢结构住宅隔声处理综合技术、超低能耗被动房建造技术、智慧化运维技术。通过六大创新技术的系统化应用，有效地提升了项目的建设速度和工程品质。

依托北京冬奥村项目总结的科技成果，经专家鉴定达到国际先进水平，同时申请国家专利14项、形成工法2项、发表论文10篇。项目成果支撑北京冬奥村工程获评省部级示范工程3项、省部级质量奖3

项、建设行业科技进步奖2项。项目荣获国家绿色建筑“三星级”认证和WELL健康建筑金级认证，被动式超低能耗建筑试点取得德国PHI认证。已获得中国钢结构金奖、北京市建筑长城杯金杯、北京市绿色安全样板工地、全国建设工程项目施工安全生产标准化工地等奖项。项目成果的成功应用，解决了装配式钢结构居住建筑一系列的技术难题，为类似工程的建设提供了范例和借鉴，有力地推进了我国装配式钢结构住宅产业化的技术进步。

以管理创新为抓手，创造装配式钢结构住宅建设新样板。项目建设团队在项目管理过程中持续在项目风险、质量、技术、进度、成本的管理与创新、群体工程HSE管理、协同发展与文化建设、智慧建造与智慧社区、项目可持续发展等方面发力。通过引入BIM技术、智慧工地等先进的数字化管控技术，在建造技术上应用工业化的建造方式，科学合理的施工组织设计和精准的施工测控技术等手段，全面保障了项目的顺利进行和按时交付。项目建设团队有效提升项目周转材料的使用效率，减少了项目能源消耗和材料浪费，并对绿色建造、低碳建造技术进行了创新性的探索。项目团队总结的管理成果，荣获中国建筑业协会工程项目管理一类成果。在运维管理方面，北京冬奥村引入智慧社区的理念，通过弱电的数字化集成，构建了数字孪生的智慧社区运维管理模型，对于运维过程中的水、电等能源消耗数据进行动态监控和实时监测，起到了低碳运维的管理效果。此外，在工程项目建设过程中，冬奥村项目部也不断从高校中聘请专家学者对项目的技术和管理进行指导，从而使项目管理人员的理论水平和观念意识持续提升。冬奥村项目部建立了完善的奖惩制度，进而保证项目的顺利进行，克服了工期紧、任务重、质量标准高、环保和绿色施工标准高、工程专业多、机电管线复杂及综合排布难度大等一系列建设难题，按时圆满地完成了工程建设任务，创造了装配式钢结构居住建筑建设新标杆，为装配式钢结构住宅的推广起到了重要的推动作用。

随着北京冬季奥运村人才公租房项目的建成投运，以它为代表的中国建造，再次向世界展示了中国的强大实力和卓越成就。这一重大工程的成功，不仅体现了中国建造的实力和水平，更为中国的建筑行业树立了新的标杆。在这个项目的实施过程中，中国建设者们克服了各种困难和挑战，以创新和科技为引领，精心设计和施工，确保了项目高效率、高质量、高标准的交付，用实际行动诠释了中国建造的精神内涵，凸显了中国日益强大的综合国力。总结过去是为了更好地出发，在这个新的起点上，中国的建设者们肩负着更加光荣的使命和责任。我们将再接再厉，以更大的作为和努力，推动中国建造更好地走向世界、走向未来。我们将为实现第二个百年奋斗目标和中华民族伟大复兴的中国梦贡献卓越力量，让世界见证中国建造的独特魅力和不凡实力，向全人类分享中国发展的成果和智慧。

书稿撰写过程中，特别感谢清华大学刘晓丽老师、北京工业大学张建伟和刘占省老师、北京科技大学吕祥锋老师、北京交通大学胡映东老师、辽宁工程技术大学唐巨鹏和吴秀峰老师、北方工业大学宋志飞和何振军老师对本书稿的指导与帮助。

本书稿虽经反复推敲，仍难免有不妥之处，恳请广大读者提出宝贵意见，我们将在以后的工作中进行改进、提升。

# Preface

The 24th Beijing 2022 Winter Olympics represents another significant milestone following China's successful hosting of the 29th Beijing 2008 Olympic Games. This event is pivotal in China's pursuit of its Winter Olympics dream, solidifying Beijing's status as the world's inaugural "dual Olympic city" and contributing substantially to the holistic advancement of China's great rejuvenation.

During the preparations for the Beijing Winter Olympics, a series of major projects have been consistently developed. The rapid advancement of construction technology, project management, and information technology in China has facilitated the promotion of the construction of Beijing Winter Olympics venues and associated projects based on the principles of "green Olympics, shared Olympics, open Olympics, and honest Olympics".

The Beijing Winter Olympics Village serves as the inaugural destination for athletes during the Winter Olympics, shaping their initial impression of the 24th Beijing 2022 Winter Olympics. The Beijing Winter Olympic Village Talent Public Rental Housing Project, a key non-competition venue for the event, offers a range of services including accommodation, catering, entertainment, medical care, fitness facilities, and social amenities for athletes representing participating countries throughout the competition. After the event, the project will transition into a talent-focused public rental housing initiative, catering to individuals aligned with the strategic positioning of the capital city, with great significance.

On January 4, 2022, Xi Jinping, General Secretary of the Communist Party of China (CPC) Central Committee, emphasized the significance of the Winter Olympics Village as a pivotal venue and legacy of the Winter Olympics during his inspection of the preparations for the 2022 Winter Olympics and Paralympics in Beijing. He underscored the importance of effectively managing the utilization of the Winter Olympics Village both during and post-competition, transforming it into a permanent facility and repurposing it into talent apartments following the event. This strategic approach not only contributes to enhancing the cultural depth of Beijing's status as a "Dual Olympic City" but also demonstrates a forward-thinking. He continued to say that the design and construction of the Winter Olympics Village, inspired by the concept of a courtyard house, encapsulating the distinctive allure of Beijing's millennia-old ancient capital, seamlessly blending elements of antiquity with modernity.

As the primary contractor responsible for the construction of the Beijing Winter Olympics Village, Beijing Urban Construction Group consistently upheld the fundamental principles of "green Olympics, shared Olympics, open Olympics, and honest Olympics". Our operations are guided by the core values of the company, which encompass innovation, passion, integrity, responsibility, and gratitude. Embracing a global perspective, we prioritize the flawless execution of the project, ensuring that performance excellence remains paramount. We diligently fulfilled our management obligations as the general contractor, dedicating our efforts to the successful development of the largest non-competition venue with extensive reception capabilities for the 24th Winter Olympics and Paralympics. This undertaking exemplifies the essence of Chinese architectural style, offering participants from 92 countries and regions a firsthand experience of the exceptional construction quality and craftsmanship ethos embodied by Chinese construction firms.

Throughout the construction and management phases of the Beijing Winter Olympics Village project, numerous valuable technical and managerial accomplishments have been realized. A systematic compilation and analysis of the technological advancements in the construction process and the innovative transformations in project management not only holds critical significance but also offers practical insights for the advancement of prefabricated steel structure residential projects and the overall development of the construction industry in China. This publication serves as a comprehensive examination and structured overview of these endeavors, meticulously categorized into volumes dedicated to engineering technology and construction management. It delves into the exploration and implementation of technological and managerial innovations within projects, offering a detailed account of the progress made in both realms.

Technological innovation plays a pivotal role in driving advancements in the core technology of prefabricated steel structure residential construction. Throughout the construction process, the project actively integrated ten new technologies advocated by the Ministry of Housing and Urban-Rural Development, while addressing critical construction technology considerations such as the structural system of prefabricated steel structure green residential buildings, perimeter systems, and detailed node treatments. This concerted effort resulted in the development of a series of independent innovative technologies and scientific research achievements, offering valuable insights for the design and construction of similar projects. The primary technological innovations encompass six key aspects: the design and construction technology of steel frame assembled anti-buckling steel plate shear walls, construction technology of small-section multi-partition and long steel tube concrete columns, research and application technology of semi-unit curtain walls within the inter-story assembled window wall system, comprehensive technology for sound insulation treatment in prefabricated steel structure residential buildings, construction technology for ultra-low energy consumption passive houses, and intelligent operation and maintenance technology. The systematic application of these six innovative technologies effectively enhanced the construction speed and engineering quality of the project.

Building upon the experiences gained from the Beijing Winter Olympics Village project, the scientific and technological achievements underwent expert evaluation and have been acknowledged to have reached an internationally advanced level. Additionally, fourteen national patents were filed, two construction methods were developed, and ten papers were published. The project's accomplishments were recognized through the receipt of three provincial and ministerial-level demonstration project awards, three provincial and ministerial-level quality awards, and two construction industry scientific and technological progress awards. Furthermore, the project attained national green building "three-star" certification, WELL Health Building gold certification, and German PHI certification for passive ultra-low energy consumption buildings. The project garnered several prestigious accolades, including the China Steel Structure Gold Award, Beijing Great Wall Cup Gold Cup, Beijing Green and Safety Model Construction Site, and National Construction Project Construction Safety Production Standardization Site awards. By successfully implementing project achievements, a multitude of technical challenges related to prefabricated steel structure residential buildings were effectively addressed, providing exemplary models and references for similar projects and significantly advancing the technological landscape of prefabricated steel structure residential buildings' industrialization in China.

Innovative management practices served as the foundation for pioneering a new construction model for prefabricated steel structure residential buildings. The project team meticulously focused on key areas such as project risk, quality, technology, schedule, cost management, innovation, group engineering HSE (Health, Safety, and Environment) management, collaborative development, cultural construction, smart construction, smart community initiatives, and sustainable project development throughout the project lifecycle. Integrating cutting-edge digital control technologies like Building Information Modeling (BIM) and smart construction site solutions, alongside industrialized construction methods, scientifically designed construction organization layouts, and precise measurement and control technologies, the project team ensured the seamless progress and timely completion of the project. This holistic approach optimized material turnover efficiency, minimized energy consumption and material waste, and fostered innovative advancements in green and low-carbon construction technologies. The project team's remarkable management achievements were acknowledged with the prestigious first-class achievement in engineering project management award by the China Construction Industry Association. Embracing smart community concepts, the Beijing Winter Olympics Village implemented a digital twin smart community operation and maintenance model through the integration of weak electricity systems. This model monitors real-time energy consumption data, such as water and electricity, during operation and maintenance activities, promoting low-carbon practices. Moreover, the Winter Olympics Village Project Department actively engaged experts and scholars from universities to provide guidance on project technology and management, enhancing the theoretical knowledge and conceptual understanding of project management teams. A robust reward and penalty system was established to ensure project progress remained on track, enabling successful navigation of construction challenges like tight schedules, demanding tasks, high-quality standards, stringent environmental and green construction requirements, diverse engineering disciplines, intricate mechanical and electrical systems, and complex multifaceted issues. By successfully completing the project construction task in a timely and satisfactory manner, a new benchmark was set for prefabricated steel structure residential building construction. This achievement significantly contributed to the advancement and promotion of prefabricated steel structure residential building practices.

The successful completion and operation of the Beijing Winter Olympic Village Talent Public Rental Housing Project stands as a testament to China's formidable capabilities and remarkable achievements on the global stage. This milestone not only highlights the sophistication and expertise of China's construction industry but also sets a new benchmark for excellence within the sector. Throughout the project's lifecycle, Chinese builders exhibited resilience in overcoming challenges and leveraging innovation and technology to meticulously plan and construct the development. The project was executed with efficiency, emphasizing high quality and strict adherence to standards. This endeavor exemplified the core values ingrained in China's construction sector, reflecting the nation's growing comprehensive national strength. Building upon past successes, Chinese builders embrace a renewed sense of purpose and heightened responsibility as they tackle new challenges from this auspicious position. Our commitment is unwavering in advancing China's construction industry on the global platform, striving for greater accomplishments through continuous dedication. Our efforts are aimed at realizing the Second Centenary Goal and fulfilling the Chinese Dream of the great rejuvenation of the Chinese nation. By showcasing the unique allure and exceptional capabilities of China's construction sector, we seek to share China's development achievements and insights with the international community.

Throughout the manuscript writing process, we wish to extend our gratitude for the guidance and support provided by esteemed professors: Professor Liu Xiaoli from Tsinghua University, Professor Zhang Jianwei and Professor Liu Zhansheng from Beijing University of Technology, Professor Lv Xiangfeng from University of Science and Technology Beijing, Professor Hu Yingdong from Beijing Jiaotong University, Professor Tang Jupeng and Professor Wu Xiufeng from Liaoning Technical University, Professor Song Zhifei and Professor He Zhenjun from North China University of Technology.

While this manuscript has undergone thorough review, inaccuracies may remain. We kindly invite readers to provide constructive feedback, which will be used to enhance and refine our future work.

# 目录

Contents

# 第1篇　技术篇

## 第2篇 | 管理篇

# Contents

## Ice-Skating Courtyard　Artisanal Ingenuity and Intellectual Craftsmanship

### Comprehensive Construction Technology of Prefabricated Steel Residential Buildings in Beijing Winter Olympics Village

# Section 1 Technology

# Section 2 Management

# 第1篇

§

# 技术篇

# 1 技术篇导论

北京冬季奥运村人才公租房项目（以下简称北京冬奥村）为国家和北京市重点工程，项目从开工到竣工全过程，将装配式钢结构绿色住宅建筑的理念深入践行，为北京冬奥村的建设增添了浓重的一笔。作为一项国家工程，北京冬奥村的建设是中国建筑业近年来在智能建造和可持续发展背景下科技创新的集中体现。通过绿色、环保、智能化居住环境的精心营造，为入住冬奥村的运动员及赛后高端人才提供了一个舒适、安全、健康和便捷的家园，有效地保障了2022年北京冬奥会的成功举办及服务北京人才战略的实现。项目建设地点位于北京市朝阳区奥体文化商务园内，分为2个标段，项目规划总用地面积5.94公顷（1公顷 = $10^4m^2$），总建筑面积331131$m^2$，地下4层，地上最高16层，共计870套公租房，包含20栋主楼、10个配套商业、1座连体车库、1个幼儿园。装配率为81%。

冬奥村的设计灵感来自于北京的四合院，通过院落形式围合与开放的空间组合，形成了北京冬奥村既共享又私密的空间造型。如图1.0–1所示。

中心花园设计灵感来自于清代图卷《冰嬉图》，营造了踏雪寻梅的古典园林意境，将奥运文化和北京优秀传统文化相融合，体现了中华传统古都的古老文化和现代文化相碰撞的独特魅力。如图1.0–2所示。

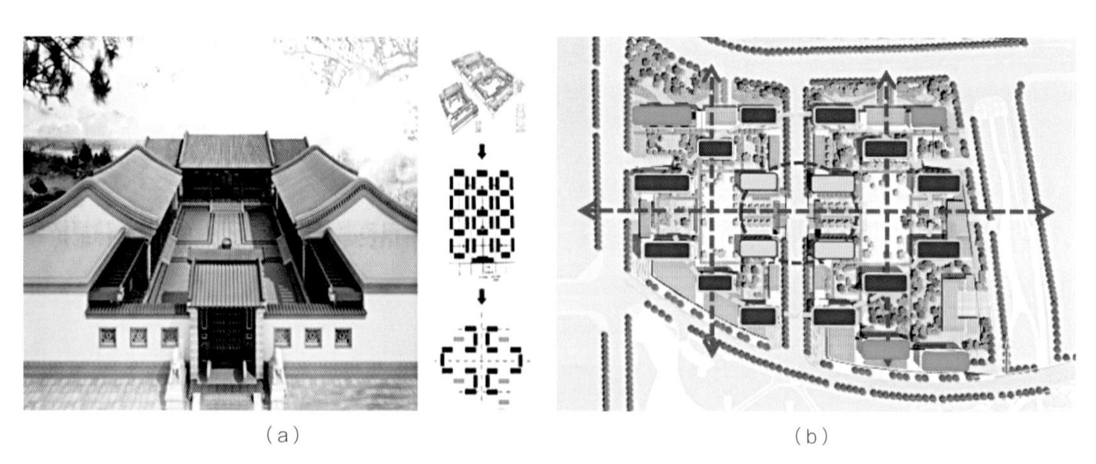

（a）　　（b）

图1.0–1　四合院式围合式布局规划

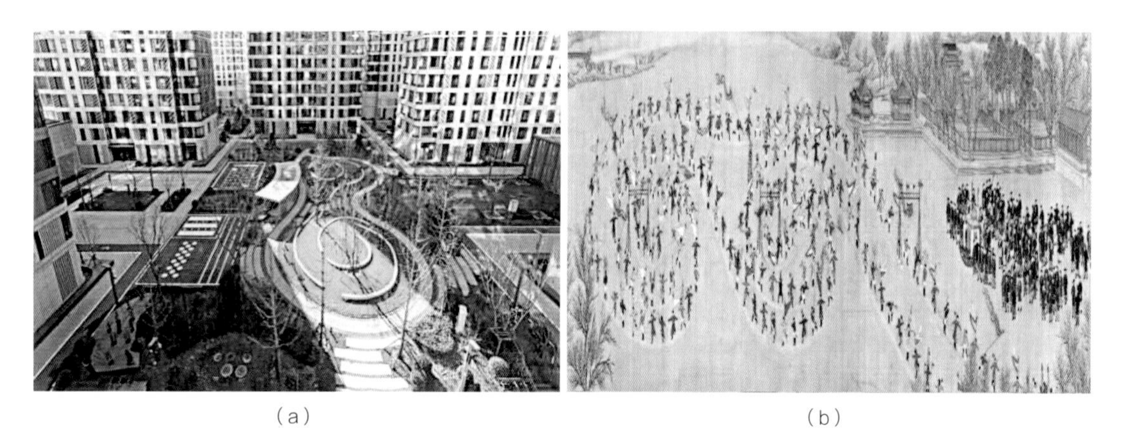

（a）　　（b）

图1.0–2　中心花园与《冰嬉图》

北京冬奥村采用了装配式钢结构结构体系，通过大开间的平面布局，使室内空间灵活可拓展，满足赛时与赛后建筑功能转换的特殊需求，有力推进了我国装配式钢结构住宅产业化的技术进步。

北京冬奥村项目作为高品质居住类建筑，为冬奥会的顺利召开起到了有效的保障作用，赛后的冬奥村面向符合北京市战略定位的人才进行配租，科学合理地规划和再利用，为北京这座“双奥之城”提供了一个城市住宅建设可持续利用的典范。作为奥运遗产，北京冬奥村最大限度发挥冬奥遗产作用，将可持续理念不断创新和应用，未来向着更高质量发展的目标起航。

## 1.1 装配式钢结构住宅体系概述

北京冬奥村作为2022年冬奥会工程建设的重要组成部分，其设计理念、建造方式和运维管理，全过程践行了绿色、低碳和智慧化的理念。在国家政策的指引下，设计方案采用装配式钢结构住宅体系，同时兼具楼承板、半单元幕墙等部品部件的应用模式，是目前国内装配式钢结构住宅规模化应用项目，作为装配式钢结构住宅属于较为典型的工程案例。北京冬奥村的探索与实践，有助于推动装配式建筑中各类部品部件的发展与进步，实现产业化建造方式的精细化建造与精益管理。装配式钢结构的建造模式为缩短建设工期、提升建造效率、减少材料消耗和提高标准化水平起到了极大的促进作用，为后期改造提供了灵活可变的空间，为建筑的可持续利用提供了有效保障。

从建造技术与管理创新上看，作为冬奥工程的重要组成部分，工期要求是最重要的项目管理目标之一。通过引入BIM技术、智慧工地等先进的数字化管控技术，在建造技术上应用工业化的建造方式，科学合理的施工组织和精准的施工测控技术等手段，全面保障了项目的顺利进行和按时交工，有效提升项目周转材料的使用效率，减少了项目能源消耗和材料浪费，并对绿色、低碳建造技术进行了创新性的探索。在运维管理方面，北京冬奥村引入智慧社区的理念，通过智能的数字化集成，构建了数字孪生的智慧社区运维管理模型，对于运维过程中的水、电等能源消耗数据进行实时检测和动态监控，起到了低碳运维的管理成效。

北京冬奥村在建设过程中取得诸多成绩，为装配式钢结构住宅的推广起到了重要的推动示范作用。在整个项目建设过程中，项目管理团队基于“技术创新、精益建造和党建引领”的理念，在技术和管理创新上取得了多项成果，具体可以总结为以下六个方面：

（1）钢框架-装配式防屈曲钢板剪力墙结构设计与施工技术；

（2）小截面多隔板大长度钢管混凝土柱施工技术；

（3）层间装配式窗墙体系半单元幕墙设计与施工技术；

（4）钢结构居住建筑隔声处理技术；

（5）被动式超低能耗医疗建筑施工技术；

（6）智慧社区及智能人居系统设计与施工技术。

本项目在居住建筑中大规模采用钢框架-装配式防屈曲钢板剪力墙结构体系，更适合住宅建筑结构体系，并实现了装配式施工。外装修采用层间装配式窗墙体系半单元幕墙，与装配式钢结构体系匹配度更高。智能人居系统实现智能灯光遮阳控制、新风空调联动、温湿度空气质量智能调节等，体验舒适人居环境的同时，达到绿色节能的目的，引领高端住宅未来发展方向。

## 1.2 工程概况

在中共中央、国务院的正确领导下，在北京市委、市政府及相关部门的指导下，北京城建集团以科学的态度、求实的精神，科学组织、精心施工，克服了工期紧、任务重、质量标准高、环保和绿色施工要求严、工程专业多、机电系统复杂及综合排布难度大等一系列建设难题，按时圆满地完成了工程建设任务。北京冬奥村的成功建设，标志着我国以绿色建造技术打造具有国际先进水平的高品质、高舒适性、高节能型健康社区的理想变为现实，开创了我国建筑产业融合绿色、健康、智慧等理念与技术的成功先例，对国家建筑产业转型升级、实现高质量发展、促进节能减排具有重大意义。项目效果图见图1.2-1，工程基本信息见表1.2-1。

图1.2-1 项目效果图

工程基本信息 表1.2-1

| 项目 | 内容 |
|---|---|
| 工程名称 | 北京冬季奥运村人才公租房项目一标段工程 |
| 建筑面积 | 18.9万$m^2$，其中地上建筑面积10.6万$m^2$，地下建筑面积8.3万$m^2$ |
| 建筑层数 | 地上11栋住宅，14~16层，建筑高度60m；<br>地上裙房，层数2/3层；地下为车库和设备用房，共4层 |
| 结构形式 | 地上为装配式钢结构，地下为钢筋混凝土结构 |

北京冬奥村的工程建设者，面对严格的工期要求和技术创新挑战，始终秉持着绿色环保的建造理念，把科技创新作为强大动力，以“尊重科学、坚持程序、积极稳妥、审批推进”的科学态度，依靠高科技攻坚克难，安全、优质、低碳、高效地完成了工程建设任务，按时顺利移交北京冬奥组委，见图1.2-2。

图1.2-2 北京冬奥村项目顺利移交北京冬奥组委

北京冬奥村项目在规划设计中坚持绿色低碳理念，科学应用建筑信息模型、智慧云平台等先进技术，充分兼顾赛时与赛后不同使用需求；在建设施工中坚持集约高效原则，兼顾实用和美观性；在赛时与赛后运营管理中，坚持以人为本原则，兼顾服务和管理高效运行。北京冬奥村的建设对于北京市具有双重的意义，一方面北京冬奥村是北京2022年冬奥会、冬残奥会规模最大的非竞赛类场馆，赛时为运动员提供住宿、餐饮、医疗、健身服务；另一方面是在赛后按照北京市定位，落实人才住房的筹建计划，北京冬奥村改造为人才公租房，保障北京市战略人才居住。赛时和赛后功能的转化，对于居住类建筑的设计、施工和可持续运维提出了巨大的挑战。北京冬奥村为满足功能要求，采用装配式钢结构住宅体系，有效地实现了工程建设的可持续目标。

### 1.2.1 项目位置

北京冬奥村建设地点位于北京市中轴线北端的国家奥林匹克公园东南角、国家奥林匹克体育中心南侧的奥体文化商务园区内，邻近国家体育场、国家速滑馆、国家体育馆等奥运场馆。项目建成后为国家奥林匹克公园的功能完善起到了重要的补充作用，项目建设地点周围有成熟的商业区和便利的交通条件，项目位置图见图1.2–3。

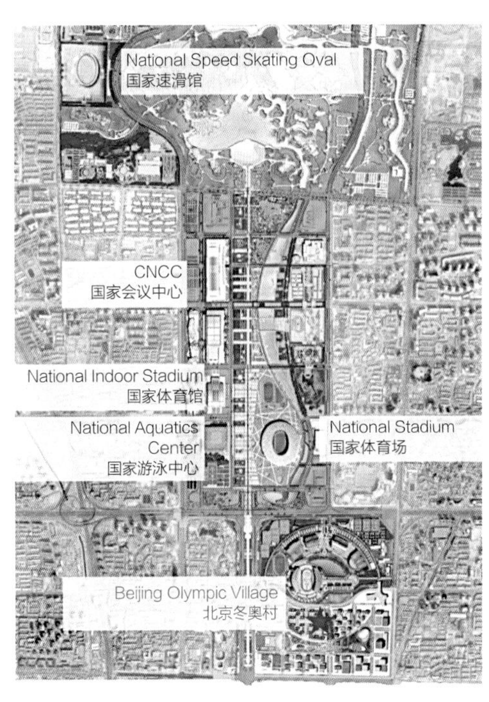


图1.2–3 项目位置图

### 1.2.2 建筑设计概述

北京冬奥村项目一标段工程总建筑面积18.9万$m^2$，其中地上10.6万$m^2$，地下8.3万$m^2$，主要包括11栋住宅楼及相关的配套设施。装配率为81%，建筑设计使用年限为50年，高层建筑分类为一类，建筑耐火等级一级，地下室防水等级一级，屋面防水等级Ⅰ级，绿色建筑设计标准为北京市绿色建筑三星级；住宅楼外墙采用层间装配式半单元幕墙，玻璃、铝板、石材饰面；屋面做法有架空室外木地板、彩色釉面防滑地砖及金属屋面；建筑±0.000的绝对标高为46.10m，标段示意图见图1.2–4。

住宅楼为南北向板式设计，配套设施沿用地周边排布，将分散的住宅楼连接在一起，形成围合形的中式院落布局，小区主入口设置在西侧，次入口设置在东北侧。与主入口相通的院落中心区域设集中景观绿化，结合冬奥文化冰嬉图，形成大尺度、开放的公共绿化休闲空间。冬奥村效果图见图1.2–5。

图1.2–4 标段示意图

图1.2–5 冬奥村效果图

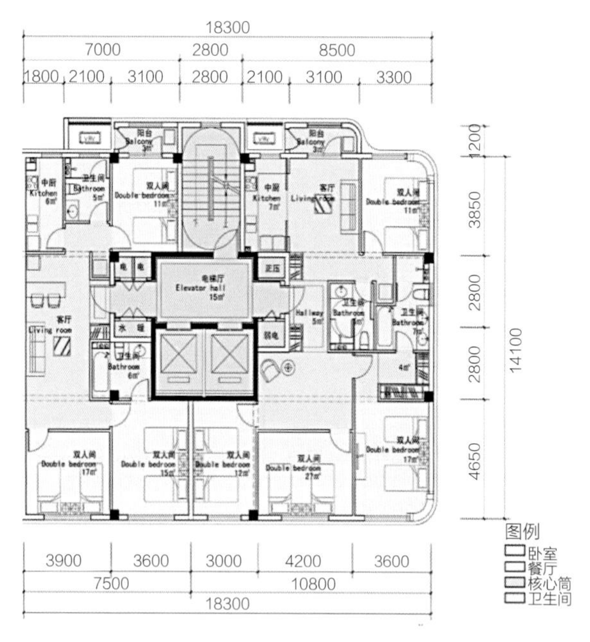

图1.2-6　135+165户型赛时平面图

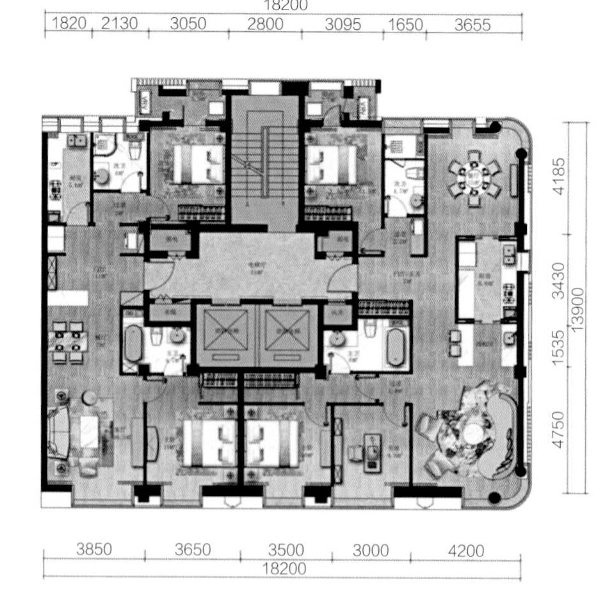


图1.2-7　135+165户型赛后平面图

北京冬奥村的建筑设计充分考虑了与周围环境的协调和美观，结合奥体中心周围建筑物高度和使用功能，确立建筑物的层数和建筑高度，形成错落有致的整体效果。本工程9-2号、14-1号住宅楼地上14层，地下4层；10号、14-2号住宅楼地上15层，地下4层；9-1号、12号、13-1号、13-2号、15号、16号、17号住宅楼地上16层，地下4层；住宅楼首层为门厅及居住公共服务设施，层高4.50m；住宅楼二层及以上，层高3.15m。北京冬奥村根据赛时和赛后的功能转换，设计了科学合理的户型图，如图1.2-6、图1.2-7所示。

住宅楼地下空间为库房、设备用房及自行车库，层高从下往上分别为3.60m、3.60m、4.25m、3.15m。地下室为3层的连体车库及设备用房，其中地下三层为人防区，战时为六级人员掩蔽所、六级物资库、五级专业队掩蔽所，平时功能为车库。

### 1.2.3　结构设计概述

北京冬奥村地下采用钢筋混凝土框架-剪力墙结构体系，地上采用钢框架-防屈曲钢板剪力墙结构体系。对钢框架-防屈曲钢板剪力墙结构体系、层间装配式窗墙半单元幕墙体系和钢结构居住建筑隔声处理进行了创新性的探索，解决了钢框架-防屈曲钢板墙结构大规模应用抗震性能量化分析和钢结构系统隔声等难题，并提出了针对钢板墙安装过程中与主体结构无缝连接的施工工法，在结构设计、体系应用创新和施工工法创新上进行了创新的探索和实践。

根据项目的工程地质条件和建筑物的重要性等级，对部分地基采用CFG桩复合地基，裙房和地下室区域地基采用抗浮锚杆作为抗浮措施，住宅楼、裙房及地下车库均采用梁板式筏形基础。

## 1.3　工程特点、难点

### 1.3.1　工程特点

装配式钢结构住宅是以工厂化生产的钢构件作为承重骨架，以新型轻质、保温、隔热和高强度的墙体作为围护结构而构成的住宅体系。钢结构住宅作为工业化方式建造的住宅体系，具有模块化、标准化的特点，并且具有良好的抗震性能和经济效益；同时施工周期短，也具有良好的绿色低碳可持续发展特性，冬奥村项目在人居环境建设上达到WELL健康建筑金级和绿建三星要求。为此北京冬奥村在采用装配式钢结构住宅体系中，面临着提高建筑隔声性能和建筑能耗优化等技术难点。在项目实施过程中，面临施工工期紧、任务重，工程管理、协调工作量大等突出问题。为了凝炼工程建设经验，为同类工程提供参考，本书系统地总结了项目建设过程中面临的重要问题，主要体现在以下四个方面：

（1）工期紧，施工部署优化难度大。作为奥运工程，工期必须满足冬奥会使用时间上的硬性要求，没有任何工期的调整空间，是冬奥村建设过程中面临的最重要任务和难点。

（2）装配式钢结构住宅结构体系不成熟，关键节点技术存在空白。钢结构在住宅领域的大规模应用，从设计体系、生产流程和安装工艺等存在诸多空白，关键节点的高精度安装等问题突出。

（3）奥运工程环保要求高，机电系统要符合健康建筑标准。作为奥运工程，要满足WELL健康建筑的要求，特别是综合考虑到奥运期间公共卫生风险突出，高效、环保和安全的机电系统设计、施工和运维是工程建设的突出难点问题。

（4）项目持续发展要求高，赛时和赛后功能转化要具有良好的可持续性。北京冬奥村的建设一方面是为了满足冬奥会运动员的居住要求，另一方面也是北京市人才公租房项目，赛时和赛后功能的转换，实现居住功能、空间和经济合理等方面的多重需求是冬奥村设计和建设的重要任务和难题。

### 1.3.2 工程难点

北京冬奥村主体结构采用装配式钢结构体系，能够有效地提升项目的建设效率和践行绿色低碳的理念。但是如何在居住建筑中大规模采用钢框架-装配式防屈曲钢板剪力墙结构，在满足使用功能的前提下，实现装配式施工，施工难度较大。同时施工过程中蕴含的不确定因素也较多，给工程建设带来了极大的挑战。该项目作为冬奥工程的重要组成部分，不仅在建设质量方面标准高，而且环保和绿色施工方面也具有较高的要求，项目建设意义重大。

在施工过程中主要有钢框架-装配式防屈曲钢板剪力墙结构设计与施工、小截面多隔板大长度钢管混凝土柱施工、层间装配式窗墙体系半单元幕墙施工、居住建筑隔声、建筑超低能耗实现、项目智慧运维等技术难点。

## 1.4 装配式钢结构住宅体系建造六大创新技术

践行绿色和可持续发展的冬奥理念，把装配式建筑技术作为打造高品质冬奥工程的实施路径，在充分调研现有装配式建筑体系的基础上，研究开发了钢框架-装配式防屈曲钢板剪力墙结构体系。利用防屈曲钢板墙技术提升建筑的抗震性能，通过大开间的平面布置，使室内空间更加灵活可拓展，满足了赛时与赛后两个阶段建筑功能转换的需求，避免了转换过程中的大量拆改。

北京冬奥村在建设过程中充分考虑装配式钢结构绿色居住建筑结构体系、外围护体系、细部节点处理等施工技术难题，形成了一系列自主创新技术和科研成果，为类似项目的设计与施工提供了借鉴。主要包括六大方面的创新技术：（1）钢框架-装配式防屈曲钢板剪力墙设计与施工技术；（2）小截面多隔板大长度钢管混凝土柱施工技术；（3）层间装配式窗墙体系半单元幕墙的研发与应用技术；（4）装配式钢结构住宅隔声处理综合技术；（5）超低能耗被动房建造技术；（6）智慧化运维技术。通过六大创新技术的系统化应用，有效地提升项目的建设速度和质量。

### 1.4.1 钢框架-装配式防屈曲钢板剪力墙设计与施工技术

由于防屈曲钢板剪力墙不承受竖向荷载，在主体钢结构施工完成后“嵌入”钢框架内。因此，在避免主体结构受损伤和节约人工的前提下，如何快速、高效装配防屈曲钢板墙是保证施工安全和质量、加快施工进度的关键。

因钢板墙要滞后于主体结构安装，为了保证钢板墙的安装精度，鱼尾板需在安装钢板墙时才安装。如何保证钢板墙与现有结构楼板形成整体的受力体系，实现无缝连接也是本工程十分关键的技术难点。

防屈曲钢板剪力墙优点在于抗侧刚度较大，墙体厚度可以控制在200mm，防火隔声效果较好，且作为整体构件工厂预制化程度高，通过上下连接板与主体结构现场安装。

钢结构三维示意图见图1.4-1。

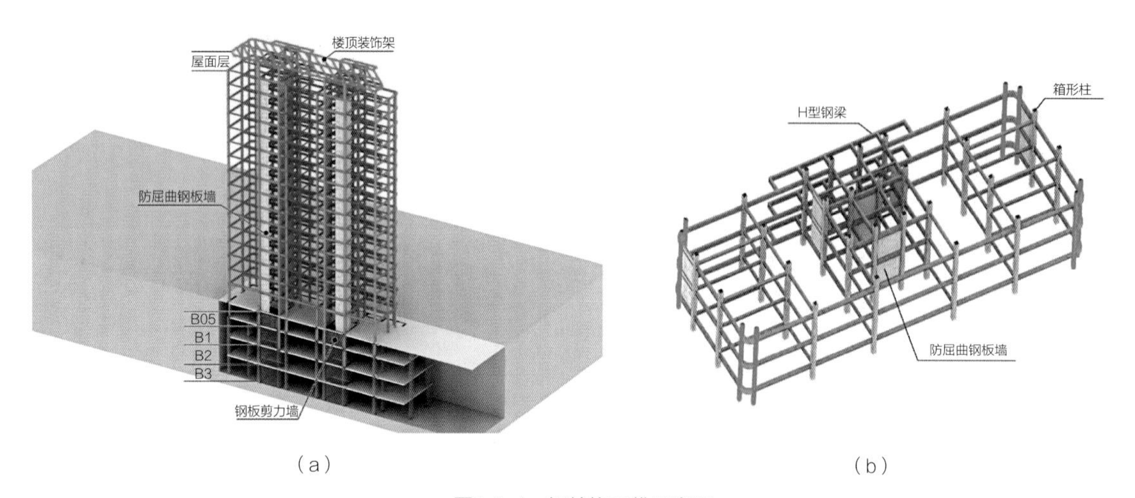


图1.4-1　钢结构三维示意图

防屈曲钢板墙主要由耗能芯板、防屈曲约束板、双面约束板、连接件等构件组成。两侧的防屈曲约束板通过高强度螺栓连接件夹持耗能芯板，防屈曲约束板为内配双层双向钢筋的预制钢筋混凝土板。防屈曲钢板墙整体三维示意图如图1.4-2所示。

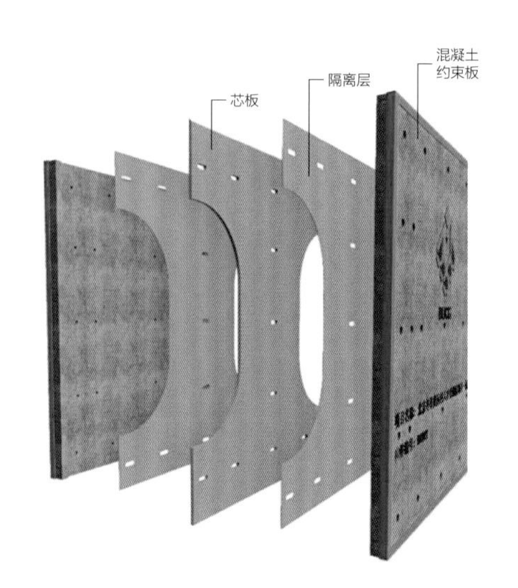


图1.4-2　钢板墙组成示意图

防屈曲钢板墙位于上下层钢梁间，与上下层钢梁连接方式为焊接；其左右不与钢柱连接，与钢柱留有100mm的间距。防屈曲钢板墙连接示意图见图1.4-3。

钢框架-装配式防屈曲钢板剪力墙结构体系首次在居住建筑中大规模应用，在满足建筑使用功能的前提下，实现了装配式施工、节省了结构构件占用空间（图1.4-4）。本书提出了钢框架-装配式防屈曲钢板剪力墙成套设计与施工技术，研制出了一种便于调整预制装配式防屈曲钢板墙状态的稳定型胎架，能够将预制装配式防屈曲钢板墙由平面状态调整为倾斜状态，然后再通过改变吊装位置，将板墙调整为垂直状态，让其实现单起重机安全翻身，提高了吊装效率，减少吊装机具数量，保证了吊装的安全性。创新地利用现有钢梁及钢梁上的加劲板，设置用于防屈曲钢板墙快速、高效装配的悬吊吊具，解决了在原钢结构上焊接吊耳损伤受力构件的问题，且可以重复多次使用，节约材料，提高安装效率。研究出了一种用于桁架楼承板与鱼尾板连接稳定型节点

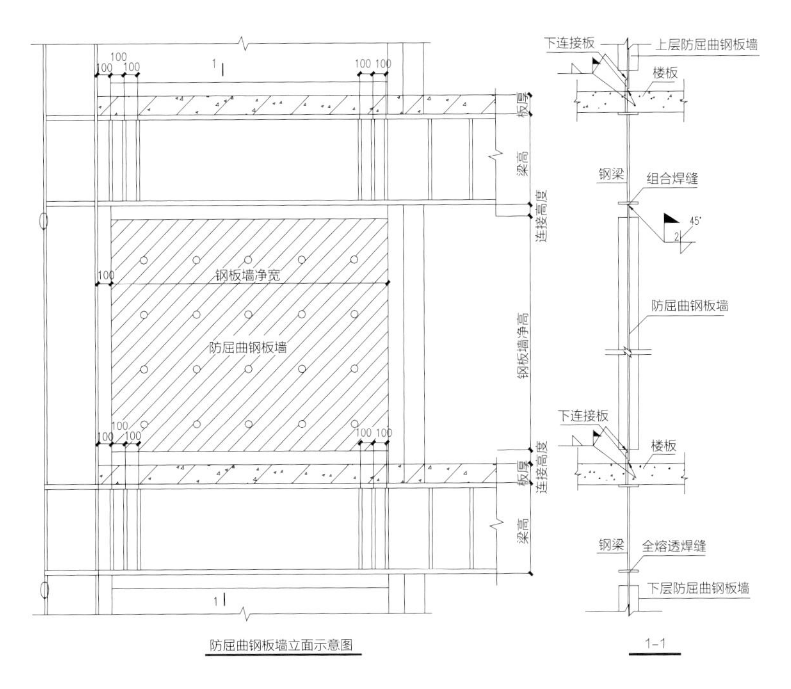


图1.4-3　防屈曲钢板墙连接示意图

图1.4-4　防屈曲钢板剪力墙安装图

图1.4-5　防屈曲钢板剪力墙安装完成后

结构，使预制装配式防屈曲钢板剪力墙安装完成后，与现有钢结构及钢筋桁架楼承板无缝连接形成整体（图1.4-5）。经过专家鉴定，此技术达到国际先进水平。

### 1.4.2　小截面多隔板大长度钢管混凝土柱施工技术

北京冬奥村是居住建筑，楼面荷载较小，钢结构的梁柱截面很小，钢柱的边长只有400mm，最大分节高度12m，长宽比达到了30，梁柱节点隔板较多，混凝土在浇筑过程中易产生不密实的情形，从而影响结构安全。需要选择先进、合理、可行的钢管混凝土浇筑方案，开展对钢管混凝土的浇筑质量研究，进而验证浇筑方法的可行性、合理性，优化施工工艺，以提高浇筑速度与浇筑质量。

通过在施工现场进行等比例的钢管柱工艺试验，检验高抛与辅助振捣相结合的方法浇筑小直径、多隔板钢管混凝土柱的质量状况。试验结果表明：利用高抛与辅助振捣相结合的方法浇筑的钢管混凝土柱的质量和密实度均满足设计要求，充盈性良好，解决了小截面多隔板大长度钢管混凝土柱施工难

图1.4-6　钢平台搭设

图1.4-7　钢管混凝土柱

题，确保质量和工期目标的实现，相比顶升法提高了施工效率，极大地节约了人工费、材料费及机械设备费，且保证了钢管混凝土的施工质量（图1.4-6、图1.4-7）。

### 1.4.3　层间装配式窗墙体系半单元幕墙设计施工技术

幕墙采用了层间装配式窗墙体系半单元幕墙（图1.4-8），幕墙钢龙骨与主体钢结构的连接采用了焊接与栓接相结合的方式。在钢筋桁架楼承板的现浇混凝土楼板上通过转接件与埋件焊接，在结构钢梁部位通过转接件与钢梁肋板栓接，幕墙钢龙骨立柱一端采用插接形式，在保证连接强度的同时，充分吸纳主体钢结构的层间变形。层间装配式窗墙体系半单元幕墙施工技术，将窗和墙有序组合，工厂组装单元窗，层间幕墙受力于楼层板，与装配式钢结构体系匹配度高。外立面窗墙组成几类标准单元体，错动组合，灵活布置。研发了一种结构钢梁与幕墙龙骨快速连接构造，其结构简单，设计合理，易于生产。通过设置转接件对钢梁和幕墙龙骨进行连接，优化了安装方式，既能保证结构安全，又操作简便，实现快速精准连接，有效地减少了部件之间的焊接，进一步提高了幕墙结构的稳定性，让其更好地满足施工和后期使用的需要。铝型材横梁采用闭腔型材，可确保型材的稳定性和受力要求（图1.4-9）。

### 1.4.4　被动式超低能耗医疗建筑

冬奥村内综合诊所作为被动房试点，总结出包括超低能耗建筑复合外墙保温体系、保温防水一体化金属屋面体系、管线穿越围护结构气密封堵构造、门槛可拆卸式被动门等内容的超低能耗医疗

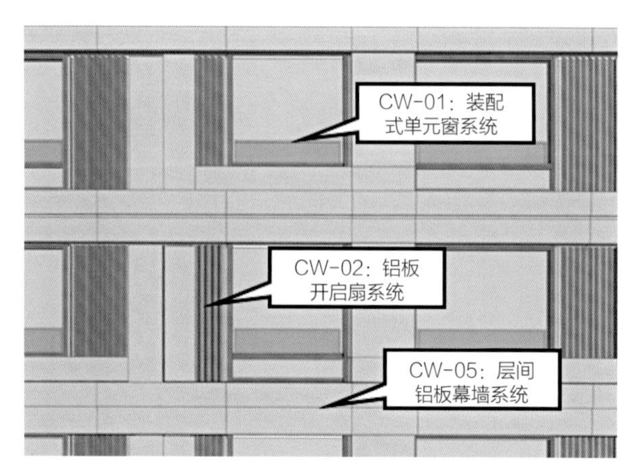


图1.4-8　幕墙系统

图1.4-9　幕墙安装后照片

建筑成套设计与施工关键技术，解决了超低能耗医疗建筑设计与施工关键技术难题，确保了保温性能和气密性能，保证了使用功能和工程质量。

### 1.4.5 装配式钢结构居住建筑隔声技术

装配式钢结构建筑中，钢构件对声音的传播效率要远远高于混凝土构件，且钢结构构件自重较轻，部分构件为中空结构，容易形成“鼓膜”效应，出现声桥现象。钢结构住宅建筑内，噪声易通过钢构件广泛传播，严重降低建筑隔声性能，难以满足现代住宅的居住使用要求。

对装配式钢结构住宅的隔声进行研究，通过对分户墙、电梯井道壁、防屈曲钢板剪力墙与钢框架之间缝隙等节点处理进行优化分析，归纳提升一系列适用于装配式钢结构的隔声处理技术，包含防屈曲钢板剪力墙与钢框架隔声封堵技术、分户墙隔声处理技术、电梯井道内壁吸声喷涂技术等。通过多措并举，解决了钢结构居住建筑的隔声难题，极大地提升了住宅品质和舒适性，为装配式钢结构住宅的发展起到引领示范作用。

### 1.4.6 智能人居、智慧社区系统功能完善

本工程弱电智能化系统功能强大，科技含量高，除了包含传统的安防、监控、报警等系统以外，还包含完善的智能人居系统，实现光纤入户，保证能够承载高清数字电视、互动点播、IPTV、宽带网络等综合业务。光纤到户通信设施工程的设计，充分满足多家电信业务运营商平等接入、用户可自主选择电信业务经营者的要求。以信息化为驱动基础，推动社区生态转型，充分借助物联网、传感器、网络通信技术融入社区生活的各个环节当中，实现从家庭无线宽带覆盖、家居安防、家居智能、家庭娱乐到小区智能化为一体的理想生活。根据住户的生活习惯，实现智能灯光及遮阳控制、新风空调联动、温湿度及空气质量智能调节等，并且水、电、热等消耗均通过网络无线远传至智慧社区云平台，在体验舒适居住环境的同时，达到绿色节能的目的。智慧灯杆见图1.4-10。

图1.4-10 智慧灯杆

智能人居系统与智慧社区云平台相结合，可以在确保绿色节能的基础上，使住户享受到舒适的人居环境，引领了高端住宅未来的发展方向。

# 2 钢结构住宅施工测控技术

## 2.1 测量及控制技术创新

北京冬奥村的建设过程中，主要涉及了地基基础的测控、混凝土结构的测控和装配式钢结构主体施工的测控三个部分。为了提高工程施工质量和测控精度，施工单位结合施工工艺要求，积极将智慧化和自动化测量技术手段用于项目的测量过程之中，为了满足高精度测量的技术要求，北京冬奥村在施工的不同阶段，采用基于全站仪、电子水准仪、GPS全球定位系统、三维激光扫描仪等多种智能测量技术，解决钢结构工程中传统测量方法难以解决的测量速度、精度等技术难题。

### 2.1.1 三维激光扫描仪技术应用

三维激光扫描技术是一种先进的全自动高精度立体扫描技术，又称为“实景复制技术”。三维激光扫描仪是继GPS空间定位技术后的又一项测绘技术革新，使测绘数据的获取手段、服务能力与水平、数据处理手段等进入新的发展阶段。北京冬奥村通过三维激光扫描仪对建成项目进行三维扫描快速建模，实现了对变形的及时监测。三维激光扫描仪检测及变形监测技术见图2.1-1。

(a)

(b)

图2.1-1 三维激光扫描仪检测及变形监测

### 2.1.2 高精度三维测量控制网布设

全局测量与精度控制是超大空间精密测量的基础，决定着整体测量的性能和适用性。为提高整体空间测量精度，同时解决定向及尺度问题，必须在全局空间内布设高精度测量控制网。应用GNSS卫星定位技术进行工程的定位及首级控制网的测设，操作简单，工作效率高。GPS定位测量应用见图2.1-2。

图2.1-2 GPS定位测量应用

## 2.2 基础施工测控技术

### 2.2.1 场区平面控制网的测设

#### 1. 场区平面控制网布设原则

平面控制应先从整体考虑，遵循先整体后局部、高精度控制低精度的原则。

（1）布设平面控制网，首先根据设计总平面图、现场施工平面布置图确定。

（2）控制点应选在通视条件良好、安全、易保护的地方。

（3）桩位必须用混凝土保护，做好围护，并用红油漆做好测量标记。

### 2. 场区平面控制网的布设

1）首级控制网的布设

根据相关规定，北京市新建、改建、扩建的建筑物、构筑物，统一由北京市测绘院进行钉桩放线。

2）建筑物轴线控制网的测设

首级控制网布设完成后，依据结构平面图上有关柱、墙体、洞口详细位置关系确定建筑物需定位的主轴线，然后以首级控制网为基准，采用极坐标或直角坐标定位放样的方法定出建筑物主轴线的控制桩，经角度、距离校测符合点位限差要求后，作为该建筑的轴线控制网。轴线控制网的精度技术指标必须符合表2.2–1的规定。

轴线控制网精度技术指标表　　表2.2–1

| 等级 | 适用范围 | 测角中误差（″） | 边长相对中误差 |
|---|---|---|---|
| 二级 | 框架、高层 | $15\sqrt{n}$ | 1/15000 |

## 2.2.2 场区高程控制网的测设

### 1. 高程控制网的布设原则

（1）为保证建筑物竖向施工的精度要求，在场区内应建立高程控制网。

（2）高程控制网的精度，不低于三等水准的精度，采用中丝读数法，每站观测顺序为“后—前—前—后”。

（3）场区内设3个水准控制点，均为测绘单位所提供工程控制点，编号为G1、G2、G3。

### 2. 高程控制网的等级及观测技术要求

高程控制网的等级为三等，水准测量技术要求见表2.2–2。

三等高程控制网测量技术要求表　　表2.2–2

| 等级 | 高差全中误差（mm/km） | 路线长度（km） | 仪器型号 | 水准尺 | 与已知点联测次数 | 附合或闭合环线次数 | 平地闭合差（mm） |
|---|---|---|---|---|---|---|---|
| 三等 | 3 | ≤50 | DS3 | 双面 | 往返各一次 | 往返各一次 | 12 |

现场所有临时水准点包括建设单位提供的已知水准点，应设置在不宜损坏的物体上，如：钢筋或坚固的物体表面上，用红漆注明高程及符号，注意保护，并做好定期校核与校测工作。

## 2.2.3 测量放线的基本准则

（1）遵守先整体后局部、先控制后细部的工作程序。即先测设精度较高的场地整体控制网，再以控制网为依据进行各局部建筑物的定位、放线。

（2）必须严格审核测量起始依据（设计图纸、文件，测量起始点位、数据等）的正确性，坚持测量作业与计算工作步步有校核的工作方法。

（3）测法要科学、简洁，精度要合理、相称的工作原则。仪器选择要适当，使用要精心。在满足工程需要的前提下，力争做到省工、省时、省费用。

（4）定位、放线工作必须执行自检、互检合格后，由有关主管部门验线的工作制度。此外，还应执行安全、保密等有关规定，用好、管好设计图纸与有关资料。实测时要当场做好原始记录，测后要及时保护好桩位。

（5）测量仪器必须经过法定专业计量部门检定，不得使用未经检定或检定不合格的仪器。测量人员必须持证上岗。

### 2.2.4 测量验线的基本要求

验线工作应主动，验线的依据应原始、正确、有效，主要是设计图纸、变更洽商与起始点位（如建筑红线、水准点等）及其已知数据（如坐标、高程、主控制线等），因为这些是施工测量的基本依据。

验线的精度应符合规范要求；仪器的精度应满足验线要求，误差在允许范围之内；验线按规程作业，应先行闭合校测。

验线应独立进行，验线工作应与放线工作不相关，如：操作人员、仪器、方法、路线等。

验线部位关键环节与最弱部位，主要包括：定位依据桩位、定位条件、主轴线、引桩、高程等。

### 2.2.5 基坑监测

#### 1. 基坑周边环境概况

本工程基坑开挖深度较深，支护结构体系复杂，工程规模大，土方、地下主体结构等施工周期长，地面施工荷载大，基坑支护安全性尤为重要。为确保本工程整个地下结构施工期间基坑安全，需要对基坑支护结构进行全过程监测，为支护结构施工、维护、管理提供数据支持。

#### 2. 监测项目

根据基坑开挖深度，基坑安全等级为一级，监测项目有：支护结构桩（坡）顶部水平位移、支护结构桩（坡）顶部竖向位移、桩体深层水平位移、锚杆拉力、周边地面沉降、地下水位、安全巡视等。

#### 3. 监测频率

监测频率表见表2.2-3。

监测频率表　　表2.2-3

| 序号 | 监测项目 | 监测频率 |
|---|---|---|
| 1 | 支护结构顶部水平位移 | 基坑开挖至开挖完成后稳定前：1次/d；<br>基坑开挖完成稳定后至结构底板完成前：1次/d；<br>结构底板完成后至回填土完成前：1次/（1d～7d） |
| 2 | 支护结构顶部竖向位移 | |
| 3 | 基坑周边地面沉降 | |
| 4 | 锚杆内力 | |
| 5 | 地下水位 | |
| 6 | 支护结构深层水平位移 | 基坑开挖至开挖完成后稳定前：1次/d；<br>基坑开挖完成稳定后至结构底板完成前：1次/d；<br>结构底板完成后至回填土完成前：1次/（1d～7d） |
| 7 | 安全巡视 | 基坑开挖至开挖完成后稳定前：2次/d；<br>基坑开挖完成稳定后至结构底板完成前：1次/d |

4. 基坑监测报警

监测报警按照三级警戒制度进行管理，预警值取控制值的80%，实测值超过预警值或遇到特殊情况，应立即上报各相关单位，并加大监测频率。

## 2.3 混凝土结构施工测控技术

### 2.3.1 楼层标高测量

1. 地下部分标高传递

施工测量放线时，地下部分的标高从±0.000向下传递，并在相应位置的护坡桩、护壁或结构的墙和柱上弹设50线。不大于5m的浅基坑直接用塔尺倒测，大于5m的深基坑利用马道站人，使用钢卷尺垂直量取。

地下部分标高传递示意图见图2.3–1。

2. 地上部分标高传递

（1）本工程首层以上的高程传递，沿框架结构外侧向上竖直进行。分别于首层设置四个楼内基准点向上传递；施工前首先要对楼座外侧50线，特别是所确定的基准点进行闭合检测，使整个建筑的外侧50线和楼内基准点偏差符合有关规范的规定。

（2）以首层的基准点为起始点，使用50m钢卷尺沿竖直方向向上量出施工层相应的建筑标高，并标出相对标高尺寸，各层的标高线均由起始点向上直接量取。标高线均以墨线标定，线迹要清晰准确，线宽小于3mm。标高由四个楼内基准点分别向上传递，施工层抄平前，应先检验由首层基准点传递上来的四个标高点，当校差小于3mm时，以其平均值引测水平线，水准仪要安置在施工层的混凝土楼板上，并将水准仪安置在测点范围的中心位置，尽量做到减少重复支仪器。在各层抄平时，应后视两条水平线以作校核，然后分测各处水平线。

（3）由基准点向上传递量取高差时，钢尺必须铅直，并用标准拉力使钢尺保持顺直。同时进行尺长和温度校正，标高传递每4层要重新设一道标高起始线，作为上部结构施工的高程传递的基准线，并保证每层都要进行层内的水平校核。

（4）高程传递的精度：±3mm/层；$H$≤30m，±5mm/总高；30m＜$H$≤60m，±10mm/总高。

地上部分标高传递示意图见图2.3–2。

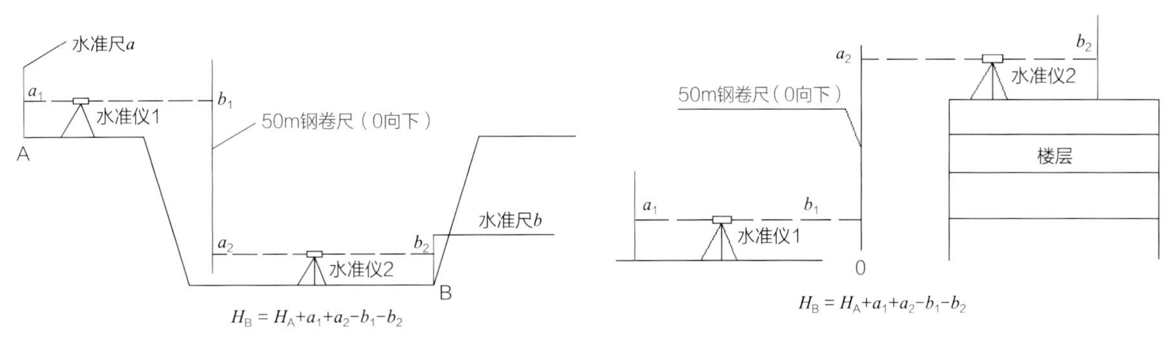


图2.3–1 地下部分标高传递示意图

图2.3–2 地上部分标高传递示意图

### 2.3.2 ±0.000以下施工测量放线

#### 1. 地下室混凝土结构施工放线

（1）待挖土、打桩、清槽、钎探后，将控制轴线投测到基坑底，把垫层的边线测设出来，尤其是集水坑、电梯井坑、独立柱基础的几何尺寸、相对位置应仔细检查，经各方检查验收后，方可浇筑垫层混凝土。

（2）在垫层混凝土浇筑完，防水层、防水保护层施工后，将主轴线投测到防水保护层上，校测主轴线的间距和正交垂直度，满足测量精度（±5″）后，再逐一测设出所有的纵横轴线。

（3）全面检测所有的轴线，确认无误后，再依据图纸测设出所有的墙柱中心线、边线、预留洞口线，经自检、互检校核，由质检部门验收后，报请监理验收，合格才能开始钢筋绑扎工作。

（4）在钢筋绑扎过程中，注意检查梁、柱、墙的定位。在绑扎完成底板上层钢筋后，将垫层的边线、轴线投测到钢筋上，作为校正钢筋线，防止钢筋偏移。

（5）底板支模后，用经纬仪、线坠、钢尺、卷尺等工具检查模板的垂直度，以及墙、柱、梁的截面尺寸、标高等。

（6）对于预埋的各种构件，应逐一检测其平面位置和标高，把误差缩小到最小范围。

#### 2. 平面细部放线

投测至施工层的主轴控制线是细部放样的主要依据，细部放样前应对其进行校测。按照施工图纸及有关设计变更提供的尺寸数据，采用内分点法进行细部放样，防止误差积累。放样时应与图纸一一对应，检查图形本身的几何尺寸和与主轴控制线的对应关系。

在混凝土施工中，在钢筋上设置标高点抄平时，要选择生根牢固的竖向主筋，以免抄平后钢筋移动，影响标高点精度。标高位置以红漆顶面为准。为了使钢筋绑扎间距符合要求，预埋件位置准确，在顶板模板上弹出钢筋网格线，作为钢筋绑扎及预埋件安装依据。本工程混凝土结构工程部分，各部位放线的允许误差见表2.3-1。

混凝土结构工程允许误差表（mm）　　表2.3-1

| 项目 | 允许误差 | 项目 | 允许误差 |
|---|---|---|---|
| 细部轴线 | ±2 | 门、窗、洞口线 | ±3 |
| 墙、梁、柱边线 | ±3 | 非承重墙边线 | ±3 |

### 2.3.3 ±0.000以上施工测量放线

#### 1. 首层内控点的建立

当施工至首层时，将轴线控制桩投测到楼板上，经校核无误后，选择所需要预留洞口的位置并做好标记，采用“内控法”，用线坠将轴线控制线投测到上一层作业面上。根据施工流水段，在每个区域内都有一个独立的十字形控制网，在内控点的正上方预留出150mm×150mm的洞口，作为投测主轴控制线的通道。

控制网既要保证整体精度，又要保证局部流水施工段有足够的控制点。测设内控网的精度与定位精度相同，平面内控网应达到二级方格网的要求：边长相对中误差为1/20000，测角中误差为±10″。

内控制网须经复测验收后方可使用。

2. 地上结构施工放线

（1）标准层施工时的控制网设定方式。

标准层施工轴线测量主要采取内控法对轴线进行传递和引测。在首层地面上设置内控点，内控点所在平面层楼板相应位置上需预先埋设铁件并与楼承板桁架筋焊接牢固。预埋铁件由100mm×100mm×8mm厚钢板制作而成，在钢板下面焊接$\phi$12钢筋，且与首层板焊接浇筑。

待预埋件埋设完毕后，将内控点所在纵横轴线分别投测到预埋件上，并用全站仪进行测角、测边校核，精度合格后作为平面控制依据。内控网的精度不低于轴线控制网的精度。内控点见图2.3-3。

在内控点上架设好垂准仪，打开电源发射激光，在垂准仪度盘0°、90°、180°、270°四个位置向上投测，作业层测量人员用激光接收靶接收并取四点中值作为轴线控制点。

（2）在垂直对应控制点位置上预留出$\phi$150孔洞，以便轴线向上投测，并在建筑物外围设置外控点。进行上部结构施工时，在内控点垂直位置留设$\phi$150的垂线投测孔洞。在进行上部结构轴线投测时，将垂准仪架设在内控点位上向上垂直投测至各结构施工层，然后用经纬仪、钢尺对垂直投测的控制点进行复核，经复核闭合后才能进行控制线及轴线的投测。典型控制点布置示意图见图2.3-4。

图2.3-3 内控点示意图

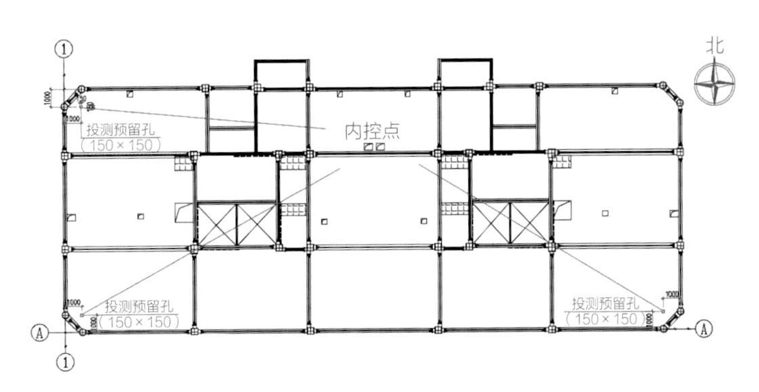


图2.3-4 9-1号楼典型控制点布置示意图

预留孔大小为150mm×150mm且三个预留孔呈90°直角关系，利用预制的木盒预留孔洞，木盒与周围的顶板钢筋绑扎牢固，防止混凝土浇筑时发生位移。

留设的轴线应满足精度要求。在留设前对所测设的依据，即楼座控制桩进行校核。楼层施工至4层，对轴线再进行一次检测（以首层楼板所留轴线为依据），并在规范允许的范围内进行适当的调整，记录所调整的数据，以满足日后的测量调整，并满足误差在20mm范围。依此方法每隔4层进行一次调整，减小垂准仪投射偏差。

（3）轴线竖向投测的检验。

为保证轴线竖向投测的准确，避免发生错误，轴线竖向投测的检验采用多点符合检验法，其方法为：在每层多留置相应数量的检测点，以防止留置点因某些外界因素而导致无法正常使用，用此方法来检验竖向投测的轴线是否准确。

## 2.4 装配式钢结构施工测控技术

### 2.4.1 钢结构测量概述

本工程场地内部环境复杂，各部分结构体系的施工精度直接影响下道工序的安装精度，因此必须从工厂加工制作至现场拼装安装制定严格的测量方案，采用科学的测量仪器及测量手段进行各道施工精度的控制。

本工程所涉及的测量、监测内容繁多，技术要求很高。具体测量、监测的基本内容有：土建控制网复核、测量施工控制网建立、基础预埋件定位、平整度及标高复测、高空安装时钢结构控制点定位轴线及标高测量等。

根据本工程特点，采用高精度全站仪建立平面控制基准网，并采用坐标法进行校核，采用激光垂准仪和全站仪进行平面控制基准的竖向传递；采用电子水准仪建立高程控制基准网，采用全站仪测天顶距法进行高程控制基准的竖向传递，并采用电子水准仪进行校核。

对累积误差的处理，跨度较大的钢梁可考虑采用起拱的方式消除下挠度对结构产生影响。对测量数据，应在设计值的基础上加上预变形值后使用，并根据施工同步监测数据，及时调整预变形值。

由于环境温度变化及日照影响，使测量定位十分困难。在精确定位时，必须监测结构温度的分布规律，规避日照效应，通过计算机模拟计算结构变形并进行调整。

### 2.4.2 测量仪器选用与人员配备

#### 1. 测量仪器选用

为保证本工程的钢结构测量精度，在测量控制基准网建立和竖向传递时，主要使用高精度自动导向全站仪、激光垂准仪和电子水准仪，辅以GPS及其他测量设备作为校核和辅助引测。主要测量仪器配备表见表2.4-1。

主要测量仪器配备表 表2.4-1

| 序号 | 仪器名称 | | 规格型号 | 精度及性能 | 数量 | 备注 |
|---|---|---|---|---|---|---|
| 1 | | 全站仪 | Leica TCRA1201 | 1″，2mm+2ppm<br>主要用于轴线的测量放样，<br>仪器测量精度高，操作简单 | 2台 | |
| 2 | | 激光垂准仪 | Leica ZL | 1/200000<br>仪器精度、稳定性高，<br>测量速度快 | 2台 | |
| 3 | | 电子水准仪 | Trimble DiNi12 | 0.3mm/km<br>施测时使用配套铟钢尺及<br>专用高程传递用钢尺，<br>以保证观测精度 | 2台 | |

（1）所有的测量仪器必须满足测量精度要求，以保证该工程的质量。

（2）所有用于施工的仪器均按规定在年检有效期内。为保证工程质量，主要电子仪器在到达现场后，应按仪器内置程序进行自检，并在使用过一段时间后，按阶段进行自检，以保证仪器始终处于良好状态。

（3）在施工测量及施工监测过程中，使用各类辅助设备，以保证观测精度，包括各类自行研制的辅助测点转换装置、强制归心支架等。

2. 测量人员配备

本工程配备的测量人员，必须有类似工程施工测量经验，参与过测量精度要求高的大型工程施工，具有丰富的测量知识与经验，且经过良好的培训，能使用各种类型的先进仪器，才能胜任本工程的测量工作要求。安装测量人员配备及分工表见表2.4–2。

安装测量人员配备及分工表　　表2.4–2

| 序号 | 职务 | 人数 | 任务及工作职责 |
| --- | --- | --- | --- |
| 1 | 测量负责人 | 1名 | 测量策划及专业技术施工管理 |
| 2 | 测量工程师 | 2名 | 方案编制、理论分析、测量控制网的布设和传递、测量作业、技术资料编制、内业计算 |
| 3 | 测量员 | 6名 | 配合测量工程师工作及测量细部作业 |

## 2.4.3 平面控制网的建立

1. 平面控制网的布设原则

与业主做好工程平面控制点和高程控制点的移交和保护工作，对移交钢结构的测量控制点进行复核，精度满足要求时对其进行加密联测导线，建立首级场区控制网；并作为低级控制网建立和复核的依据。

2. 平面控制基准点的传递

本工程地上部分钢结构高约60m，施工测量精度受结构风振、日照的影响大，平面控制网的布设需考虑平面测量控制基准点的竖向传递转换，保证控制测量的精度。平面控制基准点的竖向传递仪器采用高精度激光垂准仪，受大气折射率变化的影响小，夜间作业时效果更好。在传递时，利用制作的激光捕捉辅助工具，可以提高点位捕捉的精度，减少分阶段引测误差积累。平面控制点接收流程表见表2.4–3。

平面控制点接收流程表　　表2.4–3

| | | |
| --- | --- | --- |
| 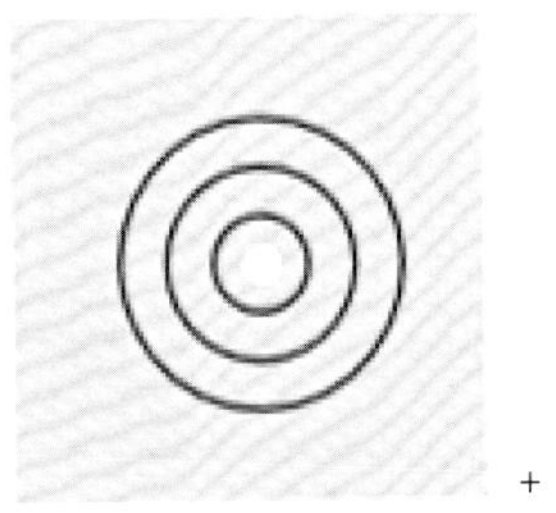 透明塑料薄片，中间空洞便于点位标示。雕刻环形刻度 | 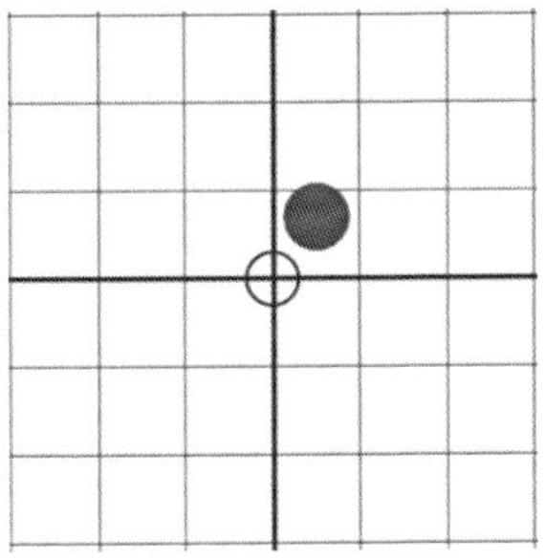 第一次接收激光点 | 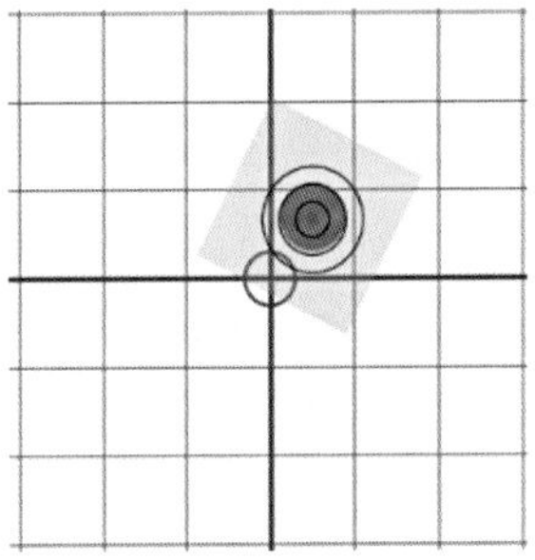 蒙上薄片使环形刻度与光斑吻合 |

续表

| 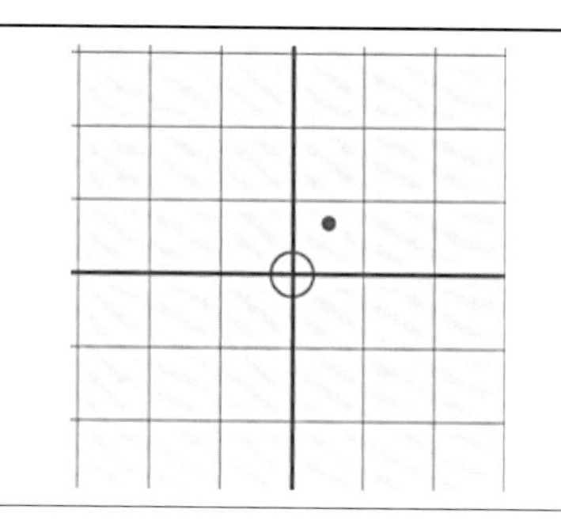 | 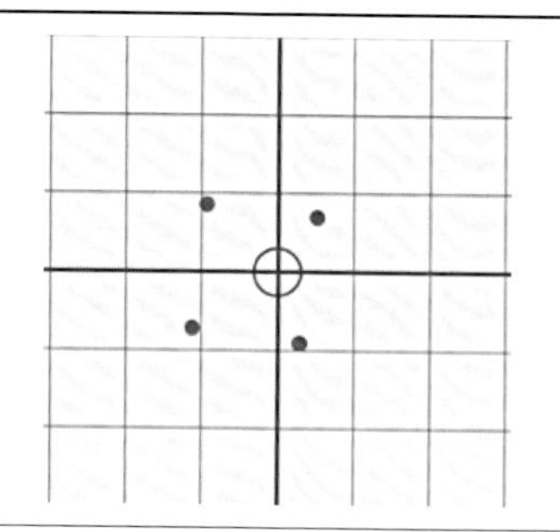 | 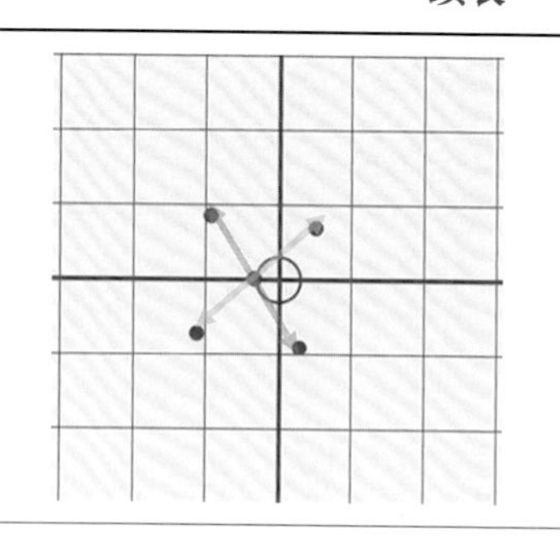 |
| --- | --- | --- |
| 通过塑料薄片中间空洞捕捉第一个激光点在激光接收靶上 | 分别旋转激光准直仪在90°、180°、270°，用上述同样的方法捕捉到另外三个激光点 | 取四次激光点的几何中心即为本次投测的真正点位位置 |

#### 3. 平面控制网的布设

1）首级控制网布置

由于前期进行基坑施工业主提供的相关坐标点情况比较清楚，首级场区平面控制网由总包单位提供给钢结构安装分包单位。钢结构分包单位应首先校核总包单位给定的高级点，校核合格后，将GPS架设在两个高级点上和场区平面基准点上同时接收卫星信号，进行连续48h的静态观测，将结果数据用专用的GPS处理软件处理，得到平面基准点的三维坐标。为了保证精度，利用全站仪测设精密导线，进行严密平差对观测结果进行校核，将校核结果作为场区的平面控制网。

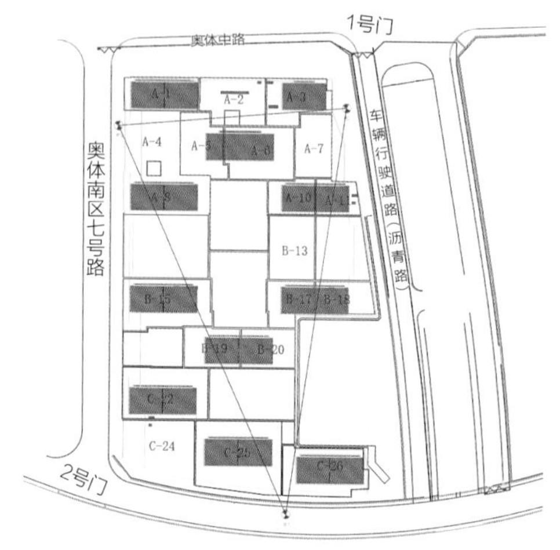


图2.4-1 首级控制网布置

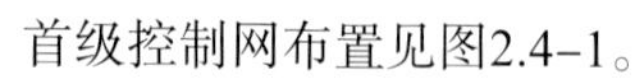

首级控制网布置见图2.4-1。

2）二级控制网布置

首级控制网的点位精度经复核无误后，在场区周边布设主要轴线控制点，采用“外控法”控制基坑内各结构的轴线和标高位置。

### 2.4.4 高程水准点组的建立

根据原始控制点的标高，考虑基础沉降和建筑物压缩变形的实时监控需要，在建筑物外围远离沉降影响的范围外，用水准仪引测水准点到固定构筑物上布置一条闭合水准路线，做+1.0m标高线并用油漆做标记。该路线共由四个以上水准点组成，作为全部标高测量的基准。

根据钢结构安装精度要求加密水准点；标高控制点的引测采用全站仪进行高程传递的方法，其闭合误差小于 $\pm 4\sqrt{N}$（$N$为测站数）。

#### 1. 高程控制点的竖向传递

对于标高控制点的竖向传递，有两种方法可供选择，对比情况见表2.4-4。

标高控制点的竖向传递方法 表2.4-4

| 方法项目 | 钢尺竖向量距 | 全站仪垂直引测 |
| --- | --- | --- |
| 综合校正 | 温度、拉力、尺长校正 | 仪器自动校正 |
| 引测原理 | 钢尺精密量距 | 三角高程测量 |

续表

| 方法项目 | 钢尺竖向量距 | 全站仪垂直引测 |
| --- | --- | --- |
| 数据处理 | 人工计算 | 程式化自动处理 |
| 误差分析 | 系统误差（客观因素）<br>偶然误差（人为因素）<br>累积误差（人为因素） | 系统误差（客观因素） |
| 示意图 | | |
| 计算式 | $H = H_0 + \Delta H$ | $Z = H_0 + \Delta H + L\sin\alpha$ |
| 对比结论 | 过程繁琐、累积误差大 | 简便、快捷、精度高 |

分析比较后选择全站仪进行高程传递，其具体方法示意见图2.4-2。

### 2. 轴线控制点引测及竖向传递

（1）利用激光捕捉辅助工具，提高点位捕捉的精度，减少分阶段引测累积误差。

（2）激光点穿过楼层时需在浇筑混凝土前预留150mm×150mm的孔洞，浇筑混凝土后测放引线至各楼层。做法示意见图2.4-3～图2.4-5。

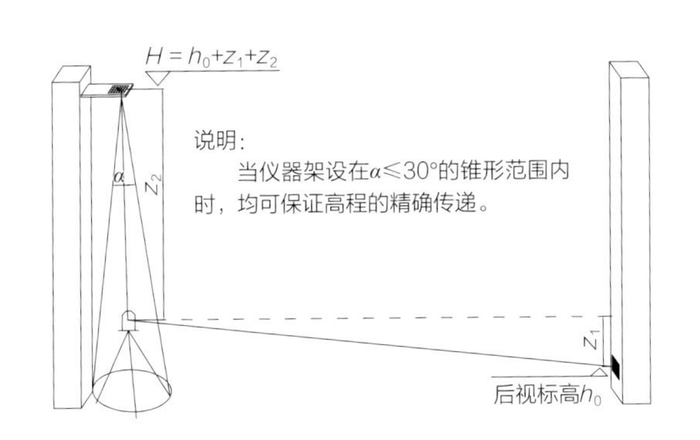


图2.4-2　全站仪标高基准点垂引测示意图

图2.4-3　楼面点位做法及保护

说明：将钢板固定在混凝土楼面上，然后打上样冲眼标示中心点位置。

图2.4-4　穿过功能楼层做法

说明：浇筑混凝土后木盒不拆除，以防楼面垃圾物堵塞孔洞。对点时用麻线绷紧在小铁钉上以便找准中心点，用完后将麻线拆除，以免堵塞激光孔。

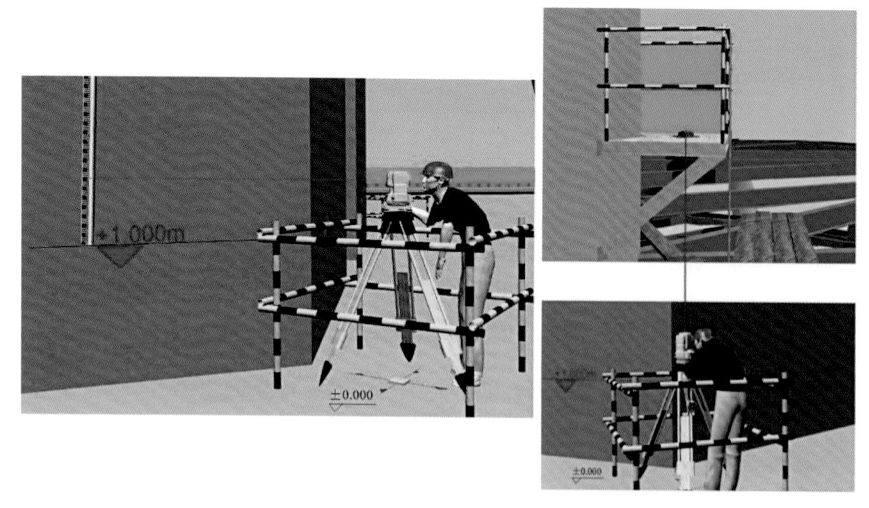

图2.4-5　标高垂直向上传递全站仪测距示意图

### 2.4.5　钢构件进场测量

构件从出厂到施工现场经过长途运输，可能会由于颠簸使构件发生轻微的变形。为保证构件的安装精度，在构件进场后必须对构件进行初步测量，主要检查钢柱的垂直度及牛腿的相对位置、钢梁平整度，主要测量方法为钢卷尺手动测量，一般采用拉线坠的方法测量钢柱、钢梁在运输过程中是否发生变形。在构件两端选取合适的点拉一根直线，将线绷紧，再检查直线中间位置与钢柱或钢梁是否有间隙，若贴合紧密说明构件没变形，若有间隙说明构件发生了变形。弧形构件用同样的方法检测拱高。构件进场测量验收见图2.4-6。

（a）　　（b）

图2.4-6　构件进场测量验收

### 2.4.6　钢结构安装测量

#### 1. 钢柱的测量校正流程

钢柱安装过程中的测量控制工序包括：构件偏差检查、构件刻画中线、构件就位（调整标高、调整位置同时调整上柱和下柱的扭转）、轴线测量。在构件制作时，要求制作厂标出每个构件边缘中心线，便于现场测量。

#### 2. 钢柱坐标测量

钢柱轴线及测量点位于每节柱顶中点。钢柱控制点示意见图2.4-7。

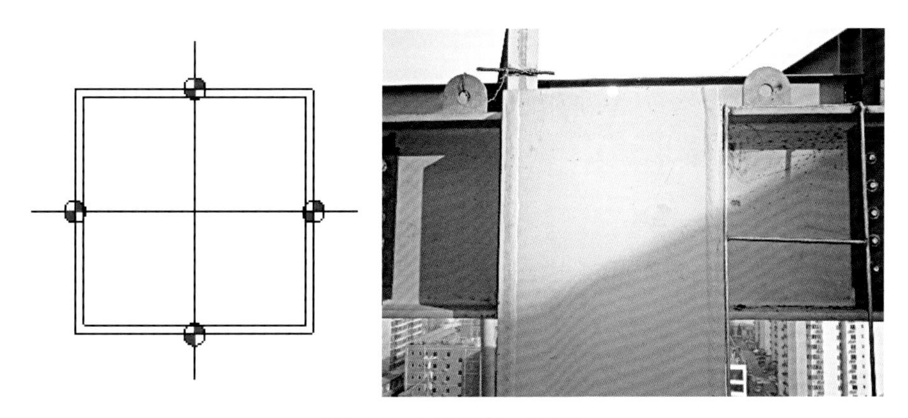

图2.4-7　钢柱控制点示意图

### 3. 精校方法

在测量观测平台上架设全站仪，采用“全站仪+反射贴片”进行测量校正，后视定向。在柱顶立镜观测已设定的观测点，比对柱顶设计坐标，校正外柱垂直度及标高；根据两点定平面坐标系，比对观测数据*XY*坐标，校正钢柱扭转度。钢柱的标高校正控制则根据前一节柱顶标高偏差值、本节钢柱的制作长度偏差值、焊缝收缩值确定本节柱的标高调整值。通过调整固定于钢柱连接板上千斤顶的伸缩量来调整标高偏差值。

### 4. 钢柱安装测量

在钢柱安装前，需在各节钢柱的顶部和底部分别做好对应刻画线，以控制钢柱的扭转。安装时，首先将钢柱根部上的刻画线对准已安装的钢柱的顶部刻画线，并保证正确衔接，即完成根部定位及解决空间扭转，然后进行该钢柱顶部的精确控制。顶部控制时，主要由垂准仪从控制点上观测钢柱上的基准点位置。当钢柱顶调整到位后，以另一控制点及后视检查复核，复核无误后，固定钢柱，即完成钢柱的定位。钢结构全站仪测量见图2.4-8。

图2.4-8　钢结构全站仪测量

钢柱安装到位后需检查其相对精度，确保放样准确。因高空无法使用钢尺量距且因钢尺的悬荡对精度有影响，因此相对距离使用手持红外测距仪进行检测。如图2.4-9、图2.4-10所示。

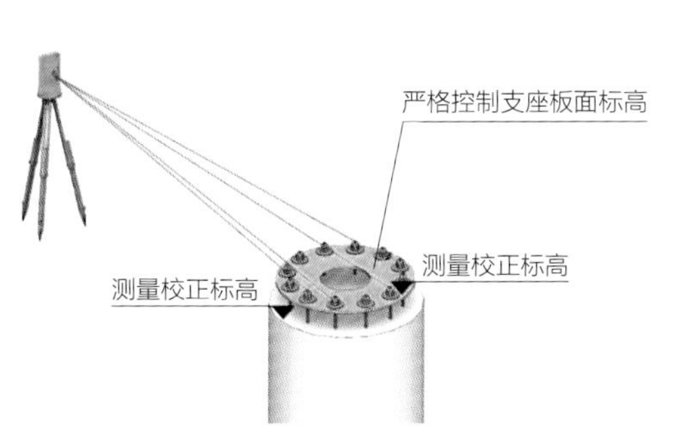

图2.4-9　埋件复测

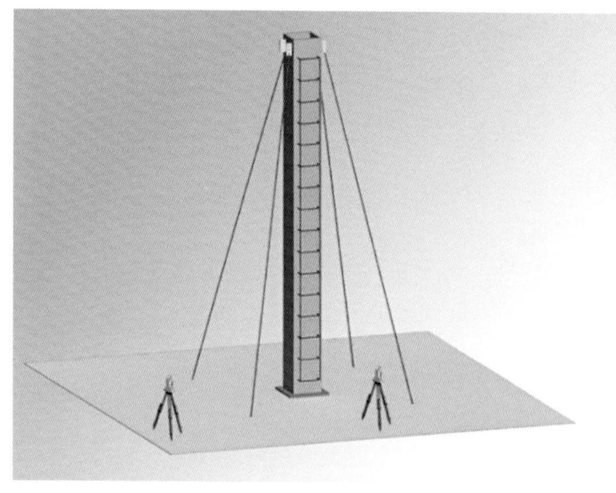

图2.4-10　钢柱安装测量

### 5. 钢柱垂直度校正

钢柱安装过程中，将两台全站仪分别架设在钢柱十字中心线1m线上（纵横两个方向），后视该接线，扬起望远镜，读取柱顶摆尺读数，根据偏差值指挥校正。对钢柱的测量（偏角度），预先根据所偏角度和轴线1m线算出斜边长度测量垂直度时，直接用仪器看摆尺长度读数（即斜边长度）即可。

### 6. 钢柱安装测量校正

钢柱安装校正时，在互为90°平移1m的控制线上架设两台全站仪并后视同一方向，经纬仪操作人员观测柱顶的小钢尺，测出钢柱偏差并指挥校正。如图2.4-11所示。

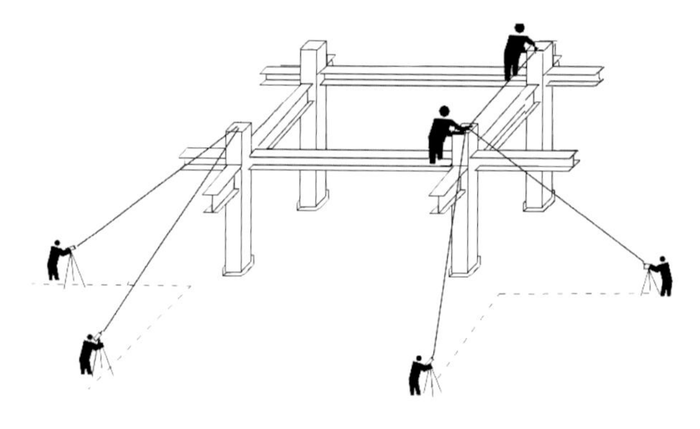

图2.4-11　钢柱安装测量校正示意图

## 2.4.7　标高偏差、平差范围

标高偏差、平差范围见表2.4-5。

标高偏差、平差范围表　　表2.4-5

| 项目 | 允许偏差（mm） | 图例 |
|---|---|---|
| 钢结构定位轴线 | $L$/20000且不应大于3.0 | $L_a$　$L_A$ |
| 柱定位轴线 | 1.0 | $a$　$a$ |

续表

| 项目 | 允许偏差（mm） | 图例 |
|---|---|---|
| 地脚螺栓位移 | 2.0 | 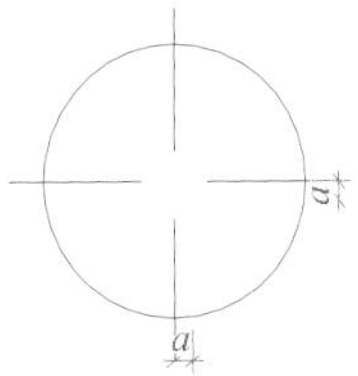 |
| 柱底座位移 | 3.0 | 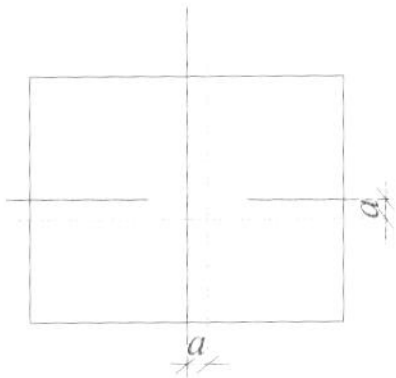 |
| 上柱和下柱扭转 | 3.0 | 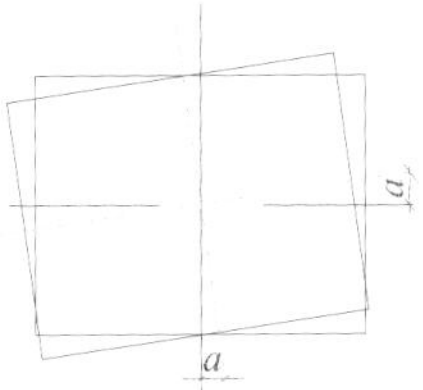 |
| 柱底标高 | ± 2.0 | 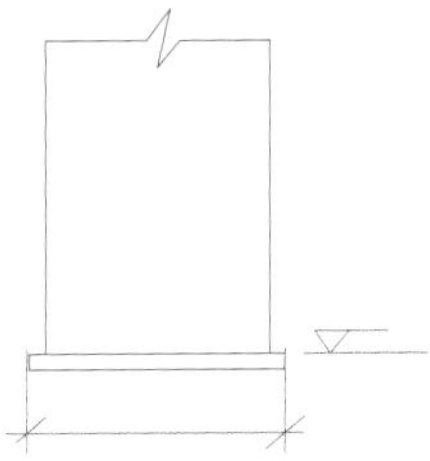 |
| 单节柱的垂直度 | $h$/1000且不应大于10.0 | 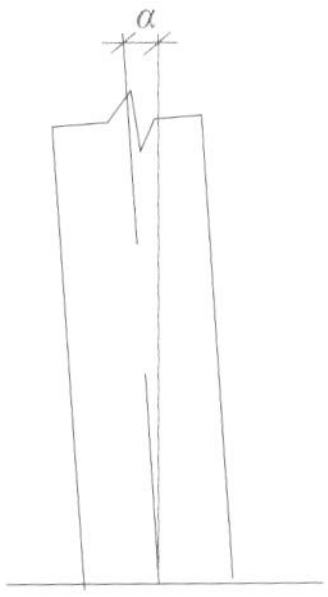 |
| 同一层的柱顶标高 | 5.0 | 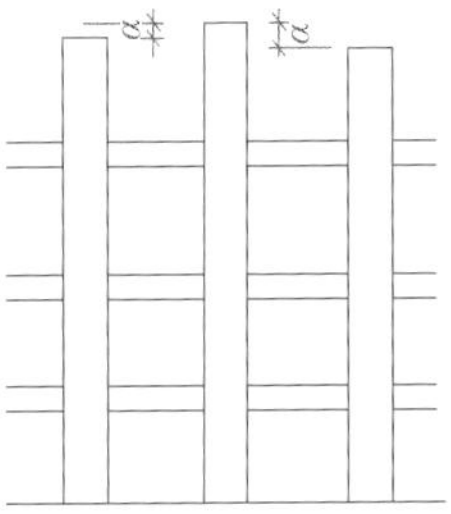 |

续表

| 项目 | 允许偏差（mm） | 图例 |
|---|---|---|
| 同一根梁两端的水平度 | $L$/1000且不应大于10.0 | 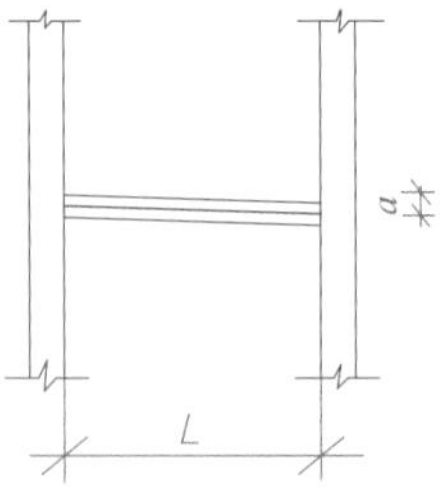 |
| 总体结构的整体平面弯曲 | $L$/1500 | 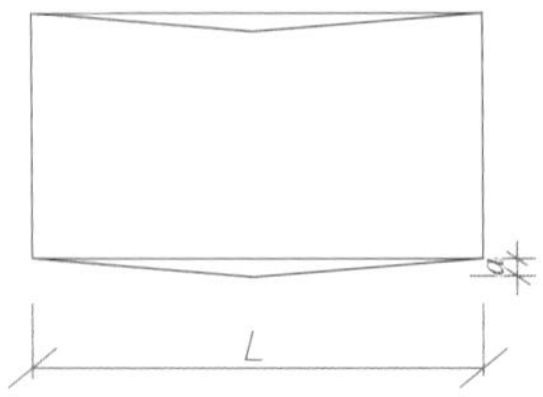 |
| 主体结构的主体垂直度 | $H$/2500+10.0且不大于50 | 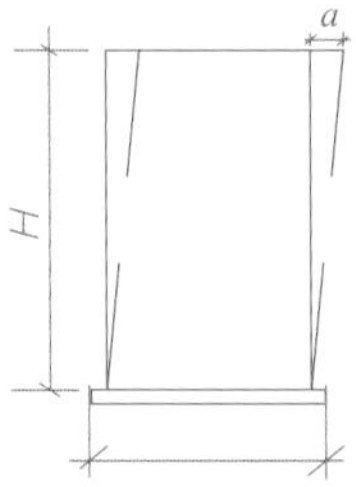 |
| 主梁和次梁表面的高差 | ±2.0 | 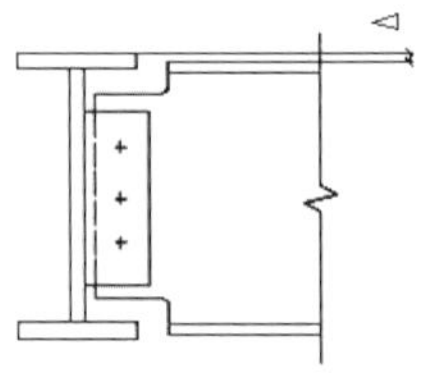 |
| 钢结构主体总高度 | $\pm\sum(\Delta h+\Delta z+\Delta w)$<br>$H$/1000且不大于30<br>$-H$/1000且不小于−30 | 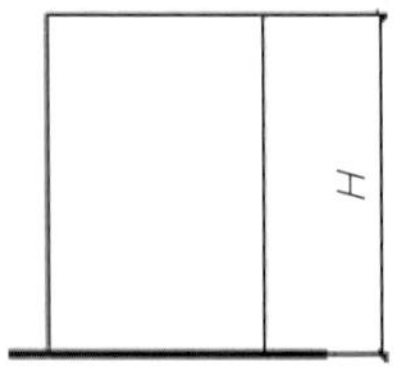 注：1. $\Delta h$为每节柱子长度的制造允许偏差；<br>2. $\Delta z$为每节柱子长度受载荷后的压缩值；<br>3. $\Delta w$为每节柱子接头焊缝的收缩值 |

### 2.4.8　结构安全监测及控制措施

由于本工程为钢结构，要得到有效的建筑物实时的变形趋势，必须借助建筑物模型计算模拟变形量，确定能够合理反映建筑物变形特征的观测点，再配以相应精度的变形观测手段，同时还要结合基础的沉降数据，然后通过数据处理软件进行平差计算、数据分析，从而形成整体建筑物的变形信息，反馈到各施工专业指导施工。

采用智能型全站仪于建筑物外部观测（图2.4-12）。

图2.4-12　智能型全站仪监测

当采用全站仪进行变形观测时，其控制网主要技术要求指标见表2.4-6。

控制网主要技术要求　　表2.4-6

| 变形测量等级 | 观测点点位中误差 | 相邻基准点的点位中误差 | 平均边长 | 测角中误差 | 最弱边相对中误差 |
|---|---|---|---|---|---|
| 一等 | ±1.5mm | ±3.0mm | <150mm | ±1.8″ | ≤1/70000 |

## 2.5　变形监测

变形监测是为了得到物体的空间位置和时间之间的联系，从而对物体或者被监测对象进行测量。在变形分析中，可以把变形的物理解释和几何分析结合起来综合分析预报。一方面，几何分析可以分析物体形态的变化，包括大小、方向等变化；另一方面，物理解释可以用来分析变形的原因。另外，在变形监测中会运用到很多学科的知识，包括测绘、应用数学、水文、工程和控制论等。从工程的安全方面考虑，监测是工程的基础，分析是手段，预报则是目的。

为了确保工程建设的顺利进行，在工程建设的不同时期，监测的周期也应该有所变化。在初期，由于变形的可能性较大，因此，观测的周期时间应该缩短；随着建筑物的逐渐稳定，可以适当减少监测的次数；确定一个周期内的观测时间，意味着需要在规定的时间内完成一个周期的所有测量工作，以免观测周期内的变形被歪曲。

变形测量等级划分表见表2.5-1。

变形测量等级划分表　　表2.5-1

| 变形测量等级 | 垂直位移测量（mm） | 水平位移测量（mm） | | 使用范围 |
|---|---|---|---|---|
| | 变形点的高程中误差 | 相邻变形点高差中误差 | 变形点的点位中误差 | |
| 一等 | ±0.3 | ±0.1 | ±1.5 | 变形特别敏感的高层建筑、工业建筑、高耸构筑物、重要古建筑精密工程设施等 |
| 二等 | ±0.5 | ±0.3 | ±3.0 | 变形比较敏感的高层建筑、高耸构筑物、古建筑重要工程设施和重要建筑场地的滑坡监测等 |
| 三等 | ±1.0 | ±0.5 | ±6.0 | 一般性的高层建筑、工业建筑、高耸构筑物滑坡监测等 |
| 四等 | ±2.0 | ±1.0 | ±12.0 | 观测精度要求较低的建筑物、构筑物和滑坡监测等 |

# 3 复杂地基处理及基础建造技术

## 3.1 基坑支护施工技术

### 3.1.1 基坑概况

本工程±0.00为46.10m，场地高程平均为45.00m，四面皆邻近市政道路，基坑尺寸最大值为东西向145m、南北向230m，基坑面积约为3万$m^2$，基坑挖深15.47m/19.07m，基底绝对标高29.53m/25.93m，槽底相对标高-16.57m/-20.17m，基坑安全等级为一级，设计使用年限1年。工程位置和周边环境图见图3.1-1。

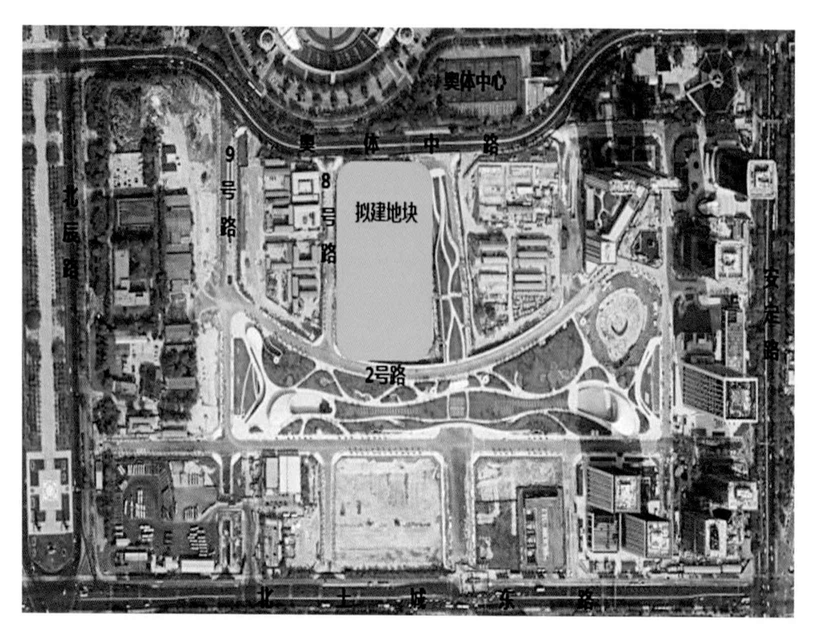


图3.1-1 工程位置和周边环境图

### 3.1.2 设计方案

本工程基坑支护采用桩锚支护形式，支护桩主要设计参数见表3.1-1，支护剖面示意见图3.1-2。

支护桩主要设计参数 表3.1-1

| 序号 | 项目 | 参数 |
|---|---|---|
| 1 | 冠梁（45m） | 冠梁截面为600mm×900mm，混凝土强度等级C25，配筋采用12Φ25（HRB400），主筋保护层厚度不小于50mm |
| 2 | 护坡桩 | 桩身混凝土强度等级为C25，桩径0.8m，桩间距1.6m、桩长20.5m，桩顶标高为45.00m。主筋为11Φ25（HRB400），箍筋$\phi$6.5@200mm，加劲筋$\phi$20@2000mm，混凝土保护层厚度为50mm |
| 3 | 第一层锚杆（41m） | 锚杆水平间距1.5m（一桩一锚），锚杆长度18.5m，夹角15°，锚索为2s15.2（1860）钢绞线，锁定值200kN，钢腰梁采用2-22b工字钢 |
| 4 | 第二层锚杆（37m） | 锚杆水平间距1.5m（一桩一锚），锚杆长度22m，夹角15°，锚索为3s15.2（1860）钢绞线，锁定值320kN，钢腰梁采用2-28b工字钢 |
| 5 | 第三层锚杆（33m） | 锚杆水平间距1.5m（一桩一锚），锚杆长度20.5m，夹角15°，锚索为3s15.2（1860）钢绞线，锁定值280kN，钢腰梁采用2-25b工字钢 |
| 6 | 桩间护壁 | 桩间铺挂（40mm×70mm×2.0mm）钢板网片，喷射50mm厚C20混凝土护壁；竖向采用1Φ14（HRB400）通长压网筋与冠梁相连接；横向采用1Φ14（HRB400）钢筋，两端插入护坡桩各10cm，竖向间距1.2m |

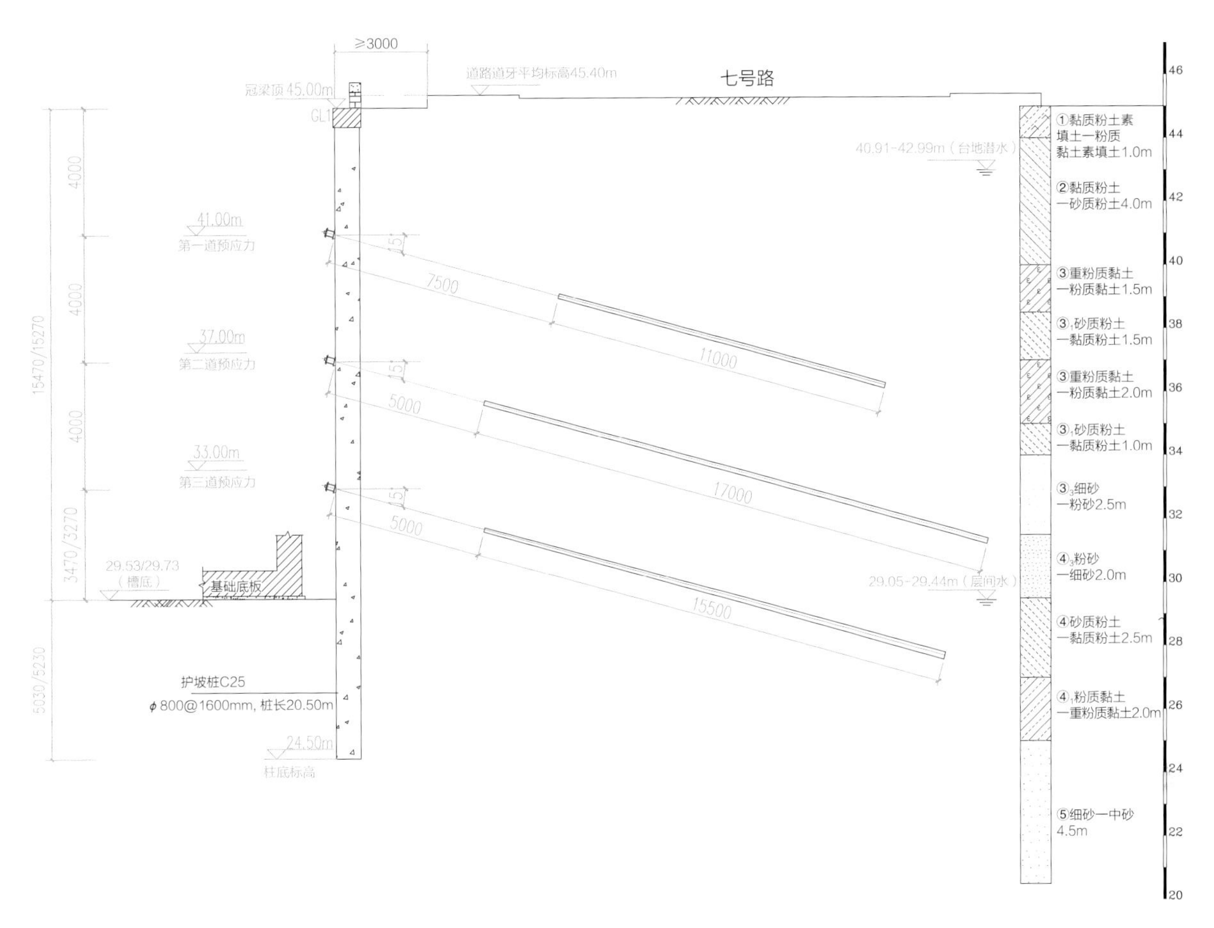


图3.1-2　支护剖面示意图

## 3.1.3　施工方案

### 1. 旋挖钻机施工方案

1）护坡桩旋挖钻机施工方法

据岩土工程勘察报告，本场地地层为粉质黏土、黏质粉土层，考虑到成桩适用性和成桩工效，护坡桩采用旋挖钻机成孔，泥浆护壁水下灌注混凝土施工工艺，其工艺流程图如图3.1-3所示。

2）旋挖钻机施工工序及技术要求

（1）埋设护筒。

孔口埋设护筒，可以起到导正钻具、控制桩位、保护孔口、隔离地表水渗漏、防止地表杂填土坍塌、保持孔内水头高度及固定钢筋笼等作用。

钻孔前应在测定的桩位，准确埋设护筒，护筒长度为3m左右，并确保

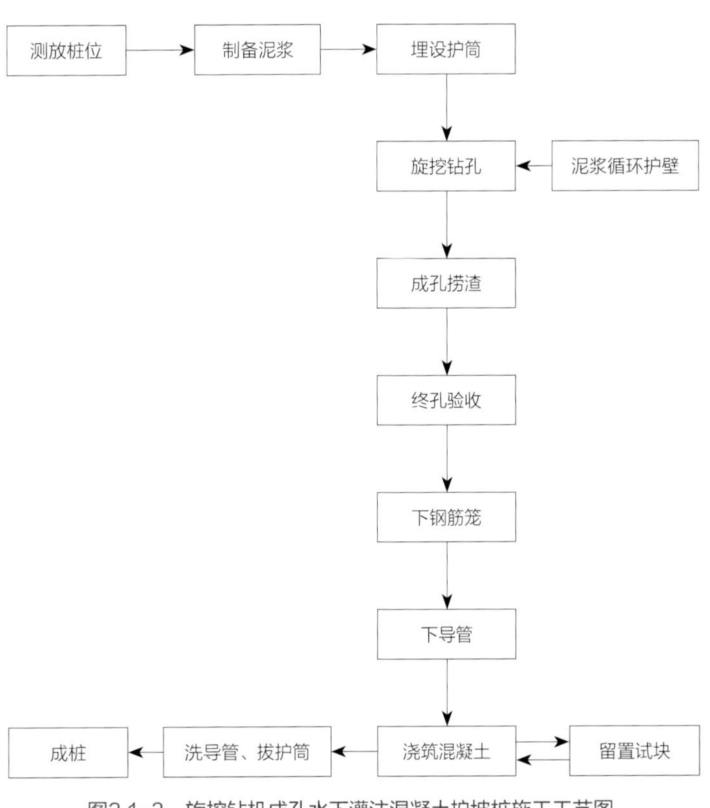


图3.1-3　旋挖钻机成孔水下灌注混凝土护坡桩施工工艺图

护筒底端坐在原状土层。

采用钢板护筒，护筒直径大于设计桩径100mm，护筒顶标高高于施工面20～30cm，并确保筒壁与水平面垂直。

护筒定位时应先对桩位进行复核，然后以桩位为中心，定出相互垂直的十字控制桩线作十字栓点控制。挖护筒孔位，吊放入护筒，护筒周围孔隙用黏土挤密，同时用十字线校正护筒中心及桩位中心，使之重合一致。

（2）旋挖钻机护壁泥浆。

为保证护壁质量，采用现场配置泥浆并用泥浆池储备，储备的泥浆量能够保证每天成孔施工的需求量。旋挖作业时，应保持泥浆液面高度，以形成足够的泥浆柱压力，并随时向孔内补充泥浆。灌注混凝土时，宜适时做好泥浆回收，可以再利用并防止造成环境污染。

（3）钻孔施工技术要点。

钻机就位，将钻头对准桩位，复核无误后调整钻机垂直度。开钻前，用水准仪测量孔口护筒顶标高，以便控制钻进深度。钻进开始时，注意钻进速度，调整不同地层的钻速。钻进过程中，采用工程检测尺随时观测检查，调整和控制钻杆垂直度，边钻进边补充泥浆护壁。护坡桩采用跳打的方式，在取得充分经验的基础上进行隔桩或隔两桩施工，相邻两根护坡桩施工时间间隔，应不小于36h且先施工的护坡桩强度不小于设计强度的50%。对于双排桩，先施工背坑面一侧的桩，再施工临坑面一侧的桩，打一跳一，相邻且先施工的护坡桩强度不小于设计强度的50%，详见图3.1–4。

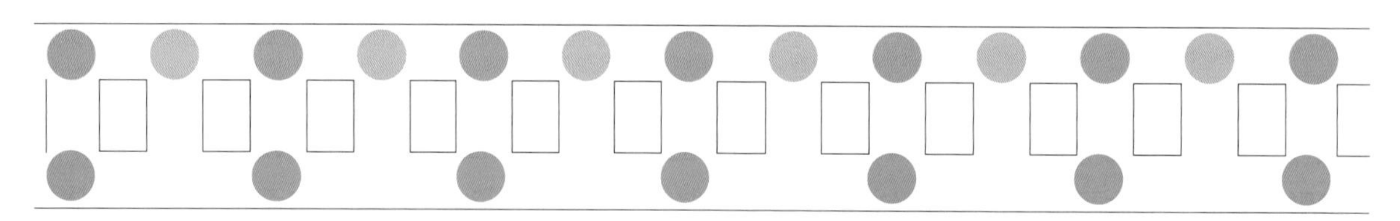

图3.1–4　双排桩施工顺序图

（4）清孔。

灌注桩成孔至设计标高后，利用旋挖钻斗进行清孔。清孔的目的是将孔内的颗粒状物排出孔外，减少孔底沉渣，节省二次清孔时间。本次清孔一般不需调整泥浆密度，因为如果将泥浆密度过早调低，在吊笼过程中泥浆里的颗粒会很快沉淀，影响到二次清孔的效果，一般泥浆密度保持在1.25以下，在测得孔底沉渣厚度小于150mm时，及时抓紧时间吊放钢筋笼。

（5）成孔检验。

钻孔清孔完毕后，在安装钢筋笼之前，检查成孔质量，包括桩位（允许偏差：＜50mm）、孔径（允许偏差：0～+30mm）、孔深（允许偏差：0～+300mm）、垂直度（允许偏差：＜1/200）、桩位及泥浆指标测试、孔底沉渣厚度等，做好钻进施工记录和泥浆质量检查记录，验收合格后吊装钢筋笼。

（6）钢筋笼制作及吊装。

为便于现场钢筋笼的加工、制作，在现场中部设专用钢筋加工区及制作平台。钢筋笼所有钢材必须有材质证明，并在复试合格后方可使用。钢筋笼按照设计图进行翻样制作。

（7）下导管与二次清孔。

采用直径300mm导管（接头最大直径380mm左右）。底管长度一般为4～6m，标准节一般为

2～3m，接头为双螺纹方扣快速接头。导管组装时接头必须密合不漏水（要求加密封圈，黄油封口）。在第一次使用前应进行闭水打压试验，试水压力0.75～1.0MPa，不漏水为合格。导管底部至孔底的距离为300～500mm，漏斗安装在导管顶端。

在导管安放完成，灌注混凝土前再次测量孔底沉渣，当沉渣厚度超过150mm时，可利用混凝土导管连接清孔设备进行反循环清孔以满足要求。

（8）水下灌注混凝土。

在钢筋笼下放和导管安装完成且孔底沉渣厚度满足要求之后，立即进行混凝土灌注，防止晾放过久沉渣超标。

护坡桩混凝土强度等级为C25，采用P·O42.5普通硅酸盐水泥，不允许任何含有氯化钙的外加剂用在混凝土配合比中。混凝土首灌量应灌至导管下口1m以上。混凝土浇筑时，导管下口埋入混凝土的深度不小于2m，不大于6m，设专人及时测定，以便掌握导管提升高度。每次拆卸导管，必须经过测量计算导管埋深，然后确定卸管长度，使混凝土处于流动状态，并做好浇筑施工记录。混凝土灌注必须连续进行，中间不得间断。拆除后的导管放入架子中并及时清洗干净。混凝土灌注过程中，应始终保持导管位置居中，提升导管时应有专人指挥，不使钢筋骨架倾斜、移位。如发现骨架上升时，应立即停止提升导管，使导管降落，并轻轻摇动，使之与骨架脱开。混凝土灌注到桩孔上部5m以内时，可不再提升导管，直到灌注至设计标高后一次性拔出。灌注至桩顶超灌量不小于0.5m，以保证凿去浮浆后桩顶混凝土的强度。混凝土灌注完成后及时拔出护筒，待灌注混凝土达到初凝后立即进行桩空孔回填，防止塌孔及保护人员和设备的安全。灌注完毕后及时用钢板或钢筋网篦将孔口覆盖，并做明显标识，避免人员坠入孔内。混凝土初凝后方可将空孔部分回填。

### 2. 冠梁施工方案

1）施工工艺流程

由于施工现场较大，按流水组织施工，在施工一段护坡桩后，进行冠梁施工，将护坡桩连接成为一个受力体系，冠梁随护坡桩施工进度分段施工，冠梁施工流程详见图3.1–5。

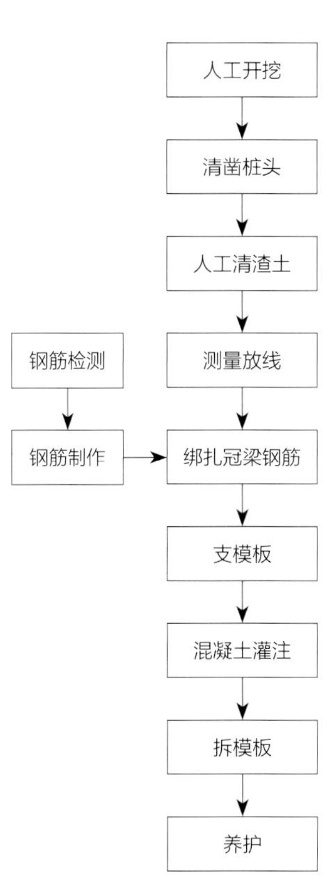

图3.1–5 冠梁施工工艺流程图

2）冠梁施工技术措施

（1）桩头剔凿。

土方开挖至冠梁底标高后，在桩身划出剔凿后桩身顶标高线（冠梁底标高+0.1m），用切割机沿标高线切割桩身钢筋保护层混凝土（50mm），将剔凿后的桩头回收，用于再生骨料。

（2）模板制作安装。

冠梁侧模采用12mm厚覆膜多层板，竖向背楞为双50mm×100mm方木、间距不大于600mm，横向龙骨为双$\phi$48钢管、间距不大于400mm，对拉螺栓规格为M16，竖向间距不大于400mm，横向间距不大于600mm，螺栓端部用“3”型卡顶紧钢管龙骨。多层板拼缝处设置海绵条，由于冠梁底部无垫层，在模板支设时，模板底部深入土层50mm。模内要干净、无杂物，拼缝要严密不跑浆，支撑稳定、牢固。

（3）钢筋制作、绑扎。

冠梁钢筋绑扎前，先将护坡桩外露钢筋进行调整、清理。冠梁钢筋绑扎时钢筋搭接长度≥56*d*，同一截面内接头数量不大于主筋根数的50%。

（4）浇筑。

冠梁浇筑采用预拌混凝土，每段施工缝处留直茬，下次浇筑前，应凿毛并清洗干净。冠梁全部采用汽车泵进行混凝土浇筑。

（5）混凝土养护。

混凝土浇筑完毕后12h以内必须对混凝土加以覆盖并保湿养护。混凝土浇水养护的时间：不得少于14d。浇水次数应能保持混凝土处于湿润状态。冬期施工时浇筑完成后用保温棉进行覆盖，并留置同条件试块。

### 3. 土钉墙施工方案

1）土钉施工工艺

土钉墙支护，系在开挖边坡表面每隔一定距离设置土钉，并铺钢筋网、喷射细石混凝土，使其与边坡土体形成共同工作的复合体，从而有效提高边坡的稳定性，增强土体破坏的延性，对边坡起到加固作用。它具有结构简单、可以阻水、施工方便、快速、节省材料、费用较低廉等优点。本工程的基坑支护方案选择围护桩+土钉墙的形式以提高基坑的稳定性。其中，土钉施工工艺流程如图3.1–6所示。

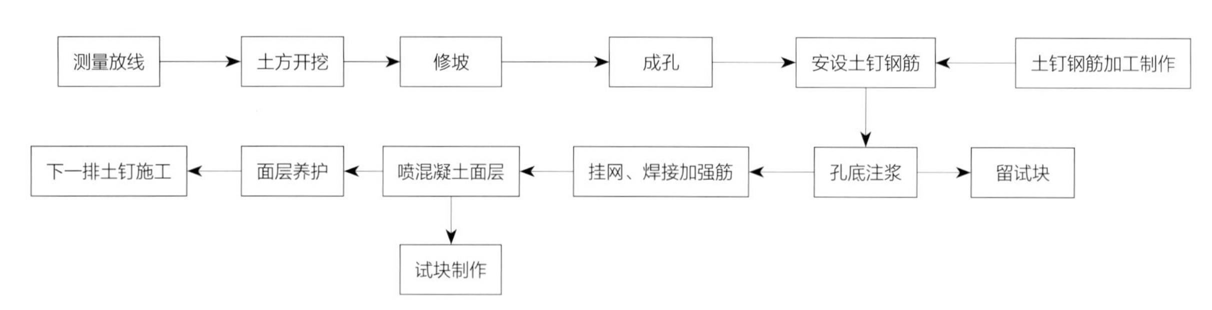


图3.1–6 土钉施工工艺流程图

2）土钉墙施工技术要求

根据工程地质条件、施工方案与工程实际情况，土钉墙施工技术遵循以下几点要求：

（1）土方开挖必须与土钉墙护坡配合施工。

土钉墙施工工作面必须分段分层进行土方开挖，每段长度15～20m，每层挖土深度与土钉垂直间距相匹配，保证每层土方开挖的超挖量不超过500mm，一是便于土钉施工，二是避免超挖造成边坡塌方。土钉墙施工与土方开挖交替进行，每步土钉墙护坡施工结束并达到设计强度的70%后，再进行下一步土方开挖，并在下一步土方开挖时要注意对上部混凝土面层及土钉的保护，避免碰触已施工完的护坡面混凝土面层及土钉。

（2）土方开挖严格按设计要求控制坡度，工作面开挖后及时人工修坡，坡面平整度的允许偏差为±20mm。

（3）修坡结束后确定土钉孔位，然后采用机械成孔，孔深允许偏差：±50mm；孔径允许偏差：±5mm；孔距允许偏差：±100mm；成孔倾角允许偏差：±3%。如遇特殊情况需要移孔位，由现场技术负责人批准；成孔达到设计要求后，检查成孔质量，合格后方可进行下一步工序。

（4）成孔合格后安设土钉钢筋，钢筋长度、规格、种类符合设计要求，需要焊接时采用单面焊接，焊接长度不少于10$d$；土钉钢筋每1.5m设一组定位支架，定位支架采用三个$\phi$6.5钢筋弯成的圆弧钢筋，在土钉钢筋下方120°等分成60°与土钉钢筋焊接而成，放入孔内时保证支架在下方。

（5）土钉注浆材料为P·O 42.5普通硅酸盐水泥浆，水灰比0.5，水泥浆搅拌均匀，随拌随用，一次拌和的水泥浆在初凝前用完。

（6）土钉注浆，每次拌和的水泥浆制作标准养护试块一组。

（7）注浆前将孔内残留或松动的杂土清除干净；注浆开始或中途停止超过30min时，则用水或稀水泥浆润滑注浆泵及其管路。注浆时，注浆管插至距孔底250～500mm处，孔内注浆应饱满，孔口流出浓浆后拔出注浆管，待水泥浆渗漏或干缩后再进行孔口二次或三次补浆。

（8）面层钢筋网之间搭接不小于300mm，钢筋网保护层厚度不小于20mm，加强筋压在钢筋网上，与土钉钢筋焊接牢固。

（9）喷射混凝土时严格按施工配比进行配料。喷射面层混凝土前，在坡面设置喷射混凝土厚度控制标识，确保面层混凝土厚度满足设计要求。

（10）土钉墙面层混凝土，连续作业每500m$^2$制作标准养护试块一组。

### 4. 桩间喷护施工方案

基坑南侧利用原有护坡桩作为支护，原有护坡桩桩间采用图纸中桩间处理方法：横向压筋加密，为1m/道，使用铁丝将钢板网绑扎在横向压筋处，喷射混凝土。

1）桩间土护壁施工流程

桩间土护壁施工工艺流程详见图3.1–7。

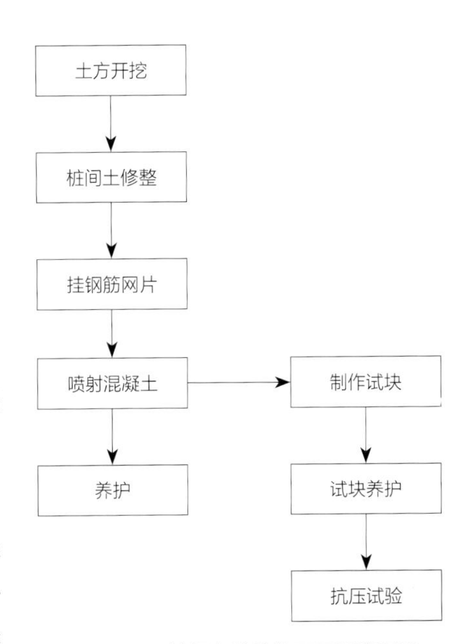

图3.1–7　桩间土护壁施工工艺流程图

2）桩间喷护技术要点

（1）桩间土修整。

土方开挖后，应人工及时修整桩间土面，其平整度允许偏差为±20mm。

（2）挂钢板网片。

钢板网片规格为40mm×70mm×2mm。网片外侧设置1根$\phi$14竖向加强筋，竖向加强钢筋顶部插入冠梁内，插入深度不少于100mm。水平加强筋为$\phi$14钢筋，竖向间距1.2m，水平加强筋插入两侧支护桩内，插入深度不小于100mm。钢筋插入孔采用电锤开孔，孔径16mm，孔深120mm。

（3）面层喷射混凝土。

桩间护壁锚喷面层为50mm厚C20混凝土，喷射混凝土施工过程中严格计量配比，喷射作业应分段进行，同一分段喷射顺序应自下而上。喷射时喷头与受喷面应保持垂直，喷射射距0.8～1.5m。每层喷射混凝土施工时，做一组混凝土试块，标养28d后进行检验。

（4）相关措施。

为保证桩间土的安全，在含水层高度范围内设置导流管，将含水层里的滞水导流到护坡桩底部排水沟内集中抽排至排水系统里。导流管为$\phi$50的PVC管，竖向间距不大于1m，水平间距不大于1m，导流管插入土层内长度不少于300mm，外露长度不少于200mm，由内向外向下倾斜角度不小于15°。导流管作法见图3.1–8。

3）桩间面层防冻胀措施

（1）冬期施工应采用热水搅拌干拌料，水泥强度等级为P·O42.5普通硅酸盐水泥，按使用说明要求添加防冻剂和早强剂。

（2）混凝土喷射应安排在气温高于0℃时施工，同时及时覆盖岩棉被，加强保温，需夜间喷射混凝土，要增加照明，以保证安全及质量。

（3）冬季桩间土挖出后不能及时喷射混凝土，应采用岩棉被进行覆盖保温，防止受冻。

（4）冬期施工期间应有必要的防冻措施，桩间护壁混凝土面层喷射后1.5h内覆盖岩棉被。

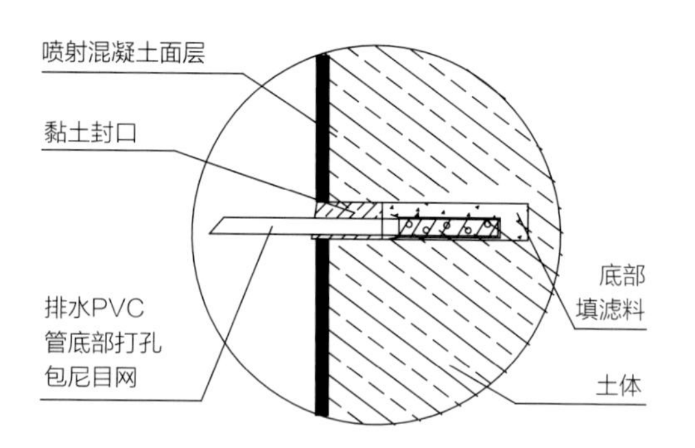


图3.1-8 导流管做法示意图

**5. 预应力锚杆施工**

槽底部位遇到砂卵石层可采用套管钻机湿作业成孔，其他部位可采用普通螺旋锚杆钻机成孔。锚杆张拉采用液压千斤顶张拉至设计预应力后锁定，预应力锚索施工工艺流程图如图3.1-9所示。

1）测量、定孔位

根据设计图纸，先将锚杆施工标高轴线测放出来，再根据锚杆间距施放锚杆位置，并做好标记和编号。

2）钻机成孔

按钻机高度及导轨和枕木高度平整场地，并将导轨安装牢固。钻机就位后，根据设计孔位及角度调整钻杆钻进角度，并经现场技术人员用量角仪检查合格后，才可正式开钻。对于砂卵石层的锚杆成孔选用螺旋钻机成孔，钻至设计深度空转排出虚土；对于底部卵石层选用套管钻机成孔；局部锚杆交叉时，可将锚杆角度分别调成12°和18°，防止锚杆交叉在一起。锚杆定位偏差不大于50mm，孔倾斜不大于1%，钻头直径不应小于设计钻孔直径3mm，钻进深度应大于锚杆总长度0.5m。

3）锚杆杆体安置

完成成孔工序后，应立即用人工将预制好的锚索从孔口下入孔底。土层预应力锚杆成孔直径设计为$\phi$150，锚体采用7$\phi$5预应力高强钢绞线（强度等级为：1860MPa）制作而成。钢绞线下料长度应比设计孔深长1.0m左右，以满足张拉锁定需要。在绑扎前，钢绞线应先进行除锈处理，为保证钢绞线在孔中的保护层，钢绞线需内置塑料支架，间距1.5m，固定于定位骨架中心。锚固段钢绞线必须避免接触油脂、泥土等杂物，锚杆自由段的钢绞线上满涂黄油，以塑料套管包裹，两端用铁丝绑扎，并用胶带缠绕密封，套管前端口应切实做好隔浆措施，防止灌浆材料侵入自由段，必须保证自由端钢绞线与水泥浆体无粘结。

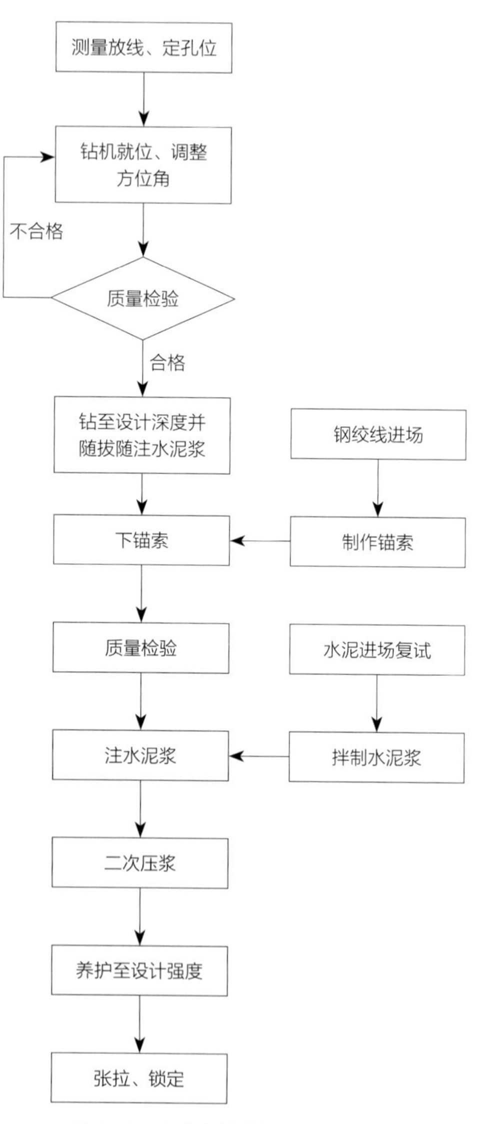


图3.1-9 预应力锚索施工工艺流程图

4）注浆

钻孔完毕后，应立即将钢绞线和注浆管插入孔内，注浆管距孔底约150mm，注浆管采用1根1寸（1寸≈3.33cm）塑料管作导管，注浆材料水灰比为0.5～0.55的P·O 42.5普通硅酸盐水泥浆，视工期情况可加入早强剂。注浆水泥用量不少于30kg/m，注浆压力为0.3MPa。注浆应慢速连续，直至钻孔内的水及杂质被完全置换出孔口，孔口流出水泥浓浆为止，随即将一次注浆管拔出。二次注浆管在自由段采用4～6分（1分≈0.33cm）钢管，锚固段可用DN20塑料管，采用丝扣连接，锚索自由段范围内不打孔，其余部位钻6mm对口孔，间距500～600mm，孔口用多层胶带缠绕封口，末端封口。二次注浆管置于钢绞线束中间，即穿入隔离支架中心孔内二次压浆应在水泥初凝后3h，终凝前6h，一般应在一次注浆体强度达到5MPa时进行。常温下在一次注浆7～8h后，二次注浆采用高压劈裂注浆，注浆压力宜控制在2.0～5.0MPa。一次注浆和二次注浆的总注浆水泥量不宜小于40kg／m。注浆量控制采用孔口溢浆停止劈裂注浆或劈裂注浆量30kg／m后停止劈裂注浆。终止压力注浆不应小于1.5MPa。

5）钢腰梁的安装

每一道锚杆均张拉在腰梁上，护坡桩钢腰梁采用双拼工字型钢；在钢腰梁上设置防坠钢丝绳，每2根桩设置一根钢丝绳，钢丝绳与桩为锚栓连接，将钢腰梁固定，防止其因为锚杆应力损失而出现坠落现象。其与围护结构之间必须顶紧。在架设腰梁时用快硬细石混凝土填充密实，腰梁背后与围护结构之间的空隙也按同样的方法处理。钢腰梁应连续、封闭，在基坑转角处应刚性连接，避免出现悬臂受力状态。

6）张拉锁定

待锚固体强度大于15MPa并达到设计强度的75%后，按设计要求施加预应力，对锚杆进行分段张拉，上紧锚头。张拉荷载为设计荷载的90%～100%，稳定5～10min后，退至设计锁定荷载值进行锁定；锚杆张拉控制应力不应超过锚杆杆体强度标准值的75%。在锚杆张拉施工过程中，考虑到张拉锁定的应力损失，施工锁定值提高到锚杆设计值的70%。

## 3.2 地基建造技术

### 3.2.1 基础工程概况

地基基础工程是建筑工程的重要组成部分，其质量直接关系到整个建筑物的结构安全。北京冬奥村为提高土地利用率并且保障运动员在奥运期间的生活，项目将以高层建筑为主。由于高层建筑受力复杂且荷载量巨大，对地基基础的强度、刚度和稳定性的要求非常高，基础工程的安全性对整个建筑来说举足轻重。在各种复杂的地质条件下，要保证地基基础的质量合格，必须对地质条件做出精准勘测，选择合理的地基基础处理方案，严格把控基础的施工过程。

北京冬奥村包括多栋高层公租房、多层配套用房及周边纯地下室组成，11栋高层公租房采用CFG桩地基处理，裙房以及地下车库采用抗浮锚杆施工。

### 3.2.2 抗浮锚杆主要施工方案

抗浮锚杆是抵抗其上建筑物因浮力向上位移而设置的结构构件，是建筑工程地下结构抗浮措施的一种。

本工程采用长螺旋钻机成孔，孔底注浆后放杆体钢筋的施工工艺。

### 1. 抗浮锚杆工艺流程

抗浮锚杆施工工艺流程图见图3.2–1。

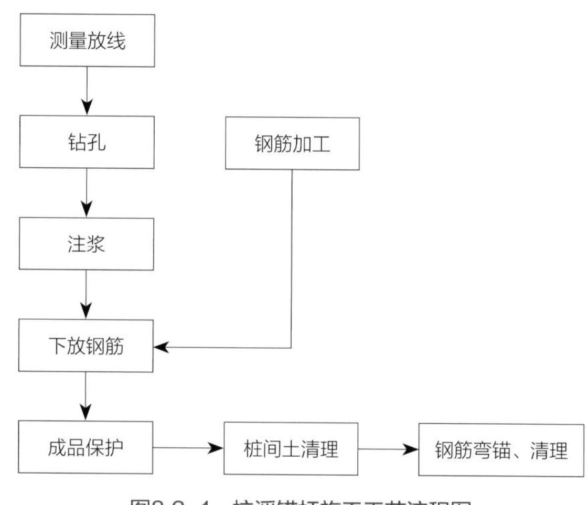

图3.2–1 抗浮锚杆施工工艺流程图

### 2. 测量放线

测量员根据建设单位提供的控制点，采用电子全站仪在基坑内施放角点和拐点处的抗浮锚杆，其余抗浮锚杆点位均由这四个基点施放。孔位用木桩作标记，并在孔中心撒白灰作标识。在中间部分抗浮锚杆设置临时固定点，以便施工过程中能够复核孔位，确保孔位的准确。

### 3. 成孔、清孔

成孔：锚杆施工采用长螺旋钻机倒插钢筋施工工艺，成孔时孔位准确，钻孔垂直，孔深符合设计要求并及时做好成孔深度记录。

清孔：成孔后及时清孔。

### 4. 锚杆加工

（1）进场钢筋有出厂合格证等质量证明文件，试验人员现场取样进行复试，并按照国家及北京市有关规定约请监理工程师进行有见证取样复试。

（2）平整锚杆钢筋加工场地。钢筋进场后保留标牌，按规格分别堆放整齐，防止污染和锈蚀。

（3）锚杆钢筋加工时，主筋与固定支架采用点焊，主筋应均匀分布。

（4）钢筋连接，根据钢筋机械连接技术规程规定，采用I级接头保证同一截面内接头数目不超过钢筋总数的50%，相邻接头的间距不小于35*d*。本工程抗浮锚杆钢筋设计长度为8m与12m两种，根据设计长度选用合适的钢筋规格，进场钢筋为9m与12m，基本无接头。

（5）锚杆连接筋为$\phi$20钢筋，长80mm，采用钢筋切割机加工，每1.5m一道与主筋焊接牢固，第一道距垫层底150mm（钢筋弯折前），并敲掉焊渣。

### 5. 锚杆的安装

（1）将制做好的锚杆杆体人工运输至孔口，暂时堆放在干燥洁净处；

（2）用长螺旋钻机自带的卷扬设备将锚杆缓慢提升，待锚杆提升至竖直后，慢放入孔内，重复完成另一根钢筋的下放工作；

（3）用水准仪测定并控制抗浮锚杆顶标高；

（4）现场如需要，可适当调整保护层位置，使锚杆钢筋在孔内居中。

### 6. 锚杆的注浆

（1）注浆前，检查制浆设备、注浆泵是否正常；检查送浆管路是否畅通无阻，确保注浆过程顺利，避免因中断影响压浆质量。

（2）注浆泵通过螺旋杆内注浆管进行注浆，采用P · O 42.5普通硅酸盐水泥，水灰比为0.45 ~ 0.5，注浆体设计强度为30MPa。第一次注浆压力为0.4 ~ 1MPa，第二次注浆在第一次注浆初凝后、终凝之前或在第一次注浆强度达到5MPa时进行。

（3）起螺旋钻杆时，提升速度不得大于0.3m/s。

（4）按每台班制作一组试块，每组试块不少于6块。

### 7. 关键过程控制

该工程施工中，注浆为关键施工过程，应采取如下措施加以有效控制：

（1）注浆施工：仪表应进行检定，操作人员持有上岗证并严格按设计方案要求进行施工，同时进行记录。

（2）锚杆的定位偏差不得大于100mm；倾斜度应≤1%；钻孔深度达到锚杆设计长度且不宜大于500mm。

（3）注浆过程中预留好试块，按每台班取一组试块，每组试块不少于6块。

### 8. 抗浮锚杆的质量保证措施

（1）锚杆成孔时，要根据成孔地层选择保证成孔质量的工艺和措施；

（2）锚固体要注浆饱满，充盈系数不小于1.2；

（3）锚杆的施工偏差验收要求应符合下列要求：

① 钻孔深度不宜大于设计深度0.5m；

② 钻孔位允许偏差不大于100mm；

③ 杆体长度应大于设计要求。

### 9. 锚杆验收试验

锚杆必须进行验收试验。其中占锚杆总量的5%，且不少于3根。

锚杆正式施工前，应进行不少于6根锚杆的工艺检测及基本试验（极限抗拔试验）。施工完毕后由第三方检测单位按锚杆总数的5%且不少于3根进行抗拔验收试验，最大试验荷载为锚杆抗拔承载力特征值的1.5倍。

### 10. 抗浮锚杆质量验收标准

抗浮锚杆质量验收标准见表3.2–1。

抗浮锚杆质量验收标准　　表3.2–1

<table>
<tr><th rowspan="2">项目</th><th rowspan="2">序号</th><th rowspan="2" colspan="2">检查项目</th><th colspan="2">允许偏差或允许值</th><th rowspan="2">检查方法</th></tr>
<tr><th>单位</th><th>数值</th></tr>
<tr><td rowspan="3">主控项目</td><td>1</td><td colspan="2">抗拔承载力</td><td colspan="2">不小于设计值</td><td>抗拔试验</td></tr>
<tr><td>2</td><td colspan="2">孔深</td><td colspan="2">不小于设计值</td><td>测钻杆套管长度</td></tr>
<tr><td>3</td><td colspan="2">锚固体强度</td><td colspan="2">不小于设计值</td><td>28d试块强度</td></tr>
<tr><td rowspan="7">一般项目</td><td>1</td><td colspan="2">垂直度</td><td colspan="2">≤1/100</td><td>经纬仪测量</td></tr>
<tr><td rowspan="2">2</td><td rowspan="2">孔位</td><td>$D$<500mm</td><td colspan="2">≤70+0.01$H$</td><td rowspan="2">基坑开挖前量桩位，开挖后量孔中心</td></tr>
<tr><td>$D$≥500mm</td><td colspan="2">≤100+0.01$H$</td></tr>
<tr><td>3</td><td colspan="2">孔径</td><td>mm</td><td>±10</td><td>用钢尺量</td></tr>
<tr><td>4</td><td colspan="2">杆体标高</td><td>mm</td><td>+30<br>–50</td><td>水准测量</td></tr>
<tr><td>5</td><td colspan="2">锚固长度</td><td>mm</td><td>+100<br>0</td><td>用钢尺量</td></tr>
<tr><td>6</td><td colspan="2">注浆压力</td><td colspan="2">设计值</td><td>检查压力表读数</td></tr>
</table>

11. 抗浮锚杆施工验收

经检测单位对本工程抗浮锚杆进行抗拔力检测，所有抗浮锚杆抗拔承载力均满足设计要求。抗浮锚杆完成照片见图3.2-2、图3.2-3。

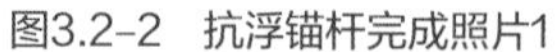

图3.2-2 抗浮锚杆完成照片1

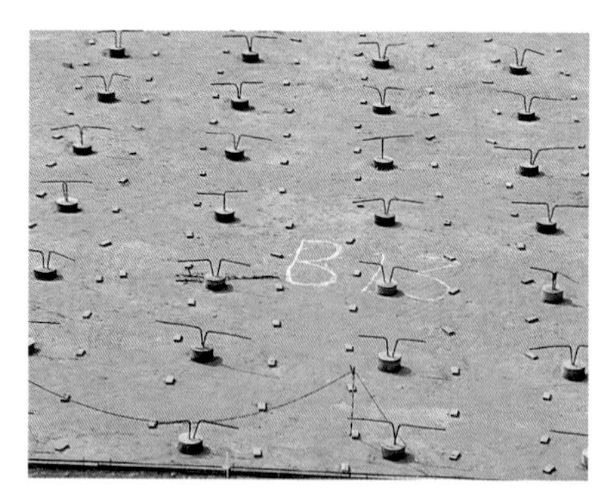

图3.2-3 抗浮锚杆完成照片2

## 3.2.3 CFG桩主要施工方案

1. CFG桩施工前准备工作

（1）用于测量定位的全站仪、水准仪送交计量检验部门检定。用于施工的机械设备进行检修保养，使其处于良好的机械性能状态，并且必须符合北京地区环保要求。

（2）对作业区进行平整。

（3）施工前应复核测量基线、水准基点、桩位的准确性。桩基轴线的定位引点及水准点应设置在不受施工影响处。

（4）施工现场备好所需器具及易损坏机械配件。

（5）做好技术交底及安全技术交底。

根据多年此类工程的施工经验，采用长螺旋钻机成孔的施工工艺，该钻机具有噪声小、成孔效率高、移位方便的优点。CFG桩施工工艺流程如图3.2-4所示。

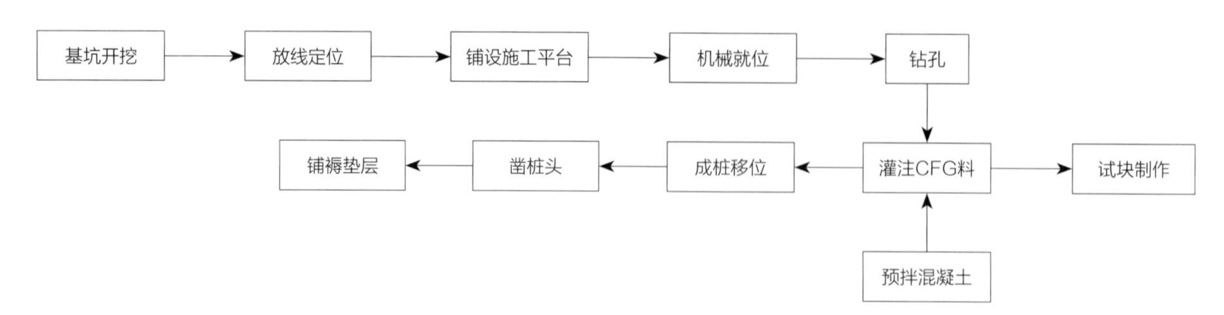


图3.2-4 CFG桩施工工艺流程图

2. CFG桩施工工艺流程

1）基坑开挖

挖槽至高出设计桩顶标高1m开始施工CFG桩，成桩后剔凿桩头至设计桩顶标高处。

2）放线定位

根据桩位平面图和主要轴线，用全站仪定坐标，钢尺量距，按平面图位置确定各桩位点，每个桩桩点用钢筋打孔，然后灌入白灰，再将钢筋钉入，点位误差＜20mm。定位后请监理工程师验线。

3）成孔

钻机就位前要做好测量放线工作，确定正确的桩位，钻机安放要平稳、对正桩位，钻头中心与桩位偏差不大于2cm，桩垂直度偏差小于1%。采用长螺旋钻机跳打施工“隔一打一”，钻孔与常规方法相同，边钻进边排土，成孔深度以设计要求桩底标高控制。

4）混合料

本工程使用C20预拌混凝土，入泵坍落度为160 ~ 200mm。

5）提钻灌注混合料

CFG桩钻到设计标高后，停止钻进，开始泵送混合料，当钻杆芯管充满混合料后开始拔管，严禁先提管后泵料。成桩的提拔速度宜控制在2.0 ~ 3.5m/min，成桩过程要连续进行，注意灌入量及灌入高度。

6）CFG桩头凿除和桩间土清运

CFG凿桩头时需人工清除余土配合，用锯片或钢钎从四周向中心逐渐切断桩头，将桩头回收破碎为再生骨料。

7）褥垫层铺设

复合地基检验合格并经验槽后方可进行褥垫层施工。褥垫层材料使用粒径5 ~ 20mm碎石，最大粒径不大于30mm。褥垫层的铺设应采用静力压实法，夯填度（压实后的褥垫层厚度与虚铺厚度之比）不得大于0.9，铺设范围为处理范围外扩200mm。

8）冬期施工措施

进入冬期施工阶段，要求预拌混凝土入孔温度不得低于5℃，钻机成桩完成后用干土对桩孔进行覆盖，防止桩头混凝土受冻，当桩间土清理完后应及时进行验槽工作，验槽结束后铺设褥垫层。如未能及时铺设，应用阻燃岩棉被对原状土进行覆盖保温。

### 3. 质量控制措施

（1）开钻前，对孔位进行复核，确保桩位满足要求；

（2）开钻前检查钻头直径，确保桩径满足要求；

（3）在钻杆上做出明显标识，确保桩长满足要求；

（4）控制拔管速度，防止拔管过快，造成塌孔；

（5）施工完成后，混凝土初凝之前使用振捣棒振捣上部混凝土，加强混凝土的密实性，防止上部1 ~ 3m因为混凝土的压力变小，混凝土中有细微气泡排不出来，造成上部桩体的不密实。

### 4. 质量检验标准

质量检验标准见表3.2–2。CFG桩施工完成照片见图3.2–5。

**质量检验标准** **表3.2–2**

| 项目 | 序号 | 检查项目 | 允许偏差或允许值 | | 检查方法 |
|---|---|---|---|---|---|
| | | | 单位 | 数值 | |
| 主控项目 | 1 | 复合地基承载力 | 不小于设计值 | | 静载试验 |
| | 2 | 单桩承载力 | 不小于设计值 | | 静载试验 |
| | 3 | 桩长 | 不小于设计值 | | 测桩管长度或用测绳测孔深 |

续表

| 项目 | 序号 | 检查项目 | 允许偏差或允许值 | | 检查方法 |
|---|---|---|---|---|---|
| | | | 单位 | 数值 | |
| 主控项目 | 4 | 桩径 | mm | +50<br>0 | 用钢尺量 |
| | 5 | 桩身完整性 | — | | 低应变检测 |
| | 6 | 桩身强度 | 不小于设计值 | | 28d试块强度 |
| 一般项目 | 1 | 桩位 | 条基边桩沿轴线 | ≤1/4*D* | 全站仪或用钢尺量 |
| | | | 垂直轴线 | ≤1/6*D* | |
| | | | 其他情况 | ≤2/5*D* | |
| | 2 | 桩顶标高 | mm | ±200 | 水准测量，最上部500mm劣质桩体不计入 |
| | 3 | 桩垂直度 | ≤1/100 | | 经纬仪测桩管 |
| | 4 | 混合料坍落度 | mm | 160～220 | 坍落度仪 |
| | 5 | 混凝土充盈系数 | ≥1.0 | | 实际灌注量与理论灌注量的比 |
| | 6 | 褥垫层夯填度 | ≤0.9 | | 水准测量 |

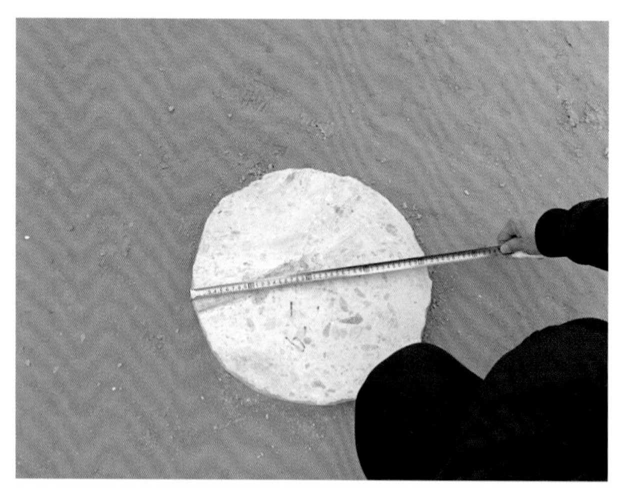

图3.2-5　CFG桩施工完成照片

# 4 钢筋混凝土现浇结构工程施工关键技术

## 4.1 钢筋工程施工关键技术

### 4.1.1 钢筋加工

钢筋加工之前制作钢筋配料表，经审核签字后方可进行加工。所有钢筋经现场见证取样试验合格后进行加工制作。钢筋直螺纹套筒供应厂家需通过建设单位、监理单位、施工单位各方共同考察确定，选择质量、信誉优质的专业厂家供应。直螺纹丝头加工人员由专业厂家到现场进行培训，并经考核合格后方可上岗。

**1. 钢筋加工顺序**

钢筋除锈→钢筋调直→钢筋加工放样→钢筋切断→钢筋弯制→编号堆放（同时制作钢筋马凳）→加工品自检。

**2. 钢筋除锈**

用钢丝刷除去钢筋表面的铁锈，并清理掉钢筋表面的油污，对于盘条，采用调直机边调直边除锈。

**3. 钢筋调直**

对成盘供应的钢筋采用调直机调直。

**4. 钢筋放样**

钢筋加工前，现场技术人员依据设计图纸将钢筋按部位放大样，保证加工后的钢筋大样的形状、尺寸符合设计要求。

**5. 钢筋切断**

（1）采用机械连接的钢筋截断，宜采用带锯机代替传统的无齿锯切割，速度快、机械损耗小、钢筋无损伤，保证接头加工的质量和效率。

（2）断料时不允许使用短尺量长料，防止在量料中产生累计误差。断长料时要在工作台上标出尺寸刻度线，并设置控制断料尺寸用的挡板。断料误差控制在 ± 10mm内。

（3）将同一规格钢筋根据不同长度长短搭配，统筹配料，先断长料，后断短料，减少废钢筋头数量。

（4）切断过程中，应将钢筋端头切平，并将钢筋的毛刺、飞边磨光，要求钢筋端面与钢筋轴线垂直，端头不得弯曲，不得出现马蹄形。端头弯曲、马蹄严重的应切除。如发现钢筋的硬度与该钢种有较大的出入，要及时反映，查明情况。切断后的钢筋断口处不得有椭圆形或起弯等现象。

**6. 钢筋的弯制**

（1）本工程钢筋均为HRB400级，钢筋末端需作90°或135°弯折。弯折半径$R_b$取值如下：钢筋直径$d\leqslant 25$mm，$R_b=4d$；$d>25$mm，$R_b=6d$，平直部分长度以设计图纸为准。弯起钢筋中间部位弯折处的弯曲直径$D$不小于钢筋直径$d$的5倍；箍筋的末端要做成135°弯钩，弯钩的弯曲直径略大于受力主筋直径，且不小于箍筋直径的2.5倍，弯钩平直部分的长度为10$d$。

（2）钢筋弯曲前，对形状复杂的钢筋，根据料表上的尺寸，用石笔将各弯曲点画出，画线工作从钢筋中线向两边进行。根据不同的弯曲角度从相邻两端直段长度中各扣除弯曲调整值的一半。钢筋端部带半圆弯钩时，该段长度画线增加0.5$d$，画线工作应该从钢筋中线开始向两边进行。

### 4.1.2 钢筋安装

#### 1. 底板钢筋安装

1）施工工艺

弹钢筋位置线→垫块摆放→摆放基础底板南北向下铁钢筋→摆放南北向基础梁临时支撑架→绑扎南北向基础梁→绑扎基础底板东西向下铁钢筋→摆放东西向基础梁临时支撑架→绑扎东西向基础梁→拆除基础梁临时支撑架→上铁钢筋马凳摆放就位→摆放基础底板东西向上铁钢筋→绑扎基础底板南北向上铁钢筋→绑扎墙体、柱插筋。

2）钢筋的连接方式

基础底板钢筋直径16mm及以上的钢筋采用直螺纹连接，接头位置：相邻接头错开50%，错开长度为35$d$且不少于500mm。

3）钢筋绑扎方法

钢筋之间采用20号火烧钢丝绑扎，钢筋搭接处，要在中心和两端用铁丝扎牢；钢筋绑扎与安装钢筋在搭接长度内必须绑扎三点以上；钢筋绑扎时要用“八”字扣，不得采用顺扣；箍筋接口处均采用兜扣绑扎；钢筋搭接接头不得位于洞口处；底板钢筋的绑扎时，钢筋网的绑扎，四周两行钢筋交叉点每点扎牢，中间部分交叉点可以相隔交错绑扎，但是必须保证受力钢筋不位移；双向主筋的交叉点全部绑扎牢固；绑扎时钢筋的弯钩应向上，不能倒向一边，但是上层的钢筋弯钩应朝下；梁的纵向受力钢筋为多层设置时，各层钢筋之间用直径不小于梁纵筋的短钢筋垫起。

#### 2. 柱钢筋安装

修整预留接长筋→按计算好的本层柱箍筋数量在预留接长筋上安放箍筋→四角竖向钢筋与预留接长筋连接→连接其余竖向钢筋→绑扎箍筋→安放钢筋保护层垫块及框架柱上口钢筋定距框→自检验收→隐检。

框架柱钢筋绑扎前应先根据弹好的外皮尺寸线，检查预留钢筋的位置、数量、长度是否符合要求。根据要求先整理调直预留筋，并将其上的水泥砂浆清除干净。绑扎框架柱钢筋时，先按图纸要求的间距计算出每根柱箍筋的数量，将箍筋套在下层伸出的预留筋上。主筋连接好后，在立好的框架柱竖向钢筋上，用粉笔画出箍筋位置线，并加钢筋定距框。在绑扎基础柱的纵筋时，对伸入基础梁的柱纵筋设置3道箍筋且间距不大于500mm。

按画好的箍筋位置线，将已套好的箍筋往上移动，由上向下绑扎。箍筋转角处与框架柱主筋交点应采用兜扣绑扎，其余部位采用八字扣绑扎。箍筋弯钩叠合处沿柱子竖筋交错布置并绑扎牢固，上下两端箍筋按照规范规定加密。箍筋与柱竖筋要垂直；弯钩必须平行，平直部分长度为10$d$，且两根长短一致；四个角在同一平面上。框架柱纵向受力钢筋应锚固在基础底板内伸至板底且加直钩，直钩平直段长度≥6$d$且≥150mm。框架柱与屋面框架梁锚固时，采用柱纵向钢筋锚入屋面框架梁的做法，即框架柱外侧纵向钢筋锚入屋面梁长度≥1.5$L_{ae}$。

#### 3. 墙体钢筋安装

测量放线，标明门窗洞口位置（验线）→绑扎暗柱钢筋→安装竖向梯子筋→绑扎上下口及齐胸水平筋→立筋连接→绑扎水平筋及连梁、过梁钢筋→绑扎拉结筋及双“F”定位筋→安装上部水平梯子筋→安放施工缝处钢丝网→安放钢筋保护层垫块→自检验收→隐检。

墙体钢筋绑扎前先修整预留筋，将墙体预留钢筋调整顺直，用钢丝刷将钢筋表面砂浆清理干净。如墙体钢筋出现位移，按照1：6弯折比例进行调整。墙体钢筋绑扎时，先立墙体梯子筋，间距1.5m，然后绑扎两根水平钢筋将梯子筋固定，并在水平钢筋上画好分格线，最后绑竖向钢筋及其余水平钢筋。墙体竖向钢筋采用直螺纹连接，接头位置及错开的比例同底板，柱钢筋接头采用直螺纹连接。绑扎本层钢筋时，须将上层钢筋甩出上层地面，甩出高度不小于搭接长度，每隔一根错开一个搭接长度，接头率50%。

#### 4. 楼板及梁钢筋安装

安装架立横杆→穿主梁上层纵筋→画主梁箍筋间距→套箍筋→穿主梁下层纵筋→箍筋绑扎→穿次梁上层纵筋→画次梁箍筋间距→套箍筋→箍筋绑扎→抽出架立横杆→安装板下铁钢筋→安装板上铁钢筋→检查验收

梁筋弯钩叠合处，应交错布置绑扎牢固，箍筋弯钩为135°，平直部分长度为10$d$，梁主筋采用直螺纹连接。梁上部纵向筋的箍筋采用十字花绑扎。梁板钢筋上铁弯钩朝下，下铁弯钩朝上。次梁上铁应放在主梁上铁之上。当主梁与次梁底标高相同时，次梁下铁应放置在主梁下铁之上。当梁与柱、墙外皮平齐时，应将梁外侧主筋稍作弯折，置于柱、墙主筋的内侧。

当梁钢筋须两层以上布置时，两排钢筋之间的净距离不应小于25mm和钢筋直径。当梁主筋直径≤25mm时，在一排铁和二排铁之间每隔1m放置25mm的垫铁来控制两层钢筋的间距；当梁主筋直径≥25mm时，在一排铁和二排铁之间每隔1m放置直径等于主筋直径的垫铁来控制两层钢筋的间距，钢筋的长度 = 梁宽−2 × 保护层。主、次梁相交处，次梁箍筋正常通过，主梁箍筋在次梁两侧进行加密。加密箍筋为每侧三根，第一根距次梁边50mm，加密箍筋间距为50mm，钢筋规格同该梁箍筋规格。

在板钢筋上定位出水电洞口，下铁安装完成后，做水电专业的管线预埋，然后再安置上铁钢筋。预埋件、预留洞等应及时配合施工；当洞口直径或长边＜300mm时，钢筋绕过洞口，不得切断；当洞口直径或长边≥300mm时，应设洞边补强钢筋；除设计图注明外，圆形洞口还应在洞边上下设置环形补强钢筋。补强钢筋长度为单向板在受力方向、双向板在两个方向沿跨度通长设置。单向板非受力方向的补强钢筋长度为洞口宽度两侧各加$L_a$；现浇板中预埋机电暗管时应采用钢管，不得采用铝管，管外径不得大于板厚的1/3，管线外皮的混凝土保护层厚度应≥25mm。

### 4.1.3 钢筋保护层控制措施

#### 1. 底板、楼板定位钢筋

底板、楼板下铁钢筋的位置，采用在钢筋下设混凝土垫块来保证。底板、楼板上铁钢筋的位置，采用设置马凳控制，马凳间距1000m，马凳腿支撑在下铁最下排钢筋上。

马凳加工：马凳下腿横筋长度每侧伸出斜支腿100mm，普通楼板马凳高度$h$ = 板厚−2 × 保护层−板上下铁钢筋直径。顶板马凳高度 = 板厚−2 × 保护层−3倍钢筋直径。对于直径≥14mm的钢筋，采用大一级直径等级的钢筋制作；对于直径＜14mm的钢筋，采用直径16mm的钢筋制作，加强支撑刚度，以免板筋下陷。

#### 2. 墙体钢筋定位

剪力墙采用在墙内放置竖向定位梯子筋、双“F”卡和在墙体钢筋上口放置水平定位梯子筋，以保证墙体水平钢筋和竖向钢筋的间距。

墙体梯子筋加工：根据墙体水平、竖向钢筋的间距，用短钢筋顺序焊接在长钢筋上制成梯子筋。在每道梯子筋上、中、下各设置一根横撑（长度为墙厚−2mm），作为顶模棍。制作梯子筋的长钢筋直径比剪力墙的同向主筋的直径规格提高一级，可代替墙筋使用。横撑钢筋端部用无齿锯将端部垂直切平，不得有飞边、斜歪等现象，且涂刷防锈漆。竖向梯子筋控制双排筋间距与墙体截面。当墙体竖向钢筋直径$d \leq 12$mm时，梯子筋直径为14mm；当墙体竖向钢筋直径$d > 12$mm时，梯子筋直径比墙体竖向钢筋大一个等级。

### 3. 柱子定位筋

在绑扎柱子钢筋前将定位卡套在柱筋顶、中、底端，用绑扣将柱筋紧靠在定位卡上，控制钢筋间距位置。下部用混凝土垫块控制保护层厚度。截面单边长度超过600mm的柱子定位筋内要增加斜向顶撑，以提高定位筋整体强度。定位框钢筋加工要求有针对性，加工精度高，合理使用。采用直径25mm钢筋制作。当定位短钢筋作为顶模棍使用时，须在该钢筋端部涂刷防锈漆，并检查柱子箍筋间距（图4.1–1）。

### 4. 楼板钢筋

楼板施工缝部位定位卡：为防止板钢筋在绑扎完毕后位移，施工中采用定位卡调整钢筋间距。其做法是在多层板上按照需要绑扎钢筋的间距锯出豁口，豁口位置应按照1∶1比例准确测量画出，误差不得超过5mm（图4.1–2）。

图4.1–1　柱钢筋安装完成检验照片

图4.1–2　梁板钢筋安装完成照片

## 4.2　模板工程施工关键技术

### 4.2.1　模板选型

### 1. 模架选型原则

考虑到施工工期、质量和安全要求，在选择方案时充分考虑了以下几点：模板及其支架的结构设计，力求做到安全可靠、造价经济合理；在规定的条件下和规定的使用期限内，能够充分满足预期的安全性和稳定性；选用材料时，力求做到常见通用、可周转利用、便于维修；模架选型时，力求做到受力明确、构造措施到位、搭拆方便、便于施工。据本工程特点及现场实际情况，板下及梁下模板支撑体系采用目前市场上存量大、安全适用、支拆方便的盘扣式钢管脚手架。

### 2. 支撑体系的材料选型

梁、板支撑架选型表见表4.2–1。

**梁、板支撑架选型表**　　表4.2–1

| 序号 | 项目 | | 材料名称 | 规格 | 力学性能取值 |
|---|---|---|---|---|---|
| 1 | 楼板 | 模板面板 | 覆膜多层板 | 15mm | 面板抗弯强度设计值$[f]$ = 16.83N/mm$^2$，面板抗剪强度设计值$[\tau]$ = 1.4N/mm$^2$，面板弹性模量$E$ = 9350N/mm$^2$ |

续表

| 序号 | 项目 | | 材料名称 | 规格 | 力学性能取值 |
|---|---|---|---|---|---|
| 1 | 楼板 | 次龙骨 | 钢包木 | $50mm \times 50mm \times 1.8mm$ | 小梁抗弯强度设计值$[f]=205N/mm^2$，小梁截面抵抗矩$W=5.38cm^3$，小梁截面惯性矩$I=13.46cm^4$，小梁抗剪强度设计值$[\tau]=125N/mm^2$，小梁弹性模量$E=206000N/mm^2$ |
| | | 主龙骨 | 方钢 | $50mm \times 70mm \times 3mm$ | 主梁抗弯强度设计$[f]=205N/mm^2$，主梁截面抵抗矩$W=12.59cm^3$，主梁截面惯性矩$I=44.05cm^4$，主梁截面类型$70mm \times 50mm \times 3mm$，主梁抗剪强度设计值$[\tau]=125N/mm^2$，主梁弹性模量$E=206000N/mm^2$ |
| 2 | 梁 | 梁侧、梁底模板 | 覆膜多层板 | 15mm | 同上 |
| | | 板底模板 | 覆膜多层板 | 15mm | |
| | | 梁侧次龙骨 | 钢包木 | $50mm \times 50mm \times 1.8mm$ | 同上 |
| | | 梁底次龙骨 | 钢包木 | $50mm \times 50mm \times 1.8mm$ | 同上 |
| | | 梁底主龙骨 | 方钢 | $50mm \times 70mm \times 3mm$ | 同上 |
| | | 梁侧主龙骨 | 钢管 | $\phi 48 \times 3.2$<br>立杆截面面积$384mm^2$ | 主梁抗弯强度设计值$[f]=205N/mm^2$，主梁截面惯性矩$I=9.89cm^4$，主梁受力不均匀系数0.6，主梁截面抵抗矩$W=4.12cm^3$，主梁抗剪强度设计值$[\tau]=120N/mm^2$，主梁弹性模量$E=206000N/mm^2$ |
| 3 | 盘扣架 | | 立柱 | $\phi 48 \times 3.2$<br>立杆截面面积$450mm^2$ | 立杆截面面积$A=384mm^2$，立杆截面抵抗矩$W=4.12cm^3$，支架自重标准值$q=0.15kN/m$，抗压强度设计值$[f]=205N/mm^2$，立杆截面回转半径$i=16mm$ |
| 4 | 可调托座 | | | $\phi 38 \times 5.0 \times 600mm$ | 轴心抗压承载力：200kN |
| 5 | 可调底托 | | | $\phi 38 \times 5.0 \times 600mm$ | 轴心抗压承载力：200kN |
| 6 | 对拉螺栓 | | | $\phi 14$ | 17.8kN |

### 4.2.2 梁板模架安装

#### 1. 工艺流程

放线定位→底座就位→立柱安装→安装扫地杆→校正水平→安装第二层横杆→安装上层立杆、横杆及竖向、水平斜杆→安装水平兜网→搭设顶托及龙骨→底模检查验收。

#### 2. 安装作业

第一步，在楼地面上放线，放出轴线和墙柱构件的边线；可调底座就位及盘扣架立杆的安装，立杆位置上下层对位设置，立杆规格按高度合理搭配，水平拉杆根据构造要求安装。安装水平杆时，使用锤子适当砸紧固，不能松动。第一排立杆距梁、柱边≤300mm。

第二步，在第一步搭设的下部盘扣架支撑的水平杆上铺设脚手板作为临时的作业面，向上继续安装立杆及水平杆，直至设计的高度。搭设盘扣架时，将竖向斜杆、水平斜杆、抱柱连接同时安装。

第三步，安装梁底模板。在模架的盘扣架支撑搭设完毕后应进行一次验收，验收合格后再安装梁底模板。安装前，在梁底横向钢管的标高位置铺设脚手板作业面，形成作业平台，安装梁底模板。

第四步，插入梁钢筋并绑扎，同时进行梁帮、楼板模板安装的准备。

第五步，安装梁帮、楼板模板，并进行加固，进行模板的起拱调整，完成混凝土梁板模架的安装作业。安装梁帮模板前应进行钢筋验收，验收合格后再进行梁帮安装。

### 4.2.3 模架拆除

混凝土浇筑时，应保持浇筑层以下有3层的模架支撑不拆除。侧模应在混凝土强度保证混凝土表面及棱角不受损伤时拆除。模板支架拆除前应经总包单位技术负责人同意后方可拆除，底模及支架应在混凝土强度达到设计要求后拆除。所有悬挑构件施工时应加设临时支撑，临时支撑需待悬挑构件及其平衡构件的混凝土强度达到100%后方可拆除。

模板支架水平杆应进行施工工况验算后方可拆除，作业层混凝土浇筑完成前，严禁拆除下层模板支架水平杆。拆除作业应自上而下逐层拆除，严禁上下两层同时拆除；设有附墙连接件的模板支架，连接件必须随支架逐层拆除，严禁先将连接件全部拆除后再拆除支架。拆除模板时用撬动拼接模板背楞的方法，不得损坏混凝土及其外观质量。

拆除模板不得抛掷，不得破坏模板面层和棱角。模板拆除后，将其表面清理干净；对于平面模板，拔除钉子并将双面清理干净。分段、分立面拆除时，应确定分界处的技术处理方案，并应保证分段后架体稳定。

## 4.3 混凝土工程施工关键技术

### 4.3.1 混凝土工程概况

北京冬奥村地下为钢筋混凝土现浇结构，混凝土工程量较大，在地下室结构施工期间浇筑较为集中，施工至地上结构时作业相对均衡。本工程的混凝土工程重点是在地下主体结构及筏板基础阶段，存在冬期施工、超长结构和大体积混凝土结构施工温度和裂缝控制以及底板、墙柱、梁柱节点处钢筋较密，施工时振捣困难，易出现振捣不密实的情况等诸多施工难点。

本工程由数栋住宅组成，结构长度大，属于超长结构。依据以上分析在浇筑前要充分考虑机械设备、车辆调度、人员安排、施工方法、环境保护等各方面因素，组织好外协人员，大体积混凝土施工作为本工程重点、难点考虑。施工中应采取有效的措施控制混凝土整体浇筑可能产生的收缩及温度裂缝。地下室底板及外墙为自防水混凝土，要求混凝土具有补偿收缩功能，即通过混凝土自身的早期微膨胀抵消后期干燥产生的体积收缩，从而防止结构出现开裂，提高混凝土本身的密实度，达到抗渗防水的目的。

### 4.3.2 混凝土准备

混凝土在准备过程中，主要考虑材料选择、配合比、预防碱骨料反应等方面的要求。本工程除了常规混凝土的制备要求外，还同时考虑了抗渗混凝土、自密实混凝土和高强度混凝土的要求，建设过程中进行了系统的总结和凝练，为其他同类型工程提供有意义的参考。

#### 1. 建筑材料的选择及要求

本工程水泥采用普通硅酸盐水泥，水泥强度等级不应低于42.5MPa，符合《通用硅酸盐水泥》GB 175—2007标准，并选用北京市住房和城乡建设委员会备案的知名品牌的产品。搅拌站需留存水泥质量证明书、复试试验报告，并对其品种、等级、包装、出厂日期等检查验收，加强批量复试。冬期施工时优选硅酸盐水泥和普通硅酸盐水泥。砂选用质地坚硬、级配良好的非碱活性或低碱活性天然中砂，符合《普通混凝土用砂、石质量及检验方法标准》JGJ 52—2006的规定，其含泥量不大于3%、细度模数2.5～3.2，通过公称直径为315μm筛孔的颗粒含量不少于15%，要求搅拌站对进厂砂按批量进行检验，并出具检验报告。石子优先选用5～25mm的低碱活性连续级配的碎石，要符合《普通混凝土用砂、石质量及检验方法标准》JGJ 52—2006的要求，含泥量不大于1%，针状和片状颗粒含量不大于10%，要求搅拌站对进厂石子按批量进行检验，并出具检验报告。水采用饮用水，符合《混凝土用水标准》JGJ 63—2006规定和要求。混凝土掺和料主要使用粉煤灰和矿粉，粉煤灰等级不低于Ⅱ级、矿粉等级为S95。混凝土掺和料和外加剂等均须选用绿色环保型、无污染、无毒害，并经权威检测机构检测，北京市住房和城乡建设委员会备案的合格产品。外加剂带入混凝土的碱含量≤0.7kg/m$^3$，氯离子含量0.02～0.20kg/m$^3$，游离甲醛≤0.5g/kg，总挥发性有机化合物（TVOC）≤200g/L。

本工程存在多种类型混凝土，不同种类的混凝土对原材料的需求各不相同，在满足上述要求前提下，还需满足下列要求：

1）抗渗混凝土

（1）水泥品种采用普通硅酸盐水泥；

（2）石子泥块含量不大于0.5%；

（3）砂泥块含量不得大于1%；

（4）拌制混凝土所用的水，应采用不含有害物质的洁净水；

（5）外加剂的技术性能，应符合国家或行业标准一等品及以上的质量要求。

2）自密实混凝土

（1）水泥品种采用硅酸盐水泥或普通硅酸盐水泥。

（2）粗骨料：选用连续级配或2个及以上单粒径级配搭配使用，型钢混凝土构件部位使用的自密实混凝土最大公称粒径不大于16mm。粗骨料的针片状颗粒含量≤8%，含泥量≤1%，泥块含量≤0.5%。

（3）轻骨料：采用连续级配，密度等级≥700，最大粒径≤16mm，粒型系数≤2.0，24h吸水率≤10%。

（4）细骨料：采用级配Ⅱ区的中砂；天然砂的含泥量≤3%、泥块含量≤1%，人工砂的石粉含量：当$MB$<1.4时，C60混凝土为≤5%，C40混凝土为≤7%；当$MB$≥1.4时，C60混凝土为≤2%，C40混凝土为≤3%。

3）高强混凝土

（1）水泥中碱含量低于0.6%；氯离子含量不大于0.03%；不得采用出厂时间超过3个月或者结块的水泥；生产混凝土时，水泥温度不大于60℃；

（2）粗骨料：岩石抗压强度要比混凝土强度等级标准值高30%；采用连续级配，最大公称粒径不大于25mm；针片状颗粒含量≤5%，含泥量≤0.5%，泥块含量≤0.2%；不得采用再生粗骨料，应选用非碱活性粗骨料；

（3）细骨料：采用细度模数控制在2.6～3.0之间的Ⅱ区中砂；砂的含泥量≤2%、泥块含量≤0.5%；采用人工砂时，$MB$<1.4，石粉含量≤5%，压碎指标值<25%。

### 2. 混凝土配合比

1）混凝土配合比的通用要求

（1）因本工程所有主体结构使用的混凝土的耐久性均为50年，故混凝土中涉及耐久性的指标、参数均按照《混凝土结构耐久性设计标准》GB/T 50476—2019中设计使用年限为50年的相关要求执行。见表4.3-1。

混凝土耐久性要求　　表4.3-1

| 序号 | 环境作用等级 | 最大水胶比 | 最大氯离子含量（%） | 最大碱含量（kg/m³） |
| --- | --- | --- | --- | --- |
| 1 | 二类（b） | 0.50 | 0.15 | 3.0 |
| 2 | 二类（a） | 0.55 | 0.20 | |
| 3 | 一类 | 0.6 | 0.30 | |

（2）砂率在35%～45%。

（3）混凝土初凝时间：基础底板控制在10～12h；
地下外墙控制在8～10h；
其他部位控制在6～8h。

（4）混凝土入模坍落度：墙、柱混凝土为200～220mm；
板、梁混凝土为180～200mm；
楼梯混凝土为160～180mm；
抗渗混凝土为160～180mm。

（5）矿物掺合料的最大掺量见表4.3-2。

矿物掺合料的最大掺量　　表4.3-2

| 矿物掺合料种类 | 最大掺量（%） | |
| --- | --- | --- |
| | 采用硅酸盐水泥时 | 采用普通硅酸盐水泥时 |
| 粉煤灰 水胶比≤0.4 | 45 | 35 |
| 粉煤灰 水胶比>0.4 | 40 | 30 |
| 矿渣粉 | 30 | 20 |
| 复合掺合料 水胶比≤0.4 | 65 | 55 |
| 复合掺合料 水胶比>0.4 | 55 | 45 |

注：复合掺合料中各组分的掺量不得超过任一组分单掺时的上限掺量。

（6）加入粉煤灰掺合料时，应使用Ⅱ级以上粉煤灰，必须经过试配确定，并应符合国家现行标准的有关规定。

（7）搅拌站要进行严格的混凝土配合比的试配及试拌，混凝土试配时，要将混凝土强度提升15%，预留一定的强度幅度空间，以满足施工要求的混凝土技术指标和施工过程中的工作要求。

（8）混凝土的凝结时间通过外加剂来调整，根据当时的大气温度条件、混凝土运输距离、施工要求等调整混凝土的初凝及终凝时间。

（9）本工程基础底板、基础梁、地下室外墙、地下室顶板等构件的混凝土强度按60d强度作为混凝土强度的评定及验收标准，故该部位混凝土60d标准养护试件的抗压强度应达到设计强度的115%。

（10）其他部位混凝土28d标准养护试件的抗压强度应达到设计强度的115%。

（11）搅拌站进行混凝土配合比试配后，要将配合比提前报至总包单位进行审批。水泥、外加剂等材料品牌需提前报送，经总包单位技术负责人同意后方可使用在本工程内。

2）混凝土配合比的特殊要求

本工程存在多种类型混凝土，不同种类的混凝土对原材料的需求各不相同，在满足通用要求中各条的要求前提下，还需满足下列要求：

（1）抗渗混凝土

① 试配要求的抗渗水压值应比设计值提高0.2MPa，本工程的防水混凝土抗渗等级为P8、P6。

② 胶凝材料总量不宜少于320kg/m$^3$；其中水泥用量不宜少于260kg/m$^3$；粉煤灰掺量宜为胶凝材料总量的20%～30%；硅粉的掺量宜为胶凝材料总量的2%～5%；水胶比不得大于0.50，砂率为35%～45%，灰砂比为1∶1.5～1∶2.5。

③ 混凝土入模坍落度控制在160～180mm，坍落度每小时损失不应大于20mm，总损失值不应大于40mm。

④ 本工程抗渗混凝土内掺入引气剂，搅拌站要进行含气量试验并提供报告，含气量控制在3%～5%。

（2）高强混凝土

① 混凝土坍落度不大于220mm，扩展度不小于500mm，倒置坍落度筒排空时间控制在5～20s，坍落度经时损失不大于10mm/h。

② 最大水胶比0.28～0.34，胶凝材料最少用量480kg/m$^3$，水泥用量不大于500kg/m$^3$，砂率为35%～42%。

③ 矿物掺合料掺量为25%～40%，硅粉掺量不大于10%。

④ 由于本工程均采用泵送工艺，故高强混凝土的配合比还需进行模拟泵送试验确定。

（3）补偿收缩混凝土

① 混凝土限制膨胀率：后浇带≥0.025%，试配时应提高0.005%的膨胀率。

② 膨胀剂掺量根据限制膨胀率进行试配后确定，配比单提前报总包单位进行审核。

③ 水胶比不大于0.5。

④ 混凝土的收缩率的指标应做测试。

⑤ 梁、板、墙等构件的补偿收缩混凝土的胶凝材料用量不少于300kg/m$^3$，后浇带部位的补偿收缩混凝土的胶凝材料用量不少于350kg/m$^3$。

（4）自密实混凝土

① 坍落度扩展度控制在650～755mm，扩展时间≥2s。

② 坍落度扩展度与J环扩展度差值≤25mm。

③ 离析率≤15%，粗骨料振动离析率≤10%。

④ 水胶比不大于0.45，胶凝材料用量控制在400～600kg/m$^3$。

### 3. 预防碱集料反应要求

集料是制造混凝土时最常用的建筑材料之一，它的使用量相比其他材料来说很大，混凝土中的碱集料反应，会对混凝土的质量产生重大的影响。

本工程混凝土耐久性要求为50年，故对混凝土内碱含量要求非常高，原材料应尽量使用非碱活性骨料。当使用低碱活性集料（指膨胀量大于0.02%，小于或等于0.06%的集料）时，应使用低碱水泥（碱含量0.6%以下）、掺加掺合料及低碱、无碱外加剂。要求混凝土总碱含量不大于3kg/m$^3$。

水泥、砂石、外加剂、掺合料等混凝土用建筑材料，必须具有由市技术监督局核定的法定检测单位出具的含有碱含量和集料活性数据的检测报告，无碱含量数据的检测报告的材料禁止在本工程中使用。提交正式配合比的同时，提供该配合比混凝土碱含量的计算书（包括各种原材料碱含量检测报告）和所用外加剂氯离子含量的检测报告。

混凝土碱含量阐明：混凝土碱含量是指来自水泥、化学外加剂和矿粉掺合料中游离钾、钠离子量之和。以当量$Na_2O$计、单位$kg/m^3$（当量$Na_2O\% = Na_2O\% + 0.658K_2O\%$）即混凝土碱含量 = 水泥带入碱量（等当量$Na_2O$百分含量 × 单方水泥用量）+外加剂带入碱量+掺合料中有效碱含量。

此外，本工程项目采用的是预拌混凝土，供应商应提供各种试验报告，包括各种原材料试验、水泥、外加剂的准用证、施工配合比、各种原材料的碱含量以及混凝土拌和物的碱集料反应计算书等。

### 4.3.3 混凝土浇筑

#### 1. 基础底板施工

（1）工艺流程：混凝土入泵→泵送混凝土→振捣→抹面→养护。

（2）混凝土输送管连接后，按要求进行全面检查，符合要求后开机试运转。输送管必须搭设支架至槽内操作面，要注意支架的稳固。输送管直径125mm，配以软管，随浇筑随拆卸输送管和软管。混凝土泵在浇筑前应先用水润湿整个管道，然后投入同配合比去石砂浆使管壁处于充分润滑状态再正式泵送混凝土，浇筑时保证泵连续工作。

（3）混凝土入模坍落度控制在160～180mm。混凝土进场后，现场试验员及时对混凝土坍落度进行抽检，抽检次数每班不少于两次。

（4）混凝土浇筑时，采用斜面薄层浇筑，沿一头阶梯式推进，按照浇筑时形成的自然斜面逐层浇筑。分层厚度小于振捣棒有效长度的1.25倍，选用$\phi$50振捣棒，有效长度380mm，有效作用长度$1.25 \times 380 = 475$mm。总的浇筑方向可按顺序平行由一侧向另一侧推进。

（5）振捣时实施二次振捣，二次抹面。一次振捣随浇筑进行，采用4台振捣棒。振捣棒快插慢拔，振捣过程宜将振捣棒上下略抽动，以便上下振捣均匀，振捣棒移动间距不大于其作业半径的1.5倍（小于40cm），每点振捣时间20s左右，至混凝土表面不再显著下沉，不出现气泡，表面泛浆为宜。振捣达到要求时，随即用大刮杠刮平，用木抹子搓平。二次振捣在混凝土初凝前进行，振捣完用木抹子进行二次抹面。

（6）混凝土浇筑完12h后进行浇水养护，养护时间不少于14d。

（7）施工缝留置。

水平：底板混凝土一次浇筑至底板上表面，外墙浇筑500mm高导墙，墙中在浇筑混凝土前先安装3mm厚止水钢板做水平施工缝防水处理。

竖向：按基础底板后浇带留置施工缝，不另设施工缝。混凝土浇筑完毕后用塑料布盖好，周边砌砖并加盖15mm厚多层板，防止杂物进入后浇带。

#### 2. 柱子混凝土浇筑

柱子混凝土采用分层进行浇筑，分层厚度不大于500mm。柱子浇筑至高于梁底标高50mm，终凝后剔除浮浆，柱顶标高高于梁底标高20mm。当有梁钢筋锚入柱子时，浇筑过程中需保证柱子留出钢筋锚固所需高度。柱子浇筑首先在根部浇筑厚为50mm的同配合比去石子砂浆后，再浇筑混凝土。

根据《混凝土结构工程施工规范》GB 50666—2011中第8.3.6条要求，粗骨料粒径≤25mm时、当倾落高度＞6m时，混凝土浇筑时需要使用串桶、溜槽等装置。由于本工程层高较高，故在进行墙、柱混凝土浇筑时，需使用串桶、溜槽等装置，并要求搅拌站在不改变混凝土性能的前提下，墙柱混凝土需增加防离析配比。

采用振捣棒进行振捣时，混凝土振点应从中间开始向边缘分布，且布棒均匀，层层搭接，并应随浇筑连续进行。振捣棒的插入深度要大于浇筑层厚度。插入下层混凝土中100mm，使浇筑的混凝土形成均匀密实的结构。先后两次浇筑的间隔时间不超过混凝土初凝时间。第二次浇筑前，要将下层混凝土顶部的100mm厚的混凝土层重新振捣，以便使两次浇筑的混凝土结合成密实的整体。振捣过程中避免撬振模板、钢筋，每一振点的振动时间，应以混凝土表面不再下沉，无气泡逸出为止，一般为20～30s，要避免过振发生离析。振捣棒抽出，振捣过程中要使振捣棒离混凝土的表面保持不小于50mm的距离。

除上面振捣外下面要有作业人员随时敲打模板检查，振捣时注意钢筋密集部位不得出现漏振、欠振和过振。为保证混凝土密实，混凝土表面应以出现翻浆、不再有显著下沉、不再有大量气泡上泛为宜。浇筑厚度采用标尺杆配手把灯加以控制。混凝土振捣采用赶浆法，保证新老混凝土接槎部位结合良好。

当柱与梁、板混凝土强度等级相同时，柱头部位混凝土与梁、板混凝土一同浇筑；当柱混凝土强度等级高于梁、板时，节点区混凝土强度等级同下层柱；当不同部位混凝土强度等级有差异时，采用钢制快易收口网分隔。浇筑时应先浇筑高强度等级混凝土，后浇筑低强度等级混凝土。混凝土施工中保证不出现施工冷缝。

对于较高的柱子，综合考虑施工安全、质量及进度因素，将高柱分为两节进行混凝土浇筑，即将高柱分为两节分别浇筑。高柱混凝土采用HBT80C混凝土输送泵，结合BLG-18混凝土布料机进行浇筑。混凝土浇筑，由内向外推进。过程中，混凝土布料机将进行多次移位。为保证混凝土浇筑连续顺利进行，每个流水段除配置2个混凝土班组外，还配备足够人员，专门进行泵管拆接工作。

### 3. 墙体混凝土施工

（1）墙体浇筑混凝土前，先均匀浇筑厚度为30～50mm的同配合比去石子砂浆后，再浇筑混凝土，并随浇随振。混凝土自由下料高度应控制在2m以内。如高度超过2m，应使用串筒、溜槽下料，以防止混凝土发生离析现象。

（2）混凝土浇筑应连续进行，一般接槎不应超过1h。如间歇时间超过混凝土初凝时间，应留置施工缝。混凝土应分层分段连续进行浇筑，每层浇筑厚度控制在50cm以内，现场制作分层尺杆以控制浇筑厚度。整体浇完一层后再从头浇筑上一层混凝土，严禁一次浇筑到顶。

（3）墙体混凝土浇筑高度应高出相应位置梁底或板底标高50mm，终凝后在顶板下皮标高上返5mm统一弹线切割，剔除混凝土的浮浆层，露出石子后墙顶标高高于梁、板底标高20mm。门窗洞口处浇筑混凝土时，应两边同时下料，同时振捣，保证两侧混凝土高度大体一致，门窗模板下端预留排气孔，浇筑时边浇筑边敲打模板检查下部混凝土是否充实，并防止门窗模板位移。

（4）采用振捣棒时，应采取快插慢拔的方法。在振捣上层混凝土时，振捣棒应插入下层10cm。振点间距为50cm，每个振点振捣15～20s（以不出现气泡为宜）。

（5）混凝土浇筑过程中，应有专人负责观察模板、支撑、管道和预留孔洞有无移动情况。当发现变形位移时，应立即停止浇筑，并应在已浇筑的混凝土凝结前修整完成，才能继续浇筑。

（6）地下外墙施工缝均放置3mm厚钢板止水带，施工缝处均增加一道附加防水层。

（7）地下室外墙和内墙之间的混凝土施工是质量控制的重点。交接处在内墙距外墙200mm处采取快易收口网或钢板网留设分隔措施，快易收口网在墙体钢筋上固定牢固。

（8）使用振捣棒操作时要快插慢拔，插点要均匀排列，逐点移动，顺序进行，不得遗漏。做到均匀振捣，移动间距不大于振捣作用半径的1.5倍，现场振捣棒作用半径为47.5cm，则移动间距不大于50cm。每个振点的延续时间以表面呈现浮浆为准，振捣上层时应插入下层5cm，以清除两层间接缝。

（9）用红白漆在标尺上间隔500mm刷一道标记，以控制浇筑高度。

（10）墙体混凝土浇筑完毕后，将上口甩出的钢筋整理好，待混凝土终凝后将表面浮浆清除。

（11）地下外墙为抗渗混凝土，为保证墙体不出现冷缝，在墙体混凝土浇筑前，要根据该段墙体的长度、混凝土的浇筑速度、混凝土的初凝时间等参数，确定墙体每层浇筑厚度，每层厚度不得超过50cm。

### 4.3.4 冬期混凝土施工措施

#### 1. 混凝土原材料要求

冬期施工所用防冻剂采用聚羧酸普通防冻剂、聚羧酸高效防冻剂两种。冬期施工时搅拌站原材料堆放场地必须有封闭棚，混凝土原材料加热优先采用加热水的方法。当加热水不能满足出罐温度时，再对骨料进行加热。水泥强度等级低于42.5MPa时，拌和水加热最高温度80℃，骨料60℃；水泥强度等级高于及等于42.5MPa时，拌和水加热最高温度60℃，骨料40℃。冬期施工混凝土出罐温度必须保证不低于15℃，入模温度不低于10℃。项目部设专职测温小组对进入现场的每车混凝土进行检测，不符合要求的混凝土退场。

#### 2. 冬期施工混凝土受冻临界强度

采用综合蓄热法施工的混凝土受冻临界强度不应小于4MPa。对强度等级等于或高于C50的混凝土，不小于设计混凝土强度等级的30%。对有抗渗要求的混凝土，不小于设计混凝土强度等级的50%。当采用暖棚法施工的混凝土中掺入早强剂时，可按综合蓄热法受冻临界强度取值。当施工需要提高混凝土强度等级时，应按提高后的强度等级确定受冻临界强度。

#### 3. 混凝土养护要求

混凝土浇筑完12h后进行保温养护，在混凝土表面（包括梁、墙侧面）覆盖塑料布及阻燃岩棉被，阻燃岩棉被为双层。对边、角部位构件的保温覆盖，阻燃岩棉被增加至四层。

保温养护时间根据混凝土同条件试块及现场实体测温确定。由于本次底板混凝土均为抗渗混凝土，当混凝土同条件试块抗压强度达到17.5MPa后、且混凝土温度冷却到5℃以后方可拆除梁侧模及保温覆盖。拆模时混凝土表面与环境温差大于20℃时，混凝土表面应及时覆盖，缓慢冷却。

混凝土构件外观照片见图4.3-1。

图4.3-1 混凝土构件外观照片

# 5 装配式钢结构群体住宅综合技术创新

## 5.1 钢结构住宅体系概述

### 5.1.1 主体钢结构概况

北京冬奥村主楼均采用钢框架–防屈曲剪力墙结构体系，共11栋高层住宅，地上层数在14～16层之间，地下层数4层，楼、屋盖采用钢筋桁架楼承板体系。裙房、地下车库采用钢筋混凝土框架结构体系，主楼、裙房及地下车库均采用梁板式筏形基础。

### 5.1.2 地下钢结构概况

地下部分大多采用钢筋混凝土框架–剪力墙结构，地上防屈曲钢板–剪力墙对应部位的B1层采用钢板–混凝土剪力墙结构。钢柱大部分下插一层框架劲性柱至B05夹层（–3.250m）楼板，另有小部分下插至B1层楼板（–7.550m），通过地脚锚栓进行锚固生根。

地下钢骨柱主要截面形式为箱形、圆管两种。箱形柱截面主要为□400×500×30、□400×400×25、□400×400×22、□400×450×25，圆管柱截面主要为$D$400×14，钢材材质Q345C。地下钢骨梁采用H型钢梁，钢梁主要规格为HN200×100×5、H200×150×20等，钢材材质Q345C。地下部分主要钢结构构造见表5.1–1。

地下部分主要钢结构构造表　　表5.1–1

| 钢结构构造 | 箱形柱脚埋件 | 圆管柱脚埋件 | 地下箱形钢柱分段 | 地下圆管钢柱分段 | 钢板墙分段 |
|---|---|---|---|---|---|
| 图例 | | | | | |

### 5.1.3 地上钢结构概况

所有主楼的地上部分均采用钢管混凝土柱、钢框架–防屈曲钢板墙结构体系，核心筒范围内设有防屈曲钢板墙，楼顶设有H型钢梁组成的装饰架，材质均为Q345C。由于各栋楼结构基本相同，以9–1号楼为例了解地上部分的钢结构构造，9–1号楼整体钢结构构造如图5.1–1、图5.1–2所示。

### 5.1.4 钢结构典型节点概况

北京冬奥村主要采用装配式钢结构住宅技术进行建设，所以存在着大量钢结构连接节点，这些连接节点的稳固性对于整个钢结构住宅构造来说十分关键。本工程箱形柱与H型钢梁牛腿对接采用常规的栓焊节点，主次梁连接之间采用单剪或双剪板高强度螺栓连接。箱形钢骨柱埋入混凝土框架柱内，钢柱嵌固于地下B2层或B1层顶板，通过锚栓与混凝土定位连接。

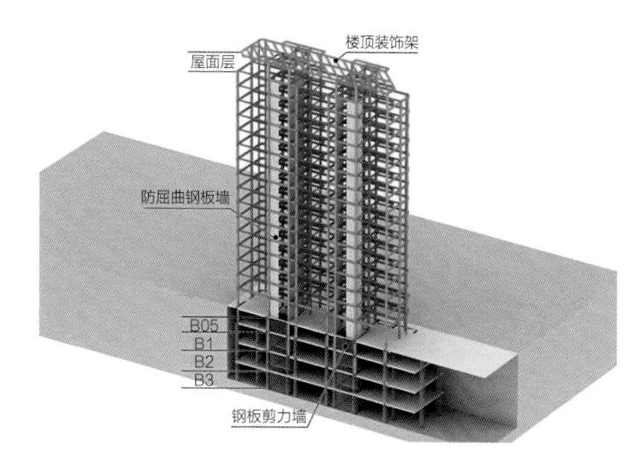

图5.1-1　9-1号楼整体钢结构三维示意图

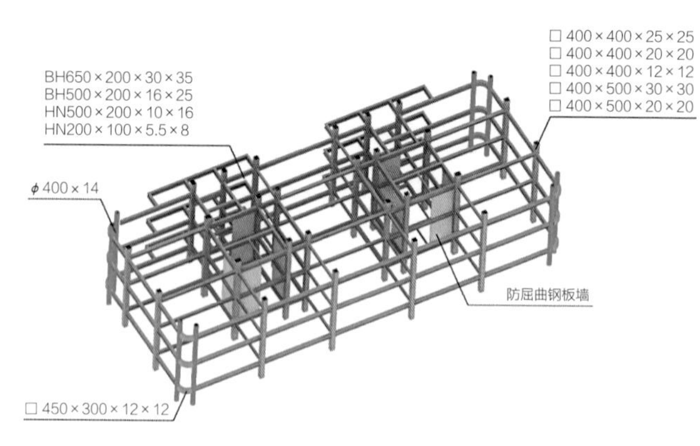

图5.1-2　9-1号楼立面示意图

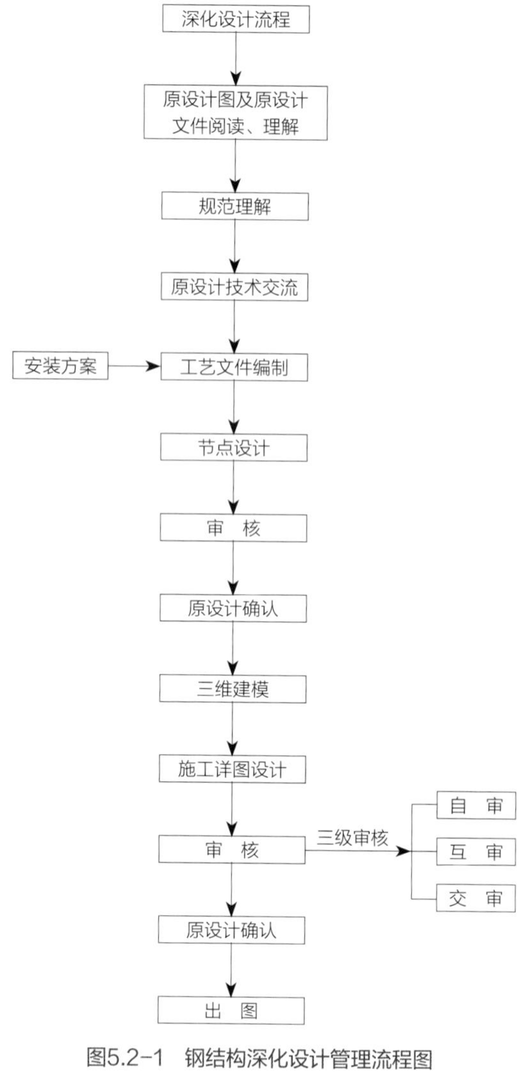

图5.2-1　钢结构深化设计管理流程图

## 5.2　钢结构深化设计

### 5.2.1　钢结构深化设计管理

#### 1. 深化设计管理流程

钢结构深化设计管理流程图见图5.2-1。

#### 2. 深化设计管理方法

深化设计管理内容和要求见表5.2-1。

**深化设计管理内容和要求**　　**表5.2-1**

| 序号 | 管理内容 | 管理要求 |
|---|---|---|
| 1 | 钢结构深化设计图和文件审批 | （1）深化设计专业分包单位提交深化图和文件，供总包单位初审，如初审不合格，退回专业分包单位整改后重新送审。<br>（2）初审合格的深化图和文件，由总包单位签章发送设计院审批，审批结果分为A、B、C三个等级：<br>① A级图纸和文件为正确无误，可以实施；<br>② B级图纸和文件原则上可以接受，但须稍加修改，经总包单位复审后方可交付施工；<br>③ C级图纸和文件错误较大，不予接受，须重新设计，再经总包单位初审后发送原设计师审批。<br>（3）A级和B级图纸和文件经复审无误后须由总包单位加盖施工图批准章，方可出图交付施工 |
| 2 | 深化图设计的进度管理 | 由深化设计部根据工程总体进度计划编制统一的钢结构深化设计出图计划，编制步骤是：<br>（1）根据施工总计划，统一编制年、季、月出图计划，发给业主和总包单位，并要求其按此进度进行出图。<br>（2）设置一名主管钢结构项目副总工程师，按期进行对口督促和检查；深化设计部及时与工程管理部等部门协调，并及时调整落实出图计划。<br>（3）深化设计部按时认真填写出图计划的实施记录 |

续表

| 序号 | 管理内容 | 管理要求 |
| --- | --- | --- |
| 3 | 深化图设计的质量管理 | 为提高深化图的设计质量，具体做法是：<br>（1）根据原设计师要求，统一深化图的格式、表达方式及送审份数。<br>（2）认真初审深化图及文件，严格遵循原设计意图。<br>（3）坚持深化设计图纸的会签制度，只有当深化设计图纸准确无误、各专业都同意会签后才出图交付施工 |
| 4 | 深化图设计的信息管理 | 借鉴以往大型工程的管理经验，运用现代化的计算机信息管理系统，高效、准确地管理钢结构深化图设计信息。<br>（1）深化图设计信息的输出文件的管理。此类文件是总包单位在深化图设计管理中向业主、设计师和各专业分包单位发出的各种有关深化图设计协调信息。采用整合了深化设计管理流程的现场BIM管理系统，统一进行信息化管理。文件最终由项目及公司领导审批签发，网上备案，统一输出，同时原稿装订成册。<br>（2）深化图设计信息输入文件的管理。此类文件是在深化图设计管理中，深化设计部收到的由业主、设计师和各专业分包单位发来的有关深化图的各种信息。深化设计部收到此类文件后，由收发员统一登记，上网流转，经部门签发后，随即转发相关专业技术管理人员。最终处理意见和文件原本返回信息收发处集中转发和归档备案。<br>（3）深化图设计图纸管理。由深化设计专业分包单位提交的正式施工图，一经设计师审批同意，总包单位加盖施工章批准后，统一由深化设计部发送加工厂及钢结构现场安装项目部。深化底图由总包单位负责分类归档 |

### 5.2.2 钢结构深化设计实施

深化设计工作为工程设计与工程施工的桥梁，需要准确无误地将设计图转化为直接供施工用的制造安装图纸。同时，深化设计还将按照规范要求及安全、经济的原则，从节点构造、构件的结构布置、材质的控制等方面对设计进行合理优化，使设计更加完善。

为确保项目的顺利开展，钢结构分包单位提前开始深化设计工作。在最短的时间内提供阶段性的深化设计图纸，提交结构设计师审核，及时为备料和工厂加工做好图纸准备。

### 5.2.3 钢结构深化设计目的

钢结构深化设计的目的主要体现以下方面：

（1）通过深化设计，得出杆件的实际应力比，比较原设计所有的截面，使杆件的截面可以适当进行改进，以降低结构的整体用钢量。

（2）通过深化设计，对结构的整体安全性和重要节点的受力进行验算，确保所有的杆件和节点满足设计要求，确保结构使用安全。

（3）通过深化设计，对杆件和节点进行构造的施工优化，使杆件和节点在实际的加工制作和安装过程中能够变得更加合理，提高加工效率和加工安装精度。

（4）通过深化设计，将原设计施工图纸转化为工厂标准的加工图纸，杆件和节点进行归类编号，加工形成流水加工，大大提高加工进度。

（5）通过深化设计，对栓接接缝处连接板进行优化、归类、统一，减少品种、规格。

### 5.2.4 深化设计的内容

深化设计的内容或要求见表5.2–2。

深化设计的内容或要求　　表5.2–2

| 序号 | 项目 | 包含内容或要求 |
| --- | --- | --- |
| 1 | 图纸目录 | 应注明详图号、构件号、数量、重量、构件类别；<br>图纸的版本号以及提交的日期；<br>其他资料 |

续表

| 序号 | 项目 | 包含内容或要求 |
| --- | --- | --- |
| 2 | 钢结构设计总说明 | 工程概况及设计依据（主要为遵照的设计、施工规范、规程）；<br>钢材、焊接材料、螺栓、涂料等材料选用说明及依据；<br>加工、制作、安装及涂装（包括防火）的技术要求和说明；<br>图例说明及其他需要说明的内容 |
| 3 | 构件清单 | 准确而详细地表达所有构件和图纸的对应关系以及所有应当表达的构件信息 |
| 4 | 地脚螺栓布置图 | 构件编号、安装方向、标高、安装说明等一系列安装所必须具有的信息 |
| 5 | 构件加工图 | 构件细部、材料表、材质说明、构件编号、焊接标记、连接细部、锁口和索引图等；<br>螺栓统计表、螺栓标记、螺栓规格；<br>轴线号及相对应的轴线位置；<br>加工、安装所必须具有的尺寸、方向；<br>图纸标题、编号、改版号、出图日期；<br>加工厂及安装所需要的必要信息 |
| 6 | 零件详图 | 尺寸表达完整 |
| 7 | 深化设计图的默认视图方向 |  |
| 8 | 图纸、文书的尺寸设定 | 本工程的图纸和资料均使用A系列纸张，即A0、A1、A2 、A3和A4 |
| 9 | 绘图通常采用的比例 | 索引图：1/200、1/400、1/60；<br>构件详图：1/20、1/30、1/50；<br>局部详图：1/5、1/10；<br>安装布置图：1/100、1/50 |

### 5.2.5 劲性结构与钢筋连接的深化设计

钢结构深化设计前需要与总包单位配合，确定混凝土的浇筑方案、钢筋穿孔及混凝土泵管铺设位置、大小、高度等，在钢结构深化图纸中反映出钢筋穿孔、预留孔洞的位置及尺寸，防止钢结构在施工现场开孔及焊接。

深化过程中根据前期配合的结果对不同节点位置进行设计，在满足开孔穿筋等的情况下充分保证结构构件受力，并在适当的情况下对钢结构进行加强。着重注意劲性结构钢骨与钢筋的连接，并检查钢筋与钢结构柱脚锚栓是否碰撞等。所有影响到构件的部位最终均应反映在深化设计图纸上。

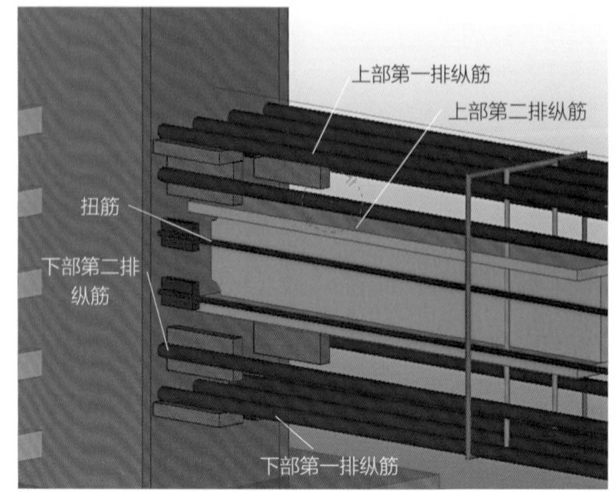

图5.2-2 焊接形式节点

（1）本工程钢筋与钢结构的连接基本是一边采用接驳器一边采用焊接形式，焊接形式节点如图5.2-2所示，套筒节点形式见图5.2-3；

（2）因圆管柱无法保证柱壁与接驳器的有效焊

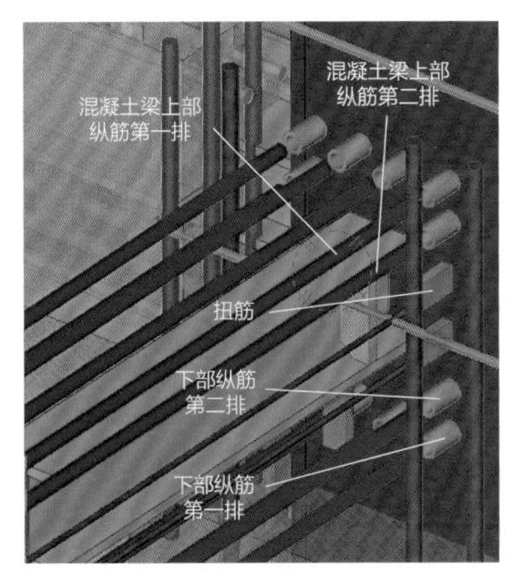

图5.2-3　套筒节点形式

图5.2-4　圆管柱钢筋焊接

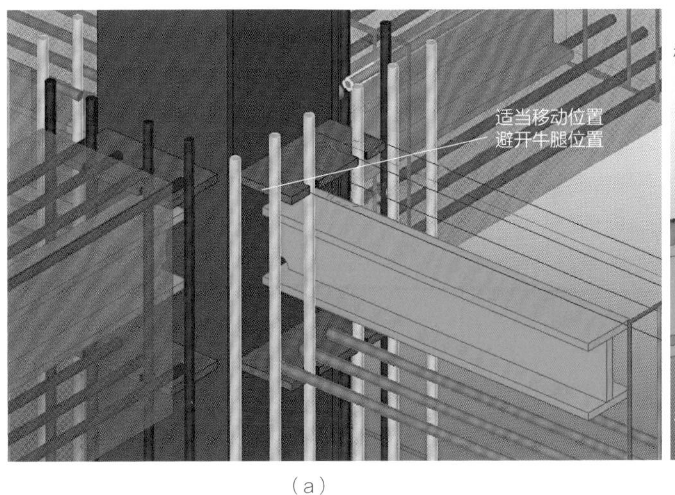

（a）

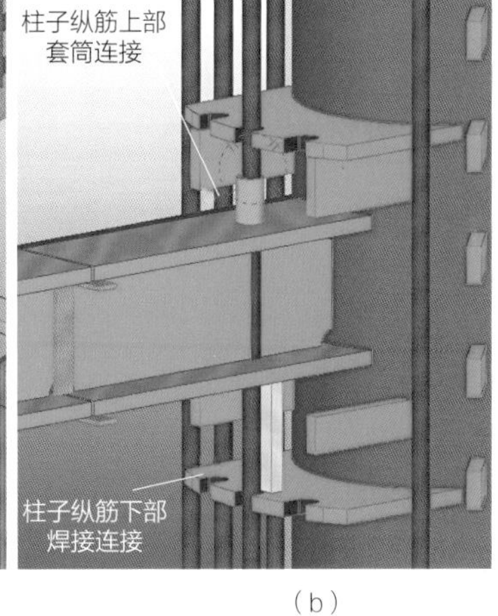

（b）

图5.2-5　柱子纵筋遇牛腿

接和套筒成形角度，故经设计同意修改为两边焊接的形式与钢筋连接（图5.2-4）；

（3）柱子纵筋遇牛腿时采用上部套筒下部焊接连接板形式做连接，局部可以适当移动钢筋避开牛腿位置（图5.2-5）；

（4）核心筒钢板墙转换节点位置较为复杂，钢结构与土建施工顺序需要配合好，保证钢结构与土建的有效衔接（图5.2-6）。

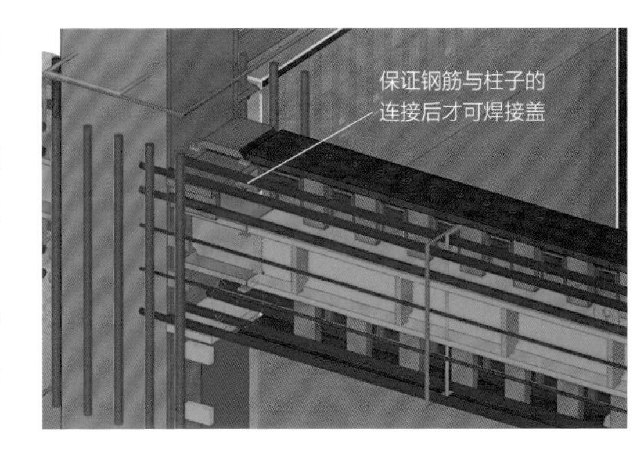

图5.2-6　钢结构与土建的有效连接

钢结构工程需要混凝土工程进行配合，同时在混凝土施工的过程中要配合钢结构埋件和混凝土柱内钢骨的埋设。钢结构施工中同样要考虑与幕墙、机电、装饰等的预留连接，避免在后续专业施工中对主体结构造成不利影响。

因钢柱内部要浇筑混凝土，因此在加工前应和总包单位沟通，在加工过程中严格按照沟通要求预留混凝土振捣口、透气孔、观测孔、拉筋板、辅助安装措施等。

## 5.3 钢结构主要构件的加工制作

### 5.3.1 构件加工制作概述

本工程钢构件包括框架劲性柱、钢管混凝土柱、框架梁及核心筒钢板墙，截面形式包括箱形、圆钢管、H型钢等截面形式。主体结构梁、柱、剪力墙钢板均采用Q345C级钢。

钢柱分为焊接箱形及焊接圆管两种截面形式，主要截面规格为□400×400×25×25、□400×400×20×20、□400×400×12×12、□400×500×30×30、□400×500×20×20、$\phi$400×14等。

钢梁主要为焊接H型钢梁，另有少部分箱形钢梁。规格为BH650×200×30×35、BH500×200×16×25、HN500×200×10×16、HN200×100×5.5×8等。

钢柱加工制作分段与吊装分段一致，地下钢柱一层为一个制作分段，地上部分三层为一个制作分段，典型钢柱加工分段尺寸在公路运输允许范围内，构件尺寸尽量控制在长度14m以内，宽度3m以内，高度2.8m以内。典型加工制作构件类型见表5.3-1。

**典型加工制作构件类型** **表5.3-1**

| 箱形柱脚埋件 | 圆管柱脚埋件 | 箱形钢骨柱和钢骨梁连接节点一 | 箱形钢骨柱和钢板墙连接节点二 |
|---|---|---|---|
|  |  | 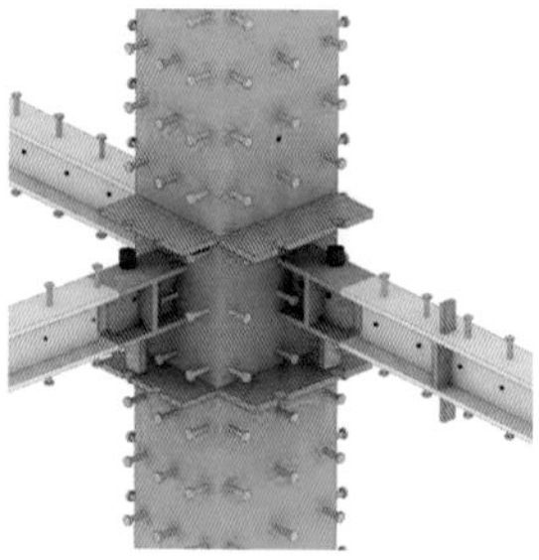 | 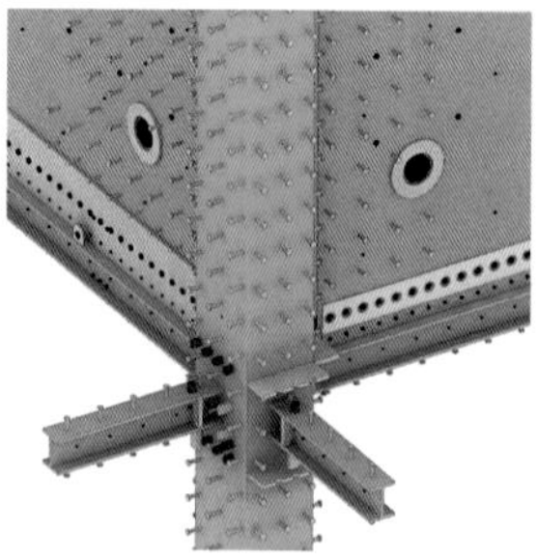 |
| 箱形柱与钢梁连接节点 | 圆管柱与钢梁柱节点 | 主次梁节点 | 钢梁开洞补强节点 |
| 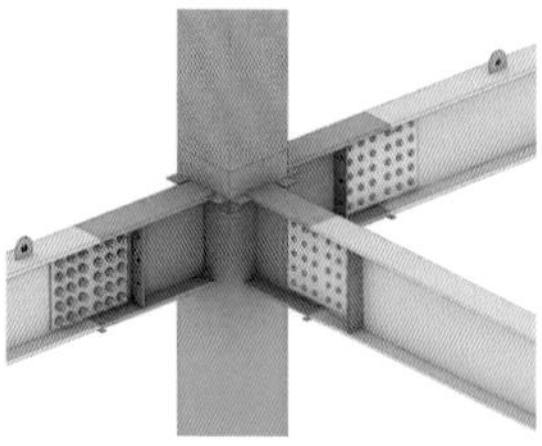 | 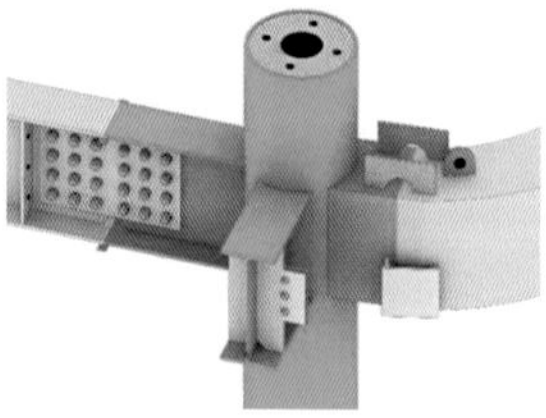 |  | 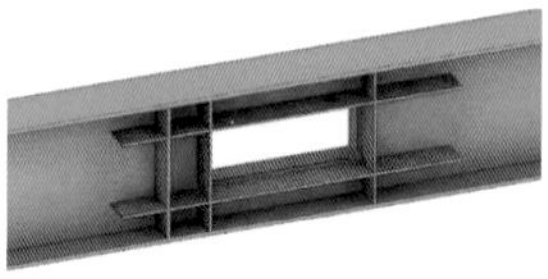 |

### 5.3.2 加工制作总工艺流程

加工制作总工艺流程图见图5.3-1。

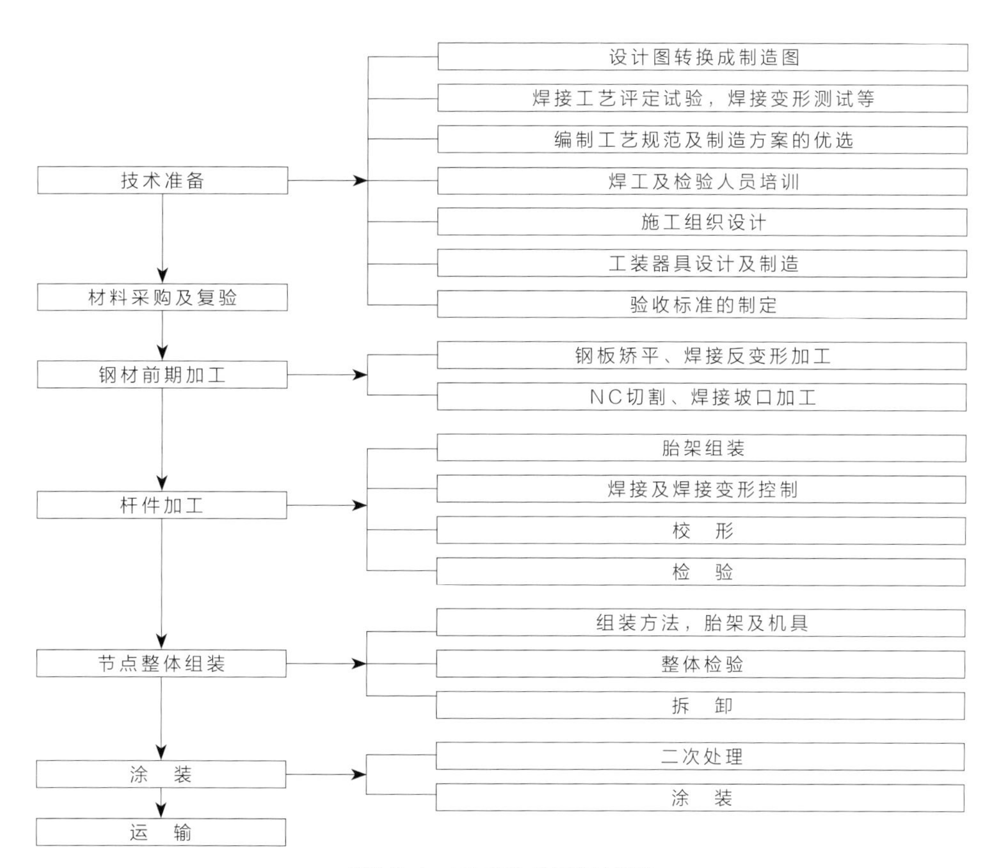

图5.3-1　加工制作总工艺流程图

### 5.3.3　埋件加工制作工艺

柱脚埋件制作工艺见表5.3-2。

**柱脚埋件制作工艺**　　**表5.3-2**

| 工序 | 加工设备或流程 | 工艺要点 | 工艺措施及要求 |
| --- | --- | --- | --- |
| 准备工序<br>机加工螺纹 |  | 圆钢进行车制前对圆钢表面的切割边进行打磨，去除割渣、毛刺等，圆钢上的螺纹采用机加工，保证螺纹与配制的螺母能够正常地拧合 | 圆钢在机加工过程中应随时观察螺纹外形、螺纹间距是否等分，待加工完成后应用相配套的螺母检查互相之间的拧合度，不符合要求，重新进行加工，螺纹加工后应立即涂上石油基阻化剂加以适当保护 |
| 小合龙工序<br>埋件制作步骤一 |  | 根据埋件上锚栓之间的开挡尺寸在底板上画出眼孔及安装位置线，采用钢针画线；钻孔时，孔中心和周边应打出五梅花冲印，以利钻孔和检验；钻孔后应用砂轮将孔周边的毛刺、污物等清除干净 | 孔允许偏差：<br>项目：允许偏差<br>直径：+1.0/0.0mm<br>圆度：2.0°<br>垂直度：0.03t，且不应大于2.0° |
| 小合龙工序<br>埋件制作步骤二 |  | 待钻孔完成后，将锚栓按照由内向外依次地放到埋件底板上，同时采用由内向外焊接；埋件底板与锚栓之间采用塞焊形式，底板上表面焊缝应磨平 | 为保证锚栓与底板之间的垂直度，在锚栓弯起端加放定位板，焊接过程中避免锚栓左、右位置偏移；定位板与锚栓之间采用点焊形式，待锚栓与底板焊接后将定位板拆除 |

续表

| 工序 | 加工设备或流程 | 工艺要点 | 工艺措施及要求 |
| --- | --- | --- | --- |
| 后处理工序 | | | |
| 冲砂、除锈 | | 将装焊合格后的构件进行冲砂，采用干法喷砂除锈；用铜砂或钢丸等作为磨料，以5~7kg/cm$^2$压力的干燥洁净的压缩空气带动磨料喷射金属表面，除去钢材表面的氧化皮和铁锈；喷砂等级要求为Sa2.5级，表面粗糙度30~75μm | （1）操作人员穿戴好特制的工作服和头盔（头盔内接有压缩空气管道提供的净化呼吸空气）进入喷砂车间；<br>（2）将干燥的磨料装入喷砂机，喷砂机上的油水分离器必须良好（否则容易造成管路堵塞和影响后道涂层与钢材表面的结合力）；<br>（3）将钢材摆放整齐，就能开启喷砂机开始喷砂作业 |

## 5.3.4 焊接H型钢加工制作工艺

### 1. 焊接H型钢梁加工制造工艺流程

焊接H型钢梁加工制造工艺流程见图5.3-2。

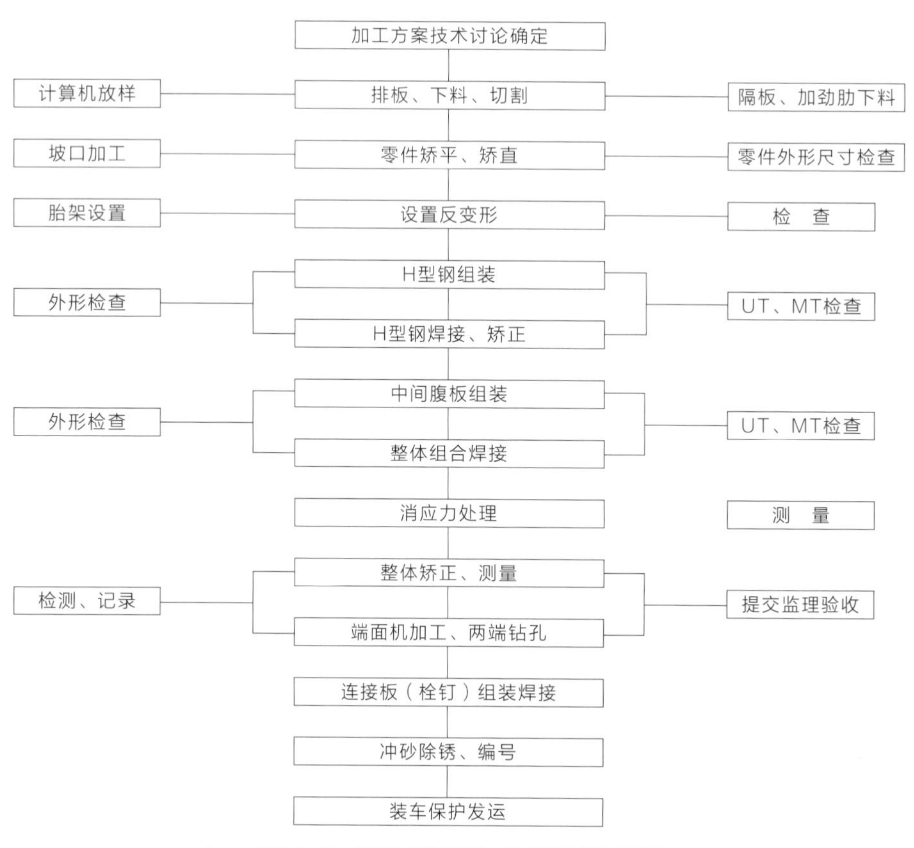


图5.3-2 焊接H型钢梁加工制造工艺流程图

## 2. 焊接H型钢梁组装工艺流程

焊接H型钢梁组装工艺流程见表5.3-3。

焊接H型钢梁组装工艺流程　　表5.3-3

| 流程一：零件下料切割 | 流程二：零件二次矫平 | 流程三：上下翼缘板的焊接反变形加工 | 流程四：T形组装 | 流程五：H型组装和定位焊接 |
| --- | --- | --- | --- | --- |
| | | | | |
| 流程六：焊接预热 | 流程七：H型钢埋弧焊接 | 流程八：H型钢焊接矫正 | 流程九：H型钢画线切割余量 | 流程十：加劲肋组装焊接和两端高强孔群钻孔 |
| 陶瓷电加热板 | | | 切割余量 | |

## 3. 螺栓的制孔技术及技术措施

本工程所有节点板、拼接板、填板等均直接采用数控钻床进行钻孔（图5.3-3），采用数控铣镗床、龙门移动式数控钻床、多台龙门移动式12轴数控钻床等设备进行制孔。

（a）　　（b）

图5.3-3　恒温数控加工中心

1）制孔工艺流程

钢板矫平→预处理→数控切割→二次矫平→去除毛刺→检查→数控制孔→去毛刺→（折弯成形）→标识、存放。

2）制孔工艺

工件与工作台间采用夹具固定，不得将工件与工作台面直接点焊在工件上。按工艺及相关规范要求，采用通孔器和止孔器检查孔径，确保孔径的精度。同一种工件，首制件必须按程序检验，每件工件必须进行专检。螺栓孔制孔见图5.3-4。

（a）　　　　　　　　　　（b）

图5.3-4　螺栓孔制孔

钻孔毛刺必须清除。当采用电动砂轮机或风动砂轮机清除毛刺时，对已涂装的，不能破坏栓接面的涂层。

### 5.3.5　焊接箱形构件加工制作工艺

#### 1. 焊接箱形构件加工制造工艺流程

焊接箱形构件加工制造工艺流程见图5.3-5。

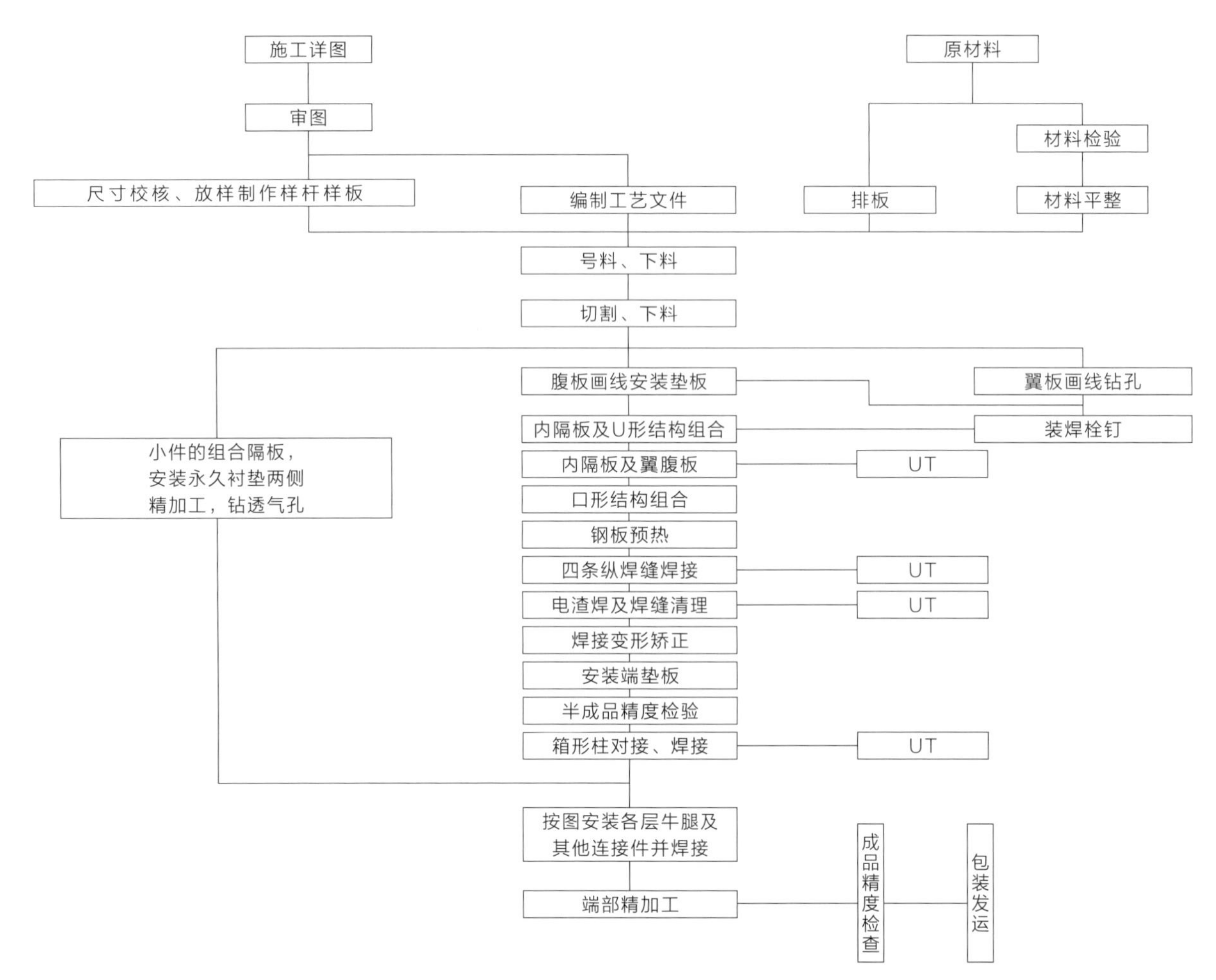


图5.3-5　焊接箱形构件加工制造工艺流程图

## 2. 箱形柱组装工艺流程

箱形柱组装工艺流程见表5.3-4。

箱形柱组装工艺流程　　**表5.3-4**

| 流程一：<br>零件下料切割 | 流程二：<br>内隔板组装焊接刨边加工 | 流程三：<br>底板与内隔板的组装 |
| --- | --- | --- |
| 流程四：<br>箱体U形组装及隔板焊接 | 流程五：<br>箱体盖板 | 流程六：<br>箱体四条纵缝焊接 |
| 流程七：<br>电渣焊钻孔 | 流程八：<br>内隔板电渣焊焊接 | 流程九：<br>箱体焊缝探伤、检测和局部矫正 |
| 流程十：<br>箱体端部端铣加工 | 流程十一：<br>牛腿组装、焊接，栓钉、套筒及吊耳板焊接 | 流程十二：<br>检测后冲砂存放 |

### 5.3.6 钢管柱加工制作工艺

## 1. 钢管柱加工制作工艺流程

钢管柱加工制作工艺流程见图5.3-6。

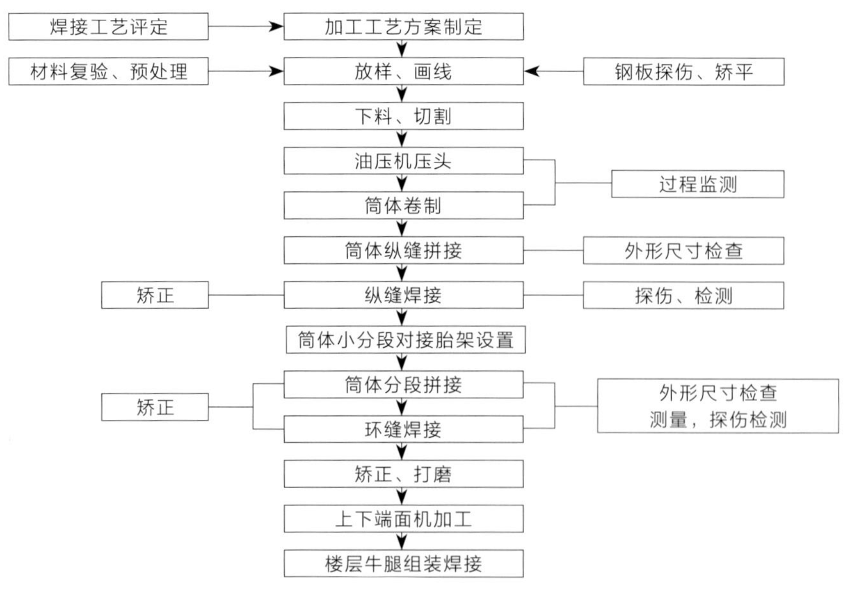


图5.3-6　钢管柱加工制作工艺流程图

## 2. 钢管柱加工制作组装流程

钢管柱加工制作组装流程见表5.3-5。

钢管柱加工制作组装流程　　表5.3-5

| 流程一：零件下料切割 | 流程二：钢板压头预压 | 流程三：预弯后切割余量和坡口 | 流程四：钢管小段节加工成形 |
|---|---|---|---|
| 流程五：筒体段节纵缝内部焊接 | 流程六：筒体段节纵缝外部焊接 | 流程七：筒体段节焊后重新滚压矫正 | 流程八：筒体段节对接接长及环缝焊接 |
| 流程九：筒体段节对接接长及环缝焊接 | 流程十：钢柱二端面进行端铣加工 | 流程十一：牛腿组装、焊接，栓钉、套筒及吊耳板焊接 | 流程十二：检测后冲砂存放 |

### 3. 钢管柱表面处理方法及控制措施

由于钢管柱为外露构件，对于焊缝外观要求较高，需焊后打磨光顺。在钢管柱的实际制作中，钢管柱的外观质量存在不少需要解决的问题，特别是焊缝余高和外观成形、打磨过渡情况、母材表面缺陷等，见图5.3-7。

从钢管柱制作的实际情况看，外观与表面处理方面虽然下了较大的功夫，特别是有的部位在没有喷漆之前细微的缺陷并不明显，但在喷漆后，由于光的反射与折射作用，这些细微的缺陷就暴露无遗，这是本工程制作的一个重点内容和需要有效解决的问题。

针对上述情况，只有采用新的工艺或设备才能较好地解决。通过反复的比较和论证，在工程的实际制作中，采用以下工艺和设备。

钢管直缝采用推车式砂带磨削机（图5.3-8）进行打磨，并依据此设备工作原理进行适当改进。

图5.3-7　钢管柱表面处理

图5.3-8　推车式砂带磨削机

推车式砂带磨削机2M 5709技术参数：

砂带规格（周长×宽）1950mm×50mm，砂带粒度60号～180号，

磨削余量≤10mm，表面粗糙度$R_a$ ≤3，

外形尺寸（长×宽×高）1025mm×470mm×760mm。

用途：主要用于各种材质板材小批量的磨削抛光，板材焊缝的强力磨削加工。

优点：功率大，效率高，操作简单，安全可靠。是磨削平板、焊缝及大型筒体的理想设备，特别适用于大口径筒体内外纵向焊缝的打磨。

工作原理：在驱动机构的作用下，砂带磨头作稳定的高速运动，磨轮与工件接触，推动行走部件完成平面或大型筒体的焊缝及平面的磨削加工。

结构简介：主要由驱动机构、支撑轮部件、接触轮部件、吸尘器、行走机构、底板及护罩、手把等组成。

设备改进方案见图5.3-9。

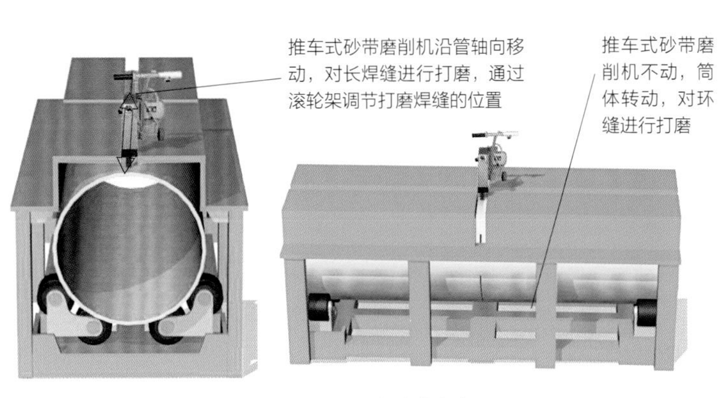


图5.3-9　设备改进方案

### 5.3.7 钢板剪力墙加工制作工艺流程

钢板剪力墙加工制作工艺流程见表5.3-6。

钢板剪力墙加工制作工艺流程　　　　表5.3-6

| 流程一：钢板上胎架 | 流程二：钢板开孔及补强板焊接 | 流程三：钢板表面栓钉焊接 | 流程四：钢板墙一端成形H型钢上胎架 |
|---|---|---|---|
|  |  | 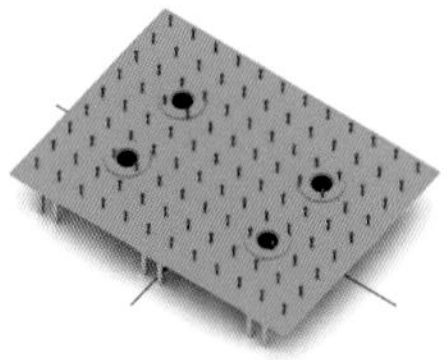 | 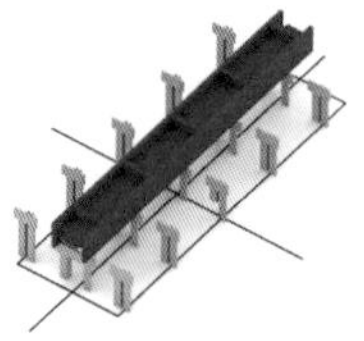 |
| 流程五：两侧埋板、缀板及锚筋安装及焊接 | 流程六：钢板墙另一端成形H型钢上胎架 | 流程七：连接钢板与H型钢焊接 | 流程八：三部分结构上胎架组装成整体钢板墙，焊接并检测 |
|  | 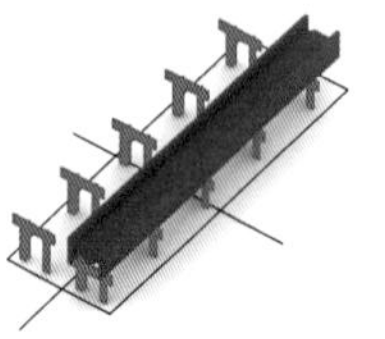 |  | 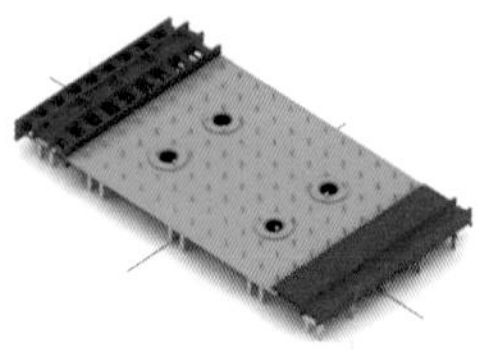 |

## 5.4 地下钢结构安装

### 5.4.1 地下钢结构概述

地下钢结构B1层部分采用钢管混凝土柱钢框架–钢板墙结构体系，钢柱下插一层框架劲性柱，通过地脚锚栓进行锚固生根，地下钢骨梁采用H型钢梁，地下部分区域设置钢板剪力墙结构。

钢柱主要截面形式为箱形、圆管两种。箱形柱截面主要为□400×500×30、□400×400×25、□400×400×22、□400×450×25，圆管柱截面主要为$D$400×14。钢梁主要规格为HN200×100×5、H200×150×20等。

各结构形式见图5.4-1～图5.4-5。

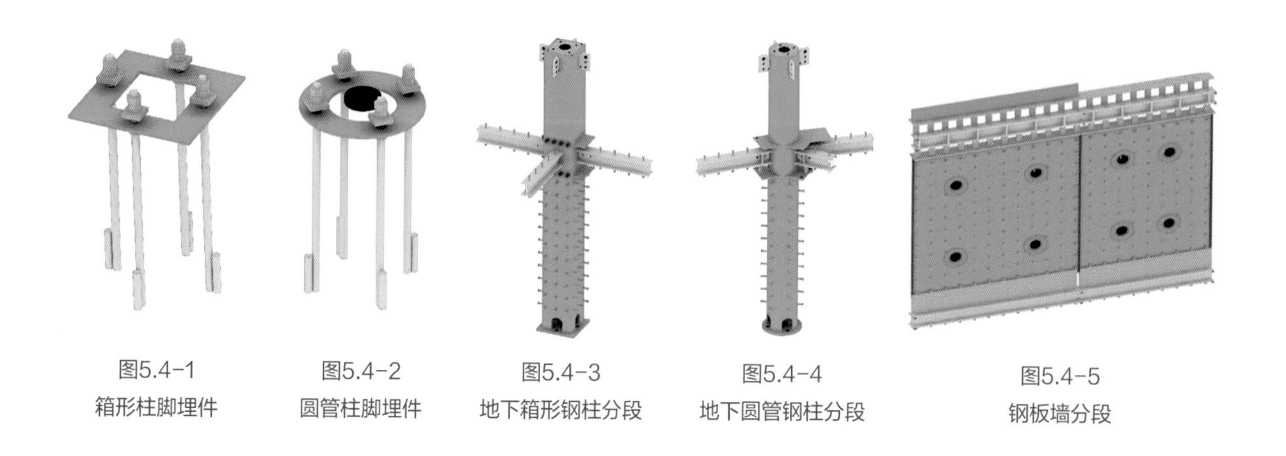

图5.4-1 箱形柱脚埋件

图5.4-2 圆管柱脚埋件

图5.4-3 地下箱形钢柱分段

图5.4-4 地下圆管钢柱分段

图5.4-5 钢板墙分段

## 5.4.2 地下钢结构施工部署

地下施工阶段采用10台塔式起重机进行钢结构安装。安装内容包括钢柱、钢梁、钢板剪力墙，构件主要截面类型为箱形、圆管和H型钢。地下钢结构施工现场照片见图5.4-6。

图5.4-6 地下钢结构施工现场照片

根据现场塔式起重机的性能以及现场总平面布置，结合现场的实际情况及采用的安装方法，为保证构件能够满足塔式起重机的起重量，对钢结构进行分段或分节。钢梁及钢板墙均采用自然分段，钢柱加工制作分段与吊装分段一致，地下钢柱一层为一个制作分段，地下一节柱柱顶统一标高1.2m，钢柱加工分段尺寸在公路运输允许范围内。冬奥村塔式起重机布置示意见图5.4-7。

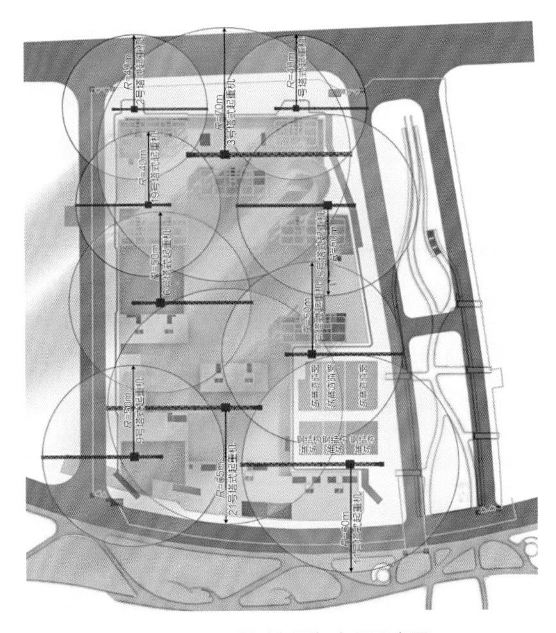
图5.4-7 塔式起重机布置示意图

地下钢柱底采用锚栓节点，钢梁与钢柱焊接连接，部分区域存在钢板剪力墙结构，与钢柱焊接连接。当B1层钢筋绑扎完成时，安装B1层地脚锚栓，当B1层楼板混凝土养护达到强度以后，检测地脚螺栓满足钢柱安装精度要求，即可开始进行钢柱的安装。

为了增强构件安装的稳定性，钢板墙区域钢结构施工采取钢柱、钢梁、钢板墙交叉安装的方法，即钢梁两端的钢柱定位完成后，立即安装此钢梁及钢板墙，形成相对稳定的门架体系后，进行钢梁两端焊接施工；钢梁翼缘焊接采取先焊腹板、后焊下翼缘再焊上翼缘的顺序组织施工；同时焊接钢梁时，避免同一根钢梁两端同时进行焊接。

## 5.4.3 预埋件施工

预埋件安装施工见表5.4-1。

预埋件安装施工 表5.4-1

| 步骤 | 安装技术及措施 |
| --- | --- |
| （1）测量放线 | 首先根据原始轴线控制点及标高控制点对现场进行轴线和标高控制点的加密，然后根据控制线测放出的轴线再测放出每一个埋件的中心十字交叉线和至少两个标高控制点 |

续表

| 步骤 | 安装技术及措施 |
| --- | --- |
| （2）地脚螺栓固定架的设计、制作；并在板下铁钢筋绑扎完成、上铁钢筋未绑扎前，对其定位及临时固定 | 地脚螺栓支架采用-12mm钢板上下各一块作为支撑体系，并用钢筋与柱网结构的箍筋相连接 |
| （3）绑扎框架梁钢筋后，对预埋螺栓进行校正定位，合格后浇筑混凝土 | <br><br>整个固定架在钢筋绑扎之前进行埋设，固定完成后，再进行绑扎，绑扎钢筋时不得随意移动固定架及地脚螺栓 |
| （4）浇筑楼板混凝土时，用两台经纬仪监测，发现偏差，及时校正 | <br>混凝土进行浇筑前，螺纹上要涂黄油并包上油纸，外面再装上套管。对已安装就位弯曲变形的地脚螺栓，严禁碰撞和损坏，钢柱安装前要将螺纹清理干净，确保钢柱就位 |

### 5.4.4 地下劲性钢柱施工

地下劲性钢柱施工见表5.4-2。

地下劲性钢柱施工　　表5.4-2

| 步骤 | 安装技术及措施 |
| --- | --- |
| （1）测量放线 | 测量放线示意图 |

续表

| 步骤 | 安装技术及措施 |
|---|---|
| （1）测量放线 | 施工要点：<br>（1）在钢柱安装前，将平面控制网的每一条轴线投测到基础面上，全部闭合，以保证钢柱的安装精度；<br>（2）根据原始轴线控制点及标高控制点对现场进行轴线和标高控制点的加密，然后根据控制线测放出的轴线再测放出钢柱的中心十字交叉线和至少两个标高控制点；<br>（3）测设好钢柱中心线并在基面做出标记，作为安放钢柱的定位依据，使钢柱轴线与基面中心线精确对正，安装过程中测量跟踪校正 |
| （2）起吊方式的选择 | 施工要点：<br>（1）吊点设置在预先焊好的连接耳板处，为防止吊耳起吊时的变形，采用专用吊具装卡，采用单机回转法起吊。<br>（2）钢柱应垫上枕木以避免起吊时柱底与地面的接触，起吊时，不得使柱端在地面上有拖拉现象 |
| （3）第一节钢柱吊装的定位 | 测量定位<br>钢柱吊装时停机稳定示意图 |
| | 施工要点：<br>钢柱吊到就位上方200mm时，应停机稳定，对准十字线后，缓慢下落，使钢柱四边中心线与十字轴线及预埋锚栓对准 |
| （4）钢柱柱底就位校正 | |
| | 施工要点：<br>（1）在起重机松钩前，同时在钢柱的两条垂直的轴线方向设置经纬仪，对钢柱进行初步测量校正。<br>（2）柱底就位应尽可能在钢柱安装时一步到位，少量的校正可用千斤顶和调整螺母法校正（精度可达±1mm），随即进行锚栓螺母的安装 |
| （5）压力灌浆 | 施工要点：<br>钢柱校正完毕后，及时通知土建单位进行混凝土的塞填工作，采用强度等级≥C60的专用灌浆料进行压力灌浆，在灌浆过程中采用两台经纬仪进行实时监控 |

### 5.4.5 地下钢板墙安装及焊接

钢板墙的拼装和焊接是工程施工的难点，为了增强构件安装的稳定性，钢板墙区域钢结构施工采取钢柱、钢梁、钢板墙交叉安装的方法，即钢梁两端的钢柱定位完成后，立即安装此钢梁及钢板墙。

形成相对稳定的门架体系后，进行钢梁两端焊接施工。钢梁翼缘焊接采取先焊腹板，后焊下翼缘，再焊上翼缘的顺序组织施工。同时焊接钢梁时，避免同一根钢梁两端同时进行焊接；无钢板墙区域钢柱施工采用四面张拉缆风绳进行加固，确保施工安全。钢板墙吊装施工示意图见图5.4-8。

图5.4-8 钢板墙吊装施工示意图

图5.4-9 钢板墙安装图

焊接过程应严格做好焊前的焊材预热，控制层温、处理后热工作，焊接顺序为先横后竖，由内向外，优先焊接变形程度高的焊缝；不得同时焊接同一根钢梁的两侧，应在其一端冷却至常温后，再焊接另一端。焊接时，焊接材料采用氢含量较低的焊材，焊接材料的选用原则与母材强度等强。根据现场焊接特点，并结合工程实际，采用$CO_2$药芯焊丝气体保护焊和手工电弧焊相结合的焊接方法。钢板墙安装图见图5.4-9。

## 5.5 地上钢结构安装

### 5.5.1 地上钢结构概述

北京冬奥村地上共计11栋楼，结构形式均为钢框架-防屈曲钢板剪力墙结构体系，地上层数为14～16层，首层层高4.5m，标准层层高3.15m，顶部机房层高3.58m。

钢柱分为焊接箱形及焊接圆管两种截面形式，主要截面规格为□400×400×25×25、□400×400×20×20、□400×400×12×12、□400×500×30×30、□400×500×20×20、$\phi$400×14等；钢梁主要为焊接H型钢梁，另有少部分箱形钢梁。规格为BH650×200×30×35、BH500×200×16×25、HN500×200×10×16、HN200×100×5.5×8等，材质均为Q345C，地上结构用钢量为12160t。本工程共设置1298块防屈曲钢板墙，大多数位于核心筒范围，少数设置在外框架。主要节点如图5.5-1～图5.5-4所示。

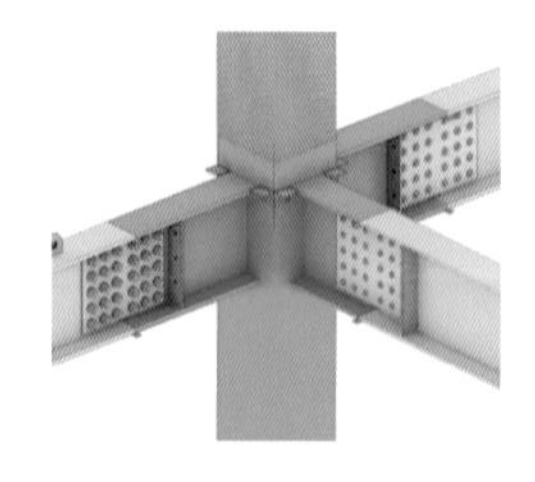

图5.5-1
箱形柱与钢梁节点示意图

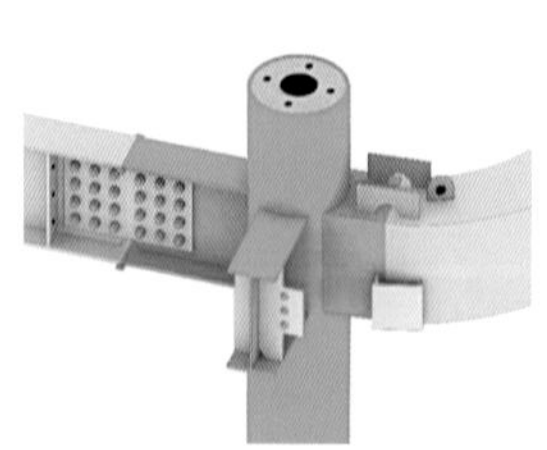

图5.5-2
圆管柱与钢梁柱节点示意图

图5.5-3
钢楼梯节点示意图

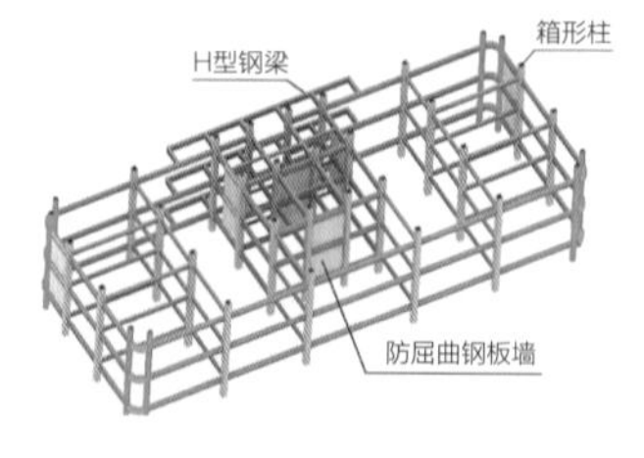


图5.5-4
防屈曲钢板墙示意图

### 5.5.2 地上钢结构施工部署

钢结构施工主要为钢结构地上部分框架钢柱和钢梁的安装，该部分钢结构采用现场塔式起重机分段吊装方案。将钢柱进行合理分段，所有构件均厂内制作完成，再运输到现场。现场采用10台塔式起重机进行钢结构吊装，基本每台塔式起重机负责一个塔楼的钢结构吊装工作（特殊情况塔式起重机间可协调配合）。

由于本工程钢柱截面较小，主体外框钢柱标准部位根据截面尺寸进行划分。钢柱分段位置在地下部分为一层一吊或两层一吊。地上部分钢柱从+1.2m标高往上均为3层一节，直至楼顶剩余楼层小于3层也分为一节。楼层钢梁均为单根构件安装。

根据本工程结构特点并结合现场情况，钢结构先行施工，随后进行混凝土施工，防屈曲钢板墙及楼承板随钢结构楼层施工。地下钢结构和混凝土形成稳定体系后，安装地上一节柱；同理地上一节框架柱、框架梁安装结束成稳定体系后，才能安装上一节柱，以此类推。楼承板的安装落后钢结构约3层。

地上钢结构施工流程图见图5.5-5。

### 5.5.3 地上钢结构施工流程

本标段钢结构共计11栋楼，楼间除楼层数、投影面积及布置略有不同外，其余整体结构形式完全一致，均为钢框架-防屈曲钢板墙结构，安装顺序及方式也均一致，因此不一一详述，仅叙述14-1号楼安装流程（表5.5-1），其余楼同理。

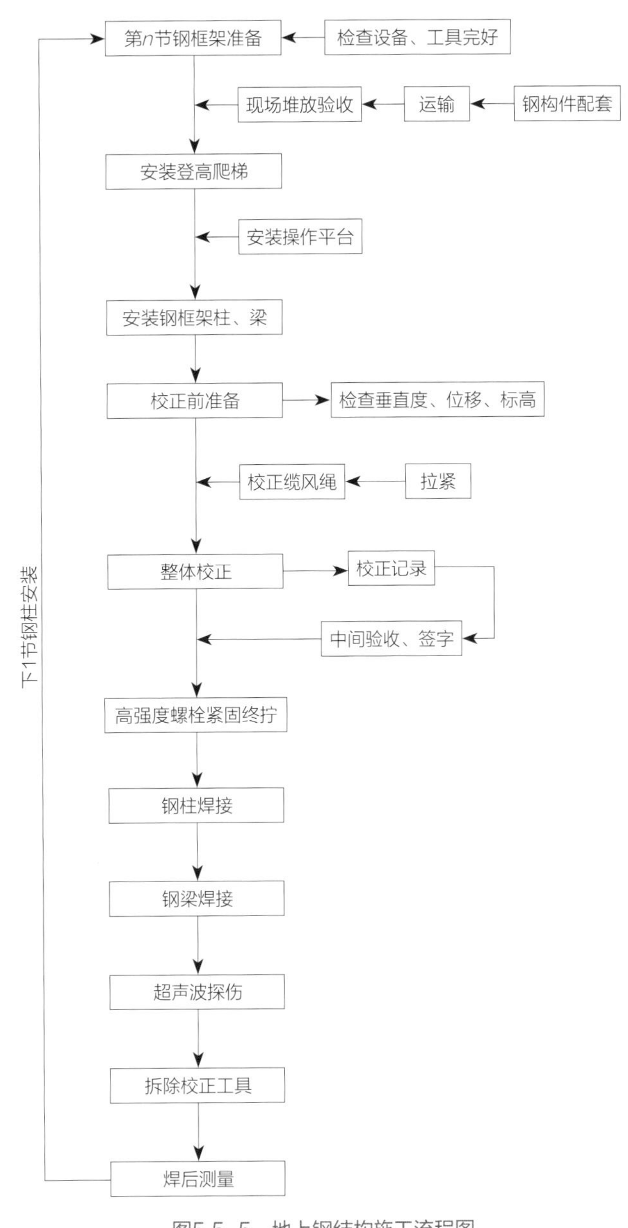

图5.5-5　地上钢结构施工流程图

**14-1号楼安装流程**　　**表5.5-1**

| （1）地下钢结构安装完毕，土建地下室封顶，开始吊装地上部分钢结构 | （2）吊装部分楼座1~3层钢柱及钢梁 |
| --- | --- |
|  |  |

续表

| （3）按相同施工方式吊装4～6层钢结构，楼承板铺设落后3层 | （4）按相同施工方式吊装7～12层钢结构 |
| --- | --- |
|  |  |
| （5）按相同施工方式吊装13～屋顶层钢结构，钢结构安装完毕 | |
|  | |

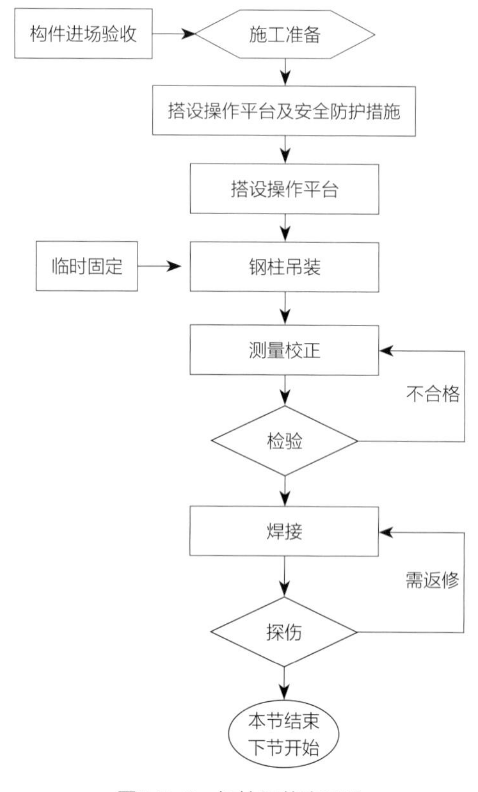


图5.5-6　钢柱吊装流程图

## 5.5.4　钢柱安装及焊接技术

钢结构中钢柱安装作为基础。钢柱分为箱形及圆管两种截面形式，其吊装过程采用吊装、校正、焊接、探伤的流程，如图5.5-6所示。

钢柱吊装过程严格执行相关技术标准规范，采用人工和机械相结合的方式，减少钢柱在吊装过程中产生的损伤，避免钢柱在使用过程中产生外力形变，导致结构的破坏。钢柱吊装示意图见图5.5-7。

安装过程中必须严格控制柱间距、水平定位、标高和垂直度，避免因为错位导致结构的额外形变，最终导致构件的破坏。调节到位后通过柱分段的连接板临时固定，然后进行焊接加固，连接板临时固定如图5.5-8所示。对接完成后，对钢柱进行焊接。

为了减少焊接收缩应力集中，圆管柱焊接采用1名焊工沿着一个方向焊接；箱形构件则分段对接，采用1～2名焊接速度基本相同的焊工同时从两个对称面开始焊接，直到该焊缝焊接完成，减小焊接结构因不对称焊接而发生的变

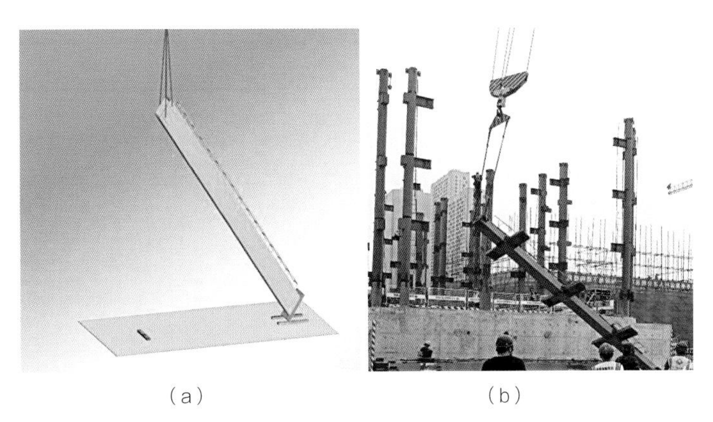
(a)　　(b)

图5.5-7　钢柱吊装示意图

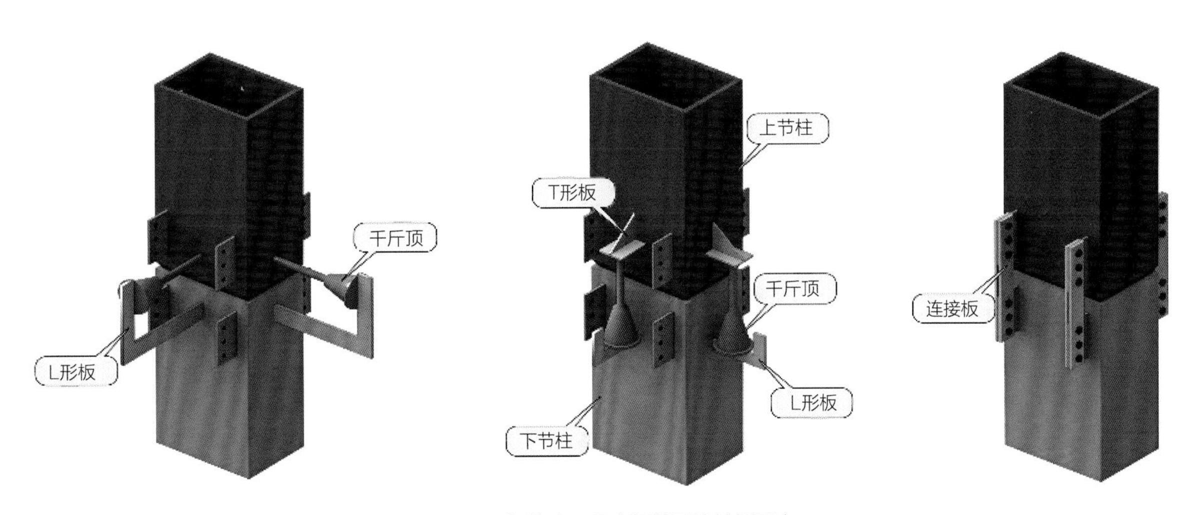


图5.5-8　钢柱水平垂直调节及连接板固定

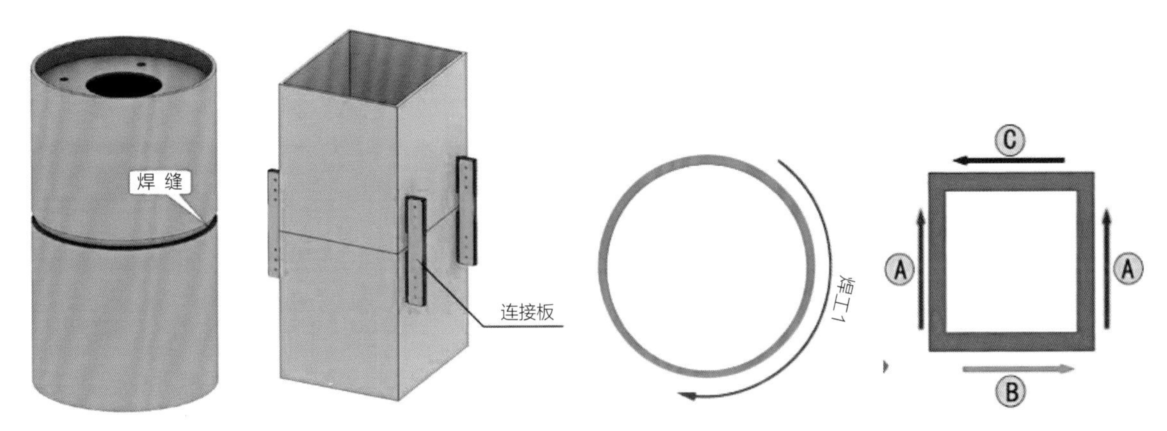


图5.5-9　钢柱焊接示意图

形。这样焊接能有效地减小焊接过程空间不对称造成的钢件受力不均匀问题，减小构件形变带来的屈曲问题。钢柱焊接示意图见图5.5-9。

### 5.5.5　钢梁安装及焊接技术

钢梁主要为焊接H型钢梁，另有少部分箱形钢梁。钢梁吊装示意图见图5.5-10。

H型钢梁栓焊对接采用先栓后焊，先焊下翼缘，再焊上翼缘的焊接顺序。H型钢梁全焊对接采用

图5.5-10　钢梁吊装示意图

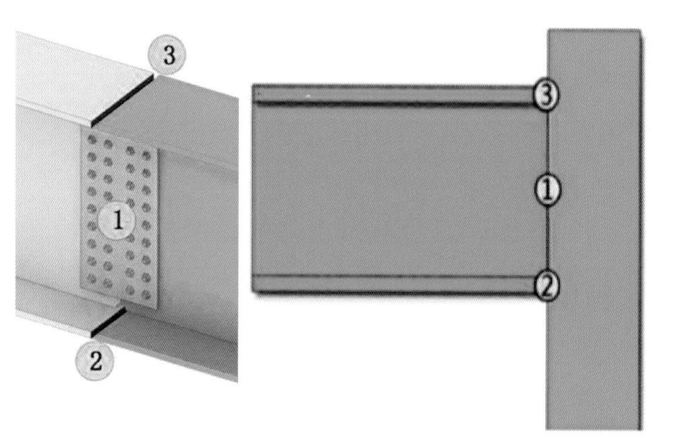

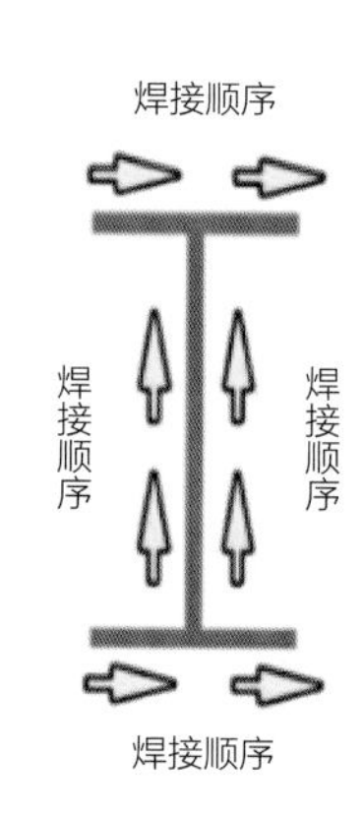


图5.5-11　钢梁栓焊连接示意图

先焊腹板立焊，再焊下翼缘，最后焊接上翼缘。同一根梁先焊一头，让焊接的收缩变形始终可以自由释放。温度应力在焊接过程中有效地释放出来，大大减小了构件后期形变。钢梁栓焊连接示意图见图5.5-11。

### 5.5.6　高强度螺栓施工

本工程所用高强度螺栓为10.9S级扭剪型高强度螺栓；高强度螺栓应符合现行国家标准《钢结构用扭剪型高强度螺栓连接副》GB/T 3632的规定，高强度螺栓进场使用前，应进行扭矩系数和抗滑移系数的复验和检验。

运抵现场的钢构件，其摩擦面无油污及氧化铁皮，如有需要用钢丝刷清理干净，以保证摩擦面的摩擦系数。用钢丝刷可将摩擦面处的铁磷、浮锈、尘埃、油污等污物刷掉，使钢材表面露出金属光泽，保留原轧制表面。

#### 1. 工艺流程

高强度螺栓安装流程见图5.5-12，高强度螺栓施工流程见表5.5-2。

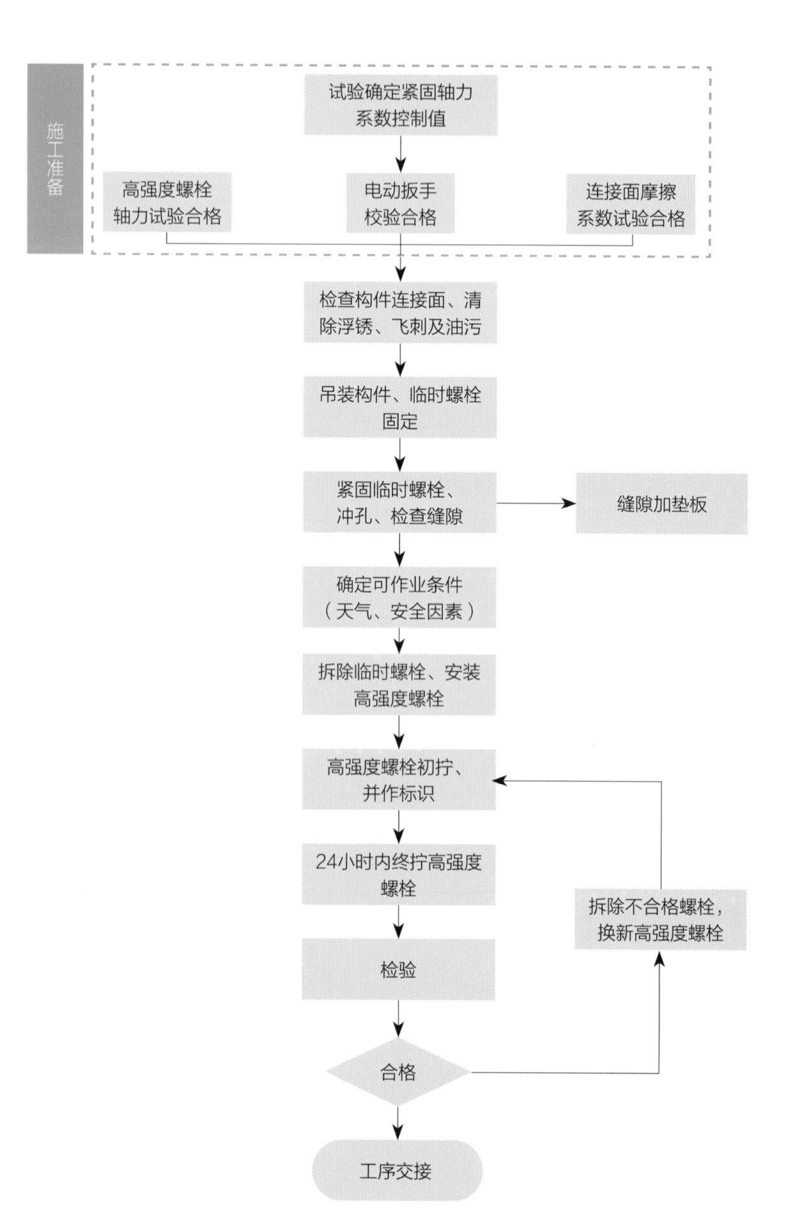


图5.5-12　高强度螺栓安装流程

高强度螺栓施工流程　　表5.5–2

|  |  |  |  |
|---|---|---|---|
| 第一步：<br>吊装钢构件，用临时螺栓固定 | 第二步：<br>对校冲孔、替换临时螺栓 | 第三步：<br>安装高强度螺栓、初拧（依次由里向外、中间向两边） | 第四步：<br>终拧（依次由里向外、中间向两边） |

2. 施工工艺要点

（1）待吊装完成一个施工段，钢结构形成稳定框架单元，经测量校正后安装高强度螺栓。

（2）扭剪型高强度螺栓安装时应注意方向：螺栓的垫圈安在螺母一侧，垫圈孔有倒角的一侧应和螺母接触。

（3）螺栓穿入方向以便于施工为准，每个节点应整齐一致。穿入高强度螺栓用扳手紧固后，再卸下下一个临时螺栓，以高强度螺栓替换。

（4）高强度螺栓的紧固分两次进行。第一次为初拧，初拧紧固到螺栓标准轴力（即设计预拉力）的60%～80%。第二次紧固为终拧，终拧时扭剪型高强度螺栓应将梅花卡头拧掉。

（5）初拧完毕的螺栓，应做好标记以供确认。为防止漏拧，当天安装的高强度螺栓，当天应终拧完毕。

（6）装配和紧固接头时，应从安装好的一端或刚性端向自由端进行；高强度螺栓的初拧和终拧，都要按照紧固顺序进行，从螺栓群中央开始，依次由里向外、由中间向两边对称进行，逐个拧紧。紧固顺序见图5.5–13。

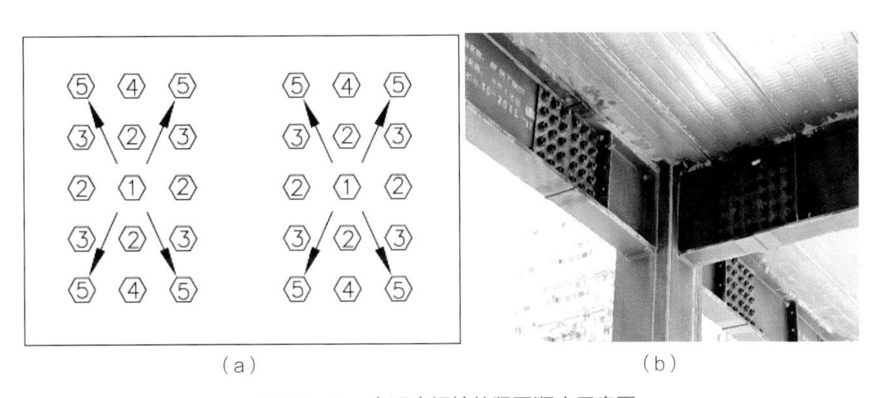


图5.5–13　高强度螺栓的紧固顺序示意图

3. 施工注意事项

（1）临时螺栓数量不得少于本节点螺栓安装总数的30%，且不得少于2个临时螺栓。

（2）组装时先用橄榄冲对准孔位，在适当位置插入临时螺栓，用扳手拧紧。

（3）不允许使用高强度螺栓兼作临时螺栓，以防损伤螺纹引起扭矩系数的变化。

（4）一个安装段完成后，经检查确认符合要求方可安装高强度螺栓。

（5）装配和紧固接头时，应从安装好的一端或刚性端向自由端进行；高强度螺栓的初拧和终拧，都要按照紧固顺序进行：从螺栓群中央开始，依次向外侧进行紧固。

（6）同一高强度螺栓初拧和终拧的时间间隔，要求不得超过一天。

（7）雨天不得进行高强度螺栓安装，摩擦面上和螺栓上不得有水及其他污物，并要注意气候变化对高强度螺栓的影响。

（8）工厂制作时在节点部位不应涂装油漆。

（9）安装前应对钢构件的摩擦面进行除锈。

（10）螺栓穿入方向一致，并且品种规格要按照设计要求进行安装。

（11）终拧检查完毕的高强度螺栓节点及时进行油漆封闭。

（12）高强度螺栓终拧后要保证有2～3扣的余丝露在螺母外圈。

## 5.6 防火涂料施工

### 5.6.1 防火涂料施工概述

本工程的耐火等级为一级，防火涂料材料有室内钢结构防火涂料和室外钢结构防火涂料。室内采用非膨胀型和膨胀型防火涂料，室外采用室外厚型和室外薄型防火涂料。防火涂料与钢结构防锈漆必须相容，防火涂料的性能、涂层厚度及质量要求应符合《钢结构防火涂料》GB 14907—2018和《建筑防火涂料（板）工程设计、施工与验收规程》DB11/ 1245—2015的要求。钢构件的耐火时限、防火涂料类型见表5.6–1。

**钢构件的耐火时限、防火涂料类型** **表5.6–1**

| 序号 | 楼号 | 部位 | 耐火极限（h） | 防火涂料选型 | 防火涂料厚度（mm） |
|---|---|---|---|---|---|
| 1 | 全部栋号 | 室内钢柱 | 3 | 室内非膨胀型钢结构防火涂料 | ≥25 |
| 2 | 全部栋号 | 室内钢梁 | 2 | 室内非膨胀型钢结构防火涂料 | ≥18 |
| 3 | 全部栋号 | 与防屈曲钢板墙连接的钢梁 | 3 | 室内非膨胀型钢结构防火涂料 | ≥25 |
| 4 | 全部栋号 | 防屈曲钢板墙外露的上下连接段 | 3 | 室内非膨胀型钢结构防火涂料 | ≥25 |
| 5 | 全部栋号 | 室内钢楼梯 | 1.5 | 室内膨胀型钢结构防火涂料 | ≥3 |
| 6 | 全部栋号 | 雨篷 | 1.5 | 室外膨胀型钢结构防火涂料 | ≥3 |

### 5.6.2 防火涂料技术要求

#### 1. 非膨胀型室内防火涂料技术要求

（1）非膨胀型防火涂料不应含有石棉和玻璃纤维等有害物质，不宜采用苯类溶剂类产品。

（2）防火涂料应具有中国环境标识产品认证证书和有害物质检验检测报告，各项指标符合要求。

（3）符合现行国家标准《建筑用墙面涂料中有害物质限量》GB 18582的要求，游离甲醛、VOC、苯类物和重金属含量为0。

（4）防火涂料粘结强度不低于0.04MPa，抗压强度不低于0.4MPa，干密度应不大于500kg/m$^3$，固化时间不大于2小时，满足构件1/100变形时不开裂、不脱落。

（5）施工材料进场后应按施工质量规范进行复试，业主、监理和设计确认后方可施工、验收。

（6）防火涂料采用机械喷涂工艺施工，不铺设钢丝（纤维）网片，不涂刷界面剂。

（7）防火涂料施工初期，干燥表面应无微裂纹、空鼓、流坠、乳突，施工后期无开裂、空鼓、脱落。

#### 2. 膨胀型防火涂料技术要求

（1）防火涂料应通过公安部消防产品按《钢结构防火涂料》GB 14907—2018标准的3C认证。

（2）膨胀超薄型防火涂料室内应采用水性涂料，室外采用溶剂型涂料，不含卤素，VOC含量为0，无污染，有BS或UL认证证书。

（3）防火涂料的粘结强度不应小于0.15MPa。

（4）超薄型防火涂料与防腐漆和面漆应具有材料相容性，与面漆尚应具有耐火性能相容性检测，面漆不应过厚过硬。防腐漆与防火涂料组成的配套系统应通过循环腐蚀测试。

（5）体积固体分和VOC应满足相应要求。体积固体分是指油漆中的成膜物质的体积占总体积的百分比，数值上等于干膜厚度与湿膜厚度的比值。

### 5.6.3 防火涂料喷涂施工

#### 1. 防火涂料喷涂

防火涂料施工主要区域均在各楼的地上部分，各楼地上楼层大部分层高为3.15m，首层层高最高为4.5m。

厚型防火涂料的喷涂可采用移动式门式脚手架作为操作平台进行喷涂施工；薄型防火涂料的喷涂可站于楼面，采用长度为2～3m长杆高压气体喷枪进行薄型防火涂料的喷涂施工。防火涂料喷涂见图5.6-1。

（a）　　（b）

图5.6-1　防火涂料喷涂

（1）第一遍防火涂料配比：水：专用胶：防火涂料 = 0.1：1：1左右进行配比，搅拌时间不得小于5min。喷完后使表面粘结牢固，表面不得有漏喷现象。

（2）第一遍喷涂厚度≤3mm，保证所有钢构件表面均匀喷涂。第一遍涂层完全干燥后（一般为12h以上，涂层颜色变浅，手指触摸有一定硬度）进行第二遍喷涂。

（3）后续每遍喷涂之间的间隔要求一般为12h，或涂层颜色变浅，手按压无印痕方可进行下一遍喷涂。

（4）喷涂施工厚度：第一遍≤3mm，第二遍及后续喷涂的每层喷涂厚度都应严格控制在6～8mm。

（5）喷涂遍数：钢柱等耐火等级3h的构件喷涂遍数为四遍，设计厚度为25mm，钢梁等耐火等级为2h（或2.5h）的构件喷涂遍数为三遍，设计厚度为18mm。

（6）过程控制：喷涂过程中喷枪手应随身携带测厚针，随时检测并控制喷涂厚度。最后一遍喷涂时应保证厚度达到规定数值，同时保证涂层平整。

2. 喷涂施工要点

（1）喷嘴与喷涂面宜距离适中，一般应相距25～30cm，喷嘴与基面基本保持垂直，喷枪移动方向与基材表面平行，不能是弧形移动，否则喷出的涂层中间厚，两边薄。操作时应先移动喷枪再开喷枪送气阀，关闭喷枪送气阀门后才停止移动喷枪，以免每一排涂层首尾过厚，影响涂层的美观。

（2）喷涂时，应注意移动速度，不能在同一位置久留，以免造成涂料堆积流淌。喷涂后的涂层要适当维修，对明显的乳突，应采用抹灰刀等工具剔除，以确保涂层表面均匀。

（3）环境温度宜在5～38℃之间，相对湿度不大于85%，且空气应流通，当风速大于5m/s、雨雪天或构件表面有结露时，不宜施工。

### 5.6.4 施工操作架设计

为配合防火涂料不同高度楼层的施工，现场需要不同高度的移动操作平台。具体需求见表5.6–2。

移动操作平台类型表　　表5.6–2

| 操作平台 | 适合作业高度 | 搭设方法 | 备注 |
|---|---|---|---|
| 自制移动操作平台 | 6m以下 | 自制 | 验收合格 |
| 自动升降平台 | 6～10m | 租赁 | 验收合格 |

施工现场楼层的高度6m以下区域采用钢管搭设操作架，铺设木板，木板用钢丝固定；在操作架上四周采用钢管搭设1m高护栏，平台后部设两根可调节立杆，施工时立杆固定支撑在楼板上，保证施工安全。操作架搭设完成后经安全员验收合格后方可使用。施工时，施工人员安全带扣在护栏上，严禁带人移动。

自制移动式操作平台搭设方法如下：

移动脚手架采用钢管加扣件搭设，脚手架架底下安装4个万向轮。脚手架下部长2500mm、宽3000mm，操作平台长4000mm、宽3000mm，其中悬挑部分为1500mm。操作平台离地高度为1550mm，为确保作业人员的安全操作空间，根据实际情况可适当调整（长、宽、高）。悬挑部分下设斜撑杆或上拉斜拉杆。操作平台垂直方向每1.25m设一道横杆。操作平台立杆伸出平台1.5m，加水平栏杆，形成封闭的围栏。移动式操作平台使用时，为防止万向轮向邻边自由移动，用2根8mm钢丝溜绳与钢柱抱锁。楼层柱、主次梁、挑梁及楼面支撑防火涂料施工使用移动脚手架。操作平台施工荷载为1kN/m$^2$（图5.6–2）。

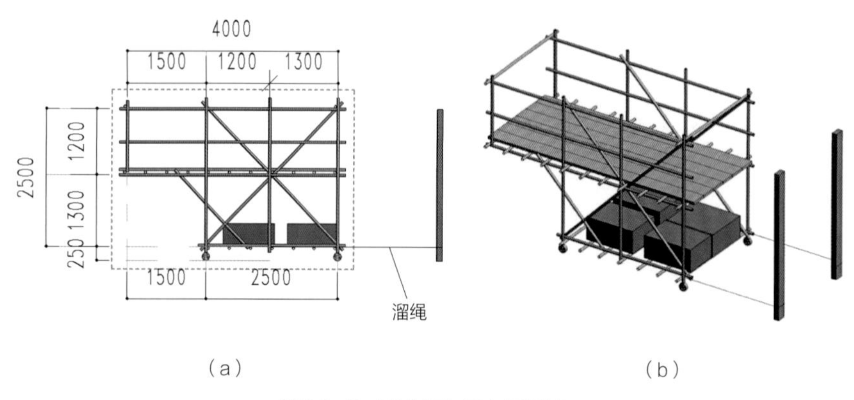


图5.6–2　移动操作平台平面图

### 5.6.5 防火涂料施工过程中的成品保护

（1）防火涂料施工喷射的防火材料容易对现场成品及环境造成污染，采用双层防火密目网进行防护。如图5.6-3所示。

（2）现场的成品保护主要有楼层地面、防屈曲钢板墙、机电线路管道，邻边防护、楼梯、预留洞以及安装好的电气设备采用防火阻燃布全面封闭覆盖保护。如图5.6-4所示。

（3）钢筋桁架楼承板后浇带处防火涂料施工时应加强保护措施，如造成污染，施工完成后尽快处理干净。

（4）钢梁与幕墙连接板摩擦面处做成品保护，不喷防火涂料。如图5.6-5所示。

图5.6-3 楼层外围密目网防护

图5.6-4 机电管线防护

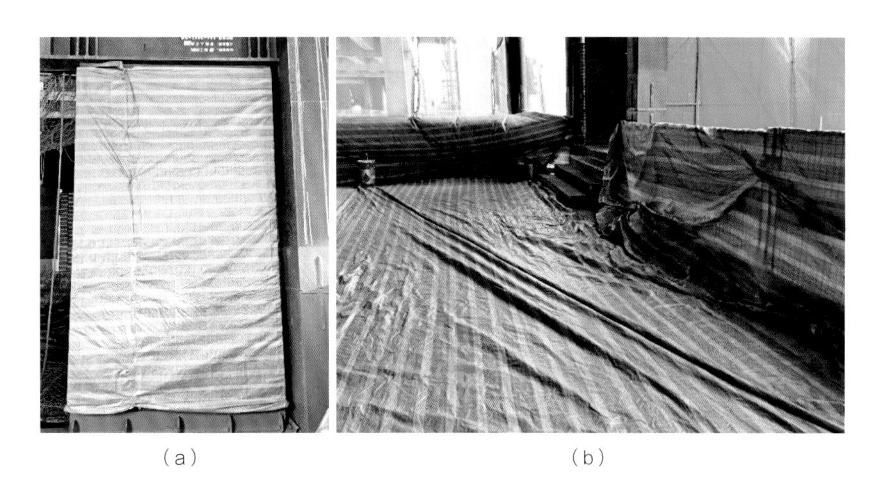

（a） （b）

图5.6-5 成品保护措施

## 5.7 小截面多隔板大长度钢管混凝土柱施工技术

### 5.7.1 施工技术难点分析

本工程是居住建筑，楼面荷载较小，因此钢结构的梁柱截面很小，钢柱的边长只有400mm，最大分节高度12m，长宽比达到了30，构件比较柔，梁柱节点隔板较多，混凝土在浇筑过程中易产生不密实的情形，从而影响结构安全，同时也是施工难点。

钢管柱是装配式钢结构住宅中承担竖向荷载的重要构件，其工艺是钢管柱内浇筑自密实混凝土，施工质量对结构安全性能的影响至关重要。钢管混凝土柱的施工难点主要有：（1）钢柱截面尺寸小、隔板多、隔板间距小；（2）混凝土的运输时间长，对混凝土的性能要求高。混凝土的坍落度、和易性等均需满足运输时间长的要求；（3）混凝土的浇筑过程中节点区有隔板的位置极易形成空腔。钢柱统计表见表5.7-1。

钢柱统计表　　表5.7-1

| 序号 | 截面形式 | 截面尺寸（mm） | 单根高度 | 数量（根） | 备注 |
|---|---|---|---|---|---|
| 1 | 方柱 | □400×500×30 | 3层一节柱，首节10.670m标准节9.450m | 200 | 随楼层增高钢柱壁厚变化 |
| 2 | 方柱 | □400×450×30 | | 68 | |
| 3 | 方柱 | □400×400×25 | | 1314 | |
| 4 | 圆柱 | *D*400×14 | | 496 | |
| 合计 | — | — | — | 2078 | — |

## 5.7.2 施工技术方案选择

### 1. 高抛、顶升浇筑方法对比

高抛法在浇筑钢管混凝土方面有其独有的优点：操作简单、施工方便。同时也存在相应的缺点：混凝土的施工质量不易保证、对混凝土的性能要求高、影响钢结构的安装进度。顶升法与高抛法相比也有其自身的优缺点，优点：混凝土的施工质量易保证、浇筑速度快、不影响钢结构的安装进度；缺点：需在结构上设置泵送连接口，后期要封堵补强，工序繁琐、工人操作复杂。高抛法与顶升法的工艺要求及在本工程的适用情况的详细对比见表5.7-2。

高抛法与顶升法工艺要求及适用情况对比表　　表5.7-2

| 项目 | 高抛工艺 | 顶升工艺 | 分析 |
|---|---|---|---|
| 对钢管柱组装焊缝的要求 | 对钢管柱组装焊缝要求低，满足新浇筑混凝土侧压力即可 | 钢管柱的纵向脚部组装焊缝及横向拼接焊缝均采用全熔透坡口焊缝，焊缝等级不宜低于一级 | 钢结构住宅荷载小、自身重量轻，而且采用了钢管混凝土柱结构，设计对钢管柱的组装焊接要求为：节点区采用全熔透焊缝，焊缝等级为一级；非节点区为部分熔透焊缝；若采用顶升混凝土还需要变更焊缝做法及等级，增加工程造价 |
| 对混凝土浇筑口的要求 | 采用柱顶的浇筑孔配合漏斗进行浇筑，无需对钢柱进行特殊的处理 | 构造复杂：需柱身开设顶升口，设置导流管、截止阀，对柱截面进行局部等强加固。混凝土浇筑后，还需要切除导流管，后期处理工作量大 | 本工程柱截面尺寸小、数量多，顶升工艺浇筑口构造复杂，对钢结构工程整体造价影响大。高抛工艺不需要对结构进行变动，使用的漏斗及吊斗根据同时浇筑的钢柱的数量投入，加工或购买方便，循环使用，费用低 |
| 浇筑孔设置 | 需在钢柱水平加劲肋设置浇筑孔，满足自密实混凝土通过需要，一般不小于100mm | 需要在钢柱水平加劲肋中心设置浇筑孔，孔径不宜小于200mm | 本工程钢结构截面小，箱形柱断面尺寸400mm×400mm，壁厚16~25mm，因此水平加劲肋上的浇筑孔设计只允许开$\phi$150。若加大浇筑孔直径，就需要增加板厚或增加水平加劲肋数量 |
| 一次浇筑高度要求 | 最大自由倾倒高度不宜大于9m | 顶升单元高度不宜超过24m | 本工程钢柱安装一柱三层，一次浇筑高度超过10m。采用高抛法浇筑，为防止离析，需要采取相应的措施 |
| 泵送系统 | 不需要混凝土泵送系统 | 需要采用泵送机械，设置泵送管路 | 采用顶升工艺，部分楼座需要设置的管路长、弯管多，泵送混凝土压力损失大；泵送管路及机械投入量较大；泵送前需要润泵、浇筑后需要清理；每次浇筑完成后留在泵管内的混凝土会造成浪费。因此泵送顶升工艺适用于构件截面尺寸大、一次浇筑量大的项目，对于钢结构住宅，构件截面小、经济性不佳。高抛工艺需要占用现场垂直运输机械较长的时间 |

续表

| 项目 | 高抛工艺 | 顶升工艺 | 分析 |
| --- | --- | --- | --- |
| 浇筑速度 | 采用塔式起重机和漏斗的方式浇筑，塔式起重机吊运速度较慢，且随楼层增高，降效大 | 浇筑前管路连接、润泵需要占用一定的时间。开始浇筑后，连续浇筑速度较快 | 顶升工艺混凝土浇筑速度相对较快。但是对于钢结构住宅工程的结构特点，需要较频繁地拆接管路，对施工速度有一定的影响。高抛工艺受到塔式起重机作业效率的影响，施工速度较慢 |
| 对混凝土的要求 | 自密实混凝土，从高处下抛实现自动密实，应具有高流动性、稳定性、抗离析性、填充性、低收缩性 | 混凝土要满足自密实性、流动性、可泵送性、间隙通过性、减少收缩的要求 | 顶升混凝土的配合比根据结构形式、泵送高度、环境因素进行设计，特别是要满足自密实和泵送性能的要求。高抛混凝土施工性能主要考虑抗离析性、狭小部位的填充性。钢结构住宅的钢管柱截面小，但水平加劲肋数量多、间距小，且浇筑口的直径也小，因此抗离析和填充性要重点考虑 |
| 对混凝土连续供应的要求 | 混凝土间隔不大于初凝时间，允许有一段时间的间歇 | 必须连续泵送，不得反泵，对混凝土连续供应要求高 | 本工程处于北四环奥林匹克公园中心区，道路交通繁忙、早晚运输车辆禁行，混凝土供应压力大，可能会出现混凝土间歇断供现象，高抛工艺对混凝土的连续供应要求相对合理 |
| 对钢结构施工进度的影响 | 钢框架形成稳定结构、钢柱焊接完后方可浇筑 | 钢框架形成稳定结构、钢柱焊接完成后方可浇筑 | 钢管混凝土施工，都需要形成稳定框架后浇筑混凝土，这是共同点。顶升混凝土工艺，在混凝土浇筑时，对上部楼板施工影响小，结构施工相对连续。采用高抛工艺，需要在柱顶浇筑，因此宜在楼板完成后浇筑，对后续的钢结构安装产生一定的间歇。若不等楼板浇筑完成，则需要在柱顶采用钢平台浇筑，混凝土工高空作业多，安全性较低 |
| 大型机械占用 | 混凝土垂直运输主要使用塔式起重机 | 采用车载泵浇筑 | 高抛工艺采用塔式起重机与吊斗的运输方式，大量占用塔式起重机的吊次及时间，给现场的其他作业造成较大的影响，需要合理地安排作业时间、协调塔式起重机使用 |

考虑到本工程方钢管柱的主要截面尺寸为□$400\times400\times25$、圆钢管柱的尺寸为$D400\times14$，截面尺寸较小、壁厚较薄、内部梁柱节点部位设置多种加劲隔板且隔板相距较近、所留置的孔径小，结合对比表中的工艺要求及适用情况，本工程钢管混凝土的浇筑方法选用高抛法。

2. 工艺试验

为了检验钢管混凝土柱浇筑完成后的各项性能能否满足设计要求，对混凝土进行多次试配，最终对选定的配合比进行了钢管混凝土柱工艺试验。本工程制作了等比例试验柱模型，试验柱的截面形式为箱形，截面尺寸为400mm×400mm，高为10.79m，隔板位置及具体尺寸详见图5.7-1。混凝土的配

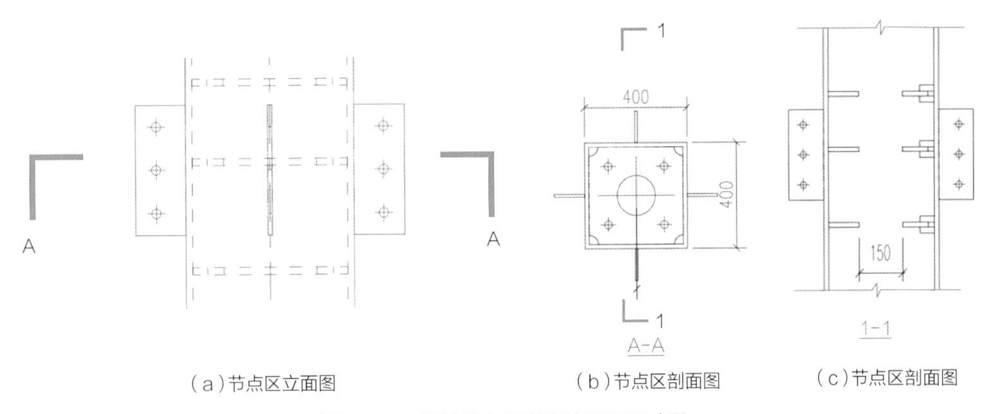


图5.7-1 钢柱节点区隔板位置及尺寸图

合比经过厂家多次试配后，选定的配合比为水泥：水：砂：碎石：外加剂（高性能减水剂）：掺合料1（粉煤灰）：掺合料2（高炉矿渣粉）= 360：161：747：913：12.58：132：80；经测定混凝土的扩展度为695mm。试验柱具体的工艺做法：通过模拟实际的钢柱分节高度、截面尺寸、隔板设置，以此来设计工艺试验柱。在钢柱吊装就位后，利用高抛法，按实际的浇筑工艺、混凝土配合比进行浇筑。通过在柱顶搭设操作架和操作平台，设置浇筑漏斗及导管来灌入C60自密实混凝土，以满足混凝土的高抛高度不超过9m。每层钢柱节点区有隔板的部位，在柱身外侧放置附着式振捣器辅助振捣。浇筑完成后，对工艺试验柱进行养护。混凝土养护完成后，对试验柱的关键截面进行剖切，检验混凝土的密实度、充盈性和强度。

每层钢柱节点区设置隔板的部位为混凝土浇筑质量（密实度）的重点控制区域，为了检验高抛和辅助振捣相结合浇筑混凝土的成形质量，对浇筑完的工艺试验柱，养护28d后，在节点区域上、下各500mm处将钢柱剖开，然后再沿柱长度方向将节点区剖开。一根钢柱的三个节点区全部剖开，共计9刀，将关键剖面全部外露，便于直接观察混凝土浇筑的密实度、混凝土的充盈性，也即混凝土与钢柱的结合性。工艺试验柱剖开图见图5.7-2。

（a）试验柱情况

（b）试验柱剖开细节图

图5.7-2　工艺试验柱剖开图

通过观察工艺试验柱剖开后外露节点区混凝土的成形质量，三个重要节点区混凝土的密实度均符合要求，充盈性良好，成形质量好，达到了设计要求。由此验证了高抛与辅助振捣相结合的方法浇筑小直径、多隔板钢管混凝土柱的可行性，从而可以按照此方法展开大面积施工。

### 5.7.3　钢管混凝土柱施工全流程

#### 1. 混凝土浇筑前的技术准备

准备浇筑漏斗→搭设安全操作平台→清理钢柱内杂物→按指定位置安装附着式振捣器。

#### 2. 钢管混凝土柱的施工过程

（1）利用塔式起重机进行钢柱的吊装、安装、校正、焊接；

（2）钢梁的吊装、安装、校正、焊接；

（3）搭设安全操作平台；

（4）浇筑混凝土前利用强光手电照射，检查钢管柱内是否有杂物，若有杂物，及时清理出来；

（5）进行钢管混凝土的浇筑，自密实混凝土倒入浇筑漏斗里，利用塔式起重机运输到指定位置，工人利用高抛的方法进行钢管柱的浇筑，同时利用辅助振捣器对节点区进行振捣，并观察钢管柱底部和管壁的排气孔是否有浆体流出以及浇筑完成后排气孔封堵的情况，以保证混凝土的密实度；浇筑到离柱顶500mm时即停止浇筑，以避免上节柱与下节柱焊接时产生的热应力对混凝土的强度产生影响；

（6）浇筑完成后，利用敲击的声音或超声波探测来检验钢管柱的密实度，经检验钢管柱浇筑的质量情况良好；

（7）安装上节柱时先将对接截面处的混凝土剔凿，以保证接槎处的混凝土的浇筑质量。其施工过程如图5.7-3所示。

（a）钢柱的吊装、安装　　（b）钢梁的吊装、安装

（c）搭设操作平台　　（d）混凝土的浇筑　　（e）辅助振捣器辅助振捣

图5.7-3　钢管柱施工过程

### 5.7.4　施工技术要点

从工艺试验柱的试验结果可以看出，高抛与辅助振捣相结合的试验方法浇筑的混凝土成形质量良好、满足设计要求。在施工过程中主要注意以下几方面的内容：（1）操作平台在浇筑混凝土过程中至关重要，保证工人安全的同时又方便了施工。（2）混凝土的配合比需多次试配确定，最终选定的配合比决定了混凝土的性能，混凝土的性能对钢管柱的质量影响较大，应严格把控混凝土的质量。（3）塔式起重机的合理布置对钢管混凝土的浇筑至关重要，能够高效地把混凝土运输到指定位置。（4）试验引路、检验方法的可行性和施工质量，确定合理的施工顺序，为大面积展开施工提供了技术方案，既保证了施工质量又加快了施工速度。（5）工人的施工经验对钢管柱的施工质量也影响较大，及时对工人进行作业培训、技术交底。

## 5.8　钢筋桁架楼承板施工技术

### 5.8.1　施工技术难点分析

本工程地上住宅楼水平结构楼板采用钢筋桁架楼承板，选用型号为：TDG型。楼承板的安装根据钢管柱安装进度施工，每3层为一个施工节点，共计约10万$m^2$。大部分楼板跨度均大于所采用的钢筋桁架楼承板的跨度，按照设计要求需要在跨中加设临时支撑。铺装钢筋桁架楼承板时不得有垂直交叉作业，上部不得进行钢柱、钢梁的安装、焊接等工作。

### 5.8.2 关键施工技术

#### 1. 施工流程

钢筋桁架楼承板进场→钢筋桁架楼承板安装→栓钉焊接→管线敷设→边模板安装→附加钢筋绑扎→验收→混凝土浇筑。

#### 2. 施工技术要点

（1）钢筋桁架楼承板进场，采用现场塔式起重机进行成捆吊运。吊运时采用配套软吊带兜底吊运，多次使用后应及时进行全面检查，有破损则需报废换新；应轻起轻放，不得碰撞，防止钢筋桁架楼承板板边变形；不得使用钢索直接兜吊。钢筋桁架楼承板直接吊卸至钢梁作业面上时，应按照排板图上的编号及包装捆标签的对应位置卸货。

（2）桁架楼承板的铺设。钢筋桁架楼承板施工前，明确起始点及板的扣边方向。应按图纸所示的起始位置放设铺板时的基准线。对准基准线，安装第一块板，并依次安装其他板，采用非标准板收尾。安装时板与板之间结合应紧密，防止混凝土浇筑时漏浆。铺板时在钢梁上的搭接长度应确保满足受力构造要求并保障浇筑混凝土时不漏浆。铺设时应随铺设随点焊，将支座竖筋与钢梁或支撑角钢点焊固定，起固定作用。钢筋桁架楼承板与钢梁搭接时，宽度方向需沿板边与钢梁点焊固定，要求焊点间距为300mm，焊点间距允许误差为+50mm。

平面形状变化处，可将钢筋桁架楼承板切割。切割前应对要切割的尺寸进行检查，复核后，在楼承板上放线；可采用机械或气割进行，端部的支座钢筋还原就位后方可进行安装，并与钢梁或支撑角钢点焊固定；在钢柱处切割可将钢筋桁架上下弦钢筋直接与钢柱焊接，并按图纸要求加设柱边加强钢筋。悬挑处钢筋桁架楼承板，平行桁架方向悬挑长度小于7倍的桁架高度，无需加设支撑；平行桁架方向悬挑长度大于7倍的桁架高度必须加设支撑；垂直于桁架方向的悬挑部位悬挑长度大于200mm必须设置支撑。

（3）栓钉焊接。

在钢筋桁架楼承板铺设完毕以后，按设计图纸进行栓钉的焊接。焊接瓷环应保持干燥状态，如受潮则应在使用前经120℃烘干2h。

钢筋桁架楼承板与母材的间隙应控制在1.0mm以内，才能保证良好的栓钉焊接质量。钢筋桁架楼承板在钢梁上断开处，栓钉可以直接焊在钢梁顶面上，为非穿透焊；钢筋桁架楼承板在钢梁上连续铺设时，钢梁与栓钉中间夹有镀锌底模板，栓钉需要烧穿镀锌底模板焊在钢梁上，为穿透焊。栓钉30°的弯曲试验，其焊缝及热影响区不得有肉眼可见的裂缝。

（4）边模板施工。

安装时将边模板紧贴钢梁表面，边模板与钢梁表面每隔300mm点焊25mm长、2mm高焊缝。悬挑处边模板施工时，采用图纸相对应型号的边模板与悬挑处支撑角钢焊接。

（5）附加钢筋的施工。

依据楼板平面配筋图、桁架板节点图及楼板配筋说明要求进行附加钢筋施工。附加钢筋的施工顺序为：设置下部附加钢筋→设置洞边附加钢筋→设置上部附加钢筋→设置连接钢筋→设置支座负弯矩钢筋。

钢筋桁架楼承板在钢梁上断开处需要设置连接钢筋，将钢筋桁架的上、下弦钢筋断开处用相同级别、相同直径的钢筋进行连接；附加负弯矩钢筋是在楼板支座钢梁处增设上部负弯矩钢筋，连接钢筋和附加负弯矩钢筋与钢筋桁架弦杆绑扎连接。

（6）钢筋桁架楼承板上开洞口应通过设计认可，现场进行放线定位。必须按设计要求设置洞口加强筋，当孔洞边有较大集中荷载或洞边长度大于1000mm时，应设置洞边梁。当洞边长小于1000mm时，应按设计要求设洞口边加强筋，设置在钢筋桁架面筋之下。待楼板混凝土达到设计强度75%时，方可切断钢筋桁架楼承板的钢筋及钢板。切割时从下往上切割，防止底模边缘与浇筑好的混凝土脱离，切割时采用机械或等离子切割底模镀锌钢板，不得采用火焰切割。

（7）临时支撑设置。

当设计要求施工阶段设置临时支撑的部位，必须在相应位置设置临时支撑。支撑方式为横距0.9m，纵距1.2m，步距1.5m，最顶端一层步距1.0m的双排盘扣式支撑架，主龙骨采用双根50mm×100mm方木，立杆与钢梁之间悬挑端最大长度不得超过300mm，顶托外露丝扣不得超过400mm，底托外露丝扣不得超过300mm；钢梁净跨小于3m且设计需要加设支撑的区域可先铺设楼承板，在浇筑楼板混凝土之前搭设支撑即可；支撑架如遇预留洞口或后浇板等洞口，可在洞口上部铺设200mm宽脚手板。楼板的混凝土强度未达到设计强度75%前，不得拆除临时支撑；对于悬挑部位，临时支撑应在混凝土达到设计强度100%后方可拆除。

## 5.9 钢框架–装配式防屈曲钢板剪力墙设计与施工技术

### 5.9.1 防屈曲钢板剪力墙概述

防屈曲钢板剪力墙是一种内嵌在框架结构中的主要耗能构件，在正常使用情况下，它只承受水平剪力。普通钢板墙在水平剪力作用下易发生面外凸起形式的屈曲，屈曲后形成斜向拉力场，以拉力场中拉力带来平衡水平力。由于拉力带只能承受拉力，另一斜向压力场中压力带的受压屈曲临界荷载一般远低于其屈服承载力，因此压力场很容易就会发生面外屈曲。而当反向作用时，需要先将之前已经发生面外屈曲的钢板带拉平后，才能形成拉力带，此时另一个斜向压力带也会同时产生面外屈曲。由于在这个过程中钢板剪力墙的抗侧刚度很小，因此滞回曲线会存在明显的捏拢。

防屈曲钢板墙，指不会发生面外屈曲的钢板剪力墙，由承受水平荷载的钢芯板和防止板发生面外屈曲的部件组合而成，是针对普通钢板剪力墙易发生面外屈曲而改进的新型抗剪力耗能构件。防屈曲钢板墙的基本组成如图5.9–1所示，主要由耗能芯板、隔离层、双面约束板、连接件等构件组成。它主要依靠芯板的面内整体弯剪变形来平衡水平剪力。作为核心抗侧力构件，芯板以钢板制成，通过剪力键与面外约束部件相连，防止芯板面外屈曲，使钢板墙的受剪屈曲临界荷载大于其抗剪屈服承载力，从而使钢板墙只会发生剪切屈服而不是剪切屈曲，大大改善了其抗震耗能能力。同时面外约束板件还可以作为钢板墙的防火保护层。

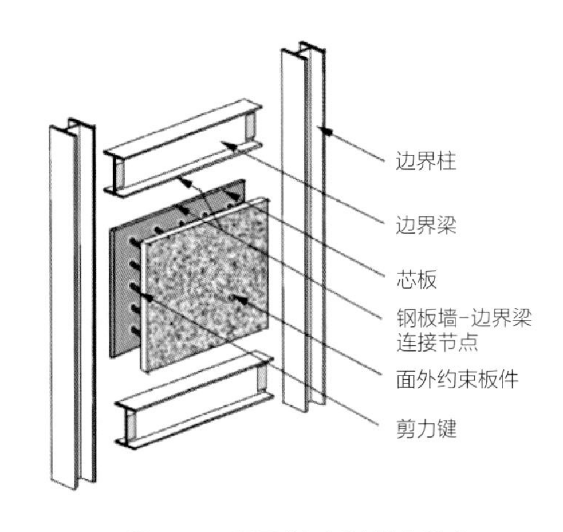

图5.9–1 防屈曲钢板墙基本组成

相对于普通钢板剪力墙易整体剪切屈曲、滞回曲线捏拢严重的特点，防屈曲钢板墙不会发生整体剪切屈曲，滞回曲线饱满，耗能能力强。试验研究表明，防屈曲钢板墙与不设面外约束板件的普通钢板墙相比，初始刚度可提高30%以上，承载力可提高50%以上。典型的防屈曲钢板墙的滞回曲线如图5.9–2所示。

## 5.9.2 防屈曲钢板剪力墙设计

钢框架-防屈曲钢板剪力墙结构设计满足多遇地震作用下，充分发挥防屈曲钢板剪力墙的刚度优势。一般情况下多遇地震作用时防屈曲钢板剪力墙保持弹性。在设防地震及罕遇地震作用下，防屈曲钢板剪力墙进入屈服，对结构起到消能减震的作用，同时保证结构在罕遇地震下不倒塌，位移满足设计要求。具体设计流程如图5.9-3所示。

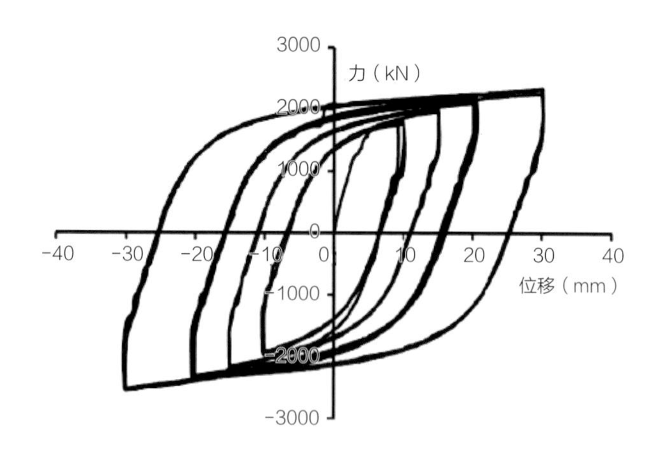

图5.9-2 防屈曲钢板墙的试验滞回曲线

钢框架-防屈曲钢板剪力墙其连接方式可采用四边与周边框架连接或上下两边与框架梁连接。防屈曲钢板剪力墙由承受水平荷载的钢芯板和防止芯板发生面外屈曲的部件组合而成，分为承载型和非承载耗能型。设计中除考虑其适用性外，应对不同结构方案进行必要的技术经济分析。上下两边连接的非承载耗能型防屈曲钢板墙，受力原理明确，构造简单，为首选。

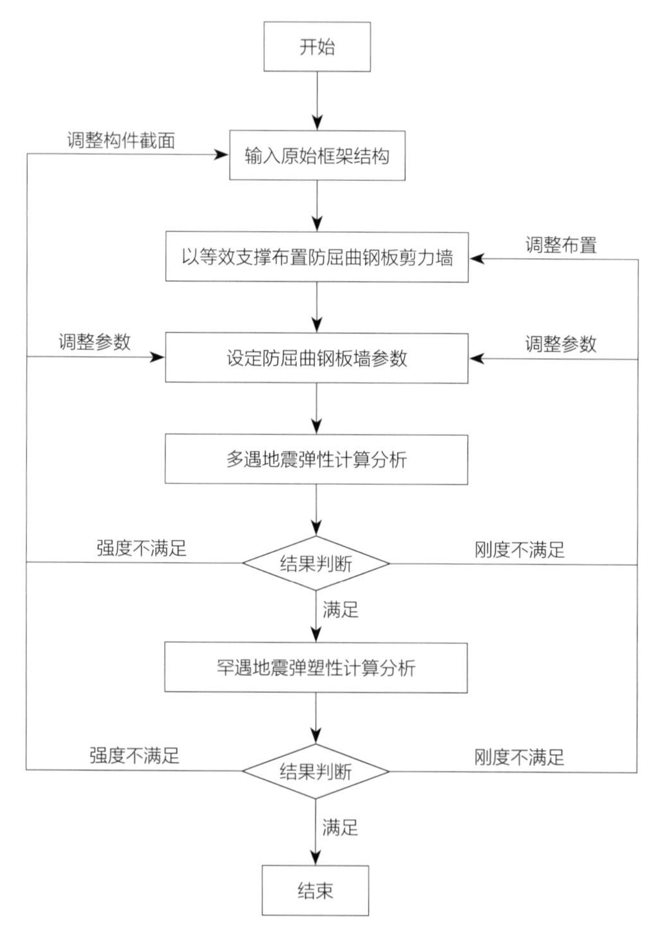

图5.9-3 钢框架-防屈曲钢板剪力墙结构设计流程图

钢框架-防屈曲钢板剪力墙结构设计时，除结构的整体设计、构件设计和节点设计外，尚应考虑施工顺序的影响。不同连接方式、不同结构形式防屈曲钢板剪力墙的受力、变形特点存在差异，应考虑其与钢框架相互作用的影响，合理规划施工顺序。钢框架-防屈曲钢板剪力墙结构宜设计为双重抗侧力体系，防屈曲钢板剪力墙为第一道抗震防线。

钢框架-防屈曲钢板剪力墙结构计算中，应注意上下两边连接的防屈曲钢板墙可采用等效支撑简化模型模拟，反映防屈曲钢板墙的作用。应考虑防屈曲钢板墙后安装顺序对结构受力性能的影响，宜采用施工过程分析。防屈曲钢板墙的滞回曲线和骨架曲线具有以下特点：滞回环没有刚度或强度的退化、构件屈曲后刚度强化不明显、卸载刚度与初始刚度基本相同、反向加载刚度与初始刚度基本相同，计算模型应吻合以上特征。支撑防屈曲钢板剪力墙边界梁柱，应选用适宜的抗震性能目标。边界支撑梁柱是防屈曲钢板剪力墙能否发挥抗震作用的关键构件，应保证其具有良好的延性；防屈曲钢板剪力墙在单侧支座、跨中或两侧支座处布置时，尚应保证其具有良好的消能能力，并保证支撑梁柱不先于防屈曲钢板剪力墙发生破坏。因此支撑钢梁应选用适宜的抗震性能目标，建议采用中震弹性设计，并结合罕遇地震弹塑性分析结果，确保其达到性能目标要求。

钢框架-防屈曲钢板剪力墙结构布置中，应注意结构外圈、地震作用下使防屈曲钢板剪力墙产生较大内力的部位，地震作用下层间位移较大的楼层，宜沿结构两个主轴方向分别布置，且宜沿建筑高度方向连续布置；宜满跨布置；或局部布置（在单侧支座、跨中或两侧支座处），如图5.9-4所示。

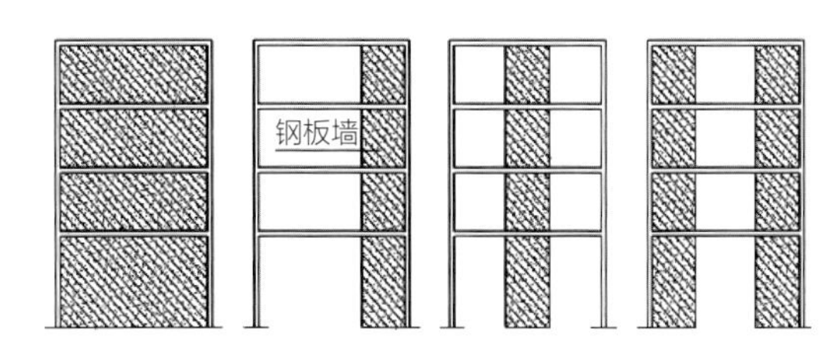

图5.9-4 防屈曲钢板剪力墙布置

局部布置的防屈曲钢板剪力墙应采取释放变形的构造措施，如采用上下连接时应保证防屈曲钢板剪力墙与相邻框架柱保持足够距离，并以柔性材料填充，确保地震作用下或风荷载作用下防屈曲钢板剪力墙充分变形，并不对相邻结构造成不利影响，如图5.9-5所示。

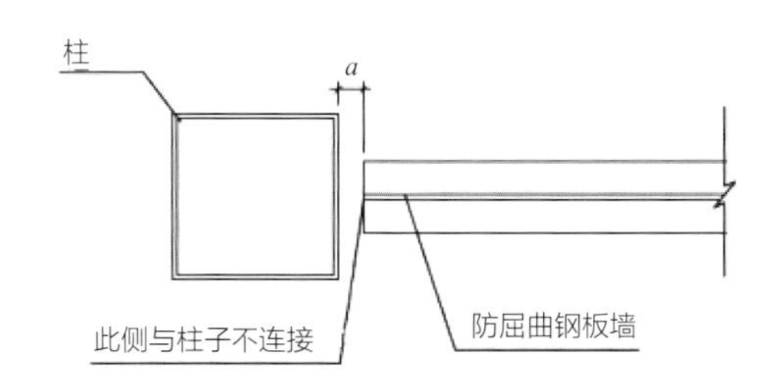

图5.9-5 防屈曲钢板剪力墙与框架柱关系

防屈曲钢板剪力墙上下边界钢梁在钢板墙端部位置处，应设置加劲肋。加劲肋应在钢板墙左右两端分别布置3道，每道加劲肋净距50mm，最外侧加劲肋离钢柱边的净距不小于50mm，如图5.9-6所示。

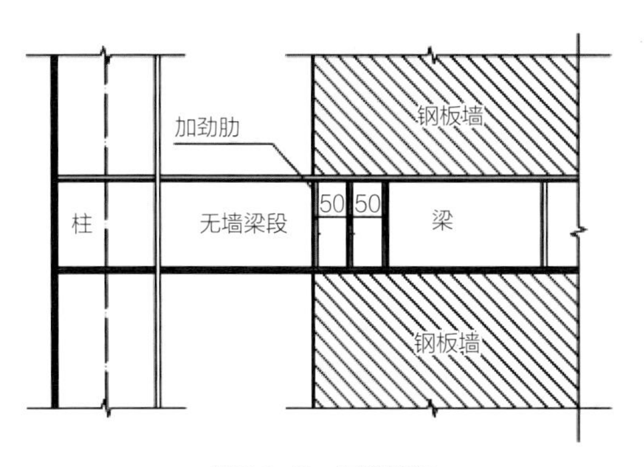

图5.9-6 构造措施

## 5.9.3 防屈曲钢板剪力墙施工技术

### 1. 技术难点分析

本工程在钢框架结构内共设置了1298块防屈曲钢板墙，且钢板墙在主体结构施工完成后进行安装，防屈曲钢板墙大多数设置在核心筒区域，位于上下层钢梁间，与上下层钢梁连接方式为焊接；其左右不与钢柱连接，与钢柱仅留有100mm的间距。因此钢板墙吊装时翻身复杂，安装结构空间小、阻碍多，吊点设置困难，需经历冬期施工和低温焊接，安装难度大。本工程结合钢框架-装配式防屈曲钢板剪力墙结构设计与施工技术的特点和需求，研发了剪力墙板工厂预制、墙板安装稳定型胎架与悬吊吊具、桁架板与鱼尾板连接节点等一整套施工技术，施工效率高，安全可靠，经济可行，推进了装配式钢结构产业化的要求。

### 2. 安装技术方案选择

1）防屈曲钢板墙和主体结构同步安装方案

防屈曲钢板墙上部与钢梁直接焊接，下部通过鱼尾板与钢梁焊接（有调节余量），而左右与钢柱无连接。因此为便于安装操作及质量精度控制，防屈曲钢板墙可以采取预先安装的方案，在主体结构施工阶段，将防屈曲钢板墙与对应的上层钢梁在地面垂直或水平拼装，然后整体安装的施工方法。如图5.9-7、图5.9-8所示。

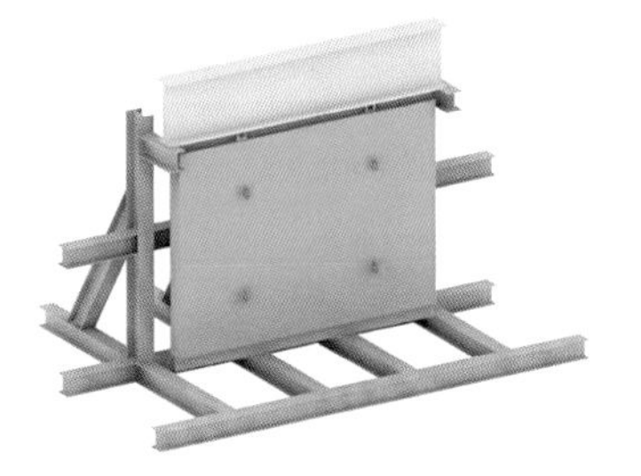
图5.9-7 钢板墙和主结构钢梁立式拼装

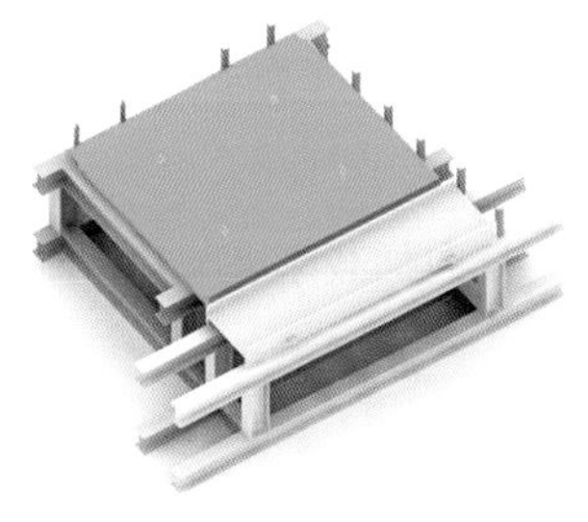
图5.9-8 钢板墙和主结构钢梁卧式拼装

2）防屈曲钢板墙操作平台安装方案

防屈曲钢板墙后安装时，楼层钢梁及楼承板已安装完成，钢板墙位于上下层钢梁间，吊装空间受限，钢板墙无法直接垂直安装，所以将采用四点倾斜吊装的安装方法。因防屈曲钢板墙设置在电梯间及邻边位置，楼层内部防屈曲钢板墙从垂直运输转变水平运输时需从洞口及邻边位置进入，因此需在电梯井及楼层边设置操作平台便于钢板墙的吊装和运输。在电梯井道内设置操作平台，用于电梯井道旁防屈曲钢板墙吊装、焊接操作，如图5.9-9所示。

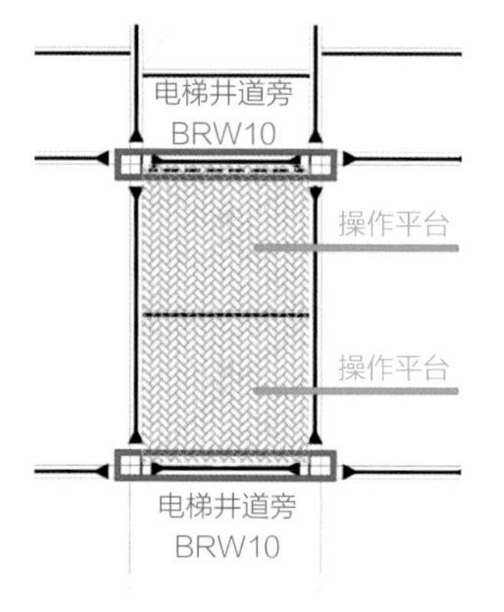


图5.9-9　电梯井道内设置操作平台示意图

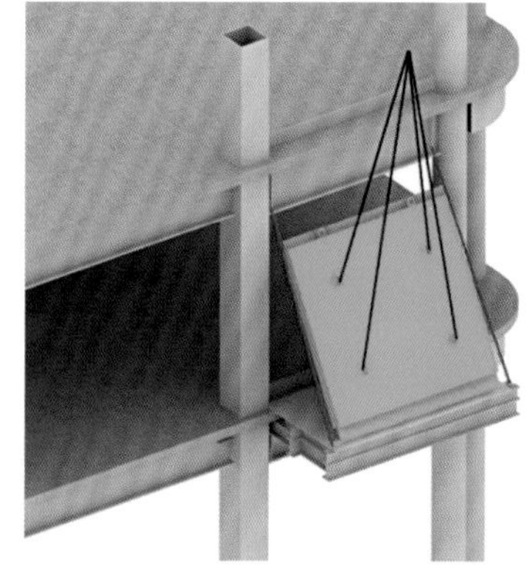

图5.9-10　楼层外边沿操作平台示意图

在楼层外边沿的操作平台，用于楼层内部防屈曲钢板墙倒运、安装及焊接操作，如图5.9-10所示。安装顺序为：安装操作平台→设置措施板、焊接连接板→钢板墙运输至安装位置→调节定位→临时固定后施焊→拆除平台、切除临时吊点及打磨补漆。

3）防屈曲钢板墙无操作平台安装方案

在主体钢结构施工完成后，电梯井及楼层边不设置操作平台，在钢结构相应位置焊接吊耳，通过采用悬挂吊具的方法，将起重机吊装转换为结构受力吊装。本工程采用无操作平台方案可以节约钢结构平台的加工制作及安装，减少起重机数量和吊次，避免了操作平台安装对主体结构的焊接及切割，同时节约焊工和安装工的工时，有利于主体结构成品保护。因此，最终选用防屈曲钢板墙无操作平台安装方案。

首先调整防屈曲钢板墙状态，通过稳定型胎架，能够将预制装配式防屈曲钢板墙由平面状态调整为倾斜状态，然后再通过改变吊装位置将板墙调整为垂直状态，让其实现单起重机安全翻身，如图5.9-11所示。

利用现有钢梁及钢梁上的加劲板设置用于防屈曲钢板墙快速、高效装配的悬挂吊具，将钢板墙安装到就位位置，无需搭设操作平台，如图5.9-12所示。

图5.9-11　钢板墙利用胎架翻身示意图

（a）

（b）

图5.9-12　钢板墙悬挂吊具吊装示意图

### 3. 关键施工技术

施工工艺流程如图5.9–13所示。

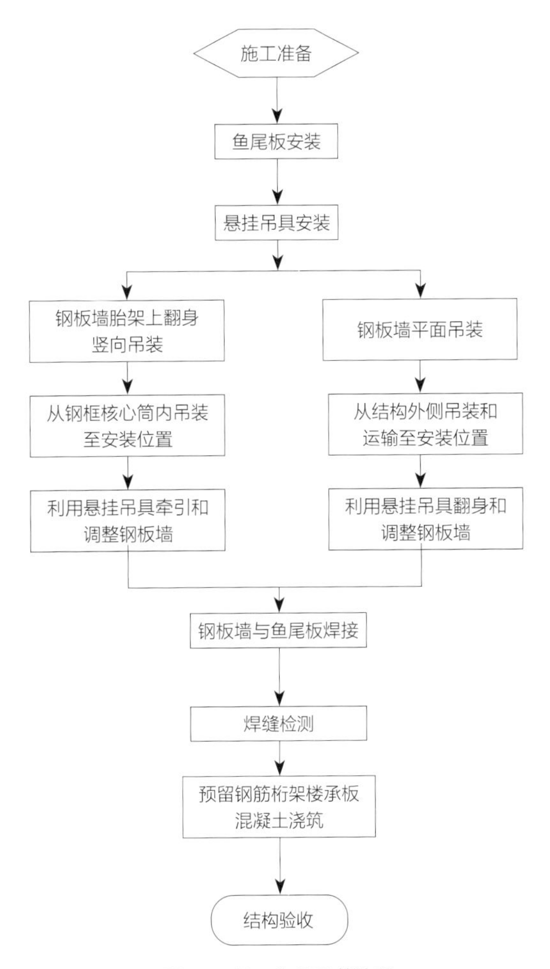


图5.9–13 施工工艺流程

施工准备：做好钢板墙安装时电梯井道洞口及邻边安全防护措施，施工人员配备劳动防护用品。清理影响钢板墙安装的杂物，打磨下层梁上表面及上层梁下表面中间部位的油漆、焊渣等。测量放线，放出钢板墙两端位置线，在上层钢梁下表面定位梁的中心，用线坠垂下，定出钢板墙在下层梁上的中心线，根据钢板墙连接板厚度，放出钢板墙边线，并测量出梁底距下层梁顶的净高度。

鱼尾板安装：依据钢梁边线安装下层梁上的鱼尾板，并点焊固定。同时在鱼尾板一侧点焊固定码板，可以防止鱼尾板焊接变形和作为钢板墙安装时的临时固定。鱼尾板焊接时，应将焊缝打磨清理干净，以中心单元为基点，采用分段焊或间断向两侧逐段焊接，焊缝采取窄道、薄层、多道的焊接方法。

悬挂吊具安装：加工安装钢板墙的悬挂吊具用于替代钢梁上焊接的临时吊耳，吊具采用钢板制作，由两块刀形钢板组成，如图5.9–14所示。

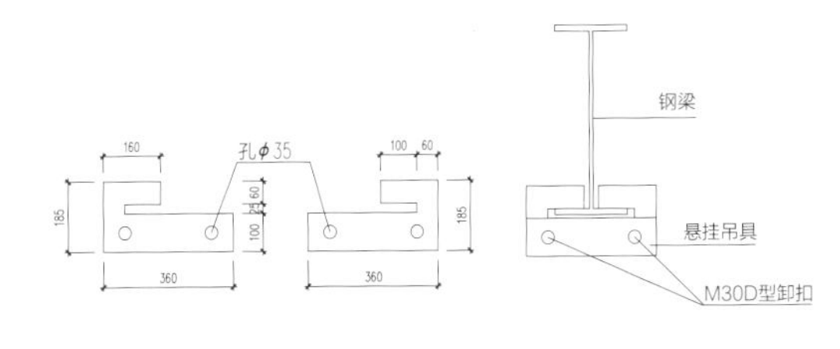


图5.9–14 悬挂吊具加工图

在H型钢梁的下翼缘上用卸扣将两块刀形钢板装配成悬挂吊具，并在卸扣上装上捯链，如图5.9–15所示。

钢框核心筒（电梯井道）竖向安装钢板墙：电梯井道钢板墙采用塔式起重机直接吊装，钢板墙卸车后放在现场自然地坪上，地面要求平整坚实，并应能自然排水，不得有积水，钢板墙存放不得超过3层，用10cm×10cm木方做垫木，垫木要求在同一垂直线上，如图5.9–16所示。

钢板墙起吊时严禁直接用钢板墙顶部吊点直接起吊，顶部吊点起吊角度不得大于45°，现场用10号工字

（a）

（b）

图5.9–15 悬挂吊具安装示意图

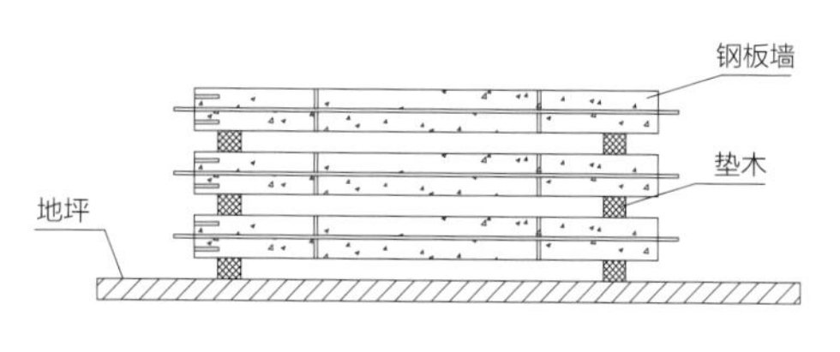


图5.9-16　钢板墙堆放示意图

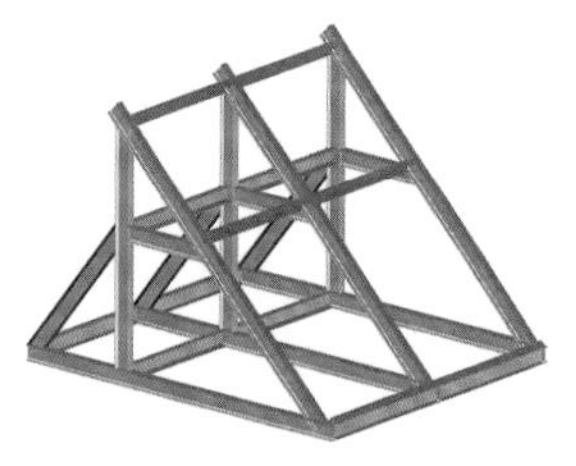

图5.9-17　胎架三维示意图

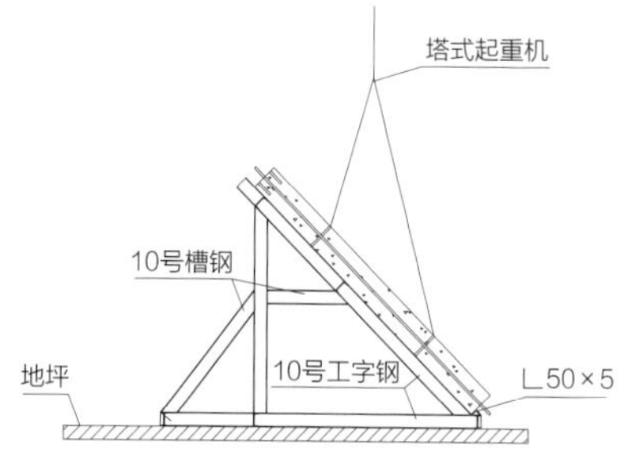


图5.9-18　钢板墙在胎架上翻身示意图

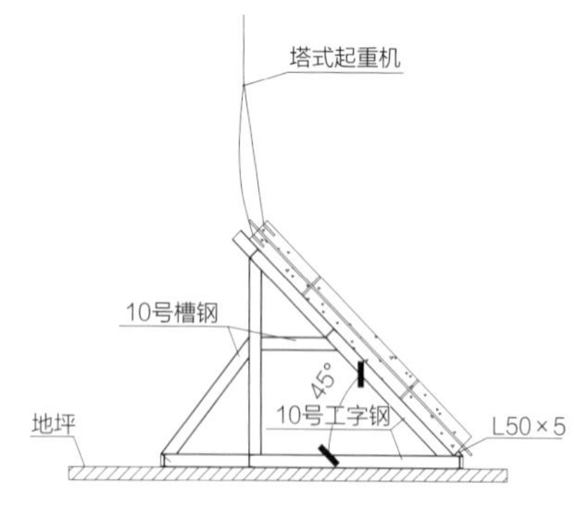


图5.9-19　钢板墙在胎架上翻身吊装示意图

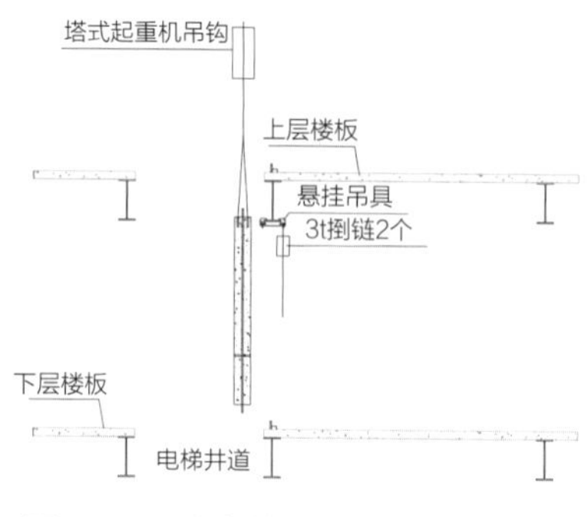


图5.9-20　钢板墙在电梯井道吊装示意图

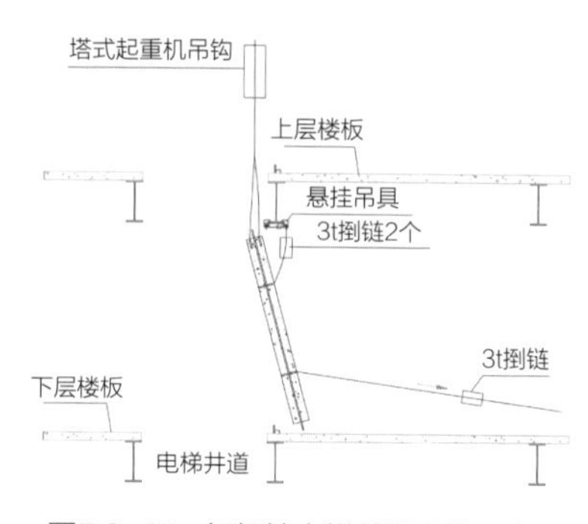


图5.9-21　钢板墙电梯井道安装示意图

钢、10号槽钢、L50角钢制作一组用于钢板墙起吊的胎架，如图5.9-17所示。

塔式起重机吊装时，将钢板墙采用四点水平吊装至胎架上，如图5.9-18所示。

将钢板墙平面的四个吊点更换至端头吊点，从胎架上起吊钢板墙，如图5.9-19所示。

用塔式起重机将钢板墙沿电梯井道吊装至相应的楼层，如图5.9-20所示。

在钢板墙下部吊点上挂捯链，将钢板墙下端用捯链拉进楼层内，塔式起重机同时缓慢落钩，当钢板墙上端低于上层钢梁后，塔式起重机停止落钩，挂好3t捯链，并开始拉紧，如图5.9-21所示。

当3t捯链完全受力，并开始拉动钢板墙后，挂吊篮摘除塔式起重机吊钩，如图5.9-22所示。

继续拉动捯链，当钢板墙基本到位，吊点与重心重合后，摘除3t捯链，如图5.9-23所示。

在钢板墙上下两端各挂1个3t捯链调整钢板墙垂直度，同时用3t捯链微调钢板墙高度，如图5.9-24所示。

钢板墙安装就位后，检查钢板墙位置、垂直度、水平度、间隙等情况，经检查全部符合规范要求后，开始焊接，焊接完成后，清理飞溅，割除码板、吊耳等，并打磨，待探伤检测后涂装防锈底漆与中间漆。

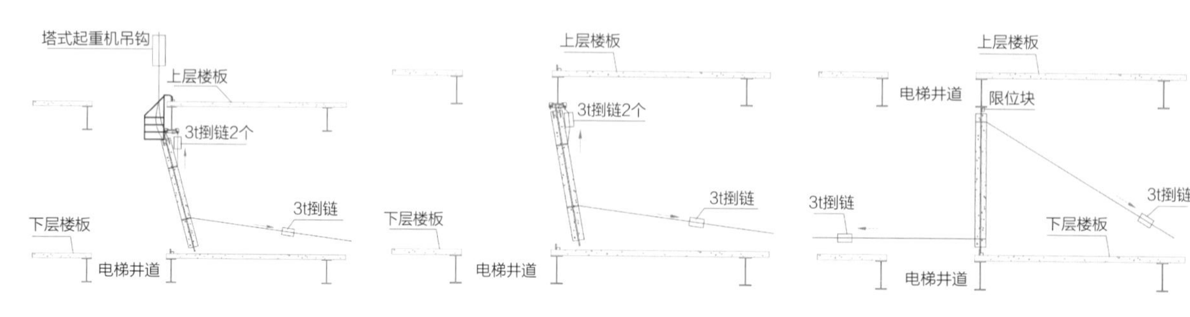


图5.9-22　钢板墙电梯井道安装就位示意图一　　图5.9-23　钢板墙电梯井道安装就位示意图二　　图5.9-24　钢板墙电梯井道安装就位示意图三

#### 4. 预留钢筋桁架楼承板混凝土施工

因防屈曲钢板墙采取楼面混凝土结构完成后塞装的方案，因此在楼面混凝土浇筑时，在鱼尾板区域留出600mm宽的未浇筑区域。此处在鱼尾板安装、焊接完成后，需进行钢筋绑扎、焊接、预留洞口杂物的清理、剔凿。钢筋同鱼尾板的连接做法如图5.9-25所示。

钢板墙安装位置为电梯井道及部分楼梯间处，因鱼尾板与桁架楼承板结构没有连接，需要增加一根L形钢筋，一端与鱼尾板焊接，一端与桁架钢筋进行焊接；与鱼尾板连接处钢筋长度为上排筋的10$d$；单面焊接10$d$，双面焊接5$d$；与桁架板钢筋连接处，钢筋长度为不小于400mm，在钢筋端部单面焊接10$d$，钢筋规格等同于桁架上排钢筋。钢梁顶部连接钢板墙的鱼尾板和钢筋焊接完成后，浇筑钢板墙周边的混凝土楼板。

防屈曲钢板剪力墙安装完成图见图5.9-26。

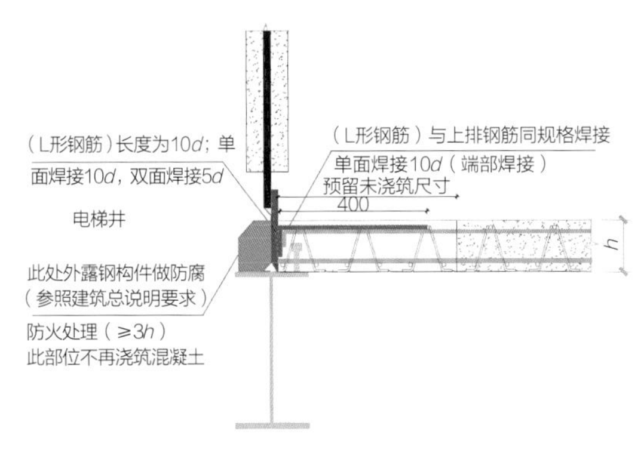


图5.9-25 钢筋桁架楼承板与钢板墙连接节点

图5.9-26 防屈曲钢板剪力墙安装完成图

# 6 幕墙工程关键技术

## 6.1 幕墙工程概述与设计理念

随着我国装配式钢结构建筑的快速发展，幕墙体系在钢结构建筑中得到广泛应用。传统的框架式幕墙制作、安装简单，但是现场作业内容较多、施工工期长、材料损耗大，同时安装误差较大、抗变形能力差，不能满足当今装配式钢结构建筑技术的发展需要。单元式幕墙在工厂生产，质量好、品质高、装配施工速度快，近年来逐渐成为幕墙体系的技术热点和发展方向。

### 6.1.1 幕墙工程概述

半单元幕墙是介于框架式幕墙和单元式幕墙之间的一种幕墙结构，部分龙骨构件在工厂内组装成板块单元，在施工现场将组装好的板块单元安装到与主体结构连接的主受力龙骨上，其后安装幕墙面板材料，进而完成半单元幕墙的安装。

单元式幕墙和半单元幕墙多应用在公共建筑中，居住建筑中应用较少，本工程创新性地在居住建筑中大面积应用半单元幕墙，取得良好效果。通过采用层间装配式窗墙体系，将窗和墙作为单元构件进行有序组合，窗墙单元工厂组装，幕墙面材现场安装。

目前半单元幕墙的施工技术尚无成熟经验可以借鉴，为了在居住建筑中拓展幕墙体系应用，实现装配式钢结构建筑外幕墙变形控制，保证工期要求，降低材料损耗，北京冬奥村对半单元幕墙施工技术进行了详尽的研究探索，重点提高幕墙施工的安装精度和施工效率，形成了一套成熟的装配式窗墙体系半单元幕墙施工工法。

冬奥村住宅楼及裙房外立面均采用幕墙体系，幕墙种类复杂多样，涵盖铝板幕墙、玻璃幕墙、石材幕墙、装配式单元窗、铝板开启扇等。其中，主楼外立面采用层间装配式半单元幕墙（图6.1-1），将单元窗框架在工厂加工预制，安装简单方便，施工效率高，且工厂预制精度高、安装误差小、装饰效果好。

住宅楼标准层外墙采用250mm厚层间装配式窗墙体系半单元幕墙，住宅楼首、二层及裙房外墙采用250mm厚石材幕墙。幕墙体系受力于钢梁和楼板，层间钢龙骨通过转接件与钢梁栓接固定、与楼板埋件焊接固定，施工简单快捷、安全可靠；层间幕墙龙骨之间采用插接，具有吸纳钢结构变形的能

（a）　　　　　　　　（b）

图6.1-1　北京冬奥村层间装配式窗墙体系半单元幕墙

力，与装配式钢结构体系匹配度高。应用标准化施工技术，将窗墙组成几类标准单元体，通过合理规划龙骨间距，实现了装配式单元窗、铝板、玻璃等构件标准化生产与施工安装。单元窗框架在工厂完成组装，现场安装铝板、玻璃等。高精度的工厂制作与便捷的现场安装有机结合，保证了幕墙的安装精度；气密性、水密性、抗变形能力更佳，实现了住宅楼外立面错动组合、灵活布置的建筑效果。

幕墙概况表见表6.1-1。

**幕墙概况表** **表6.1-1**

| 序号 | 项目 | 内容 |
| --- | --- | --- |
| 1 | 石材幕墙（首、二层） | （1）主材：面板采用30mm花岗岩，龙骨采用钢龙骨，材质为Q235B。表面处理：热浸镀锌。<br>（2）系统：背栓干挂石材系统，铝合金挂件 |
| 2 | 半单元幕墙（标准层） | （1）主材：<br>面板1：TP8+12Ar+TP8超白双银Low-E中空钢化玻璃。<br>面板2：TP10+12Ar+TP10超白双银Low-E中空钢化玻璃。<br>面板3：TP6+12Ar+TP6超白双银Low-E中空钢化玻璃+2mm铝背板。<br>面板4：HS6+1.52PVB+HS6半钢化夹胶玻璃（室内栏板）。<br>面板5：3mm铝板。<br>龙骨为隔热铝合金龙骨。<br>（2）系统：半单元幕墙。主框预制，整体安装，面材现场安装 |

### 6.1.2 幕墙工程设计理念

幕墙体系应用一体化设计理念，取消了传统的外围护砌块墙体，采用面材+镀锌钢板+保温岩棉+硅酸钙板+装饰层的一体化构造，增大了户内空间，节约了建筑材料，节能环保效果显著。通过采用半单元幕墙，简化了构件的加工制作及安装，缩短施工工期，降低施工费用，经济效益明显。

层间装配式窗墙体系半单元幕墙设计施工技术，将窗和墙有序组合，单元窗工厂组装，层间幕墙受力于楼层板，与装配式钢结构体系匹配度高。外立面将窗墙组成几类标准单元体，错动组合，灵活布置。

#### 1. 层间装配式半单元幕墙设计

1）立面总体设计

北京冬奥村的外围护墙系统采用层间装配式半单元幕墙复合外墙体系。外立面将窗墙组成几类标准单元体灵活布置，标准层立面按照奇偶层规律上下错动变化，形成丰富立面效果，同时上下层户型，开窗面积和通风面积均保持一致，保证通风与采光性能的均好性，创造了同户型不同质感的居住体验。

幕墙外窗设置铝板开启扇系统配合装饰百叶，外窗正立面不设置玻璃分格，不但保证了通透明亮的建筑效果，而且达到了通风换气要求，同时满足保温隔热性能。

立面的整体色调以中国红、北京灰及冰雪白为主。第一种建筑外立面整体为暖色调，增加温暖的居住氛围；第二种建筑外立面设置为灰白色调，整体更轻快明朗。标准层利用幕墙特点打造具有传统花窗意向的建筑立面肌理，底层通过浅色石材、深色金属以及彩釉玻璃等材质的搭配和变化呈现出中国传统的书画意境。主入口大门采用提炼于中国传统建筑的格栅和斗拱纹样，细节中彰显中国传统文化特征。

幕墙外立面实景图见图6.1-2。

图6.1-2 幕墙外立面实景图

2）立面设计特点

（1）立面保证合理的窗墙比，控制透光玻璃面比例，东西向山墙设计为实体墙面，避免了西晒，保证居室内舒适的环境。

（2）不同建筑立面将金属设置为暖色调和灰白色调互相搭配，底座首层采用浅色石材，使整体色调更温暖亲切，营造居住氛围。

（3）幕墙体系为层间装配式半单元幕墙复合外墙体系，通过凸窗实现了正面大窗，利于采光和观景；侧面开启通风利于空气流动，更加适应住宅使用需求。

（4）设置圆弧角窗，将建筑形体与周围环境融合，为室内提供良好的景观视野。对建筑形体做的圆角处理，改善了方正形体带来的拘谨，更加自由灵动，对城市空间更友好。

（5）整个立面简洁大气，又不失细节，通过装配式幕墙单元确保施工效果的精致和准确。设置金属百叶可实现遮阳通风等效果，满足绿色生态的诉求。

3）层间幕墙体系设计

层间装配式半单元幕墙复合外墙体系给立面设计提供了灵活变化的可能性，外墙上下层窗与实体板错动变化，形成了丰富的立面效果。

上下标准层立面变化的同时，相同户型室内空间保证透光与通风的均好性，上下标准层户型开窗面积与通风面积均保持一致。

层间幕墙效果图见图6.1-3。

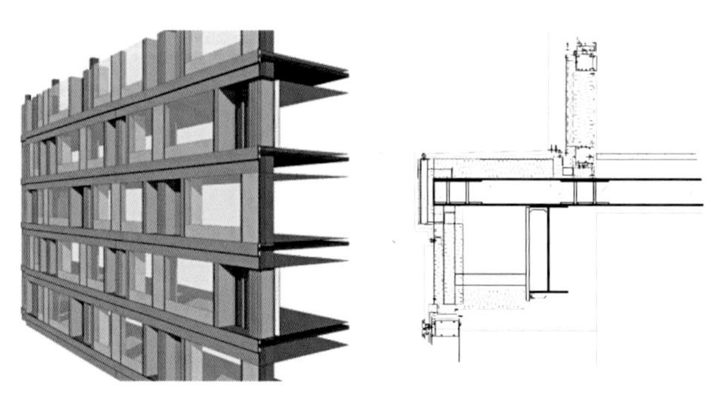
图6.1-3 层间幕墙效果图

## 2. 标准段幕墙设计

1）建筑类型一

建筑类型一为暖色调，外窗位置及凹凸关系在奇数、偶数层进行跳跃变化，角部设置圆弧窗，室内设置玻璃栏板，铝板开启扇部位设置铝合金百叶，山墙立面及包柱部位设置铝合金格栅。如图6.1-4～图6.1-6所示。

具体材料如下：

铝板：玫瑰金色3mm氟碳喷涂铝板。

玻璃：

透明部分：TP10+12Ar+TP10超白双银Low-E中空钢化玻璃；

背漆玻璃：TP6+12Ar+TP6超白双银Low-E中空钢化玻璃；

玻璃栏板：HS6+1.52PVB+HS6半钢化夹胶玻璃；

铝型材：室内浅灰白色粉末喷涂铝型材，室外黑色氟碳喷涂铝窗框。

2）建筑类型二

建筑类型二为冷色调，角部设置圆弧窗，室内设置玻璃栏板，铝板开启扇部位设置铝合金百叶，立面在奇数、偶数层设置L形铝板进行不同色彩的变化。如图6.1-7～图6.1-9所示。

铝板：浅灰白色、深灰色3mm氟碳喷涂铝板。

玻璃：

透明部分：TP10+12Ar+TP10超白双银Low-E中空钢化玻璃；

背漆玻璃：TP6+12Ar+TP6超白双银Low-E中空钢化玻璃；

玻璃栏板：HS6+1.52PVB+HS6半钢化夹胶玻璃；

铝型材：室内浅灰白色粉末喷涂铝型材，室外黑色氟碳喷涂铝窗框。

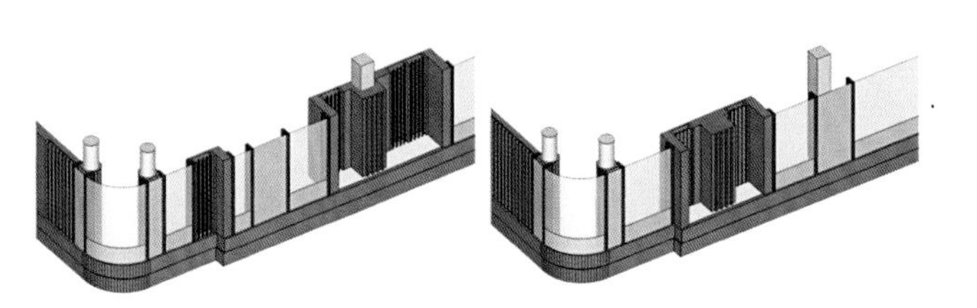

图6.1-4　建筑类型一标准段幕墙奇数偶数层效果图

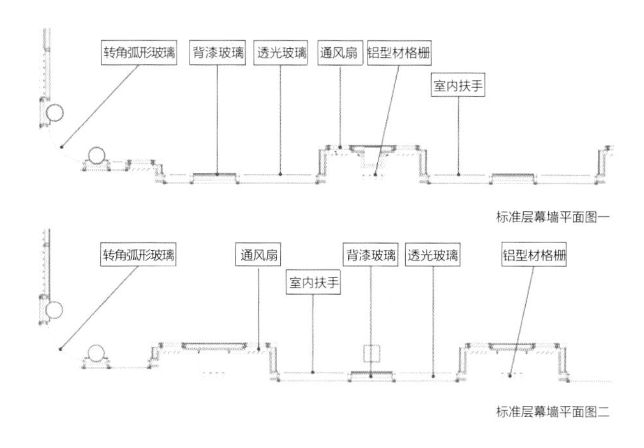


图6.1-5　建筑类型一标准段幕墙奇数、偶数层平面图

（a）　（b）

图6.1-6　建筑类型一标准段幕墙立面效果图

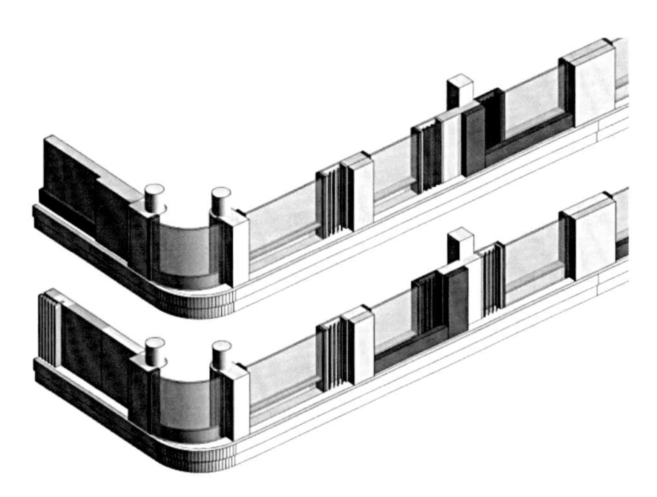

图6.1-7　建筑类型二标准段幕墙奇数、偶数层效果图

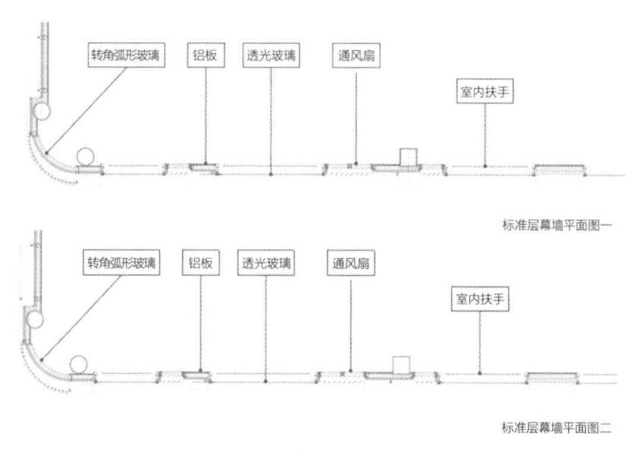


图6.1-8 建筑类型二标准段幕墙奇数、偶数层平面图

图6.1-9 建筑类型二标准段幕墙立面效果图

## 6.2 幕墙工程的抗风设计分析

### 6.2.1 幕墙工程特点分析

本工程为高层住宅楼，外墙覆盖幕墙结构，幕墙表面有凸出的装饰构件，这些装饰构件分布广泛，易受风荷载影响。本工程对幕墙结构进行精细化抗风分析，通过数值风洞模拟，验证风荷载作用下幕墙表面装饰构件的安全性。

模拟计算主要对本工程13-1号住宅楼进行研究，该楼位于建筑群体边缘，受风场干扰较内圈建筑小，且其东面无其他建筑，来流扰动小，更容易体现风荷载变化。

图6.2-1给出了高层住宅楼幕墙装饰构件的实例，其中图6.2-1（a）为建筑北立面，其装饰构件法向表现为外悬镂空多格栅体型特征，切向表现为外悬镂空体型特征；图6.2-1（c）为建筑南立面及东立面，南立面装饰构件利用飘窗及幕墙构成了凹凸交错的表面特征，东立面装饰构件法向表现为外悬镂空多格栅体型特征，切向没有明显凸出的体型特征；转角区域采用圆滑过渡，幕墙表面多格栅分布。住宅楼一、二层表面为花岗岩石材装饰构件，三层及以上为3mm厚铝单板装饰构件，两种装饰构件体型相同，仅材料不同，如图6.2-2所示。由于建筑外围护结构通常尺寸较小，自振频率

（a）13-1号住宅楼北立面

（b）不规整装饰构件

（c）13-1号住宅楼南立面及东立面

图6.2-1 13-1号住宅楼实景

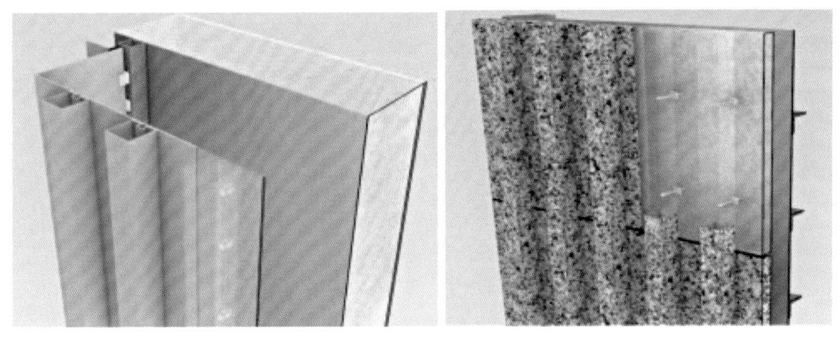
（a）铝材空腔装饰构件　（b）花岗岩装饰构件

图6.2-2　两种材质装饰构件

相对较高，其风荷载通常不考虑结构的振动效应。因此对于轻质量的铝材装饰构件，不考虑其自振与风产生共振的情况。

### 6.2.2　典型住宅楼的三维风场建模

#### 1. 三维风场建立

对13-1号住宅楼进行三维风场的建模，三维风场的边界条件包括速度入口、压力出口、固定边界与对称边界，如图6.2-3所示。根据建筑物的实际尺寸：37m（长）×15m（宽）×50m（高），结合计算条件，计算域的大小以建筑高度$H$为基础，沿风向取长为$15H$（体前$5H$），垂直风向取宽为$10H$（左右各$5H$），高度上取为$6H$，满足数值风洞试验阻塞率小于3%的要求。

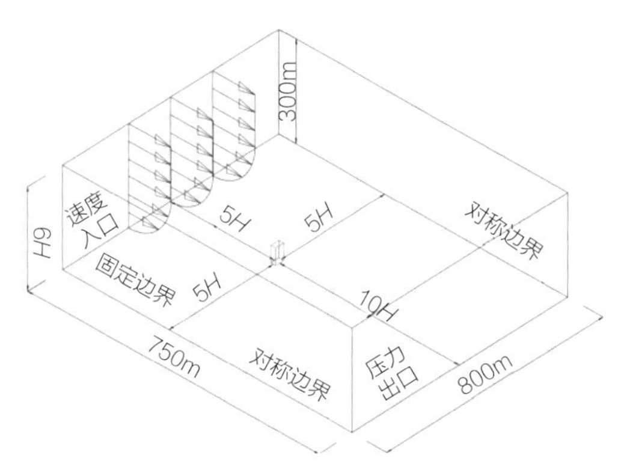


图6.2-3　三维风场的边界条件

#### 2. 住宅楼精细化建模与工况选取

针对13-1号住宅楼采用不同风向角来进行脉动风的加载，风向角间隔45°，选取0°、45°、90°、135°、180°五个风向角进行数值模拟。建筑表面按照朝向分别定义ABCD四个面。为方便统计，将不规整的装饰构件按照其重复布置处进行编号，编号按照ABCD四个面顺时针方向分别进行编号，A面为1～28，BC面为1～9，D面为1～22，将垂直建筑表面向外的方向定义为装饰构件的法向方向，将与建筑表面平行同时垂直于装饰构件并排布置的方向定义为装饰构件的切向方向，如图6.2-4所示。

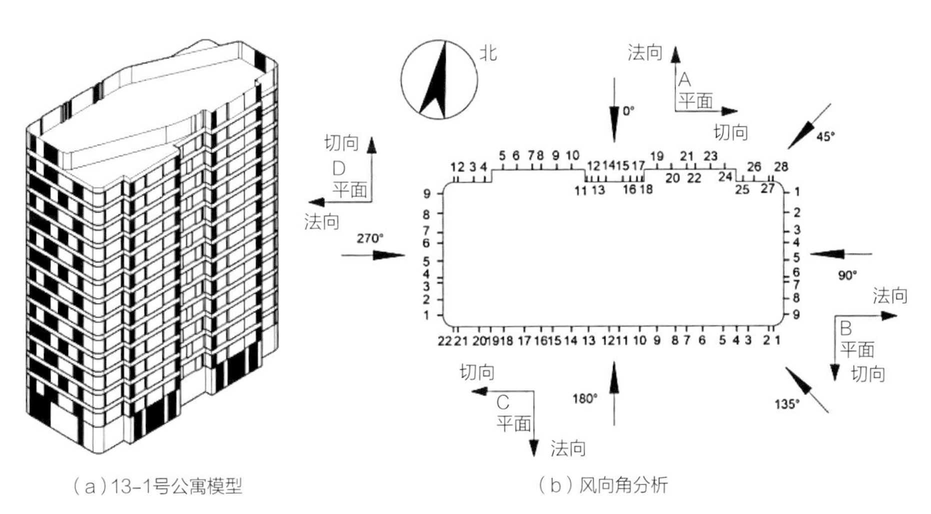


（a）13-1号公寓模型　（b）风向角分析

图6.2-4　建筑模型与风向角分析

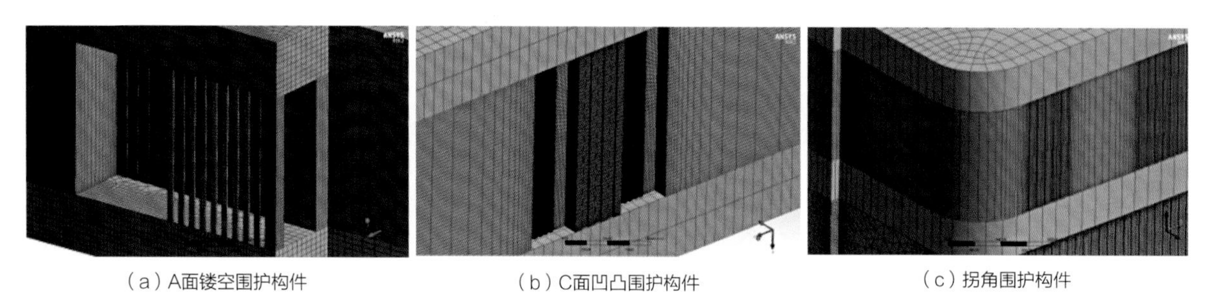

（a）A面镂空围护构件　　（b）C面凹凸围护构件　　（c）拐角围护构件

图6.2-5　围护构件精细化网格加密

图6.2-5给出了建筑幕墙凹凸体型装饰构件的精细化建模。建筑A面外悬镂空多格栅装饰构件，阳角处外悬镂空，阴角处为普通多格栅体型特征，见图6.2-5（a）；建筑C面不规整幕墙在凹陷处呈现中间凸起，两边凹陷的体型特征，凸起尺寸为500mm，同时在凸起和凹陷处都具有多格栅特征，见图6.2-5（b）；建筑转角区域幕墙装饰构件为普通多格栅体型特征，见图6.2-5（c）。

将装饰条按照实际施工要求布置，对其进行建模。基于ICEM划分计算网格，通过外流域采用结构化网格，高层建筑表面采用非结构化网格的混合离散方式，将模型进行网格划分。随着网格与建筑表面距离的增大，其尺寸也逐渐增大，共划分123854个网格单元，远处最大网格尺寸为 $6.433 \times 107mm^3$。其中，装饰条的网格进行局部精细加密操作，使之能够与外形完全拟合，最小网格尺寸为 $10mm^3$。

### 6.2.3　模拟结果与数据分析

#### 1. 建筑表面风压变化

图6.2-6给出了0°～180°风向角情况下50m高度的风速矢量图，由图可知当气流经过拐角区域速度增大，产生较强的对流区，因此拐角区域风压较大，此区域的装饰构件法向受风吸力较大，切向受风荷载表现为迎风面正压、背风面负压，正负风压叠加增强装饰构件在切向方向受到的风荷载。当气流经过平直区域时，不产生明显的加速流动，装饰构件法向风荷载为正风压或较小的负风压，而其切向

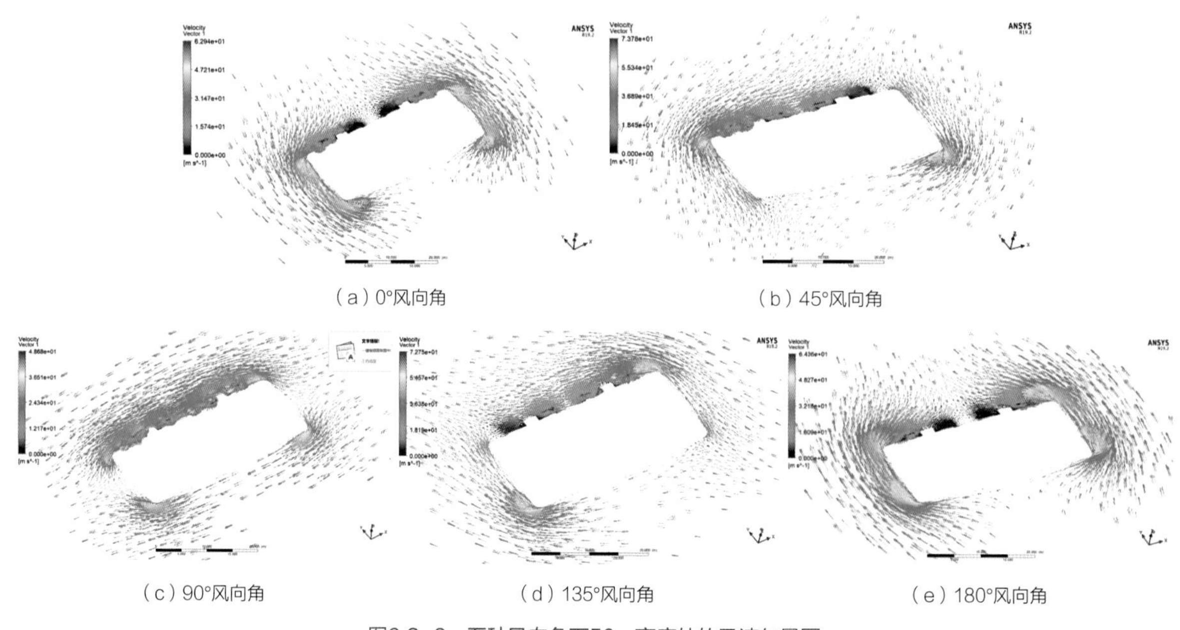

（a）0°风向角　　（b）45°风向角

（c）90°风向角　　（d）135°风向角　　（e）180°风向角

图6.2-6　五种风向角下50m高度处的风速矢量图

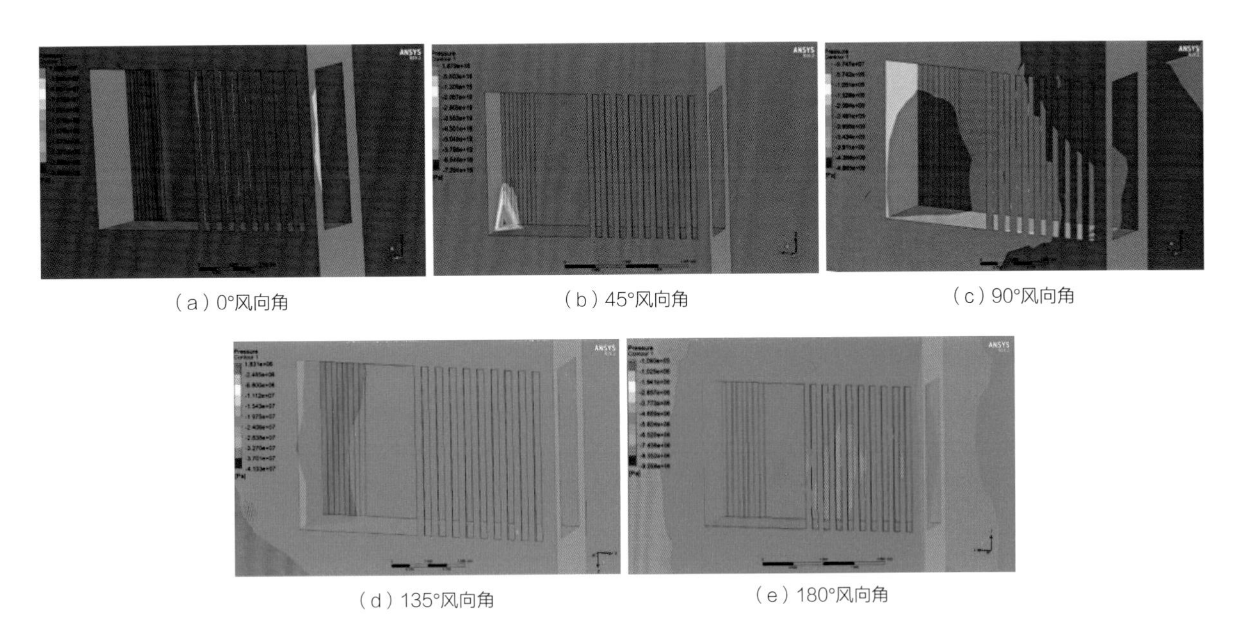

（a）0°风向角

（b）45°风向角

（c）90°风向角

（d）135°风向角

（e）180°风向角

图6.2-7　47～50m高度区间镂空装饰构件表面法向风压

风荷载大多是两个面同为正风压或同为负风压，削弱装饰构件切向受力，导致装饰构件切向的风荷载效应减小。气流经过有装饰构件的建筑表面时，风速受到装饰构件凸出的影响而减小，使装饰构件受到风荷载更为不均匀。

### 2. 装饰构件镂空处风压分析

装饰构件受到法向风压的影响大于切向风压，因此图6.2-7给出了47～50m高度区间，风压数据采用全风场整体风压，能够反映装饰构件在整体风场中的受压状况，布置在建筑A面凸出体型角落处的19号装饰构件在不同风向角下受到的法向风压极值情况。其中，图6.2-7（b）中的角落处出现了风压变化，考虑到其处在45°风向的侧风面，受到一定的风吸力是正常现象，且由于其面积较小，不对装饰构件的风压变化产生较大影响。同时此风压极值波动较少发生，无法覆盖脉动风作用的绝大多数时间，在不同风向的脉动风作用下，镂空装饰构件整体受到的风压比较均匀，极为明显的风压极值波动很少产生，故可合并成组对其编号统计。

### 3. 不规整幕墙风压分析

图6.2-8给出了44～50m高度区间，高层建筑C面不规整幕墙的风压极值云图。由图可知，不规整幕墙整体呈现转角区域风压陡增，平直区域风压相对平缓的特征，且体型不规整处在受到切向风荷载时（例如45°、90°、135°风向角下）会产生风压波动，在考虑风荷载体型系数的面积加权平均计算时，风压波动对其产生的影响较小。

通过数据可以看出，装饰构件的法向风荷载体型系数总体上随着高度的增加而增加。为了研究整个建筑表面上装饰构件风荷载体型系数的变化规律，将法向和切向的体型系数进行对比，以便分析不同位置幕墙受风荷载情况，不同高度区域、不同风向角下的幕墙的风荷载体型系数极值如图6.2-9、图6.2-10所示。

通过图6.2-9、图6.2-10可以看出，各个面上的风荷载体型系数都呈现较为明显一致的规律性：在转角区域较大，平直区域较小的特征，二者之间相差极大，这印证上述建筑表面转角区域与平直区域的风压特性。其中，A面的风荷载体型系数相比于B面、C面、D面变化更为复杂，原因是其建筑体型在平直区域有较大变化，凸出的建筑体型导致流体的流动趋于复杂，风荷载体型系数也趋于复杂。

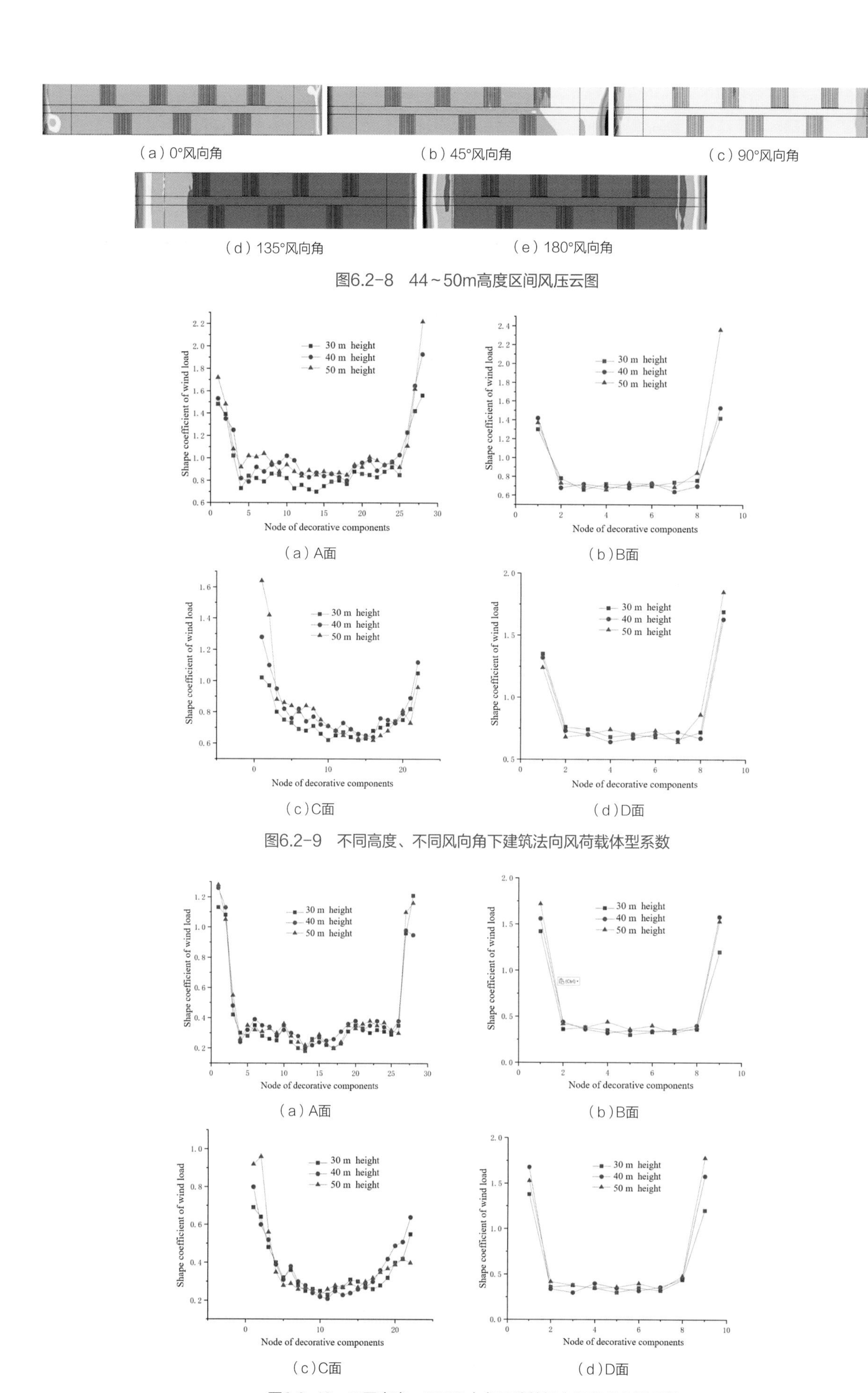

图6.2-8　44~50m高度区间风压云图


图6.2-9　不同高度、不同风向角下建筑法向风荷载体型系数


图6.2-10　不同高度、不同风向角下建筑切向风荷载体型系数

4. 分析结论

采用数值风洞模拟技术，对北京冬奥村高层住宅建筑表面布置的装饰构件在复杂风荷载作用下的流场分布数值进行分析研究，得到以下结论：

（1）采用的三维风场模拟技术与大涡模拟湍流模型适用于绝大多数建筑围护结构风荷载的研究，基于北京冬奥村的工程背景而得到的装饰构件风荷载体型系数规律与取值适用于广泛投入使用的无曲率的金属与玻璃幕墙装饰构件，对于有曲率的圆弧形装饰构件需要在未来的研究中进行进一步的探究。

（2）装饰构件在转角区法向承受较大风吸力，切向中迎风面受正风压，背风面受负风压，风压效果叠加；在平直区法向承受较小风吸力，切向中迎风面和背风面风压同号，风压效果减小；建筑转角区风荷载整体大于平直区，法向风荷载大于切向风荷载，建筑和装饰构件的风荷载体型系数整体随着高度的增加而变大，数值风洞试验为幕墙的连接设计提供了精细准确的荷载分析结果。

## 6.3 层间装配式半单元幕墙施工创新技术

### 6.3.1 层间装配式窗墙体系半单元幕墙施工技术

半单元幕墙施工，以铝合金主框构成单元窗板块，整体吊运安装，玻璃、铝板、开启扇等后安装。因主框架尺寸大，单元窗吊运及安装都有难度；单元窗板块吊装就位后，对其空间三维尺寸进行精确调节，满足幕墙施工安装精度和高质量要求；本工程对半单元幕墙施工技术进行了深入细致的研究，探索创新幕墙施工新方法，重点提高幕墙加工制造精度、安装精度和施工效率，同时保证工期，降低材料损耗。

主要研究过程包括：与设计单位及幕墙顾问研讨层间装配式半单元幕墙技术方案，考察幕墙专业分包单位；按照设计要求展开幕墙深化设计，制作幕墙实体样板，直观感受幕墙成形效果，并根据样板进行优化改进；按照设计要求考察材料厂家，进行材料选样认样；设计单位确认幕墙深化设计图纸；根据幕墙图纸编制幕墙专项施工方案，指导现场施工；在施工过程中不断优化改进技术做法，总结提升，形成一套系统成熟的施工工法。

1. 工艺流程

层间装配式半单元幕墙施工典型工艺流程详见图6.3-1。

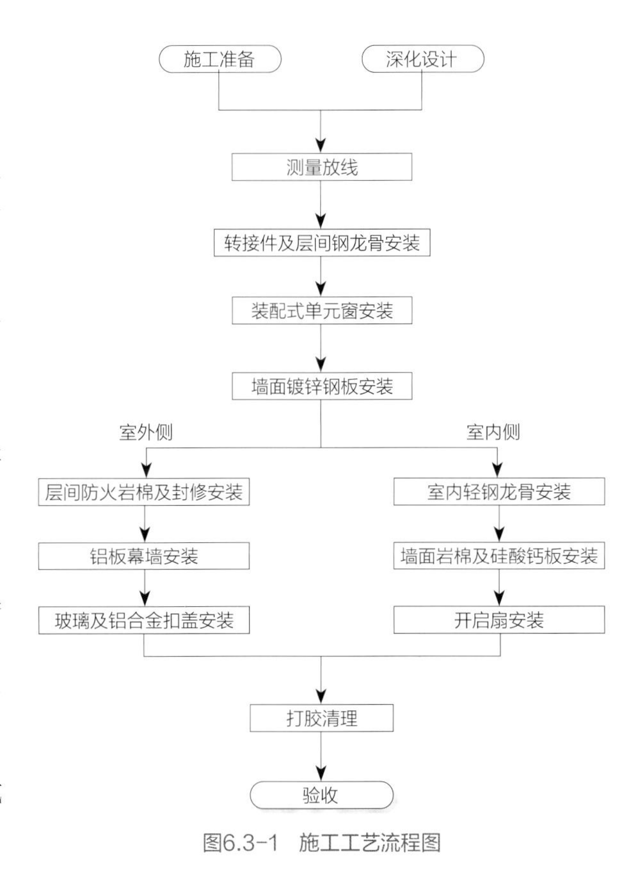

图6.3-1 施工工艺流程图

2. 施工准备

（1）熟悉图纸，认真领会图纸内容，并对操作人员做好技术交底。

（2）编制劳动力、材料、机械设备计划，确保人、材、机准备齐全。

（3）编制试验计划，严格对进场材料进行试验检验，试验合格后方可用于工程中。

（4）编制样板计划，并按照计划严格实施。坚持样板引路制度，各幕墙系统在大面积安装前，进行工序样板安装，将工序安装要点和要求传达交底给各施工班组，保证主要工序的工艺质量满足质量验收标准，样板验收合格后方可进行大面积幕墙的施工。

（5）核查预埋件，对预埋件外露面进行清理，去除外附混凝土残渣，并进行检查。

### 3. 深化设计

（1）根据设计院方案图，结合精细化抗风模拟计算成果，展开幕墙深化设计，明确幕墙系统各项技术参数及材料选用。

（2）结合现场实际情况，在满足外立面观感效果的基础上，合理划分幕墙单元板块，明确窗墙的组合方式。

（3）重点深化幕墙与主体钢结构的连接方式，保证连接强度的同时，充分吸纳主体钢结构的层间变形。

（4）根据相关规范要求，结合半单元幕墙特点，重点深化幕墙层间防火封堵节点。

（5）深化设计图完成，经设计院建筑师确认，方可指导现场施工。

### 4. 测量放线

（1）测量人员依据基准点、基准线和水准点，首先对基准点进行校核，如果误差超出允许误差（小于1mm），及时进行处理；如果基准点误差在允许偏差（小于1mm）范围内，以基准点为标准进行幕墙放线；用全站仪在首层底部楼外放出外控制线，再用激光垂准仪，将控制点引至女儿墙顶部进行定位。

（2）用水准仪将水准点分别引到首层立柱外侧面，并进行闭合处理，要求各立柱上所引水平标高误差控制在允许范围内（不大于1mm）。再用50m钢卷尺和经纬仪控制，分别将每层1m控制标高点标注在立柱上。

（3）依据外控制线以及水平标高点，定出幕墙安装控制线。为保证不受其他因素影响，垂直钢线上下各设一个固定支点，再用仪器复查钢丝线垂直度、进出位及左右位是否符合规范要求。

### 5. 转接件及层间钢龙骨安装

单元窗与主体结构连接采用焊接与栓接相结合的方式进行。

单元窗下端的起底钢龙骨与楼板顶部设置的预埋件通过转接件焊接连接，单元窗上端的吊顶钢龙骨在主体钢梁的位置，通过T型钢连接件和主体工字钢的肋板栓接连接，保证窗上口的连接强度，并兼顾层间铝板等构件的荷载。

吊顶钢龙骨与起底钢龙骨分别在单元窗上下两端水平通长设置，龙骨为80mm × 40mm镀锌方钢管，钢龙骨与单元窗通过转接件采用栓接夹紧单元窗铝框立柱。

通长80mm × 40mm方钢管龙骨，与楼层板的连接采用角钢转接件与板顶预埋件焊接，角钢转接件长度$L$ = 200mm，与钢梁的连接采用80mm × 40mm镀锌方钢管与T型钢连接件焊接。布置间距同分格，通过现场标高线和内控线，结合图纸测量。定位通长钢管龙骨的标高和进出位，尺寸偏差控制在2mm以内。

方钢龙骨定位完成后临时固定点焊，点焊时每个焊接面点2 ~ 3点，要保证连接件不会脱落。点焊后经检查确认尺寸无误，进行满焊，随后去除焊渣，防腐处理。转接件及层间钢龙骨与主体结构连接节点具体详见图6.3-2。

## 6. 装配式单元窗安装

窗墙体系分成几类标准单元体，在加工厂将铝合金立柱及横梁组成单元窗框架，运至现场后整体吊装。单元窗安装在预先安装完成的通长方钢龙骨上，采用角钢转接件栓接固定。

根据测量所得的定位点及线，进行转接件的安装。

在室内采用脚手架将单元窗与转接件连接固定。

单元窗主框架龙骨通过L形钢转接件固定于上下通长方钢龙骨上，转接件与单元窗主龙骨采用M12不锈钢螺栓连接。不同材质之间采用绝缘垫片，防止电化学反应，转接件与方钢龙骨焊接。

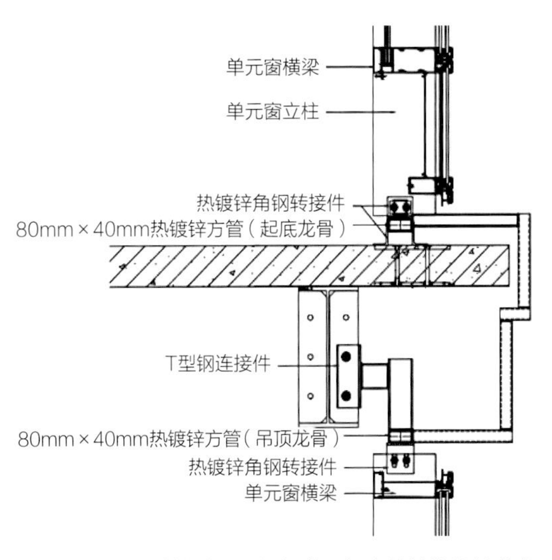

图6.3-2　转接件及层间钢龙骨与主体结构连接节点

超大型单元窗因不便于水平运输和垂直运输，采用分体安装的方式，更加经济合理。将超大型单元窗切分为两部分，先安装一部分单元窗，再安装另一部分单元窗，随后将两部分在现场组合，将中间横梁现场安装连接。

横梁的安装采用自攻钉和弹簧销连接固定。横梁安装之前，首先将弹簧销安装在横梁腔口内的钉槽上，然后在立柱上钻取弹簧销孔后，将横梁放置在安装位置上，弹出弹簧销钉与立柱连接。采用水平尺等工具对横梁进行测量检查，确认后，手工电钻取孔，采用不锈钢盘头螺丝将横梁立柱连接固定。

单元窗划分及安装详见图6.3-3。

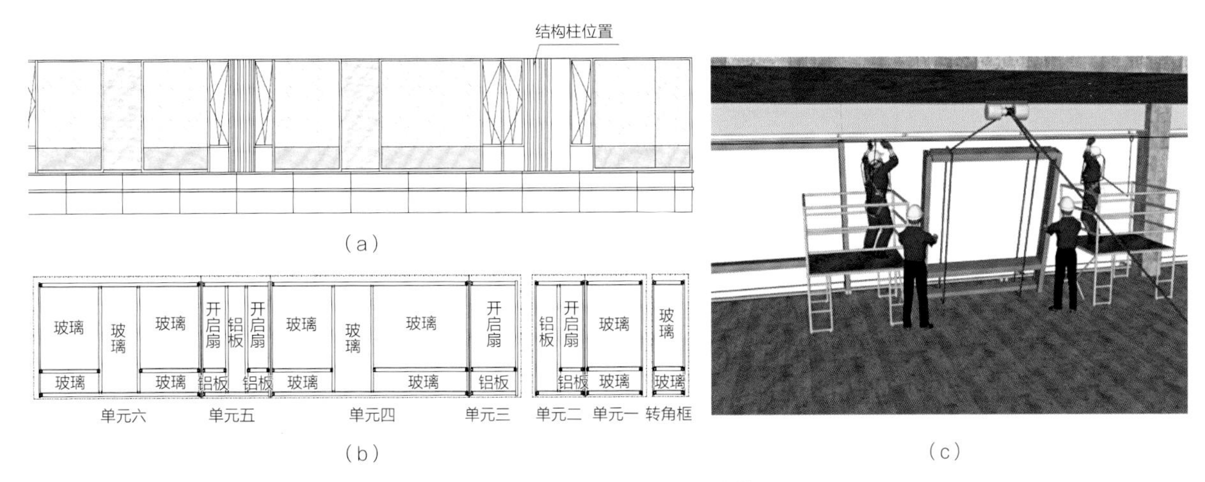

图6.3-3　单元窗划分及安装图

## 7. 墙面镀锌钢板安装

为确保幕墙体系的防水及隔声性能，同时给墙面保温岩棉提供足够承托，在铝板幕墙范围设置一道1.5mm厚镀锌钢板，钢板外侧安装铝板面板，钢板内侧安装保温岩棉及室内硅酸钙板封修。

镀锌钢板根据图纸要求，经现场核查后定尺加工，镀锌钢板与竖龙骨固定，采用ST4.8×16mm自攻自钻钉，间距300mm布置，钢板接缝处打防火密封胶。

## 8. 室外侧幕墙构件安装

（1）层间防火岩棉及封修安装：

幕墙层间设置不小于100mm厚防火岩棉（A级防火），防火岩棉容重不小于110kg/m$^3$。建筑标高向

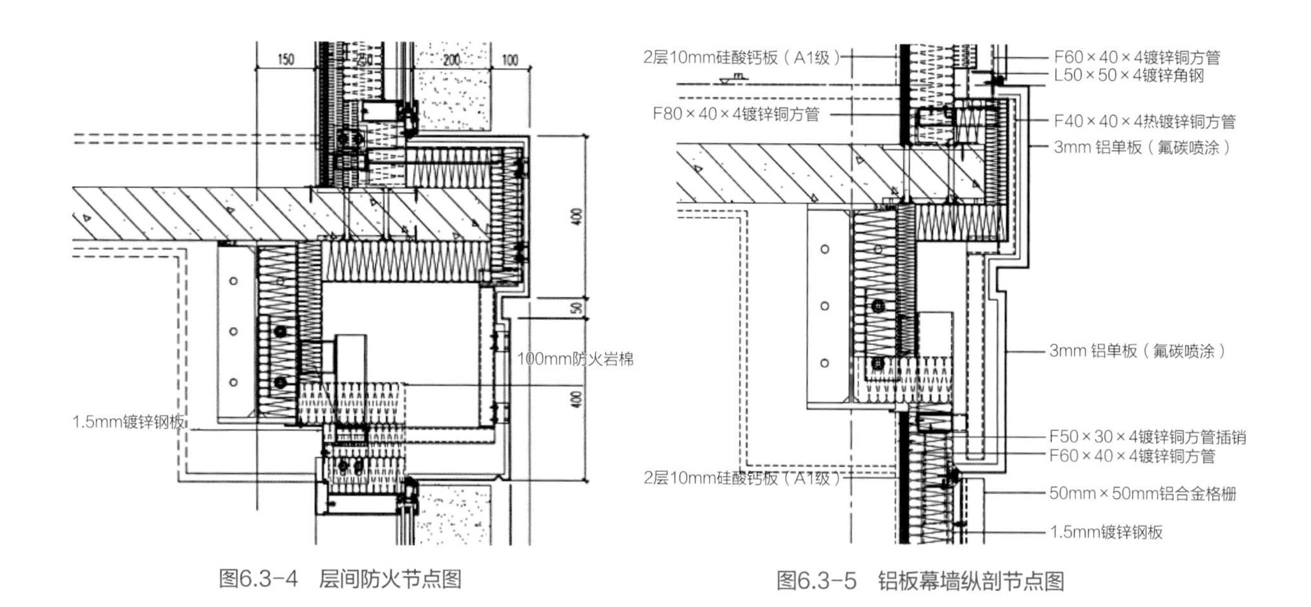


图6.3-4　层间防火节点图

图6.3-5　铝板幕墙纵剖节点图

上500mm以内为防火岩棉，500mm以上为保温岩棉，保温岩棉容重不小于100kg/m³。1.5mm厚镀锌钢板承托，接缝处打防火密封胶。

层间防火做法具体详见图6.3-4。

（2）铝板幕墙安装：

铝板幕墙在窗墙体系的不透光墙体范围，该区域设置60mm×40mm方钢竖龙骨，竖龙骨受力模式为下端固定、上端伸缩。竖龙骨下端采用转接件与起底龙骨焊接连接，竖龙骨上端采用插接，50mm×30mm方钢插销一端与吊顶龙骨焊接，一端插入竖龙骨内。

L50×4镀锌角钢横梁和立柱之间采用一端焊接连接。

部分铝板表面安装50mm×50mm铝型材格栅，格栅采用M6不锈钢螺栓组和铝板连接，螺栓间距300mm。

铝板周边安装20mm×20mm×3mm铝角码，$L$ = 40mm，间距300mm布置，采用ST4.8×25mm自攻自钻钉固定。

铝板幕墙安装详见图6.3-5。

（3）玻璃及铝合金扣盖安装：

玻璃安装前检查框架上玻璃胶条是否连续，确认胶条完好后，在玻璃下横梁距两端200mm处放置铝合金玻璃托。玻璃托长度150mm，玻璃托上垫150mm×30mm×4mm硬质垫块，玻璃放于硬质垫块上，调节玻璃使之居中。安装铝合金玻璃压板，玻璃压板采用螺钉固定，间距350mm，每个螺钉帽处打硅酮耐候密封胶防水，最后压板上固定小扣盖。玻璃安装完后，铝合金压板的胶条上打胶密封。

不透明玻璃背后的铝板背衬板、保温岩棉、硅酸钙板，在工厂同单元窗一体制作完成，运至施工现场。

玻璃及铝合金扣盖安装详见图6.3-6。

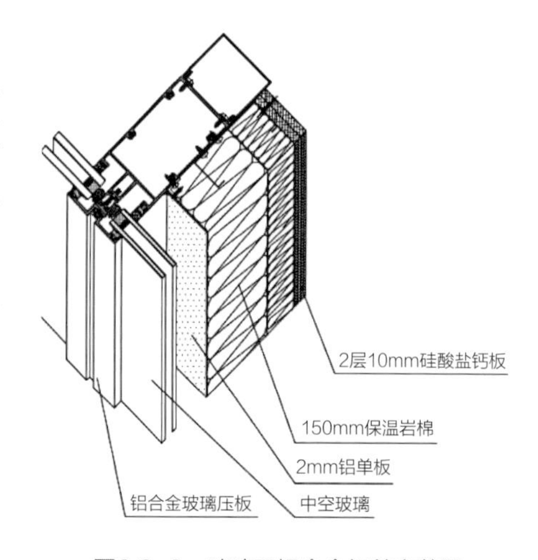


图6.3-6　玻璃及铝合金扣盖安装图

### 9. 室内侧幕墙构件安装

（1）室内轻钢龙骨安装：

幕墙室内侧安装100型轻钢龙骨，用于固定保温岩棉及硅酸钙板，轻钢龙骨安装采用ST4.8×16mm自攻自钻钉，双排打钉，间距300mm布置。

（2）保温岩棉及硅酸钙板安装：

轻钢龙骨之间填充100mm（局部150mm）厚保温岩棉，岩棉带单面铝箔。室内侧安装2层10mm厚硅酸钙板，采用沉头墙板自攻钉固定，间距不大于300mm。

（3）开启扇安装：

铝板开启扇系统安装方式同单元窗系统，系统上分格安装铝板开启窗，铝板开启扇采用86系列断桥铝型材做框架，内侧固定2mm铝单板，外侧固定2.5mm铝单板，中间填充100mm保温岩棉。铝板开启扇在加工厂制作，整体运到现场。铝板开启扇安装入框架洞口内，开启扇框与框架洞口之间打胶密封。系统下分格室外到室内分别是2.5mm铝单板、1.5mm镀锌钢板、120mm厚保温岩棉、2层10mm厚硅酸钙板。最后室外侧安装纱窗和铝合金百叶。

### 10. 单元窗系统与铝板幕墙系统的连接

单元窗系统与铝板幕墙系统的连接分为龙骨和面板两部分。

龙骨的连接为铝板幕墙的镀锌钢龙骨，通过转接件与单元窗的铝合金立柱以自攻螺钉连接，转接件与铝合金立柱之间设置绝缘垫片。

面板的连接为铝板及镀锌钢板，通过自攻螺钉与单元窗的铝合金压板连接，面层设置铝合金扣盖，一端压盖铝板的安装缝隙，另一端压盖单元窗玻璃的安装缝隙，起到固定及装饰的双重作用。详见图6.3–7。

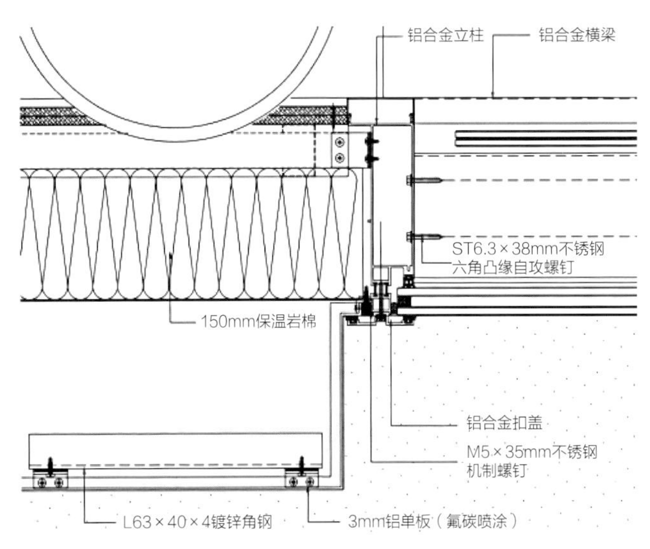


图6.3–7 单元窗与铝板幕墙连接图

### 11. 打胶

（1）铝板面板安装完毕后，清理板缝，然后进行泡沫条的填塞工作，泡沫条填塞深浅度要一致，不得出现高低不平现象。

（2）泡沫条填塞后进行美纹纸粘贴，美纹纸的粘贴应横平竖直，不得有扭曲现象。

（3）打胶过程中，注胶应连续饱满，刮胶应均匀平滑，不得有跳刀现象，同时避免污染金属板。

（4）打胶完成后，待密封胶半干后撕下美纹纸，进行清理。

### 12. 质量控制措施

（1）预埋件型号、规格、数量、焊接质量、安装位置等符合规范要求，防腐措施切实可靠。

（2）单元窗工厂加工时，应控制加工精度并做好成品保护。

（3）玻璃吊装过程中，由专人负责指挥，吊装平稳，避免吊装过程不必要的磕碰情况。

（4）转接件安装要可靠，安装精度在偏差范围内，切实做好防腐工作。

（5）收边收口进行精细把控，控制好打胶质量，保证幕墙系统的防水密封性能。

## 6.3.2 层间装配式窗墙体系半单元幕墙技术创新点

本工程结合框架式幕墙与单元式幕墙各自的优点，充分考虑幕墙与主体钢结构的变形协调，创新性地采用装配式窗墙体系半单元幕墙，将建筑外立面划分为几类标准单元体，通过窗和墙的有机结合，实现了建筑外立面的灵活变化。如图6.3–8所示，该幕墙体系主要包含装配式单元窗系统、铝板幕墙系统、铝板开启扇系统。

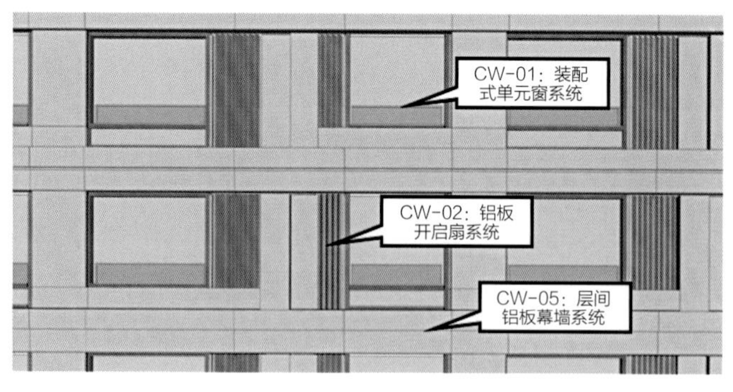

图6.3-8 装配式窗墙体系幕墙系统图

将单元窗立柱和横梁在加工厂组合成整体框架，在现场安装到预先设置的通长方钢龙骨上，采用转接件与钢龙骨栓接固定，然后安装玻璃、铝板等。幕墙体系的窗单元为装配式安装，墙单元为现场组装，实现了窗墙体系半单元幕墙特有的、错动组合、灵活布置的新颖建筑效果。

通过本工程的实践，创新研发了一种结构钢梁与幕墙龙骨快速连接构造，其结构简单，设计合理，易于生产。通过设置转接件对钢梁和幕墙龙骨进行连接，优化了幕墙安装方式，既能保证结构安全，又操作简便，实现快速精准连接，有效减少部件之间焊接，提高了幕墙结构的稳定性，使其更好地满足建筑使用要求。

### 6.3.3 层间装配式窗墙体系半单元幕墙效益分析

该项技术应用于装配式窗墙体系半单元幕墙，施工简单快捷，安全可靠，与装配式钢结构体系匹配度高；通过采用装配式标准化施工技术，将窗墙分成几类标准单元体，通过合理规划龙骨间距等措施，实现了镀锌钢板、单元窗、铝板、玻璃等的规格标准化。通过工厂化组装和装配式施工，达到了高精度的工厂加工和现场灵活安装的有机结合，保证了幕墙良好的气密性、水密性以及抗变形能力，且实现了外立面错动组合、灵活布置的特色建筑效果，达到施工工期缩短、施工费用降低、经济效益提升的良好效果。

该项技术满足国家、北京市相关规范、标准及技术要求，具有施工周期短、工业化和绿色化程度高、便于进行装配式内装修、抗变形能力强、方便检修更新等优点，满足国家对住宅建筑标准化、产业化的要求，有利于推进可再生能源与住宅建筑相结合的配套技术研发、集成和规模化应用。

# 7 屋面工程关键技术

## 7.1 屋面工程概述

图7.1-1 屋顶花园效果图

建筑的屋顶，是建筑的第五立面，是城市整体景观的重要部分，它常常使人印象深刻，成为人们心灵地图中的城市象征和标记。优化提升北京冬奥村的屋顶空间，打造冬奥村独特的城市第五立面，对提升北京城市形象具有重要意义。冬奥村在屋面设计上借鉴"建筑第五立面"的概念，将住宅楼屋面空间，辟为开放公共空间，通过种植景观丰富活动空间，改善局部环境，屋面采用架空木地板，赛后为屋顶花园，为城市提供绿色生态的第五立面，同时屋顶设置太阳能板实现清洁能源的利用。屋顶花园效果图见图7.1-1。

在现代建筑屋顶设计中，屋顶花园应用越来越广泛。屋顶花园能够显著缓解城市热岛效应。试验表明，在北京酷暑时节，当气温约30℃时，裸露屋顶的地表温度可达55℃，而屋顶花园的地表温度仅为22℃。屋顶花园可以使建筑顶层房间日平均室温降低2.0～2.4℃。在冬季屋顶花园还具有保温作用，可以降低能源消耗。屋顶花园可以储蓄约70%的天然降水，可以滞留大量空气中的粉尘，并对建筑屋顶起到保护作用，延长屋顶建筑材料的使用寿命。

除设置屋顶花园外，在一部分住宅楼屋面设置太阳能集热器，应用太阳能热水系统，实现清洁能源的规模化利用。屋面太阳能集热器的布置，创新性地采用了水平放置、整体架空的方式（图7.1-2），营造了宽敞又遮阴的屋顶公共活动空间（图7.1-3），供人们休憩；小区住宅楼中，屋顶太阳能集热板遮阴的公共活动空间与繁花似锦的屋顶花园交错布置，突显了冬奥村富有特色、绿色生态的第五立面，住宅楼建筑风格既丰富多样，又和谐统一。集热器水平放置的方式，显著增加了单栋住宅楼能够承载的太阳能集热面积，一部分住宅楼屋顶设置太阳能集热器，就可以满足整个小区的太阳能热水需求，极大提升了系统集热效率。太阳能热水系统采用热管式真空管集热器，利用温差循环控制原理，实现全天候的自动控制。

图7.1-2 太阳能集热器水平放置

图7.1-3 太阳能集热器下公共活动空间

## 7.2 屋面工程设计技术重点

### 7.2.1 屋面工程主要做法

本工程住宅楼主要为平屋面，部分裙楼采用斜屋面，工程做法有上人屋面屋01、不上人屋面屋02、不上人斜屋面屋03。屋面做法表见表7.2–1。

屋面做法表 表7.2–1

| 名称 | 类型 | 分层做法 |
|---|---|---|
| 屋01 | 上人屋面 | （1）150～250mm高架空室外木地板；<br>（2）50mm厚C20细石混凝土保护层；<br>（3）铺0.4mm厚聚氯乙烯塑料薄膜隔离层；<br>（4）粘贴100mm厚B1级挤塑聚苯板；<br>（5）3mm+3mm厚热熔型聚酯胎SBS改性沥青防水卷材；<br>（6）10～15mm厚DS砂浆找平；<br>（7）最薄10mm厚SF憎水膨珠保温砂浆找2%坡；<br>（8）150mm厚钢筋混凝土楼板 |
| 屋02 | 不上人屋面 | （1）8～10mm厚彩色釉面防滑地砖；<br>（2）5～7mm厚DTA砂浆卧铺；<br>（3）50mm厚C20细石混凝土保护层；<br>（4）铺0.4mm厚聚氯乙烯塑料薄膜隔离层；<br>（5）粘贴100mm厚B1级挤塑聚苯板；<br>（6）3mm+3mm厚热熔型聚酯胎SBS改性沥青防水卷材；<br>（7）10～15mm厚DS砂浆找平；<br>（8）最薄10mm厚SF憎水膨珠保温砂浆找2%坡；<br>（9）120mm厚钢筋混凝土楼板 |
| 屋03 | 不上人斜屋面 | （1）铝镁锰合金屋面板；<br>（2）铝合金固定座（T形码）；<br>（3）镀锌檩条；<br>（4）刷1.5mm厚聚合物水泥基防水涂料；<br>（5）抹6～8mm厚DP砂浆；<br>（6）5～8mm厚DEA砂浆粘贴100mm厚钢网岩棉板；<br>（7）150mm厚钢筋混凝土楼板 |

### 7.2.2 屋面工程设计流程

（1）确定屋面排水方式和坡度大小，划分排水区域，选择采用单坡、双坡还是四坡排水，坡度一般采用2%；

（2）确定排水天沟、女儿墙的断面形式及尺寸，落水管所用材料、大小及间距等；

（3）绘制屋顶排水平面图，标注必要的轴号、标高、索引、屋面做法等；

（4）绘制节点详图。

### 7.2.3 屋面工程设计重点

#### 1. 屋面防水等级和设防要求

屋面防水等级为Ⅰ级，采用两道卷材防水层，或防水涂料+金属板防水构造。

#### 2. 防水材料选用的一般要求

工程中所使用的防水材料应有明确的标识、说明书、合格证，并经检测机构复检合格后方可使用。

防水工程使用的各种防水材料及其配套材料应达到国家建材行业标准中优等品的标准，并符合国家相关规范中对相关材料的各项性能指标要求。

防水工程使用的辅助、配套材料及配件应与防水材料配套且材性相容，在配合使用时不得相互腐蚀、相互破坏，引起不良的物理、化学作用。

3. 屋面排水系统

屋面排水系统采用外排明装，外排明装式雨水管为$\phi$75～100不锈钢管，雨水管的外观涂层颜色与所在墙面颜色一致或相近。

4. 屋面保温隔热

屋面保温层采用100mm厚挤塑聚苯板，设计传热系数K＝0.39W/（$m^2$·K），小于规范中传热系数限值0.40W/（$m^2$·K），满足北京市节能要求。

屋面的室外木地板、防滑地砖、金属屋面板的太阳辐射反射系数应＞0.4。

## 7.3 屋面施工关键技术

### 7.3.1 屋面施工流程

屋面施工按照从下到上的顺序施工，每道工序施工完成经验收合格后方可进行下道工序，典型屋面工程工艺流程详见图7.3-1。

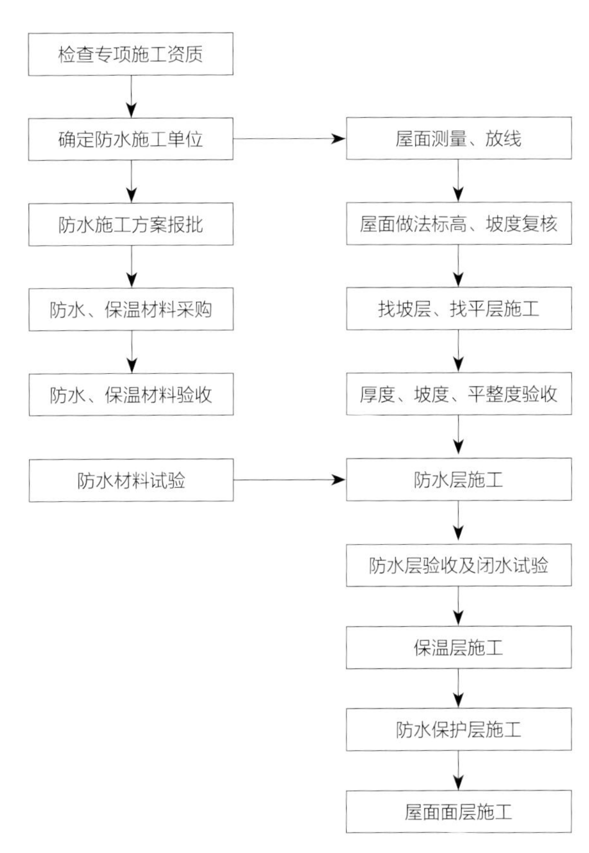

图7.3-1 典型屋面施工工艺流程图

### 7.3.2 主要施工方法

（1）工艺流程：基层清理→最薄处10mm憎水膨珠找坡≥2%→10～15mm厚DS砂浆找平→第一道3mm厚SBS改性沥青防水卷材→第二道3mm厚SBS改性沥青防水卷材→粘贴100mm厚B1级挤塑聚苯板→铺0.4mm厚聚氯乙烯塑料薄膜隔离层→50mm厚C20细石混凝土保护层→150～250mm高架空室外木地板。

（2）基层清理：对混凝土表面的有机物、油漆、防火涂料、油污、其他粘结物进行清理。

（3）找坡层：最薄处10mm憎水膨珠保温砂浆找坡≥2%。

① 将憎水膨珠保温砂浆中预埋件、预留孔（水管、排水孔、透气孔等）在浇筑前做好设置，严禁在浇筑后凿孔打洞。

② 按设计选定的找坡层厚度（找坡≥2%），设定找坡线及标高墩。

③ 浇筑憎水膨珠保温砂浆，浇筑面应平整，大面积平面浇筑时，可采用分区逐片浇筑的方法，用模板将施工面分割成若干个小片，逐片施工；也可采用全面分层、分段分层、斜面分层三种分层浇筑方法。浇筑达到标定高度后用尺杆刮平；找坡层浇筑完成，验收合格后方可进行下道工序施工。

（4）找平层。

① 找坡层干燥后，开始做10～15mm厚DS砂浆找平层。找平层灰饼水泥砂浆做成5cm见方，水平距离为1.5m，然后根据灰饼用干拌砂浆冲筋，筋宽5cm，每隔1m左右冲筋一道。根据冲筋标高，用木

抹子将砂浆摊平、拍实、小杠刮平，使其所铺设的砂浆与冲筋找平。再用大杠横竖检查其平整度，并检查标高及泛水是否正确，用木抹子搓平。

② 找平层面层用铁抹子分两次抹平，收水后分两次压光，使表面坚固密实、平整，水泥砂浆终凝后即覆盖养护。找平层浇筑完成，验收合格后方可进行下道工序施工。

（5）SBS防水卷材层施工。

两层防水卷材均采用满粘热熔法进行铺贴。防水层采用3mm厚SBS改性沥青防水卷材+3mm厚SBS改性沥青防水卷材。参照08BJ5–1图集做法。

① 基层必须平整、干净、干燥。用1m$^2$卷材平坦地平铺在找平层上，静置3～4h后掀开检查，找平层覆盖部位与卷材上未见水印即为干燥。

② 涂刷冷底子油。

将冷底子油开桶后用搅拌器搅拌均匀，再用滚刷或刮板均匀涂布在基层表面上，不易滚刷，刮涂的部位可用油刷补齐，要求不露底，晾干4h并以指触不粘时方可铺贴防水卷材。

③ 铺贴附加层。

管根（透气孔）、阴阳角、伸缩缝和施工缝均应铺贴附加层，采用3mm厚SBS卷材。阴阳角铺贴附加层时，铺贴宽度应大于转角两侧，且总宽度不小于500mm，并且应将加固部位的形状粘贴严密。

④ 铺贴卷材采用搭接法，上下层及相邻两幅卷材的搭接缝应错开。平行于屋脊的搭缝顺流水方向搭接。卷材与基层的粘结方法采用满粘法，短边及长边搭接宽度均为100mm。泛水和立面卷材收头的端部必须裁齐，用铝合金压条钉压固定，并用密封膏嵌填封严。防水卷材施工完成，验收合格后方可进行下道工序施工。

（6）挤塑聚苯板保温层。

根据屋面具体情况，选择保温板铺贴方向。挤塑板采用聚合物粘结砂浆进行满粘，应紧靠在基层表面上，并应铺平垫稳，拼接处板缝应铺贴严密，保温板板缝间采用挤塑板碎屑填嵌密实。

（7）隔离层施工。

隔离层采用0.4mm厚聚氯乙烯塑料薄膜进行铺设，聚氯乙烯塑料薄膜需错缝搭接，搭接宽度100mm。

（8）保护层施工。

防水保护层采用50mm厚C20细石混凝土内设$\phi$4@100mm双向钢筋网片。

（9）细部做法。

屋面找坡层、保温层与墙体、女儿墙、槛台等竖向结构构件相接处贴30mm厚挤塑聚苯板。

### 7.3.3 屋面细部构造做法

#### 1. 附加防水层

为防止卷材在阴阳角、转角、施工缝部位拉裂，预先铺设附加层一道（3mm厚），每边≥250mm，经检查合格后方可进行下道工序的施工。先铺贴阴阳角附加层，再铺贴平面与立面相连的卷材。在立面与平面交接处，先铺贴立面卷材，然后由上向下铺贴平面卷材，要求保证卷材紧贴阴角。附加防水层示意图见图7.3–2。

#### 2. 钢柱及烟风道

（1）钢柱处需先在防火涂料表面抹20mm厚水泥砂浆找平层，再进行防水施工。

（2）钢柱及烟风道根部不得有渗漏和积水现象。

（3）阴角的附加层铺设应符合设计要求。

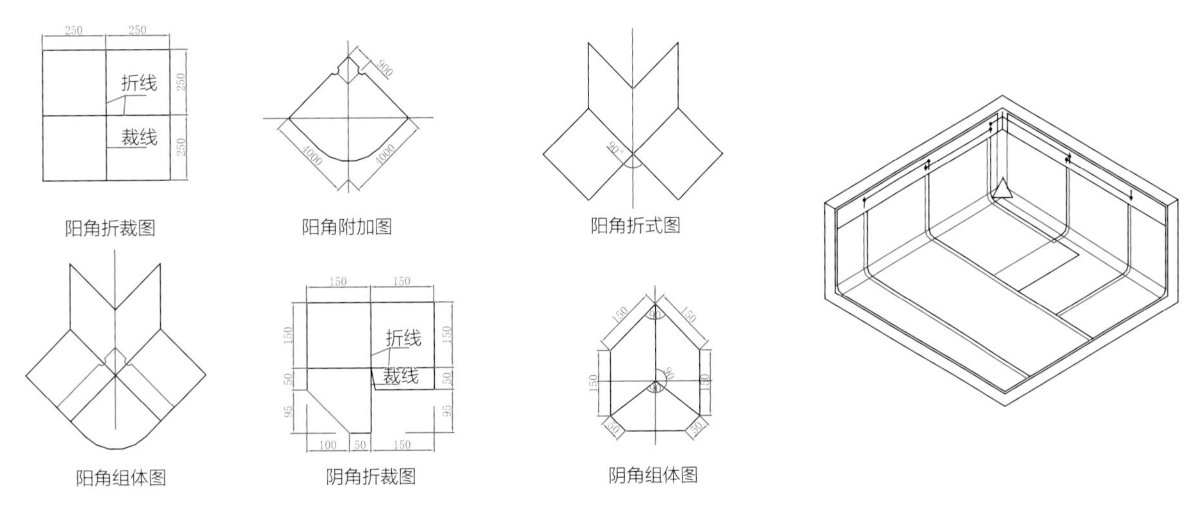


图7.3-2　附加防水层示意图

烟风道局部剖面图见图7.3-3。

女儿墙防水层以上刷
1.5mm厚水泥基防水涂料
ϕ4射钉
中距500mm
30mm厚挤塑聚苯板
用DEA砂浆粘贴
屋面防水层卷上
卷材防水收头
挑砖（用于砖墙、混凝土砌块墙）

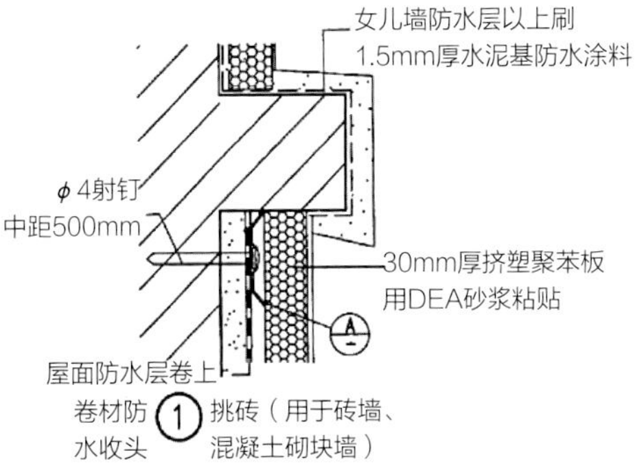

图7.3-3　烟风道局部剖面图

### 3. 女儿墙和山墙

（1）女儿墙根不得有渗漏和积水现象。

（2）女儿墙的泛水高度及附加层铺设应符合设计要求。

（3）女儿墙卷材应满粘，卷材收头应用金属压条钉压固定，并用密封材料封严。

### 4. 水落口

（1）水落口的防水构造应符合设计要求。

（2）水落口杯上口应设在沟底的最低处，水落口处不得有渗漏和积水现象。

（3）水落口的数量和位置应符合设计要求，水落口杯应安装牢固。

（4）水落口周围半径500mm范围内坡度不应小于5%，水落口周围的附加层铺设应符合设计要求。

（5）防水层及附加层伸入水落口杯不应小于50mm，并应粘结牢固。

## 7.4　屋面太阳能系统综合应用

北京冬奥村的屋面设置太阳能热水系统，太阳能集热器创新性地采用了水平放置的方式，不但确保了建筑外观的和谐统一，而且最大限度地发挥了集热效果，达到了绿色节能的目的。采用热管式真空管集热器，利用温差循环控制原理，实现对太阳能全天候的自动控制。本工程住宅楼和配套公建，设有24h集中供热水系统，热源采用太阳能集中集热-集中储热，屋顶设置热管式真空管太阳能集热器，同时为城市提供绿色生态的第五立面。太阳能热水系统由控制系统实现集热、换热循环。当容积式热水换热器出水温度未达要求时，采用辅助热源对生活热水进行加热，满足出水水温。辅助热源为市政热力经过换热站后提供的一次热媒水，当容积式热水换热器出水温度低于55℃时，一次热媒将自动加热，当出水温度超过60℃时，自动停止加热。按需辅热，最大化利用太阳能。屋面太阳能安装见图7.4-1。

建筑屋顶上安装太阳能热水系统，对周边现状建筑的日照标准未产生不利影响。屋面预留太阳能集热器与主体建筑连接做法。太阳能生活热水供水率达70%以上，满足绿色建筑三星级要求。

图7.4-1　屋面太阳能安装

集中供热水系统在住宅楼屋顶集中设置集热器，再由各功能系统所对应的集热循环管道及集热循环泵统一汇集至地下一层车库的对应区域热水机房内，通过各功能系统所对应的换热系统将太阳辐射能转化为热能贮存在容积式换热器内，由控制系统实现集热、换热循环。热水换热储热系统相关设备分设于地块内4个热水机房内，位置居中，便于管线敷设和系统循环，减少热量损耗。

当容积式热水换热器出水温度未达要求时，使用辅助热源对生活热水进行加热，满足出水水温要求。辅助热源为市政热力经过换热站后提供的一次热媒水，供回水温度为85℃/60℃。当容积式热水换热器出水温度低于55℃时，一次热媒将自动加热；当出水温度超过60℃时，自动停止加热。夏季市政热力检修期间采用电棒加热过渡，满足生活热水需求。

# 8 高品质住宅舒适度提升关键技术

## 8.1 WELL健康建筑综述

北京冬奥村采用先进技术对室内温度、湿度、新鲜空气、采光、悬浮粉尘、有害气体、噪声等环境因素进行控制，着重研究工程品质，打造舒适、健康的生活环境。通过一系列技术措施的应用，项目顺利通过WELL健康建筑金级认证。

### 8.1.1 WELL建筑标准简介

WELL概念起缘于前华尔街金融专家保罗·夏拉（Paul Scialla）。保罗·夏拉在2012年自家装修的准备阶段，希望让房子更有益于自己的健康。但是，那时的建筑行业以及建筑企业都不能满足他的愿望，因此，他将全部的精力都放在了健康建筑上。保罗·夏拉创建的德洛斯健康企业是一个综合性机构组织（Delos Living LLC），该企业总部在美国纽约，公司的主要工作是研究、咨询以及推广健康建筑。这是健康房地产理念的发源之处（Wellness Real Estate）。

Delos公司最初创立WELL建筑标准，目的在于强调关注个人在建筑环境中的身心健康，同时也是首次以建筑使用者的身心健康为目标的评估系统。WELL的建筑标准包括空气、水、营养、光照、健身、舒适度和意识七个方面，共有102个特征（包括两个创新特征）；设计、施工、运营各阶段的技术措施，涵盖景观、建筑、精装、机电、结构等多个专业，包括可选技术、设计方案、策略等，能够鉴定各种类型的建筑物。七个主要方面包括安全、洁净的空气、水的需要，更高一层次涉及身体营养的均衡，健身运动，光线的适应，舒适性的感受，甚至实现了对于个体思想意识的关注，真正从身体到心理全方位健康的评估。同时，在某些评分上，也会照顾到残障人士、特殊体质（例如食品敏感）的需要，使我们能更好地体会到WELL认证制度的人性化。作为基于性能的系统，WELL可以用于测量、认证和监控功能的内置环境，通过空气、水质、营养、光照、健康、舒适和精神来改善人们的健康和幸福。

为了使健康建筑的目标最大化实现，Delos公司组建了专业团队，其中包括很多知名的业内人士，有建筑设计师、经济学家、社会学家、科学家、医学专家等，众多研究人员通过七年的时间得到了WELL建筑标准。Delos公司作为WELL建筑标准的启动者，在学习、工作和生活中引入以人为本的设计理念，创新了保健技术和健康理念。把保健和健康看作计划决策、技术、施工、设计的重点，使室内环境，如学校、办公室、住宅成为人们保健和娱乐的场所。2013年Delos公司创建了具有公益性质的国际WELL建筑研究所（International WELL Building Institute，简称IWBI）。美国绿色事业认证公司于2014年宣布与IWBI合作，在WELL认证中GBCI主要负责认证健康人居建筑，其中包括资格证书发放、资格认证、相关文件的审核等。IWBI在2014年正式颁布了WELL建筑标准1.0，是世界首部完善的健康建筑标准。IWBI在国际上的维护、支持、推广、应用工作全面负责。在建筑标准制定和优化的过程中，IWBI将建筑健康理念推广到全球，为人类健康生活空间提供了扩展。

### 8.1.2 WELL建筑标准评价内容

空气（Air）：标准（Feature 01 ~ Feature 29）29项评价指标，69条细则要求优化建筑内部空气质量，并实现空气质量（IAQ）的性能阈值。其战略是：清除大气污染物，控制污染，净化大气。该标准包括12

个特征，如空气质量标准、空气过滤处理、健康入口、材料选择等，17个可优化的项目包括：空气品质检测与反馈、活动窗控制，通过强化使用者空气健康意识、选用健康材料、施工设备等专业技术手段，对建筑空气环境健康进行评估等。如Feature 08——健康入口，关键设备上需要使用旋转的进气门，所有空间的通风效率均应满足通风率计算规定的要求，并应满足可移动窗的自然通风。这部分涉及空调工程师、建筑（室内）设计师，以及后期运营管理等相关专业，需要各个部分相互配合。

水（Water）：主要是指饮用水的质量，标准（Feature 30 ~ Feature 37）8项评价指标，19条细则要求改善并实现水质性能阈值，同时增进可及性。该战略包含了处理与加工，以及改善建筑物内部水资源的获取渠道策略性布局等。从水质检测、过滤、直饮水三方面着手，目的在于采用适当的过滤技术及检验方法，以确保用水的安全性。在这些标准中，基本水质检测、污染物标准、水添加剂限量是前提，定期进行水质监测与处理，并将饮用水推广至最佳状态。这一过程中，对建设单位和给水排水专业的人员专业素质要求较高。

营养（Nourish）：标准（Feature 38 ~ Feature 52）15项评价指标，25条细则的目的是为居民提供更加健康的食品，关于营养质量的行为动机和认识，鼓励改善自己的饮食习惯。包括了食品生产和贮存方面的需求、果蔬品种与推广、餐饮环境优化等。特性中关于食品生产、加工，像营养宣传这样的加分项，似乎和建筑没有关系，然而建筑环境对个体的饮食习惯有一定的影响，在办公区域，如茶水间、休息区、储藏区等，设计者可以合理安排，提倡健康的饮食习惯。

照明（Light）：标准（Feature 53 ~ Feature 63）11项评价项，18条细则提供的照明指南旨在要求加强身体的昼夜节律，提高工作效率，并根据空间需求提供相应的视敏度，包含了窗户性能和设计，照明输出和照明控制，并需要合适的照明等级来改善能源消耗和提高生产力。近几年，设计师们对照明的重视从环保到以人为中心的健康照明。WELL建筑的标准照明理念，不仅从视觉心理学角度考虑，而且注重了生物节律因素的调整、对人体非视觉效应、防眩光设计和天然光利用设计四方面应对策略实现办公过程中光环境健康，不仅能够改善能耗和心情，而且可以提高工作效率。标准提供了有关的特征，例如遮阳板设计、遮光设计等以避免眩光。另外，还可以根据工作区域的窗户位置、尺寸等调整进入房间的日照，配合室内灯光，创造一个温馨的灯光环境。

健身（Fitness）：标准（Feature 64 ~ Feature 71）8项评价指标，17条细则，运用建筑设计技术与战略，以促进体育活动，如运动场所的设计，以及为步行提供方便的设施。这些要求为员工活动和体力锻炼创造了大量的机会，让人们的健身方案和日常生活方式形成良好的匹配。以室内健身圈为前提，设计人员根据建筑的审美和舒适性的基本需求，将楼梯、室内走道与办公空间相结合，营造一个友善的步行环境，以鼓励雇员在较低的楼层或跨层上进行短距离的运动。而且，在办公室里设置健身场地，提供健身器材，已经是很多公司的工作福利了。小型健身场所对职工的身心健康起到了正面的导向作用，使其工作生活更加充实。如Feature 71可移动家具，通过布置可移动的，或者立式办公桌、跑步机办公桌等，鼓励员工在工作时间内也能得到活动，此功能虽属最佳，但可移动办公空间却为现代办公形式与布置带来新的思考。

舒适（Comfort）：标准（Feature 72 ~ Feature 83）12项评价指标，22条细则要求创建一个将干扰降到最低，同时促进工作效率提高的室内环境。策略中包括无障碍设计，覆盖热、声、人体工程学和嗅觉参数的环境质量阈值，可控性以及政策实施标准，以消除引起身体不适的已知根源。Feature 74、Feature 75、Feature 78 ~ Feature 81六个特征可以通过设置噪声级限制、划分噪声区和静区、选择消声材料、控制建筑细节等技术措施来减少不必要的噪声，为使用者提供舒适的声环境。Feature 73从人体工程学出发，提倡灵活调整的办公家具设计策略，在有限的空间内尽可能地给员工带来生理上的舒适感。Feature 82则提出自由办公点的前沿布局，满足大部分人的需求，具有更宽泛的门槛。另外，热舒适度也会对工作环境产生一定的影响，包括温度、湿度、热度等指标。但是，由于个体对舒适度的体验和心理因素的差异，这个特性的实施将会遇到很多困难。

精神（Mind）：标准（Feature 84 ~ Feature 100）17项评价指标，35条细则要求维持心理和情绪健康，通过办公室政策、自然设计元素、放松空间和先进的技术帮助使用者了解其工作环境并提供反馈。对用户进行定期的满意度调查，理解并为雇员的身体和满意度提供空间和解决措施，做到材料信息公开、政策公开、为使用者普及健康理念，根据WELL的建筑标准，开发卫生项目。同时，也是一个评估项目，对大楼的整体卫生进行监控。这个观念还包括了建筑的审美和适用概念，建筑师可以根据房屋的比例、工作区域和艺术的运用，创造具有归属感的空间，在此基础上，必须正确处理与自然生态的关系。

WELL健康建筑标准是指导北京冬奥村建设的重要依据，基于WELL标准的要求，在冬奥村建设过程中，涉及施工的标准主要有以下方面的要求，即施工阶段得分标准，见表8.1–1。WELL健康建筑评级见图8.1–1。

施工阶段得分及要求一览表　　表8.1–1

| 得分点 | | 得分 | 职责 |
|---|---|---|---|
| 空气 | | | |
| A04 | 施工污染管理 | 先决条件 | 减少施工相关的污染物进入室内空气，纠正与施工有关的导致室内空气污染的施工行为 |
| A09 | 污染物渗透管理 | 1 | 减少通过建筑围护结构和建筑入口进入室内空气的污染物 |
| 材料 | | | |
| X01 | 基本材料预防 | 先决条件 | 减少人体接触已知有危害的建筑材料 |
| X04 | 废弃物管理 | 1 | 减少环境污染和相关危险废弃物的接触 |
| X08 | 减少危险材料 | 1 | 减少人体接触建筑材料中的危险重金属和邻苯二甲酸酯 |
| X10 | 减少发挥性成分 | 2 | 减少人体接触建筑材料中的危险重金属和邻苯二甲酸酯 |

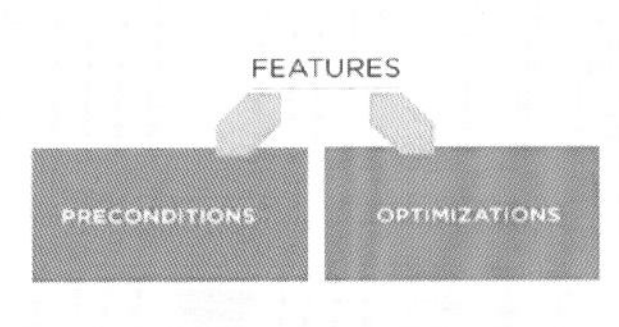


| 特征 | 空气 | 水 | 营养 | 光 | 运动 | 热舒适 | 声环境 | 材料 | 精神 | 社区 | 创新 |
|---|---|---|---|---|---|---|---|---|---|---|---|
| 自评得分 | 7 | 6 | 10 | 8 | 12 | 4 | 6 | 4 | 9 | 6 | 1 |
| 自评总分 | 73 | | | | | | | | | | |
| 满足等级 | 金级 | | | | | | | | | | |
| 备注 | 银级：50 分；金级：60 分；铂金级：80 分。<br>项目在每个概念上至少获得两分。<br>项目在每个概念上的得分不得超过12分。<br>项目可以为其创新获得额外的10分。 | | | | | | | | | | |

图8.1–1　WELL健康建筑评级

工程建设从开发、设计、施工到运营全过程，始终坚持以“绿色、节能、环保”为宗旨，最大程度减少碳排放量，经现场对空气、水质、光、热、声等进行采样测试，工程最终取得WELL健康建筑金级认证（图8.1–2）。

图8.1–2　WELL健康建筑金级认证

## 8.2　装配式钢结构住宅隔声处理综合技术

目前推动建筑业转型升级，发展新型建造方式，保持建筑业高质量发展已成为必然趋势。以北京冬奥村为例，对装配式钢结构住宅的隔声进行研究，通过对分户墙、电梯井道壁、防屈曲钢板剪力墙与钢框架之间缝隙等节点处理进行优化分析，对机电设备进行减隔振处理，总结施工经验，为我国装配式钢结构住宅的发展起到引领示范作用。

结合工程实际，探索出适合装配式钢结构住宅的隔声处理方案，既方便现场施工，同时又隔声效果显著，满足WELL健康建筑金级和绿建三星要求，以期为同类工程提供参考，为装配式钢结构住宅的发展起到引领示范作用。

本工程噪声控制满足《民用建筑隔声设计规范》GB 50118—2010的要求。

### 8.2.1　分户墙隔声构造

分户墙隔声至关重要，本工程隔墙均为加气混凝土条板，根据图集要求，并结合设计单位及声学专家的设计，分户墙采用了双层100mm厚加气混凝土条板、空腔内填塞玻璃棉的构造（图8.2–1）。经过现场施工样板及现场实测隔声值，该种构造的分户墙能够达到设计及规范要求的隔声值。但是，由于加气混凝土条板厚度仅为100mm，当条板墙上预埋机电线盒导致墙体厚度损失后，将造成分户墙的隔声性能降低，进而导致分户墙漏声，影响入住体验。

为了彻底解决分户墙的隔声问题，确保墙体隔声在各种工况下均满足设计及规范要求，通过设计单位、声学专家、施工单位等各方的共同研讨、试验，经过多次优化，确定了分户墙隔声构造的最终方案。

优化后的方案采用双层100mm厚加气混凝土条板双侧抹粉刷石膏、空腔内填塞玻璃棉的构造作为基层，条板墙的一侧再加设一道轻钢龙骨石膏板墙，内填塞玻璃棉，面板采用双层纸面石膏板错缝安装，接缝部位采用密封胶密封，以此作为隔声加强层。施工过程中若线盒位置将条板打穿，采用砂浆满填线盒后的空腔，分户墙两侧的线盒位置在水平方向错开，避免漏声。如图8.2–2所示。

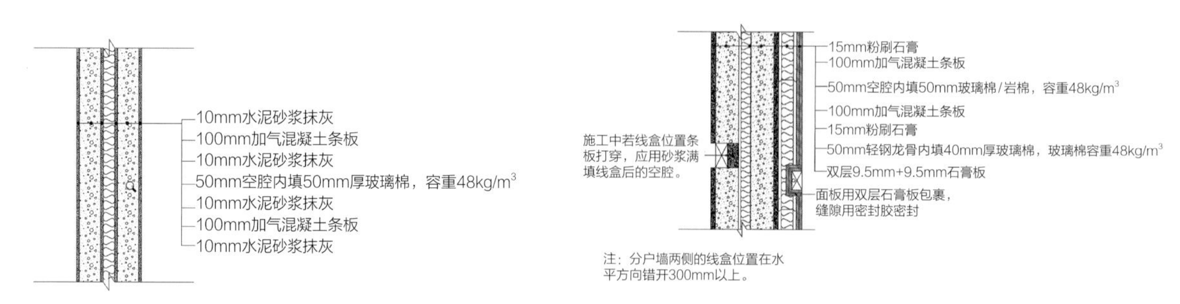


图8.2–1　分户墙隔声构造初设图

图8.2–2　优化后的分户墙隔声构造图

此种加强版分户隔墙施工方便，隔声效果有保障，经实测（图8.2–3）提升隔声效果显著。

图8.2–3　隔声数据实测

### 8.2.2　钢框架与钢板墙缝隙隔声封堵构造

北京冬奥村为装配式钢结构住宅，采用钢框架–防屈曲钢板剪力墙结构体系，防屈曲钢板墙大多数位于核心筒区域，少数设置在外框架。为了确保防屈曲钢板墙在侧向荷载作用下能够自由变形，钢板墙与钢框架之间预留缝隙。其中，钢板墙与钢柱之间预留100mm缝隙，与钢梁之间采用连接板焊接。钢板墙与钢框架之间的缝隙封堵为装修阶段控制的重点，尤其要确保缝隙封堵达到隔声的要求，确保电梯运行的噪声不会由井道传入室内，提高业主的入住舒适度。钢板墙设置情况见图8.2–4。

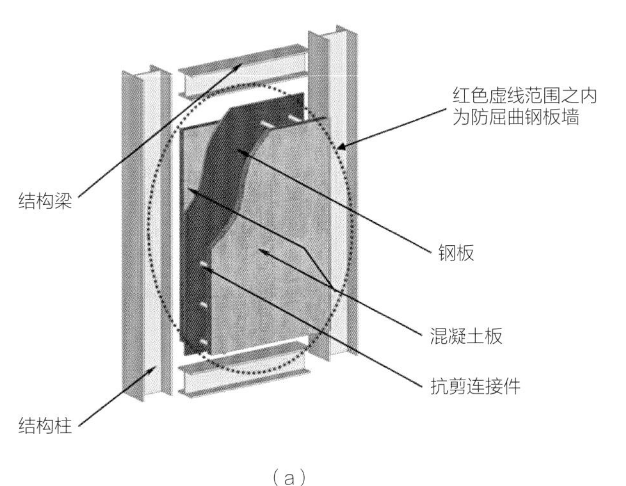


（a）

（b）

图8.2–4　钢板墙设置情况

#### 1. 防屈曲钢板剪力墙与钢框架间缝隙封堵影响因素分析

防屈曲钢板剪力墙与钢框架间缝隙封堵不只是隔声问题，还有施工过程中的安全问题。需要研发一种新型的隔声封堵工艺，不但能够达到空气隔声值的要求，而且应尽量避免工人进入井道内施工，确保操作简便、保证安全。经过设计单位、声学专家、施工单位的多次研讨、试验，并通过在网络上检索，咨询材料供货商等方法，选择最适用的吸声隔声材料，并通过比选，用以确定最佳的施工方案。

第一，考虑到隔声吸声的要求，需要采用高效的隔声材料，最常用的柔性隔声材料为岩棉。同时，根据专家的建议，有一种新型高效的隔声吸声材料微孔陶静声板，该种材料采用陶砂等压制而成，其本身具有多孔特性，隔声吸声效果非常好，可以考虑使用。

第二，考虑到施工简便及保障安全，尽量优先采用在户内一侧施工的方式，不在井道内部施工。通过研究讨论，研制出一种Z字形钢板卡件，可以在户内一侧连接固定，避免井道内施工。

#### 2. 防屈曲钢板剪力墙与钢框架间缝隙封堵方案确定

综合考虑防屈曲钢板剪力墙与钢框架间缝隙封堵的隔声问题和施工过程中的安全问题，通过对以上所选材料和方案进行整合、改进，初步提出三种方案。

方案一：钢板墙与钢柱之间缝隙内部填塞岩棉，缝隙两侧采用微孔陶静声板封堵，接缝部位打胶密封。如图8.2–5所示。

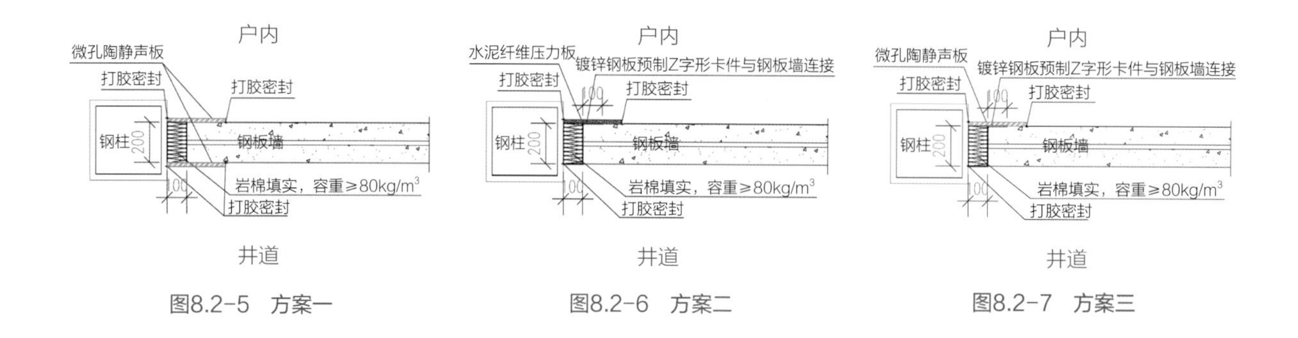


图8.2-5　方案一　　图8.2-6　方案二　　图8.2-7　方案三

方案二：采用镀锌钢板加工预制Z字形卡件，在钢板墙与钢柱之间的缝隙内通长安装，卡件与钢柱之间打胶密封，然后在缝隙内部填塞岩棉，再在户内一侧采用水泥纤维压力板封堵，接缝部位打胶密封。如图8.2-6所示。

方案三：采用镀锌钢板加工预制Z字形卡件，在钢板墙与钢柱之间的缝隙内通长安装，卡件与钢柱之间打胶密封，然后在缝隙内部填塞岩棉，再在户内一侧采用微孔陶静声板封堵，接缝部位打胶密封。如图8.2-7所示。

针对上述三种方案，选择地下室的三个房间分别施工模拟样板并进行现场试验，检测空气隔声值。根据模拟试验得出结论，隔声封堵采用微孔陶静声板能更有效地达到隔声吸声的效果，同时，井道外侧封堵微孔陶板，井道内侧封堵镀锌钢板的方案，在达到隔声效果的基础上，能实现所有施工作业均在井道外侧完成，施工便捷，工期、安全均有保障，且微孔陶板用量小，采用镀锌钢板替代，能极大地节约材料及人工成本。因此，通过试验研究，最终选定方案三为最优方案，并且经过设计单位及声学专家完善，最终确定了钢板墙缝隙封堵构造。钢板墙隔声封堵构造见图8.2-8、图8.2-9。

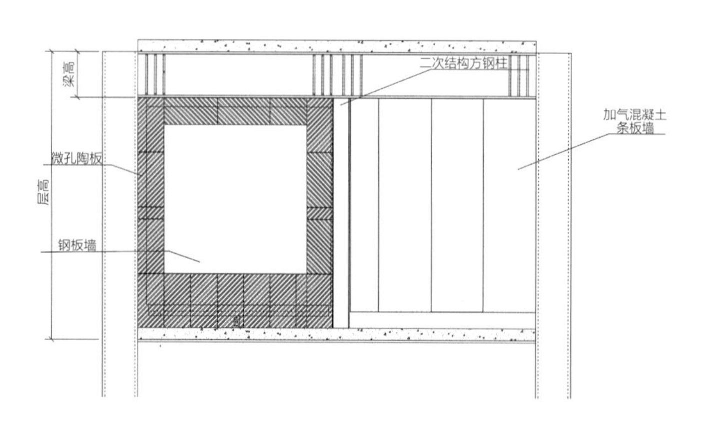


图8.2-8　钢板墙隔声封堵构造立面图

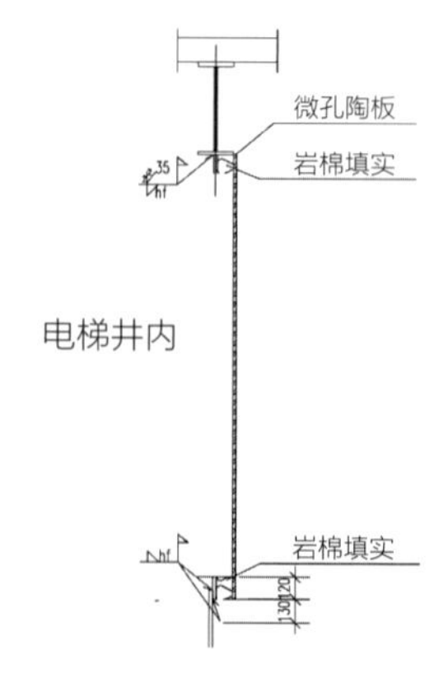


图8.2-9　钢板墙隔声封堵构造剖面图

### 3. 防屈曲钢板剪力墙与钢框架间缝隙封堵施工流程

根据最终确定的方案和图纸，指导现场展开施工，具体操作要点如下：

（1）钢板墙与钢柱之间的通长缝隙，采用镀锌钢板预制Z字形通长卡件（图8.2-10）。此Z字形卡件的设置避免了工人进入电梯井道内施工，极大地降低了施工难度，保证了工人施工安全，同时与微孔陶板形成密闭的体系，有效阻止声音传递。

（2）为了防屈曲钢板剪力墙在地震作用下能够自由变形消耗地震能量，钢板剪力墙与钢柱之间的缝隙采用岩棉进行填充，岩棉填充后采用微孔陶板进行封闭，达到吸声效果。微孔陶板是由轻质陶粒

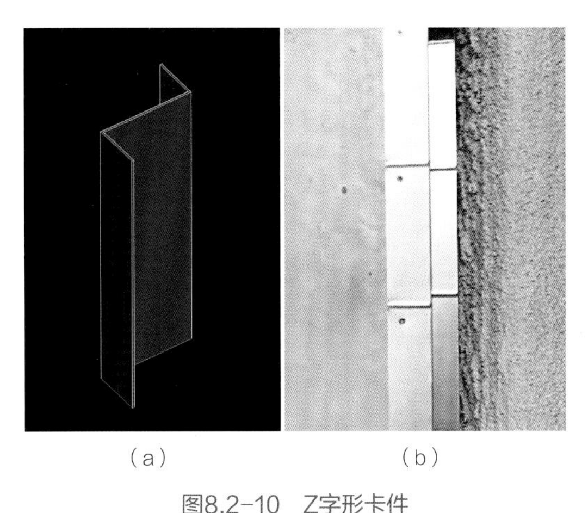

(a)　(b)

图8.2-10　Z字形卡件

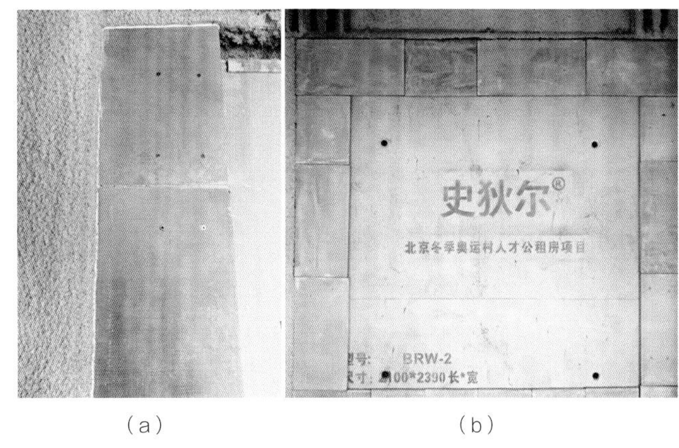


(a)　(b)

图8.2-11　微孔陶板安装情况

和硅酸盐水泥组成的一种新型隔声材料，其降噪系数NRC = 0.55，吸声性能可以达到3级要求。微孔陶板安装情况见图8.2-11。

（3）微孔陶板施工完以后，微孔陶板与防火涂料喷涂衔接处使用密封胶通长密封，镀锌钢板与防火涂料喷涂衔接处也使用密封胶通长密封，以此来保证缝隙封堵密实，达到隔声要求。

此种钢板墙缝隙的封堵构造隔声效果显著，极大地提升了住宅品质，通过现场实测，隔声值均达到了设计要求。

## 8.2.3　钢梁空隙隔声构造

加气混凝土条板与工字钢梁之间缝隙的处理是本工程隔声的另一个重点，同时本工程质量标准要求高，需满足WELL健康建筑金级认证，必须研究其封堵方式满足隔声要求。加气混凝土条板与钢结构的连接节点可以借鉴的案例较少，图集中节点也不够完善，其连接质量对结构的安全及建筑性能至关重要。

条板垂直衔接钢梁形成的空腔采用加气混凝土条板块填充，为防止加气混凝土条板块掉落，在两侧悬挑固定水泥压力板；加气混凝土条板块、水泥压力板、水泥砂浆共同保证隔声效果。此节点解决了常规钢梁与条板墙垂直衔接时缝隙封堵的难题，将相关节点部件尽量采用工厂预制，减少现场施工工作量，加快施工速度，解决了装配式钢结构住宅体系隔声的一大难题，是钢构件与条板墙交接空隙隔声节点的一大创新。条板墙与钢梁垂直衔接的隔声处理见图8.2-12。

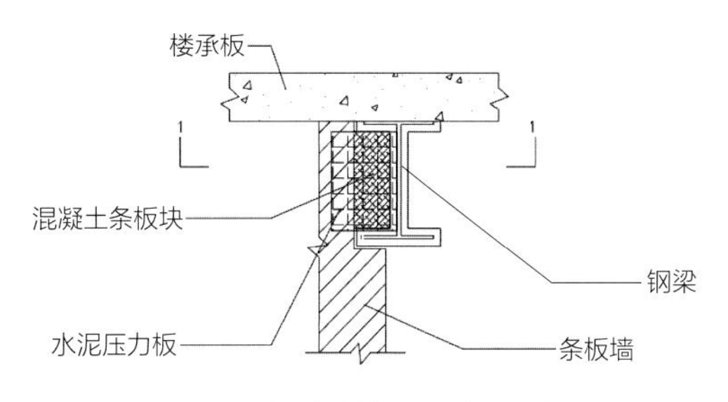


条板墙垂直衔接钢梁隔声处理建议

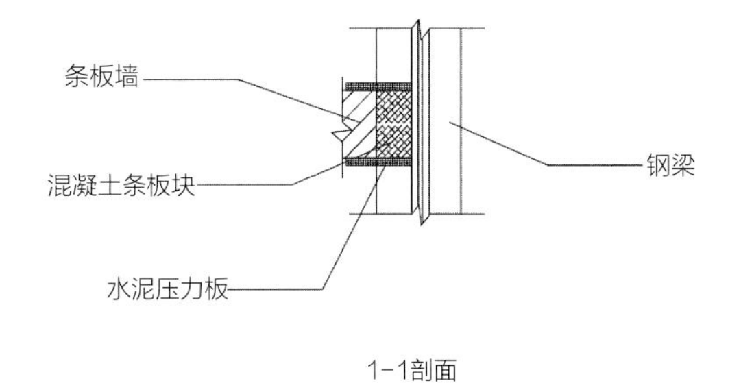


1-1剖面

图8.2-12　条板墙与钢梁垂直衔接的隔声处理

## 8.2.4　穿梁洞口隔声封堵构造

型钢孔洞隔声封堵相关措施：管道穿钢梁孔洞采用防火胶泥封堵，防火胶泥两边采用钢板定型，同时防火胶泥外增加盖板，防止胶泥掉落。如图8.2-13所示。

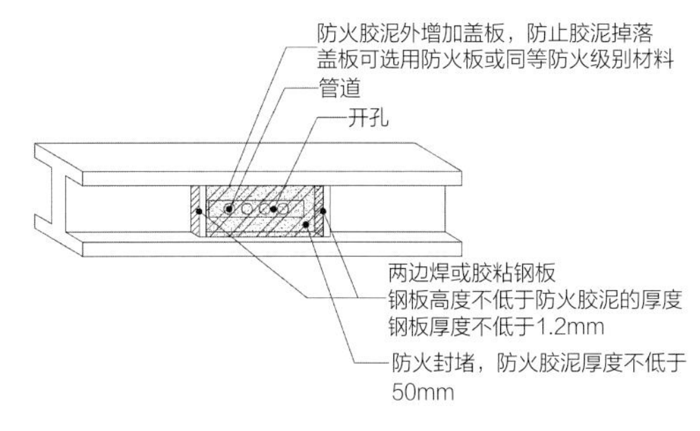


图8.2-13　穿梁洞口隔声封堵构造

### 8.2.5 隔声处理技术创新点

北京冬奥村通过实践总结出一系列适用于装配式钢结构住宅的隔声处理技术，包含防屈曲钢板剪力墙与钢框架隔声封堵技术、分户墙隔声处理技术、电梯井道内壁吸声喷涂技术、钢梁空隙封堵技术、穿梁洞口封堵技术等，通过多措并举，解决了钢结构住宅的隔声难题，极大地提升了住宅品质和舒适性。

## 8.3 舒适度环境营建综合技术应用

### 8.3.1 北京冬奥村集中供暖设计

本工程设置集中供暖系统，户内采用地板辐射供暖，公区及配套采用散热器供暖，各楼栋热力入口设置远传型超声波热量表，每户设置热计量表；设置供暖温度采集远传装置，达到有效节能的目的。户内分集水器及散热器处设有恒温控制阀，同时智能人居系统可以根据需求自动调节室内各房间温度。地供暖敷设见图8.3-1。

图8.3-1 地供暖敷设

### 8.3.2 室内环境关键参数

北京冬奥村通风空调工程主要包括通风及防排烟系统、空调系统等，住宅大堂及电梯厅设置正压送风系统，风机设备设置在屋顶机房；户内分户设置变制冷剂流量多联式空调系统（VRV），各主要房间分别设置室内机，室外机设置于户外设备平台上；同时户内设置新风换气机，实现室内通风换气。

供暖分集水器及散热器处设有恒温控制阀，有效调节室内各房间温度，节能环保。

针对不同居住者需求习惯、睡眠/非睡眠等状态的差异，以保证室内空气清新、控制污染物水平、调节湿度、保证差异化热舒适为目标，提供订制化的室内空气环境，建立户级新风净化和供暖设备的智能管理。

#### 1. 户内空气环境自动管理功能

基于每一个独立空间的实时空气质量，室外环境状况，以及住户的个性化要求，自动控制户内的空调、新风等设备。控制软件统筹考虑热舒适性、空气质量达标要求、能耗、噪声、时段和其他用户的个体感受。

#### 2. 空气环境监测

在每个人员主要活动的独立空间中实时监测室内的空气质量数据，并实时上传到指定平台服务器。空气质量包括：温度、湿度、$CO_2$浓度、$PM_{2.5}$含量和总挥发性有机物（TVOC）等。根据空气质量传感器上传的数据，实现新风、空调、地暖等自动控制模式。

#### 3. 机电设备控制

系统对户内安装的与热舒适和空气健康相关机电设备的控制，包括但不限于多联机空调机、风机盘管、新风机、新风阀门等，可实现的功能与所配置的设备本身具备的所有本机功能一致。新风和空调可以按照设备本身的最小控制单元控制（每个出风口/每个房间）。

（a）　　　　　　　　　　（b）

图8.3-2　北京冬奥村新风智能控制系统

### 4. 户内环境自动控制

系统需要根据户内的实时空气质量和预先设定好的环境控制目标自动对机电设备进行控制。室内环境监测系统与新风系统相结合，达到高效除霾效果，有效清除室内$PM_{2.5}$及其他有害物质。新风智能控制系统见图8.3-2。

## 8.3.3　采光控制技术

智能调光照明系统通过对各类智能灯具的组合，为不同的生活情景，预设不同位置灯光的开关、亮度和色温，可以在适当的时间、适当的地点，为用户的生活活动提供适当的照明环境。

户内灯光的管理系统，结合时间和居住者的需求，运行算法脚本，完成对户内光环境的自动管理，以达到健康建筑要求的标准，并实现节能。包括根据所在地经纬度的室外自然光的亮度和色温，结合人体生理作息规律，模拟自然光的变化，持续调节色温和照度。让室内的照明随着自然光一起变换，打造顺应“日出而作，日落而息”的节律照明。色温自动连续调节过程采用柔和的渐变方式，无顿挫感、颗粒感。针对不同居住者需求习惯，例如人走灯关、入睡引导、起夜模式、晨光闹钟等情景的差异，提供订制化的室内光环境。

全屋配备智能电动窗帘，支持手拉开启与关闭，遥控器控制以及手机App智能控制。智能控制，不需额外的布线，不破坏墙壁，按百分比精确控制，手动及遥控控制。

户内智能照明及电动窗帘见图8.3-3。

（a）　　　　　　　　　　（b）

图8.3-3　户内智能照明及电动窗帘

# 9 高品质住宅多功能机电系统关键技术

## 9.1 多功能机电功能要求

北京冬奥村主要是为运动员提供健康、舒适的生活环境，作为“运动员”之家，在冬奥会举办期间主要为运动员提供住宿、医疗、运动和餐饮的服务，赛后作为北京市引进高端人才的公租房，高标准的机电系统对于营造舒适的居住条件尤为重要，特别是综合考虑公共卫生风险等因素。北京冬奥村在机电系统中进行了精心设计，攻坚克难，坚持科学谋划，技术引领，将基于BIM的机电深化设计、模块化生产和施工、智慧运维管理等多方面应用到项目的机电建设当中，为冬奥村的成功建设起到了至关重要的作用。

作为居住建筑，机电系统需要考虑户内机电管道贯穿楼层时的严密性，防止楼层之间空气及排水系统相互污染，造成非接触感染的风险。穿楼板的管线套管封堵非常重要，贯穿楼层的主要竖向管道有排水主立管、卫生间排风风道，卫生间内的下水管道及地漏要做到连接严密。北京冬奥村排水采用同层排水技术，管道采用HDPE粘结形式，地漏采用带50mm水封地漏。浴霸排风系统带止逆阀，防止其他楼层排风进入到本层卫生间。楼顶排风竖井采用无动力风帽，保证排风竖井为负压状态，本工程排水立管及排风竖井采用封闭式井道。新风系统采用分户独立式，主机为全热回收新风换气机，带有高效除霾模块及除臭氧模块。新风管道采用复合保温风管，具有节能低噪声特点。

## 9.2 电气工程施工技术创新与应用

### 9.2.1 施工工艺

#### 1. 变配电系统

1）预留、预埋

（1）箱、盒预埋流程：预制加工→弹线定位→稳固箱盒→管路连接→地线跨接。

（2）管路、箱、盒预埋：建筑物主体及隔墙安装时，配管按设计要求与土建施工同步进行。

（3）现浇混凝土楼板、墙体上预留孔、洞时，在绑扎钢筋前按设计要求确定位置。

2）设备基础制作安装

（1）工艺流程。

基础定位→加工制作→基础槽钢安装→平直度调整。

（2）设备基础制作技术及质量控制措施。

① 施工定位。

对变电所内全部的预埋件进行复测，检查位置及尺寸是否满足设备安装的要求。

② 基础槽钢安装。

将槽钢进行测量和调直，清除槽钢上的铁锈。根据施工图纸及设备图纸，加工基础槽钢框架。在加工过程中，对尺寸进行检测，确保其几何尺寸准确。对加工好的基础，进行防腐处理。将设备基础槽钢放置于预埋件上，用水准仪测量出最高的一组，将其正确定位、调整水平后与预埋件焊接牢固。

以此为基准点、基准标高，确定其余槽钢的位置，调整后与预埋件焊接牢固，对焊接部位进行防腐处理。

3）配电（控制）柜安装

（1）配电（控制）柜安装工艺流程。

设备开箱检查→设备搬运→盘柜安装→母线安装→盘柜二次配线→盘柜试验调整。

（2）配电（控制）柜安装技术及质量控制措施。

开箱检查：根据设备清单及装箱单进行检查，由监理工程师、总包单位和设备制造商共同进行。

配电（控制）柜搬运：配电（控制）柜由生产厂家或仓储地点运至施工现场。在施工现场运输时，根据现场的环境、道路的长短，可采用液压叉车、人力平板车运输。

根据设计图核对盘柜编号顺序，安装时根据图纸及现场条件确定配电（控制）柜的就位次序，按照先内后外，先靠墙后入口的原则进行。柜体就位后，先找正两端的柜，再从柜下至柜上三分之二高处的位置拉紧一条水平线，逐台进行调整，柜体高度不一致时，以柜面为准进行调整。

柜内接线及盘柜内封闭母线连接时，相序排列对称，封闭母线色标正确，检查母排接触面是否平整、清洁、无氧化膜，连接螺栓紧固是否牢固。二次控制电缆连接符合原理图、接线图，电缆头固定整齐、美观，固定牢靠。

### 2. 管线、配电箱及末端设备安装

1）钢管敷设

（1）工艺流程。

测量定位→预制加工→箱盒固定→管路敷设→穿带线。

（2）钢管敷设技术及质量控制措施。

① 测量定位：根据设计图纸要求确定盒、箱轴线位置，以土建弹出的水平线为基准，标出盒、箱实际尺寸位置。

② 预制加工：弯管时可采用手扳弯管器或液压弯管器弯管。凹扁度应不大于管外径的1/10，弯度应不小于90°，弯曲半径应不小于管外径的6倍。

③ 盒箱固定：稳装盒、箱，要求砂浆饱满，平整牢固，坐标正确。

④ 管路敷设：管箍丝扣连接时管箍外露丝不多于2扣，应将钢管固定在支吊架上，不准将钢管焊接在其他管道上。

2）配电箱安装

（1）工艺流程。

弹线定位→箱体固定→盘芯安装→配线→绝缘摇测→调试。

（2）箱（盘）技术及质量控制措施。

① 开箱检查：根据设备清单及装箱单进行检查，由监理工程师、总包单位和设备制造商共同进行。

② 弹线定位：根据设计图纸确定配电箱（盘）位置，并按照箱（盘）的外形尺寸进行弹线定位，并清理干净。

③ 配电箱安装。

暗装配电箱（盘）：在现浇混凝土剪力墙内安装配电箱（盘）时，应设置配电箱（盘）预留洞。在二次结构墙体内安装配电箱时，可将箱体预埋在墙体内。在轻钢龙骨内安装配电箱时，若深度不够，应在配电箱前侧四周加装饰封板。

配线：配电箱（盘）上配线需排列整齐，并绑扎成束。盘面引出区引进的导线应留有适当的余度，以便检修。

（3）绝缘摇测：配电箱（盘）全部电气安装完毕后，用500V兆欧表对线路进行绝缘摇测。

（4）通电试运行：配电箱（盘）安装及导线压接后，应先用仪表校对有无差错，然后用绝缘摇表进行安检，所有电气元件调整无误后试送电，并将填写好编号的卡片插入卡片框。

3）管内绝缘导线敷设及连接

（1）工艺流程。

选择导线→扫管→穿线→放线与断线→绑扎→管内穿线→导线连接→导线接头包扎→线路检查及绝缘摇测。

（2）管内绝缘导线敷设及连接技术及质量控制措施。

穿线前清理管路，管内敷设的绝缘导线，其额定电压不应低于500V。导线在管内不应有接头和扭结，接头应设在线盒内。管内导线的总截面面积不应大于管内空腔截面面积的40%。断线预留长度为15cm。配电箱内导线的预留长度应为配电箱体周长的1/2。同一交流回路的导线必须穿于同一管内。不同回路、不同电压等级和交流与直流的导线，不得穿入同一管内，导线在管内不得有接头和扭结。导线经变形缝处应留有一定的余度。不进入接线盒（箱）的垂直向上管口，穿入导线后应将管口密封。

### 3. 防雷、接地装置及等电位

1）接地工艺流程

材料验收→基础接地焊接→引下线焊（连）→接地干线敷设→等电位箱安装→避雷网安装。

2）接地施工方法及要求

（1）基础接地网及屋顶避雷网应采用焊接方式，双面施焊；引下线应采用焊接或搭接（绑扎）连接方式，引下线要做好标记。防雷引下线间距不大于18m，上端与避雷带连接，下端与基础底梁及基础底板轴线上的上下两层钢筋网片的两根主筋可靠连接。

（2）所有强电、弱电进户端均按要求安装电涌保护器。在高压系统变压器柜中设氧化锌避雷器，设备订货时做好专项交底。

（3）弱电机房、消防控制室分别引出系统工作接地，采用BV-25mm$^2$导线穿PVC管引至室外后转为40mm × 4mm镀锌扁钢且与室外环形综合接地母带可靠连接。

3）避雷网安装

（1）避雷网支架高度150mm；支架间距：水平直线段不大于1000mm，拐弯处不大于500mm，垂直段安装间距1500mm。避雷网规格为$\phi$10镀锌圆钢。如图9.2-1所示。

（2）采用在屋面垫层上敷设避雷网格，网格不大于10m × 10m，避雷网钢筋的规格不小于$\phi$10。

（3）所有出屋面的金属部分，如设备、设备基础、金属线槽、天线基座、金属栏杆、透气管、节日彩灯、障碍灯、金属门、窗、金属雨帽、金属扶手等，均与避雷网可靠连接。

（4）镀锌圆钢必须预先调直，搭接时圆钢对齐，搭接钢筋放在避雷网下面，双面焊接。焊接处刷防锈漆防腐处理，然后刷银粉。

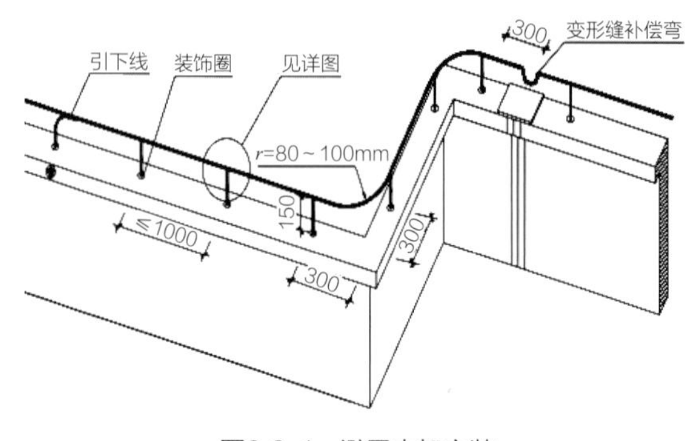


图9.2-1　避雷支架安装

（5）避雷网安装完毕后，要用弹簧秤进行测试，其拉力不小于49N。

4）等电位联结

（1）总电位联结。

进出建筑物的所有金属管线，包括高压进户、弱电、给水排水、消防等均在建筑物内墙侧，做总等电位联结。联结方法采用专用镀锌卡子，卡子与管表面结合处除去污物，涂导电膏。联结线采用40mm×4mm镀锌扁钢，与接地端子可靠联结。

竖井内线槽末端、消防管立管、上下水管等竖向金属管线末端，做总等电位联结，联结线采用40mm×4mm镀锌扁钢或BRV-16mm$^2$导线，与竖井接地母线及就近接地端子联结。

（2）局部等电位联结。

弱电机房、消防控制室地板下设置接地端子箱，浴室、卫生间设置局部等电位箱，金属管道、金属扶手、金属架、照明插座接地线等均做等电位联结。

### 9.2.2 系统调试

#### 1. 调试准备

电气设备调试前要彻底清扫全部设备及变配电室、控制室的灰尘；清除配电柜盘内的一切杂物；清扫电气开关及仪表元件；检查母线、设备上有无遗留下的工具、金属材料及其他物件。

调试人员应认真阅读施工布线图、系统原理图，了解各系统的技术指标，做到心中有数。线路校对及接线检查无误，各条支路的绝缘电阻摇测合格后，方允许通电试运行。

#### 2. 设备检查、接线

（1）进行各照明线路的绝缘检查及配电箱、柜和设备的接线检查，确保各送电回路符合送电要求。

（2）对空调、新风等设备线路的绝缘检查，需符合控制柜的接线及送电要求。

（3）对电动机、机组设备等绝缘遥测应符合设计要求。

（4）电气器具全部安装完毕后，在送电前进行预测试，应先将线路的开关、刀闸、仪表、设备等用电开关全部置于断开位置，再进行遥测，确认绝缘无误后再进行送电。

#### 3. 照明试运行

（1）电气设备调试采用临时电源时，电源电压必须与设备额定电压相符。将低压柜内接至母线上的相线拆掉，接上临时电源，避免临时电源经母线及其他电气元件返送高压电，危害设备及人身安全。

（2）送电调试之前必须将所有的开关置于分闸位置，然后用操作手把对开关进行分、合闸动作试验。当线路一切正常，设备无误时，方可进行设备调试，调试时先局部后系统。当设备性能和安装质量出现问题时，应及时排除，做好记录。

（3）电气照明灯具应在通电安全检查后进行系统通电运行。以电源进户线为系统，系统内的全部照明灯具均在开启状态，住宅运行时间为8h，公建运行时间为24h。要随时测量系统的电源电压、负荷电流，并做好记录。试运行过程中每隔2h记录一次。

（4）通电后应仔细检查和巡视，检查灯具的控制是否灵活、准确；开关与灯具控制顺序相对应。

（5）在上述调试过程中，若发现问题，必须停止调试，排除故障，并做好记录；待问题处理完毕复查合格后，方可继续进行。

（6）漏电开关必须逐个进行漏电模拟试验，并及时填写表格，签字齐全。

#### 4. 单机调试

（1）在电动机试运转之前进行电机绝缘电阻检查，确定定子、转子线圈之间及其对地的绝缘电阻符合规范要求后，方可进行试运转。同时要记录电机的各项技术数据。在送电试运转时，先点动试验，检查电机转向是否正确及有无异常情况。电机需进行空载运转和负荷运转试验，两次均需记录起动电流、各项运转电流、运转时间、轴承温度、定子和转子温度、环境温度，做好电动机试运转记录。

（2）其他大型用电设备试运转：其步骤同电机试运转。在大型设备试运转时，要求生产厂家派专业人员协同调试，以保证调试顺利进行。

**5. 系统调试**

1）系统调试条件

（1）火灾自动报警及联动控制系统的调试，应在建筑内部装修和系统施工结束后进行。

（2）电气绝缘电阻、接地电阻在系统调试前均应摇测合格。

（3）查验设备的规格、型号、数量应与设计相符。

（4）检查系统线路通畅情况，对错线、开路、短路以及虚焊应及时纠正处理。

（5）调试人员、仪表、记录表格配备齐全。

2）调试方法及要求

（1）配合消防专业人员检查火灾自动报警系统的主电源和备用电源，应能自动转换，并有工作指示，主电源的容量应能保证所有联动控制设备在最大负荷下连续工作4h以上。

（2）消防控制设备联动：

① 控制消防泵的启、停及主泵、备泵转换试验1～3次，并能显示工作及故障状态。

② 控制喷淋泵的启、停及主泵、备泵转换试验1～3次，并能显示工作及故障状态。显示报警阀、信号闸阀及水流指示器的工作状态，并进行末端放水试验。

③ 消防联动控制设备在接到火灾报警信号后，应在3s内发出联动控制信号，并检查相关的联动装置的动作及相应反馈信号。

④ 消防设备的电源互投应正常工作。

## 9.3 给水排水工程施工技术创新与应用

### 9.3.1 给水排水系统概况

**1. 给水排水管道安装基本工艺流程**

给水排水管道安装基本工艺流程图见图9.3-1。

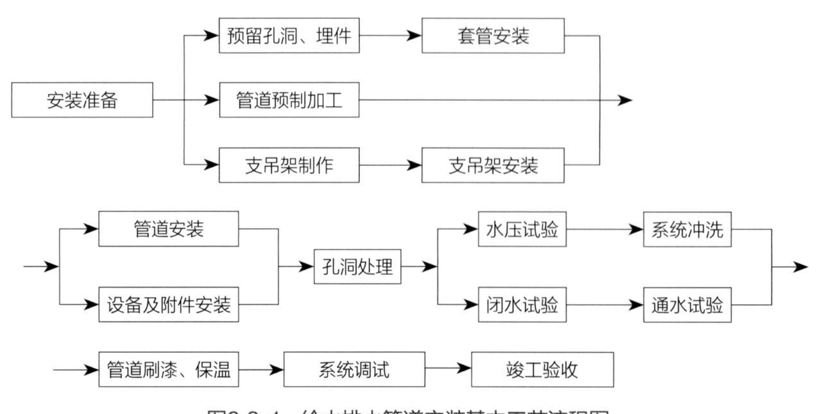

图9.3-1 给水排水管道安装基本工艺流程图

2. 孔洞、套管及埋件的预留

（1）预留范围：配合结构施工，在墙体、楼板上预留孔、洞、预埋件及套管。

（2）预留工作准备：

① 仔细审图并与结构核对原土建预留洁具排水孔洞位置。

② 会同其他专业技术人员，结合各专业图纸审核预留洞有无冲突，发现问题及时通过各专业设计进行解决。

③ 洁具下水口处预留洞，预留前与建设单位和设计单位确定洁具型号标准、卫生间排布大样、卫生间装修标准，以确定预留洞的大小及位置。

3. 预留施工及技术要求

（1）给水、排水、透气管道穿楼面、屋面及墙体均需设置套管。管道穿越外墙采用防水套管，穿墙、楼板套管一般采用普通套管，即铁皮套管和钢套管两种，如设计无规定，宜优先选用钢套管。套管管径比管道管径大2号。套管规格、长度根据所穿构筑物的厚度及管径尺寸确定，套管规格、型号应正确，套管两端与墙面平齐，套管内侧防腐良好，套管周围做好标识。

（2）穿墙套管应保证两端与墙面平齐，穿楼板套管应使下部与楼板平齐，上部有防水要求的房间的套管应高出地面50mm，其他房间高出地面20mm。套管环缝应均匀，用油麻填塞，外部用腻子或密封胶封堵；当管道穿越防火分区时，套管的环缝应该用防火胶泥等防火材料进行有效封堵。套管不能直接和主筋焊接，应采用附加筋固定，附加筋和主筋焊接，使套管只能在轴向移动。

4. 管道安装

管道安装的主要内容有：各系统支吊架的制作安装，干、立、支管的管道安装，阀件安装，设备安装，管道及设备的防腐与保温。

管道安装工程各道工序应严格按照施工图纸的技术要求、通用图集以及施工工艺规程的有关规定进行施工，认真执行公司《质量手册》及相关程序文件的规定，保证安装施工的顺利进行，管道安装程序见图9.3-2。

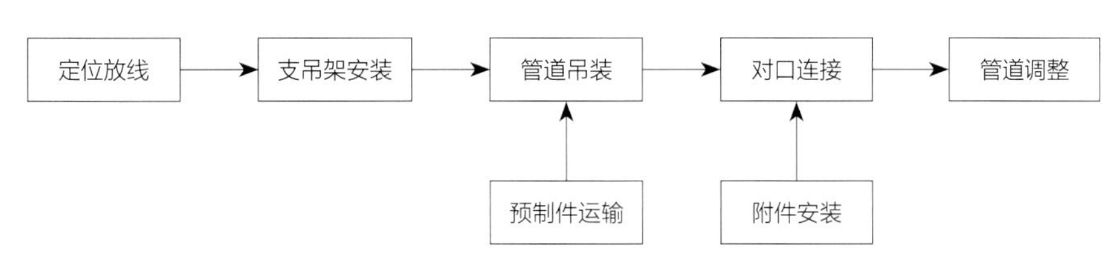


图9.3-2 管道安装程序图

管道安装工程各道工序应严格按照施工图纸的技术要求、通用图集以及施工工艺规程的有关规定进行施工，具体技术措施如下：

1）管道放线

管道放线由总管到干管再到支管进行放线定位。放线前逐层核对，保证管线布置不发生冲突，同时留出保温及其他操作空间。

管道安装时，以建筑轴线进行定位，按施工图确定管道的走向及轴线位置，在墙（柱）上弹出管道安装的定位坡度线，坡度线取管底标高作为管道坡度的基准。

立管放线时，自上而下吊线坠，弹出立管安装的垂直中心线，作为立管安装的基准线。

2）管道支吊架制作安装

管道支吊架安装程序如图9.3-3所示。

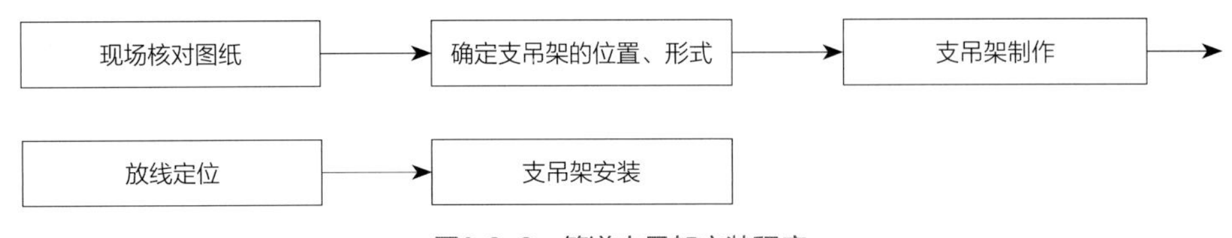


图9.3-3　管道支吊架安装程序

管道支架的选择考虑管道敷设空间的结构情况、管内流通介质的种类、管道重量、热位移补偿、设备接口不受力、管道减震、保温空间等因素选择固定支架、滑动支架及吊架。

所有管道的支吊架须符合规范要求并按照标准图集中的要求制作与安装。管道支架或管卡应固定在楼板上或承重结构上。管道支吊架生根如图9.3-4所示。

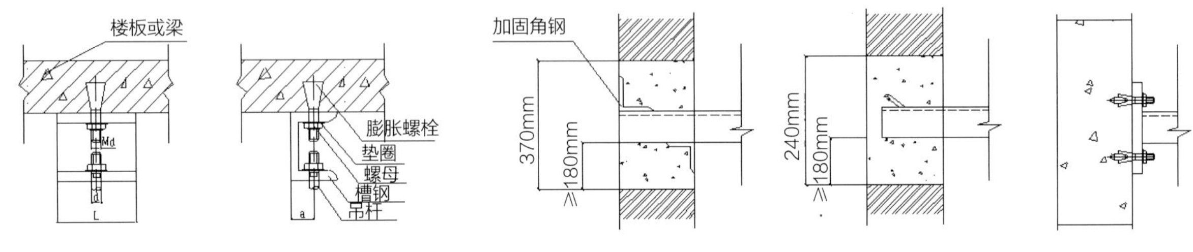


图9.3-4　管道支吊架生根

3）管道支架位置的确定

管道安装时按不同的管径和要求设置管卡或吊架，要求位置准确，埋设平整，管卡与管道接触应紧密，但不得损伤管道表面。固定支架的位置按图纸确定，其余支架的位置按现场情况参考表9.3-1确定。钢覆塑复合管支架的最大间距见表9.3-1。

**钢覆塑复合管支架的最大间距**　　　　**表9.3-1**

| 公称直径（mm） | | 15 | 20 | 25 | 32 | 40 | 50 | 65 | 80 | 100 | 125 | 150 | 200 |
|---|---|---|---|---|---|---|---|---|---|---|---|---|---|
| 支架最大间距（m） | 垂直管 | 1.8 | 2.4 | 2.4 | 3.0 | 3.0 | 3.0 | 3.5 | 3.5 | 3.5 | 4.0 | 3.5 | 3.5 |
| | 水平管 | 1.2 | 1.8 | 1.8 | 2.4 | 2.4 | 2.4 | 3.0 | 3.0 | 3.0 | 3.5 | 3.0 | 3 |

4）管道水平安装的支、吊、托架的安装

制作支吊架时，采用砂轮切割机切割型钢，磨光机打磨切口至光滑，台钻钻孔，不得使用氧乙炔焰吹割孔，焊接要圆滑均匀。各种支吊架要无毛刺、豁口、漏焊等缺陷，支吊架制作后要及时刷防腐漆。支吊架要满焊，安装采用预埋板或膨胀螺栓生根，要牢固可靠。现场安装，应符合下列规定：

（1）支吊架位置要准确，埋设应平整牢固。

（2）固定支架与管道接触应紧密，固定应牢靠。固定支架必须安装在设计规定的位置上，不得随意移动。

（3）滑动支架应灵活，滑托与滑槽两侧间应留有3～5mm的间隙，纵向移动量应符合设计要求。

（4）无热伸长管道的吊架、吊杆应垂直安装；有热伸长的管道的吊架、吊杆应向热膨胀的反方向偏移，按位移值的1/2偏位安装。

（5）固定在建筑结构上的管道支吊架不得影响结构的安全。

（6）管道安装过程中使用临时支吊架时，不得与正式支吊架位置冲突，做好标记，并在管道安装完毕后予以拆除。

（7）热水管道与支吊架之间，应有绝热衬垫（承压强度能满足管道重量的不燃、难燃硬质绝热材料或经防腐处理的木衬垫），其厚度不应小于绝热层厚度，宽度应大于支吊架支承面的宽度。衬垫的表面应平整、衬垫结合面的空隙应填实。

5）管道支吊架形式选用

管道支吊架形式见图9.3-5 ~ 图9.3-7。

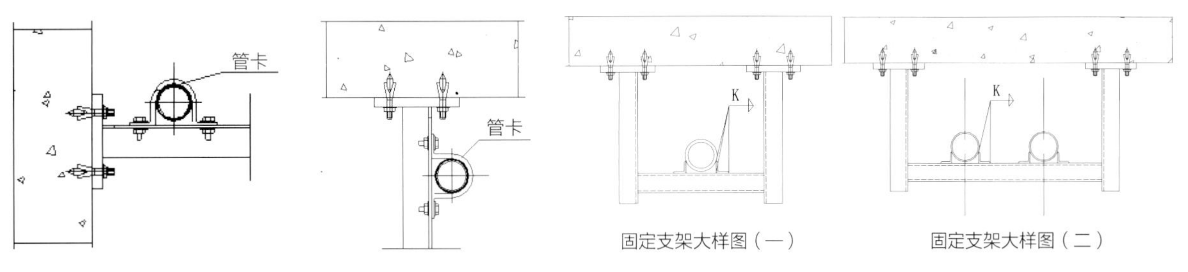


图9.3-5　沿墙支架示意　　图9.3-6　顶板下吊架示意　　图9.3-7　固定支架示意

### 5. 管道支吊架安装控制要点

（1）管道吊架槽钢朝向一致。

（2）吊架间距符合规范要求。

（3）成排立管安装，管道垂直，支架高度一致，抱卡严密美观。

### 6. 管道坡度

施工中管道坡度严格按照图纸要求安装。

（1）给水横干管以0.002 ~ 0.005坡度敷设，坡向立管或泄水装置。

（2）排水管道除施工图注明者外，按表9.3-2中的坡度安装。

管道坡度表　　表9.3-2

| 项次 | 管径（mm） | 坡度（‰） |
| --- | --- | --- |
| 1 | 50 | 25 |
| 2 | 75 | 15 |
| 3 | 100 | 15 |

### 7. 管道连接

（1）铝合金衬塑复合管热熔连接。

① 断管：根据现场测绘草图，在管材上画线，按线用厂家提供的专门切管工具进行断管，然后清除管口毛刺。

② 套丝：管子丝扣采用机械套丝，将断好的管材按管径尺寸分次套制丝扣，管径15 ~ 32mm套2次，40 ~ 50mm套3次，70mm以上套3 ~ 4次。管子螺纹要规整，不得有缺丝断丝现象。

③ 配装管件：根据现场测绘草图，将已套好丝扣的管材，配装管件。安装螺纹管件要按旋转方向一次装好，不得倒向。安装后，外露2 ~ 3扣螺纹，并清除剩余填料，外露螺纹刷防锈漆两道。

④ 管段调直：将已装好管件的管段，在安装前进行调直。

（2）机制排水铸铁管不锈钢卡箍连接。

① 机制柔性排水铸铁管是由无承口铸铁管、无承口管道配件、不锈钢卡箍及橡胶密封圈等四大部件组成。其连接如图9.3-8所示。

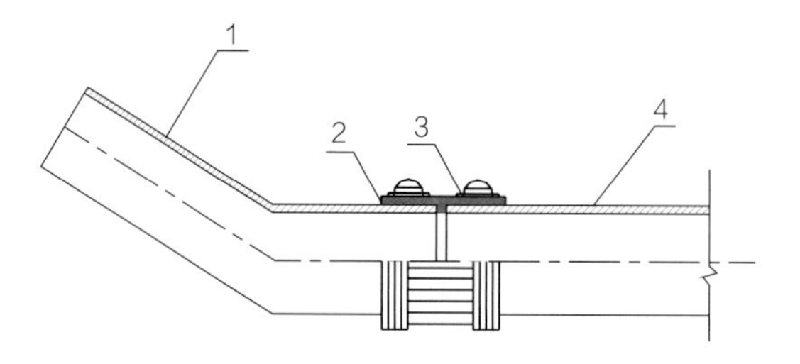


图9.3-8 W型无承口排水铸铁管安装图

1—无承口管件；2—密封橡胶套；3—不锈钢管箍；4—无承口直管

② 不锈钢卡箍连接。

a. 安装工具有：螺丝刀、套筒扳手和切割机以及固定管道所需的常用工具。

b. 管材和管件在安装前应先清洗，管内不得有泥、砂、石及其他杂物。管材可采用砂轮切割机、锯等切割，切割口应清除毛刺，外缘略锉倒角。

c. 卡箍接口安装：

将接口处的管外表面清理干净。

首先将接口橡胶圈旋套在排水管端，使套环内侧面紧贴排水管端外侧面；把未和排水管接触的半边接口橡胶圈翻转，将另一截排水管或配件沿接口橡胶圈内纹路对好，然后把翻转开的接口橡胶圈恢复原状，箍住这截排水管；把不锈钢卡箍套上；校准管道坡度、垂度和位置，用支架初步固定住管道，移动不锈钢卡箍套在橡胶圈外，拧紧卡箍上的固紧螺栓，接口完成。同时必须将锁紧处的导片与螺纹片平行地紧缩在一起，以防连接处错位变形，随即将管道牢固固定在支架上。

（3）HDPE管管材、管件、支架、热熔机应是管材厂家配套产品。管道规格尺寸应与洁具连接适宜，并有产品合格证及说明书。管材内外表层应光滑，无气泡、裂纹，管壁薄厚均匀，色泽一致。管件造型应规矩、光滑，无毛刺。承口应有梢度，并与插口配套。

① HDPE管预制加工：

根据图纸要求并结合实际情况，按预留口位置测量尺寸，绘制加工草图。根据草图量好管道尺寸，用专业切管工具进行断管。断口要平齐，用铣刀或刮刀剔除掉断口内外飞刺，拆除管子承插口气垫膜，进行清洗。将管道支撑环推入，用无色无毛的棉布沾95%的酒精擦拭管道承插口，管子连接面必须保持洁净、干燥。

② 管道在垫板上对正后，将管道插口端做插入深度标记，检查插入深度标记不得少于100mm，然后将插口顶入承口内，承插口应连接紧密，两管段连接处承插口连接间隙最大允许距离为5～8mm。

③ 管道插接完成后，将夹紧带放置于承口环槽部位，无环槽时夹紧带位置距管端40mm处，然后用夹紧工具夹紧至承插口无间隙，扳直预埋电熔丝接头，插入电熔封接机连接器上，用螺栓紧固。通电熔接，通电时要特别注意连接电缆线不能受力，以防短路。通电时间根据管径大小相应设定。通电完成后，取走电熔封接设备，让管子连接处自然冷却。保留夹紧带和支撑环，不得移动管道。只有表面温度低于60℃时，才可以拆除夹紧带，进行后续的工作。

### 9.3.2 管道防腐保温

#### 1. 管道防腐

（1）管道防腐按照施工质量验收规范及设计要求进行。

（2）管道在涂刷底漆前，必须清除其表面的灰尘、污垢、锈斑、焊渣等。

（3）油漆涂刷前做好成品保护工作，所有需要保护物件均进行保护性覆盖，尤其需要特别注意的位置是外露螺栓、螺栓孔。

（4）油漆的工作环境需要清洁而干燥，环境温度低于4℃或相对湿度高于90%的环境下不能进行任何油漆工作。油漆工作在不正常的环境条件下进行，油漆干固期需要延长。

（5）管道油漆涂层应完整，无损伤、漏涂、流淌现象，管道安装后不能涂漆的部分应预先涂漆。镀锌管螺纹尾牙处应涂防锈漆、紫铜管焊口焊接后应在清洗后作防腐处理。

### 2. 管道保温做法

冷（热）供回水管，膨胀水箱（闭式膨胀水罐），分集水器及阀件等均应保温。保温做法见表9.3–3。

**管道保温做法** **表9.3–3**

| 序号 | 系统类别 | 保温材料 | 管径（mm） | 厚度（mm） | 保护层 |
|---|---|---|---|---|---|
| 1 | 吊顶内的排水管 | 橡塑板 | | $\delta=10$ | |
| 2 | 生活热水管、热水循环管 | 自带铝箔超细玻璃棉 | ≤DN32<br>DN40～100 | $\delta=30$ | |
| 3 | 生活冷水管 | 自带铝箔超细玻璃棉 | | $\delta=10$ | |

保温材料性能见表9.3–4。

**管道保温材料性能表** **表9.3–4**

<table>
<tr><td rowspan="2">橡塑</td><td>闭孔发泡结构</td><td>温度范围–40℃～105℃</td><td>湿阻因子≥4500</td></tr>
<tr><td>导热系数<br>λ≤0.034W/（m·K）（0℃）</td><td>密度65～85kg/m³</td><td>难燃B1级，氧指数大于33</td></tr>
<tr><td>离心玻璃棉</td><td>导热系数<br>λ≤0.038W/（m·K）（22℃）</td><td>密度64kg/m³</td><td>不燃材料（A级）</td></tr>
</table>

### 3. 管道保温施工

（1）管道保温层与管道应紧贴、密实，不得有空隙和间断，表面平整、圆弧均匀。管道穿墙、穿楼板处保温层应同时过墙、过板，保温层与支架处接缝应严密，不应将支架包成半明半暗状态。

（2）保温时，所用工具应锋利，下料应准确合理，胶和保温钉的分布应均匀。

（3）法兰处保温必须单独下料粘结，保温层厚度必须与保温材料相同。

（4）超细玻璃棉保温。

保温管壳直接用直径1.0～1.2mm钢丝直接绑扎在管道上，绑扎保温材料时横向接缝错开，纵向接缝设置在管道两侧。

绑扎间距不大于300mm，每处绑扎钢丝不少于2圈，接头放置在预制品的纵向接缝处，使得接头嵌入接缝处。

## 9.3.3 管道及设备标识

（1）管道标识应字迹清晰醒目，介质流动方向正确。

（2）采用油漆涂刷颜色要正确。

（3）用色环时，色环应间距均匀，分布合理。

（4）成排管道标识应排列整齐美观。

（5）设备标识应固定牢固，高度合理。

## 9.4 供暖工程施工技术创新与应用

### 9.4.1 暖通设计概况

本工程一次热力管线及热力站由专业分包单位负责施工，热力站设置在11号地块。地下部分房间、地上裙房采用钢管柱式散热器供暖，地上住宅及大堂采用地板供暖。供暖系统主、干管为镀锌钢管，做30mm厚难燃B1级橡塑保温，外缠玻璃丝布，再刷两道防火漆；由管井至户内分集水器采用PB管，户内分集水器后端供暖管道采用PE-RT管。

#### 1. 住宅部分

住宅地板辐射供暖系统干管形式为下供下回双管异程式系统。低区工作压力0.8MPa，高区工作压力1.2MPa，任一层的供暖管道工作压力0.8MPa。附属服务用房散热器采暖系统干管形式为上供上回双管异程式系统，工作压力0.8MPa。

室内系统为共用立管的分户独立系统，户内采用地板辐射供暖系统，设分集水器的放射双管式，在分集水器各分支管道上设置电动调节阀，并对每个环路服务的房间设置温控器，实现分环路控制温度。首层入户大堂及服务设施采用散热器供暖，由地板辐射供暖系统接出。散热器采用钢制四柱散热器，高度900mm。每组散热器均设置高阻力恒温控制阀。各栋楼入口设置远程超声波热量表，每户设置热计量表，住宅户内设置采暖温度采集远传装置。大堂及服务设施分别设置热计量表。

#### 2. 配套服务用房部分

配套服务用房供暖形式为垂直单管跨越式系统，工作压力0.6MPa。采用散热器供暖形式，钢制三柱散热器，每组散热器均设置三通恒温控制阀，高度1800mm。各栋楼在入口处设置远程超声波热量表。

### 9.4.2 地板供暖系统安装

根据地暖布管图，确定好整体地暖区域的供回水管道分布、各区域地暖供水和回水管方向，铺设地暖挤塑板，修整接缝和边缝后放线嵌管。

住宅楼设低温热水地面辐射供暖系统，热媒为50～40°C热水，由地下室换热站供给，地热管道埋设于本层地面地板内。供暖管道采用耐热聚乙烯（PE-RT）管。供暖系统竖向分低（B2～F11）、高（F11以上）两个区。热量表井至户内分集水器：聚丁烯管（PB管），管系列S值6.3，热熔连接；户内地面辐射加热管：耐热聚乙烯（PE-RT），管系列S值4，热熔连接。

### 9.4.3 施工工艺及主要技术措施

（1）地板辐射供暖施工流程。

辐射供暖地面硬化找平→铺设绝热板及边界保温带→铺设铝箔布→铺设下层钢网→铺设地热管→铺设上层钢网→安装集分水器→冲洗、试压→铺填充层→地面层的施工→试压→调试与运行

（2）辐射供暖地面硬化找平，将地面清理干净，应平整、干燥、无杂物；重点是侧墙，墙面根部应平直，且无积灰现象，防止边角保温带安装不平整。

（3）铺设绝热板及边界保温带。

绝热层采用20～30mm厚挤塑板，绝热层的铺设应平整，绝热层相互间接合应严密，不能有间隙，在施工过程中，严禁明火进入现场。

地热边角保温膨胀条铺设8mm厚聚苯乙烯保温棉或聚乙烯苯板条，裁成150～180mm形成直角立于墙地角边，边界保温带高出现浇层，待地面精装修施工完成后，裁去多余部分。

（4）铺设铝箔。

采用地暖专用铝箔布平整的铺设于挤塑板上，注意对齐相邻的铝箔布的网格（铝箔布的网格是地暖管安装的标尺线），并用铝箔胶带粘贴牢靠，墙边部分上返到边界保温带50mm左右。

（5）铺设下层钢丝网：均匀铺设直径$\phi 2$，网格为100mm×100mm低碳钢丝网，为铺设地热管做好准备。

（6）铺设地热管。

① 进场的地热管应先核定其型号、管径、壁厚是否满足设计要求；并对其外观质量和管内部是否有杂质等进行认真检查，确认不存在任何问题后再进行安装。

② 地热管安装前应先熟悉图纸，确定每个回路的管道长度及管道走向。

③ 根据每个回路的管道长度截取相应长度的PE-RT管，埋地管道不允许有任何接头（图9.4-1）。

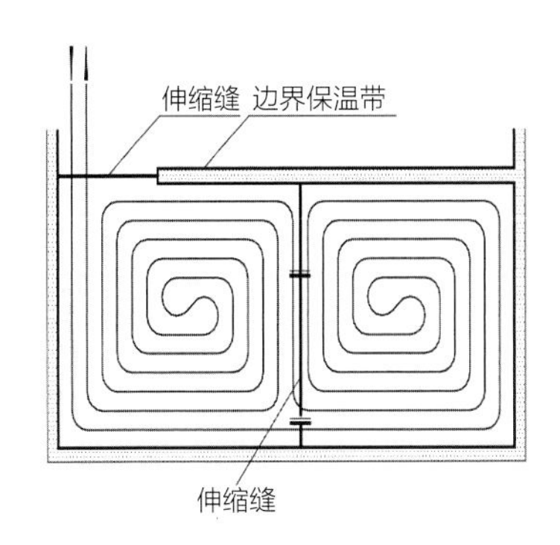

图9.4-1　地热管示意

④ 地热管与墙面的间距应为150～200mm，地热管之间的间距应为150～300mm，安装时应按照设计图纸标定的管间距和走向敷设，管间距的安装误差不应大于10mm。

⑤ 按施工图纸上管道的走向，将地热管用塑料管卡固定在挤塑板上。地热管固定点的间距，直线段上固定点间距宜为0.5～0.7m，弯曲管段上固定点间距宜为0.2～0.3m。地热管弯头两端设固定点。

⑥ 铺设管道时，应根据热工特性和保证室内温度均匀的原则，一般采用回字形和S形两种，本工程大部分均采用回字形铺设（图9.4-2）。

⑦ 在分集水器附近以及其他局部地热管排列比较密集的部位，当管间距小于100mm时，加热管外部应设置柔性套管等保温措施，本工程采用塑料波纹管。

⑧ 地热管出地面部分、集水器连接处，弯管部分不宜露出地面装饰层。地热管出地面至分、集水器下部球阀接口之间的明装管段，外部应加套塑料套管。套管应高出装饰面150～200mm。

⑨ 加热管与分、集水器装置及管件连接，应采用卡套式、卡压式挤压夹紧连接；连接件材料宜为铜质。

⑩ 加热管的环路布置应尽可能少穿伸缩缝，必须穿越伸缩缝处时，应设长度不小于400mm的柔性套管。

⑪ 伸缩缝的设置：为避免现浇层出现开裂，应按规定设置伸缩缝，材料性能要求同边界保温带。

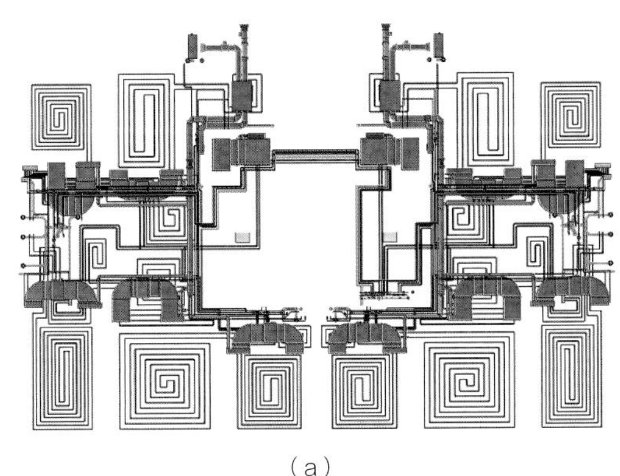
（a）

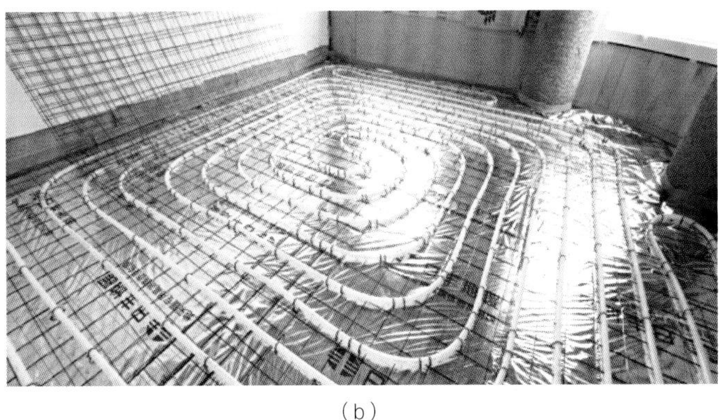
（b）

图9.4-2　地热管铺设

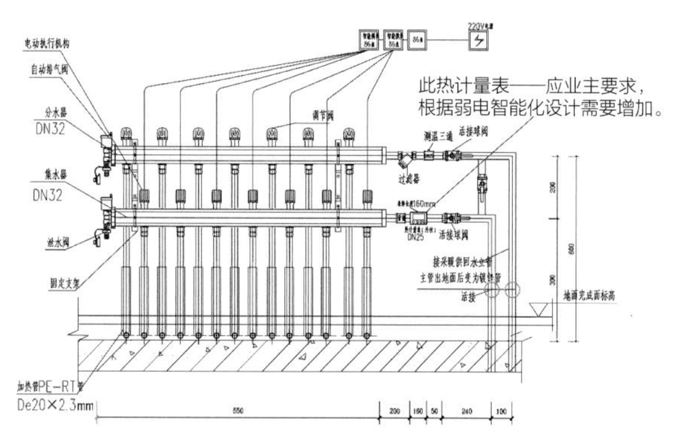

图9.4-3　分集水器示意

图9.4-4　分集水器安装

（7）铺设上层钢丝网：均匀铺设直径$\phi 3$，网格为50mm × 50mm低碳钢丝网。

（8）安装分集水器。

瓷砖贴完后，将分集水器（图9.4-3、图9.4-4）安装于图纸指定位置。分水器安装在上，集水器安装在下，中心距宜为200mm，集水器中心距地面应不小于300mm。

（9）冲洗、试压。

① 冲洗应在分水器、集水器以外主供、回水管道冲洗合格后，再进行室内供暖的冲洗。

② 水压试验应分别在浇筑混凝土填充层前和填充层养护期满后进行两次；水压试验应以每组分水器、集水器为单位，逐回路进行。

③ 试验压力应为工作压力的1.5倍，本工程供暖系统高、中、低区工作压力均为0.8MPa。

④ 在试验压力下，稳压1h，其压力降不应大于0.05MPa。

⑤ 水压试验宜采用手动泵缓慢升压，升压过程中应随时观察与检查，不得有渗漏；不宜以气压试验代替水压试验。

⑥ 在有冻结可能的情况下试压时，应采取防冻措施，试压完成后应及时将管内的水吹净、吹干。

## 9.5　新风系统工程施工技术创新与应用

### 9.5.1　户内新风设计概况

北京冬奥村建设过程中，新风系统的应用对于保障人员居住环境的空气清新起到了重要的作用。户内设置新风系统，采用全热回收新风换气机，带去除$PM_{2.5}$处理功能。每个房间设置新风口，集中设置回风口，实现室内通风换气。新风系统设有排风热回收装置，实现能量回收达到节能效果。同时根据智能人居系统的室内空气质量传感器，检测空气质量，根据有害物浓度，实现可变新风量的控制模式。新风机及传感器见图9.5-1。

### 9.5.2　工程重点与难点

新风系统工程包括新风系统的供货、安装调试及验收等施工内容。在本工程中将图纸深化、设备运输与吊装、系统调试和成品、半成品保护以及BIM技术的应用作为施工的重点与难点。

住宅内新风与空调系统采用批量预制加工装配化施工方法。

北京冬奥村为高端公寓，户内机电系统齐全，受户内精装造型及标高所限，各专业机电管线布设空间狭小，排布困难。利用BIM技术，深化各系统管线路由，按照专业进行预制分段，形成工件加工图纸

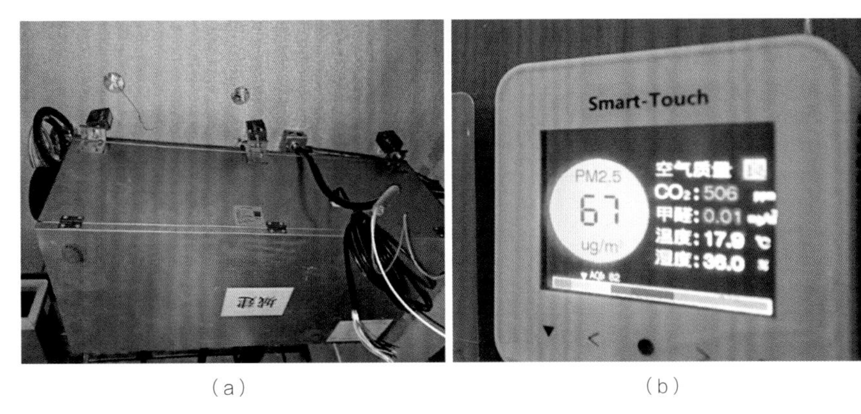


（a）　　　　　　　　（b）

图9.5-1　新风机及传感器

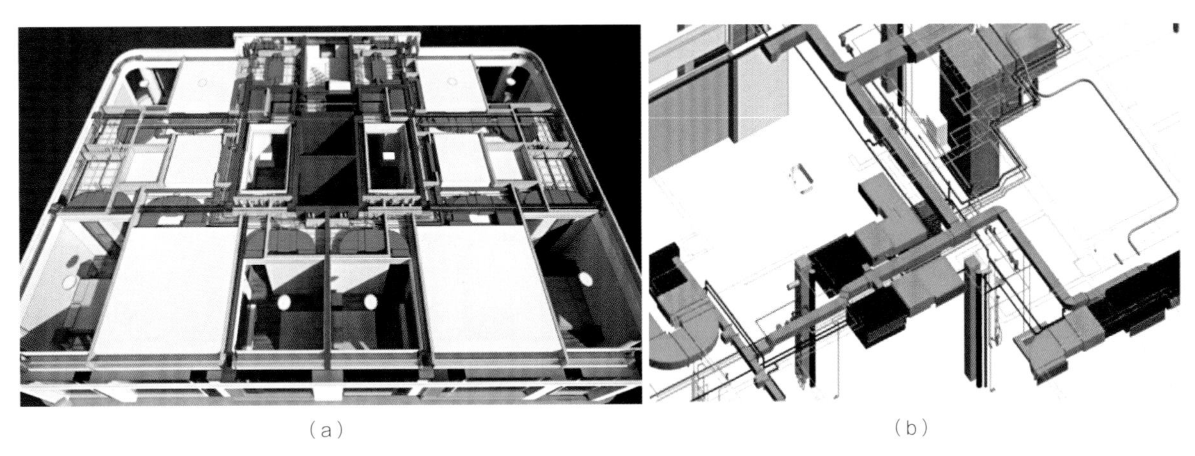

（a）　　　　　　　　（b）

图9.5-2　户内机电管线综合效果图

之后下发工厂进行预制加工，批量化生产；避免了现场加工产生材料浪费及设置机电加工场占用有限施工现场场地。批量预制化工厂加工管段，实现了预制件进场后直接运到安装楼层；分批进场减少现场存放占用场地，现场根据施工计划标准化管理。

户内机电管线综合效果图见图9.5–2，管道预制加工分段见图9.5–3。

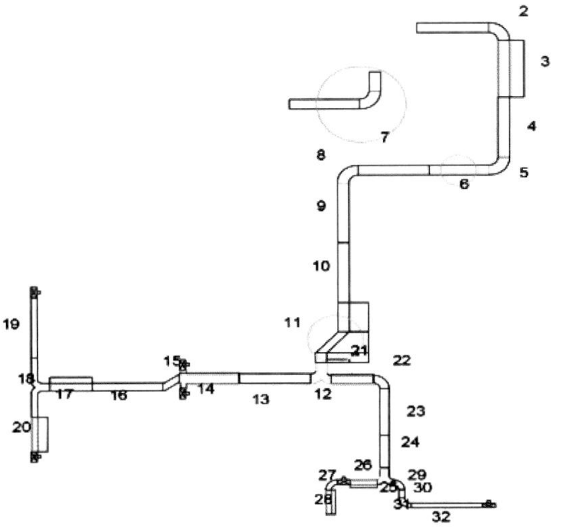

图9.5–3　管道预制加工分段

### 9.5.3　施工工艺要求

#### 1. 风管制作

（1）制作酚醛铝箔复合矩形风管边长宜为120mm≤$L$≤3000mm，且其长边与短边之比不大于4∶1。制作风管时为保证风管制作后的强度，在下料时粘合处有一边保留20mm铝箔做护边。风管表面应平整、两端面平行，无明显凹陷、变形、起泡，铝箔无破损等。

（2）风管的连接应采用F形法兰，拼接处应涂胶粘剂粘合，连接后的板面平面度的允许偏差为5mm。风管拼接：先定位再粘贴，粘结表面要清洁，接口处涂胶要均匀、涂满胶，在胶干燥到一定程度再进行拼接。对齐接合部位，保证各边垂直，用抹刀加力压合粘牢，在风管内接缝处涂密封胶进行密封，防止空气与保温泡沫接触。

（3）用50～60mm宽的胶带（最小50mm），使之与相邻表面至少有25mm宽的搭接，拉紧时注意不要产生褶皱。在曲面或缝隙较大处，可用玻璃胶密封。粘贴铝箔胶带时与胶带接触两面应干净、光滑。用抹刀压平胶带，挤出空气。接缝处的粘结应严密、牢固。

### 2. 支、吊架安装

矩形风管吊架由吊杆和横担组成。矩形风管横担采用∟30×3mm角钢，横担上穿螺杆的距离，应距离风管边或者风管保温边50mm。吊杆可用$\phi$8膨胀螺栓进行生根固定。单吊杆应在风管的中心线上，双吊杆应按横担的螺孔间距及风管中心线对称安装，吊杆应平直，螺纹完整。水平悬吊的主、干风管长度超过20m时，应设置防晃支架，每个系统不应少于1个。

### 3. 风管安装

施工现场已满足安装条件时，再将风管和管件按照加工时的编号组对，复核无误后即可进行连接和安装。风管的连接长度，应按风管壁厚、连接方法、安装部位、施工现场情况和吊装方法等因素决定。为了安装方便，应尽量延长风管连接长度，通常为10～20m。安装顺序为先干管后支管。采用法兰连接的风管，垫料不得突入管内。

### 4. 部件安装

多叶调节阀、防火防烟调节阀等各类风阀，安装前应检查框架结构是否牢固，调节、制动、定位等装置应准确灵活。注意以下各点：

（1）阀件的调节装置应安装在便于操作的部位。

（2）注意气流方向，应按风阀外壳标注的方向安装，不得装反。

（3）风阀的开闭方向、开启程度应在阀体上有明显和准确的标识。

（4）安装在高处的风阀，其操纵装置应距地面或平台1～1.5m。

### 5. 风管试验

风管系统安装后的严密性检验，是为了检验风管、部件预制加工后的咬口缝、铆钉孔、法兰翻边及风管与配件、风管与部件连接的严密性。严密性检验可根据系统大小分别进行分段或系统的漏风量试验。风管系统严密性检验以干管为主。检验合格后再安装各类送风口等部件。

# 10 被动式超低能耗建筑关键技术

## 10.1 被动式超低能耗建筑概述与设计理念

### 10.1.1 工程概述

本工程11号楼为被动式超低能耗建筑，同时该建筑为医疗用房，在超低能耗建筑中属于较为典型的工程实例。因此研究该项目试点的设计与施工技术，能够为超低能耗建筑积累宝贵的经验，有助于推动超低能耗建筑的发展与进步。

结合被动式超低能耗建筑的建筑特点及难点，重点研究超低能耗建筑围护结构保温体系，针对不同的部位采取相应的气密性处理措施，结合医疗用房要求，研究被动门无障碍通行的设计等内容，确保满足德国被动房的认证要求及医疗用房的使用功能。

北京冬奥村11号楼，位于园区北侧，为一栋二层裙房。超低能耗建筑位置见图10.1–1。赛时是为运动员服务的综合诊所，赛后作为社区的卫生服务站。该建筑需满足双重节能指标：满足北京市超低能耗建筑示范项目认证要求，满足德国被动房研究所认证要求。项目完成效果见图10.1–2。

图10.1–1　超低能耗建筑定位图

图10.1–2　项目完成效果

11号楼为钢筋混凝土框架结构，体型系数0.28，采用外墙外保温体系；外墙饰面为石材幕墙，屋面采用保温防水一体化金属屋面体系，墙身细部均采用断桥保温措施。气密性指标为室内外压差50Pa的条件下，每小时的换气次数≤0.6；外门窗均采用被动式门窗，外窗玻璃采用三玻两腔双银Low–E中空钢化玻璃，南向外窗设置电动控制遮阳百叶帘；分层设置全热交换器及变流量多联式空调系统，全热交换器集新风、净化除霾、排风等功能于一体。被动式超低能耗建筑的优势在于高效节能、高舒适性、长期经济效益，上述指标在本工程中均有较好的体现。

### 10.1.2 设计理念

本工程积极响应国家政策，设立被动式超低能耗建筑试点，积极探索超低能耗建筑的建造技术。超低能耗建筑对围护结构的保温性能提出了很高的要求，本工程外墙装饰为石材幕墙，屋面为铝镁锰金属屋面。因此外墙及屋面保温体系是设计及施工的重点及难点，不但要确保保温层完好连续，而且要妥善处理各种预埋件及细部节点的热桥部位。

如何满足高气密性要求，需要通过设计与施工单位等多方的共同努力。设计单位需要对工程的气密层进行精细的设计，施工单位需要严格按照设计及规范要求组织施工，确保质量达标。本工程为医疗建筑，功能需求多，管线复杂，穿越围护结构的管线众多，涉及多个专业，需要分别制定措施进行气密性处理，尤其是电缆桥架多处穿越围护结构，给气密层的施工带来了很大的难度。

围护结构门窗均采用被动门窗，严格按照被动门窗的各项性能要求设计及施工。无障碍设施是医疗建筑最基本的功能之一，所有被动门需要满足无障碍通行的要求，采用无门槛的设计。此项要求给被动门的选型带来了巨大的挑战，常规的被动门全部采用有门槛的设计，方能确保保温及气密性能，无门槛势必会造成门下口缝隙较大，极大地增加漏气风险。因此，被动门的选型是本工程需要研究解决的难点。

## 10.2 超低能耗建筑复合外墙保温体系

### 10.2.1 围护结构保温设计

本工程外墙为石材幕墙，屋面为铝镁锰金属屋面，根据外墙及屋面形式，通过多种保温材料的性能比选，综合考虑各种因素，进行围护结构的保温体系设计，具体见表10.2–1。

围护结构保温设计表　　表10.2–1

| 序号 | 使用部位 | 规格型号 | 保温层厚度 |
|---|---|---|---|
| 1 | 外墙 | 60mm厚真空绝热板+90mm厚岩棉板 | 150mm |
| 2 | 斜屋面 | 60mm厚真空绝热板+240mm厚挤塑聚苯板 | 300mm |
| 3 | 非供暖房间的隔墙 | 60mm厚真空绝热板 | 60mm |
| 4 | 地下一层顶板 | 200mm厚岩棉板 | 200mm |
| 5 | 变形缝 | 150mm厚岩棉板 | 150mm |

通过表10.2–1可知，墙体及屋面保温层均大量采用了真空绝热板。真空绝热板的保温性能优越，导热系数仅为0.008W/（m·K），可以在满足保温性能的前提下，极大地减少空间的占用量，用在外墙可以确保石材幕墙的装饰效果和减少出墙厚度，用在内墙可以更好地利用室内空间。

基于真空绝热板优良的保温性能，本工程的外墙保温及屋面保温均采用了包含真空绝热板的复合保温体系。外墙保温采用真空绝热板+岩棉板的形式，将保温层厚度控制在150mm，既能满足保温性能，又能适应石材幕墙的出墙厚度要求，避免了保温层超厚给幕墙带来的龙骨增加及安全隐患。屋面采用真空绝热板+挤塑板的形式，同时保温防水一体化设计，保温层厚度300mm，确保了保温、防水、气密等功能，同时兼顾金属屋面的观感效果，一举多得。

### 10.2.2 断热桥措施

（1）外墙外保温断热桥措施：幕墙主龙骨固定采用断热桥锚栓；保温托架采用不锈钢材质（导热系数比铝材显著降低）；幕墙及金属屋面的连接件做断桥处理，增设隔热垫块。埋件隔热垫块图见图10.2–1。

（2）地下一层顶板保温断热桥措施：保温层固定采用断热桥锚栓；保温被内墙断开处的结构热桥，以100mm厚岩棉板沿内墙两侧向下延伸1m。顶板保温与外墙交接处，以100mm厚岩棉板沿外墙内侧向下延伸1m。

（3）外窗、外门均采用外挂式安装方式，降低传热损失。外门窗外挂安装图见图10.2-2。

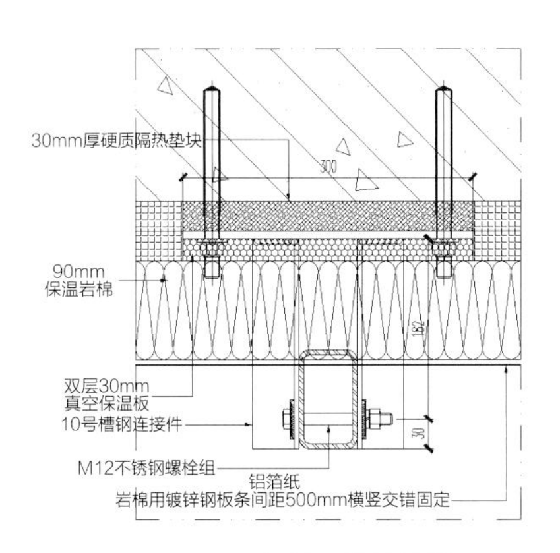


图10.2-1　埋件隔热垫块图

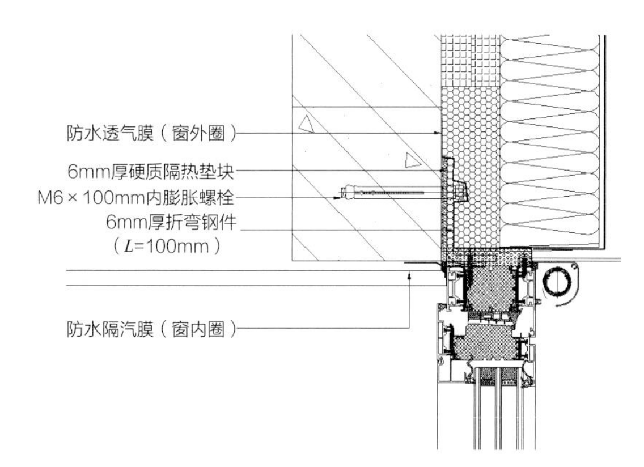


图10.2-2　外门窗外挂安装图

（4）管道穿外墙部位预留套管并预留足够的保温空间，保温厚度至少50mm。

（5）户内开关、插座接线盒等不宜置于外墙上，以免影响外墙保温性能。

（6）屋面保温层与外墙的保温层连续，避免出现结构性热桥；屋面女儿墙采用底部设置构造柱、局部架空的做法，把线性热桥转换为点状热桥。

### 10.2.3　外墙保温施工工艺

（1）外墙保温构造：外围护墙体为150mm厚加气混凝土砌块，外贴双层30mm厚真空绝热板+90mm厚憎水岩棉保温板，形成复合外墙保温体系，统一设计为燃烧性能为A级的保温材料，饰面为石材幕墙体系。外墙保温体系图见图10.2-3。

（2）工艺流程见图10.2-4。

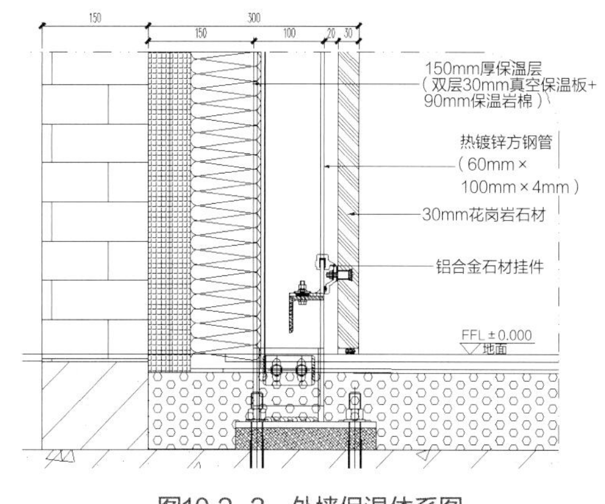


图10.2-3　外墙保温体系图

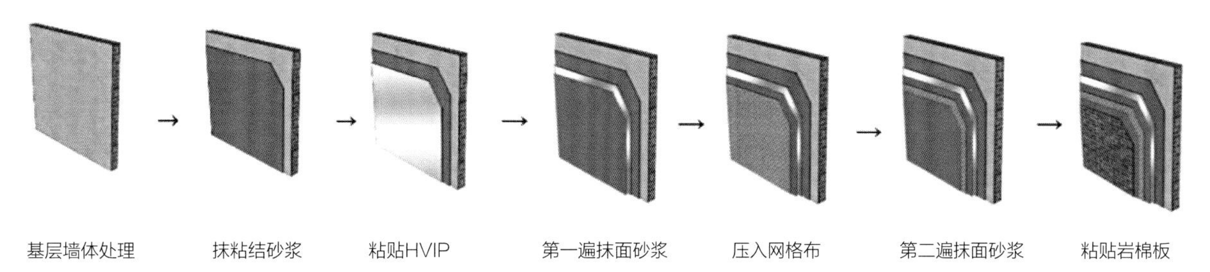


图10.2-4　流程图

（3）施工条件。

经过工程验收达到质量标准的围护墙体，方可进行外保温施工。施工前应进行基层处理。在各阴角、阳角挂垂直线和水平线以控制垂直度和平整度。墙面的混凝土残渣等必须清理干净，墙面平整度超差部分应剔凿或修补。进行外墙外保温施工的墙体基面的尺寸偏差应符合表10.2-2的规定。

**外保温墙面基层允许偏差表　　表10.2-2**

| 项目 | | | 允许偏差（mm） |
|---|---|---|---|
| 垂直度 | 层高 | ≤5m | ≤4 |
| | | ＞5m | ≤4 |
| | 全高 | | $H$/1000且≤30 |
| 表面平整 | | | ≤4 |

外墙保温施工应在外门窗、遮阳连接件、幕墙断热桥预埋件、连接件、龙骨、防火封堵等安装完成并经验收合格后进行。外墙保温施工前所有穿墙管应已完成气密性和断热桥处理。外墙保温施工前应确保所有的气密性措施（外墙室内侧粘贴气密性胶带或≥15mm水泥砂浆抹灰）均已完成。变形缝内的保温宜提前施工，保温厚度同缝宽，保温应确保填塞完整密实。施工时，环境温度和基层墙体温度应不低于5℃，风力不大于5级，雨天不得施工。夏季施工，施工面应避免阳光直射，必要时可在脚手架上搭设防晒布遮挡。如施工中突遇降雨，应采取有效措施，防止雨水冲刷施工面。

（4）施工工艺要点。

① 真空绝热板施工要点。

真空绝热板的固定以粘为主，粘锚结合，同时为了确保保温效果，双层板错缝粘贴。第一层板需要设置锚栓固定，锚栓设置在板缝处，第二层板不设置锚栓，避免破坏真空板。

粘贴真空绝热板前应进行预排板，排板需要综合考虑幕墙预埋件、外门窗等位置，现场施工对照图纸按板号顺序粘贴。真空绝热板施工时应防止磕碰和刮擦，防止板材因漏气降低保温效果。真空绝热板排板按水平顺序进行，上下应错缝，错开尺寸不小于200mm。真空绝热板与基层墙体采用满粘法粘结，粘结面积率应不小于80%。大面墙粘板时应轻柔均匀挤压板面，随时用托线板检查平整度，及时清除板边缘挤出的胶粘剂，板与板之间应无“碰头灰”。真空绝热板应挤紧、拼严，局部不规则处应使用异形板拼接，不允许对板材进行切割。粘贴面层真空绝热板，应与底层真空绝热板错缝安装。施工工艺与安装底层真空绝热板工艺相同。真空绝热板安装情况见图10.2-5。

② 岩棉板施工要点。

岩棉板厚度90mm，采用满粘法粘贴，粘贴面积不小于70%。岩棉板在阳角处留马牙槎，伸出阳角的部分涂抹胶粘剂进行粘贴。大面墙粘贴岩棉板时应轻柔均匀挤压板面，随时用托线板检查平整度。

（a）　　　　（b）

图10.2-5　真空绝热板安装情况

每粘完一块板，用2m靠尺将相邻板面拍平，并及时清除板边缘挤出的胶粘剂，板与板之间应无“碰头灰”。岩棉板应挤紧、拼严，局部不规则处粘贴岩棉板可现场裁切，切面应与板面垂直。墙面边角处岩棉板的短边尺寸应不小于300mm。岩棉板粘贴对应的基墙上有连接件和龙骨时，应将岩棉板裁切出相应尺寸，再将岩棉板粘贴到外墙上，缝隙较大时应在缝隙中填塞岩棉片或使用发泡聚氨酯填充。

③ 断热桥锚栓施工要点。

外墙应使用断热桥锚栓进行保温板的固定，圆盘直径不小于60mm，膨胀套管直径不小于8mm，锚栓的有效锚固深度在混凝土墙中不小于50mm，圆盘拉拔力标准值不小于0.5kN，单个锚栓抗拉承载力标准值不小于0.6kN。锚栓安装应在粘贴真空绝热板24h后进行。锚栓的布置应提前排板设计，均匀分布，每平方米不小于4个。锚钉拧紧后，套管应用发泡聚氨酯填满。为避免钻孔过大，降低锚栓与钻孔的摩擦力，钻头直径应与锚栓套管直径相同。钻孔深度应大于锚固深度10mm。在混凝土基墙上，锚固深度不低于50mm；在加气混凝土砌块填充墙上，锚固深度不低于65mm。

## 10.3 保温防水一体化金属屋面体系

### 10.3.1 屋面保温构造

屋面采用保温防水一体化金属屋面体系，保温层为双层30mm厚真空绝热板+240mm厚挤塑聚苯板。保温层下设置一层1.2mm厚耐碱特殊铝箔面玻纤胎自粘型SBS改性沥青隔汽卷材，保温层上设置一层3mm厚含加强筋玻纤胎隔火型SBS改性沥青自粘防水卷材。保温层上下包裹，有效保持干燥状态，屋面面层为铝镁锰板金属屋面。保温防水一体化金属屋面体系见图10.3-1。

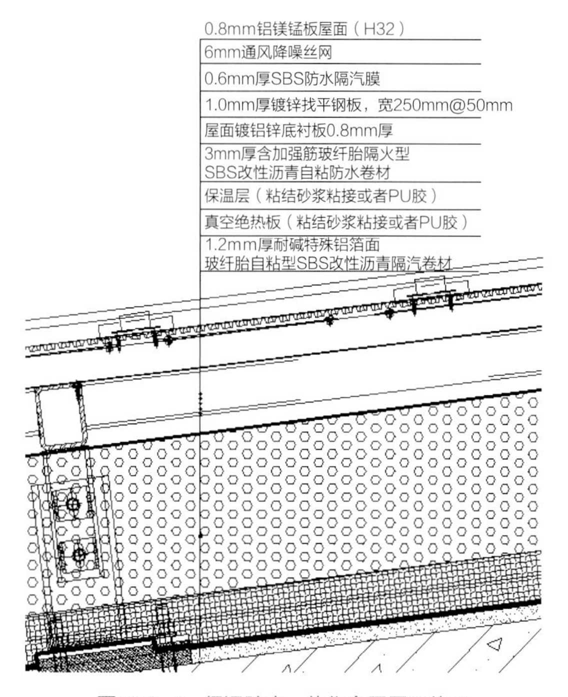


图10.3-1 保温防水一体化金属屋面体系

### 10.3.2 工艺流程与施工条件

基层清理→安装金属屋面连接件→粘贴SBS隔汽卷材→粘贴第一层真空绝热板→粘贴第二层真空绝热板→分层粘贴挤塑聚苯板→粘贴SBS改性沥青自粘防水卷材→金属屋面饰面层安装。

施工条件要求屋面保温施工前，底层隔汽层应已施工完成并通过验收。铺设保温层的基层应平整、干燥、干净。屋面防水及保温施工前，穿过屋面结构层的管道、设备基座、预埋件等应已采用断热桥措施安装完成并通过验收。

### 10.3.3 施工工艺要点

屋面保温先敷设真空绝热板，再粘贴挤塑板，必须提前进行排板，排板需要考虑避开金属屋面的预埋件及连接件，不规则部位真空板采用异形板搭配，挤塑板可以根据实际情况进行裁切，施工挤塑板时要格外注意避免破坏真空绝热板。

（1）真空绝热板的施工采用双层错缝铺贴，粘结砂浆粘贴的方式，不采用锚栓，铺贴工艺同外墙。

（2）挤塑板采用分段、分层错缝粘结的方式，为增强挤塑板与砂浆的粘结效果，在粘贴保温之前应在粘结面上涂刷界面剂，晾置备用，铺设完的保温板应及时采取保护措施。挤塑板拼缝应严密，缝宽超出2mm时应用相应厚度的挤塑板片或发泡聚氨酯填塞。局部不规则处挤塑板可现场裁切，切口应与板面垂直。

（3）保温层应铺设紧密，表面平整。

屋面真空绝热板及防水层施工见图10.3-2。

（a）

（b）

图10.3-2　屋面真空绝热板及防水层施工

## 10.4　被动门窗设计与施工技术

### 10.4.1　被动式门窗设计参数及技术要求

#### 1. 主要设计参数

（1）外窗整窗传热系数$U_w$ = 0.8W/（$m^2$·K），三玻两腔高效节能窗。

（2）外门传热系数$U_d$ = 1.0W/（$m^2$·K），被动式外门。

#### 2. 相关技术要求

（1）南向外窗设置电动外遮阳设备。

（2）外门窗采用整体外挂式安装，门窗框内表面与基层墙体外表面齐平，门窗位于外墙外保温层内。

（3）外门窗与基层墙体的连接件应采用断热桥的处理措施。

（4）型材采用隔热型材，室内可视表面粉末喷涂处理，室外可视表面氟碳喷涂处理（三涂两烤），不可视金属材料表面阳极氧化处理。

（5）玻璃选用TP8（Low-E）+16Ar+TP8（Low-E）+16Ar+TP8超白双银双Low-E膜钢化中空玻璃。

（6）开启扇：内倒窗，内倒专用不锈钢五金及多点锁，专用执手。窗户外侧设置成品隐形纱窗。

被动窗模型图见图10.4-1。

图10.4-1　被动窗模型图

### 10.4.2 施工准备

（1）外门窗安装前结构工程已验收合格，门窗洞口尺寸符合设计要求。

（2）实测门窗洞口的偏差值，洞口边缘与外门窗框边缘之间的距离偏差应不大于10mm，对超差洞口进行处理。

（3）确定并复核门窗安装的平面位置及高度。

（4）防水透汽膜和防水隔汽膜宜在0℃以上施工。

（5）确定连接件的安装位置，位于角部的连接件与角部的距离不大于150mm，相邻连接件的距离不大于500mm，且每侧的连接件不少于2个。

（6）连接件与基层墙体之间设置保温隔热垫块。

### 10.4.3 施工工艺要点

#### 1. 窗下木支架及左右上三边转接件安装

窗下口安装80mm × 60mm承重硬质木支架，采用M6 × 100mm金属膨胀螺栓固定，间距500mm布置，边距100mm。窗左、右、上三边安装6mm厚折弯钢板（100mm × 40mm × 6mm，长度$L$ = 100mm），间距500mm布置，边距100mm。

连接件安装图见图10.4-2，承重木支架安装图见图10.4-3。

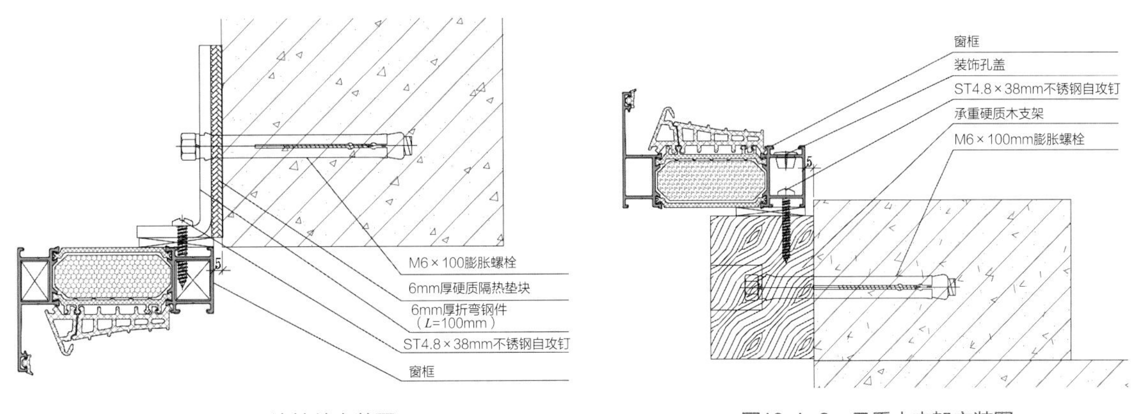


图10.4-2 连接件安装图　　图10.4-3 承重木支架安装图

#### 2. 窗框安装

窗框安装进出位是窗框内表皮出结构外表皮5mm；下边框从上向下打ST4.8 × 38mm不锈钢自攻钉，安装后打工艺孔盖；左、右、上边框从6mm厚折弯钢板向铝框打ST4.8 × 38mm不锈钢自攻钉固定。

#### 3. 窗框周边密封

窗框与结构5mm间隙填充泡沫棒并打硅酮耐候密封胶。

室内周圈粘贴防水隔汽膜，室外周圈粘贴防水透汽膜。

外门窗与基层墙体室外侧之间的缝隙用防水透汽材料密封，防水透汽材料完全覆盖外门窗连接件。粘贴前将粘贴位置清洁干净并保持干燥，防水透汽材料与外门窗框及基层墙体的粘贴平整密实、宽度均匀、断开位置进行搭接粘贴。

将预粘在外窗框侧面的防水隔汽材料粘贴于门窗洞口内。粘贴前将粘贴面清洁干净，窗框与墙体间的缝隙填充发泡聚氨酯，之后粘贴防水隔汽材料，防水隔汽材料与门窗洞口的粘结宽度不小于60mm。防水隔汽材料与外门窗框的粘贴平整密实、宽度均匀、不留孔隙。

窗框各处密封图见图10.4-4 ~ 图10.4-6。

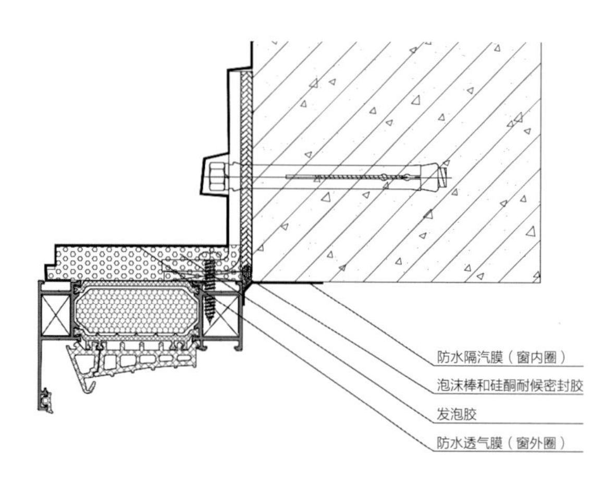


图10.4-4 窗框周边密封图

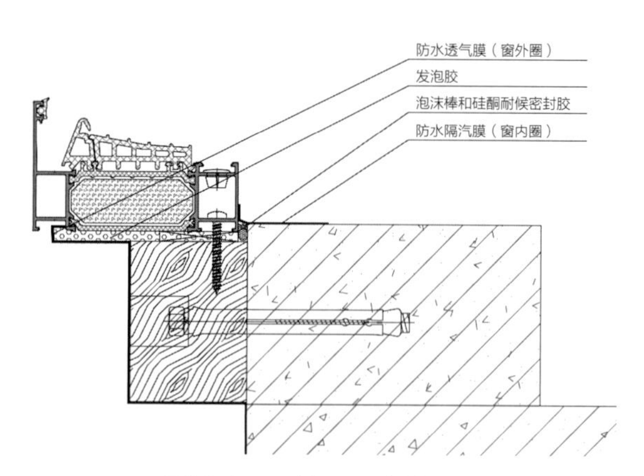


图10.4-5 窗框下口密封图

（a）

（b）

图10.4-6 窗框周边密封情况

#### 4. 窗固定玻璃安装

固定玻璃下垫2个玻璃垫块，垫块规格150mm×50mm×12mm，距两端1/4处布置；固定玻璃周边采用玻外胶条、玻内胶条和中间胶条三道密封，并且在中间胶条位置周圈打硅酮耐候密封胶。

窗固定玻璃安装图见图10.4-7。

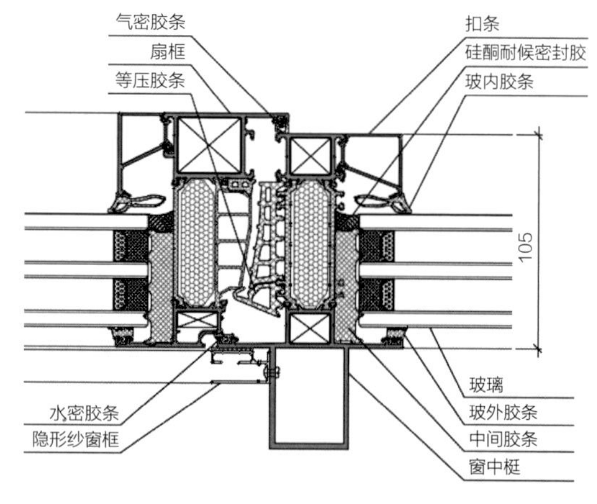


图10.4-7 窗固定玻璃安装图

#### 5. 开启扇安装

开启扇组框、开启五金及玻璃安装由加工厂完成，增加安装的精度；开启扇由防水胶条、中间胶条及密封胶条组成三道密封。

扇下边框安装铝合金披水板，采用ST3.5×13mm不锈钢沉头自攻钉固定；扇下边框设置排水孔，安装排水孔盖。

#### 6. 隐形纱窗安装

室外纱窗的安装需在窗收口及石材安装打胶之后进行。

#### 7. 外遮阳安装

安装要求：外窗安装已完成、外保温尚未施工时确定外遮阳的固定位置，并安装连接件，连接件与基层墙体之间设置保温隔热垫块。安装遮阳罩、角码，将百叶帘与角码固定，在窗洞口侧面安装导轨。

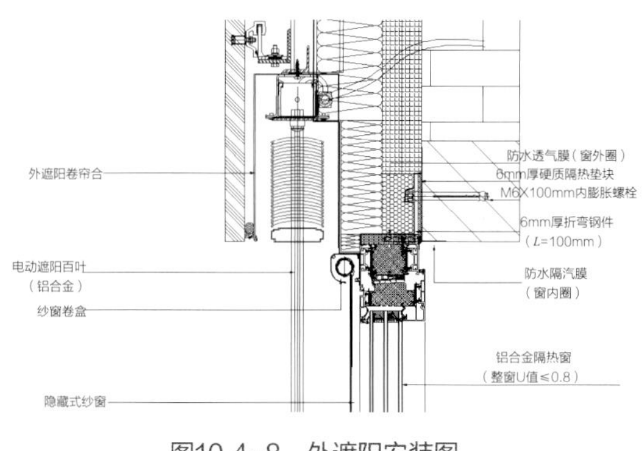


图10.4-8　外遮阳安装图

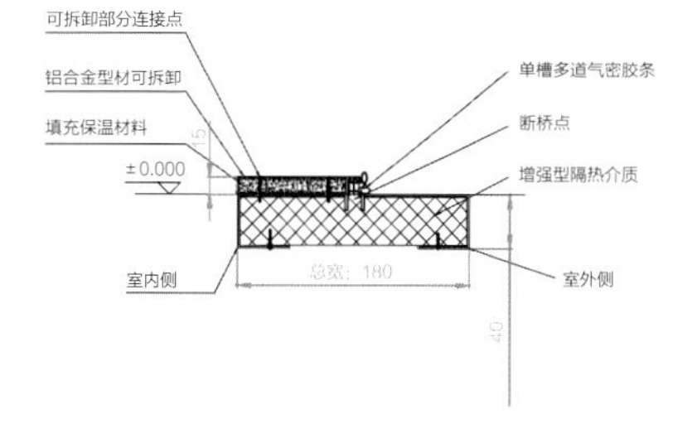


图10.4-9　可拆卸式无障碍下框安装图

本项目为幕墙体系，在幕墙龙骨上安装外遮阳连接件。

外遮阳安装图见图10.4-8。

### 10.4.4　无障碍通行解决方案

本工程为医疗用房，分别服务于赛时与赛后，满足医疗功能为基本要求，无障碍通行的要求为其中之一。因此所有被动门需要满足无障碍通行的要求，不得采用有门槛的设计。常规的被动门全部采用有门槛的设计，方能确保保温及气密性能，无门槛势必会造成门下口缝隙较大，极大地增加漏气风险。研究后采用可拆卸式无障碍下框体系，具体节点详见图10.4-9。

## 10.5　气密性施工技术

### 10.5.1　施工原则

气密性是衡量超低能耗建筑是否达标的重要指标，本工程气密性指标为室内外压差50Pa的条件下，每小时的换气次数≤0.6。被动房的气密层无缝地包围了整个建筑围护结构，气密层必须连续。铅笔原则：可以用铅笔连续不断地画一条表示气密层的实线。气密层保证完整、连续、不被穿透。对于每个节点来说，所用的材料和节点应该在设计阶段就必须明确，提前做好气密性设计。

### 10.5.2　材料选择与处理部位

气密性施工是利用特殊的耐久性气密材料，消除建筑围护结构上的裂纹、缝隙、孔洞，以达到气密性要求的过程。常用的气密性材料如下：（1）混凝土墙板、无裂缝具有一定厚度的抹灰层（尽量使用抗裂砂浆）；（2）专用气密性薄膜、气密性胶带、气密性胶等。

根据气密性施工的原则，结合本工程医疗建筑的特点，确定气密性处理的部位如下：任何两种不同建筑材料的交接处，门窗框与外墙连接部位，管线穿屋面、外墙及地面部位，外墙电线盒与墙体连接部位，外墙面不同结构的交接处等易漏气的部位，外墙大面采用加气混凝土砌块砌筑部位，装配式建筑的材料搭接处。

### 10.5.3　具体措施

#### 1. 不同材质的交接处气密性处理

混凝土梁、柱、板与加气混凝土砌块填充墙属于不同的材质，不同材质的交接处会存在缝隙，需要进行气密性处理。在交接处粘贴气密性胶带，粘贴长度超出交接处的距离不小于50mm，交接处两侧的粘贴宽度均不小于50mm。

抹灰气密层及不同材质交接气密处理见图10.5-1。

2. 加气混凝土砌块部位的气密性处理

加气混凝土砌块填充墙均需采取气密性措施，采用室内抹灰的方式进行气密性处理，抹灰层覆盖气密性胶带和填充墙。采用聚合物砂浆进行抹灰，抹灰层底层加铺玻纤网，抹灰层厚度不小于15mm。

3. 穿气密层管道的气密性处理（圆形管道）

当管道为圆形时，气密性胶带裁成小段后粘贴，每段气密性胶带先与管道粘贴压实后再与墙体（楼板）粘贴压实。拐角处不留空隙，两段气密性胶带的拼接宽度不小于10mm。气密性胶带覆盖管道四周的保温层，与管道和墙体基面的有效粘结长度均不小于50mm。

4. 穿气密层管道的气密性处理（矩形管道）

当管道为矩形时，气密性胶带绕管道一周，管道四角处气密性胶带进行搭接，搭接长度不小于50mm。气密性胶带与管道和墙体基面的粘贴宽度均不小于50mm（图10.5-2）。

5. 穿气密层管道的气密性处理（电缆桥架）

作为医疗建筑，电缆桥架多处穿越围护结构，给气密层的施工带来了很大的难度。在施工过程中，重点处理桥架穿越围护结构的气密性处理措施。由于桥架内电缆众多，气密性处理困难，同时需要兼顾防火封堵要求，并且桥架部位的气密性处理节点可借鉴的案例较少，需要通过深入的研究来开发新型的处理措施，确保本工程的气密性满足设计要求。

通过各方的共同努力，研究出了桥架穿越围护结构的气密封堵构造，采用了预埋密闭套管的方法。

具体做法如图10.5-3所示。

### 10.5.4 气密性检测

施工完成后，经第三方检测，气密性满足设计要求。

气密性检测及检测报告见图10.5-4。

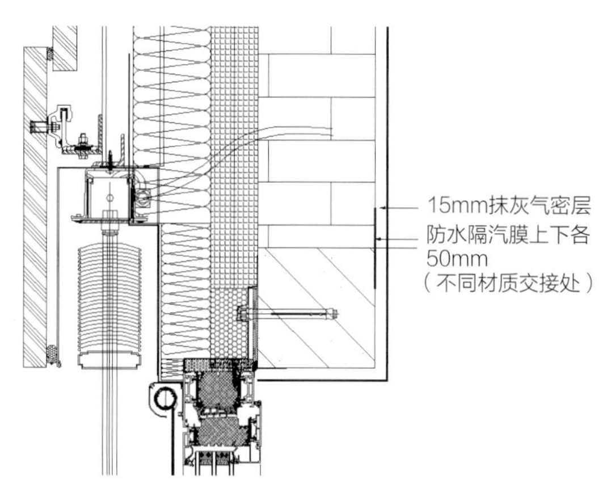


图10.5-1　抹灰气密层及不同材质交接气密处理

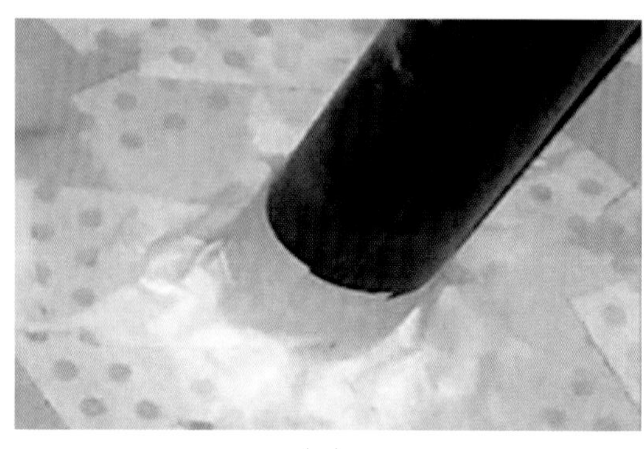

（a）

（b）

图10.5-2　穿气密层管道的气密性处理

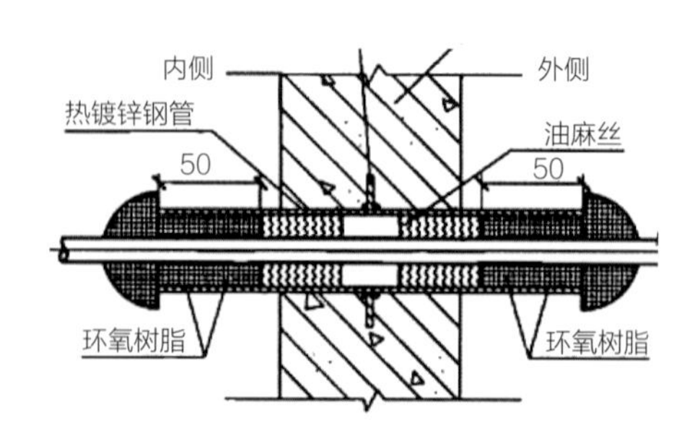


图10.5-3　电缆穿气密层预埋套管做法

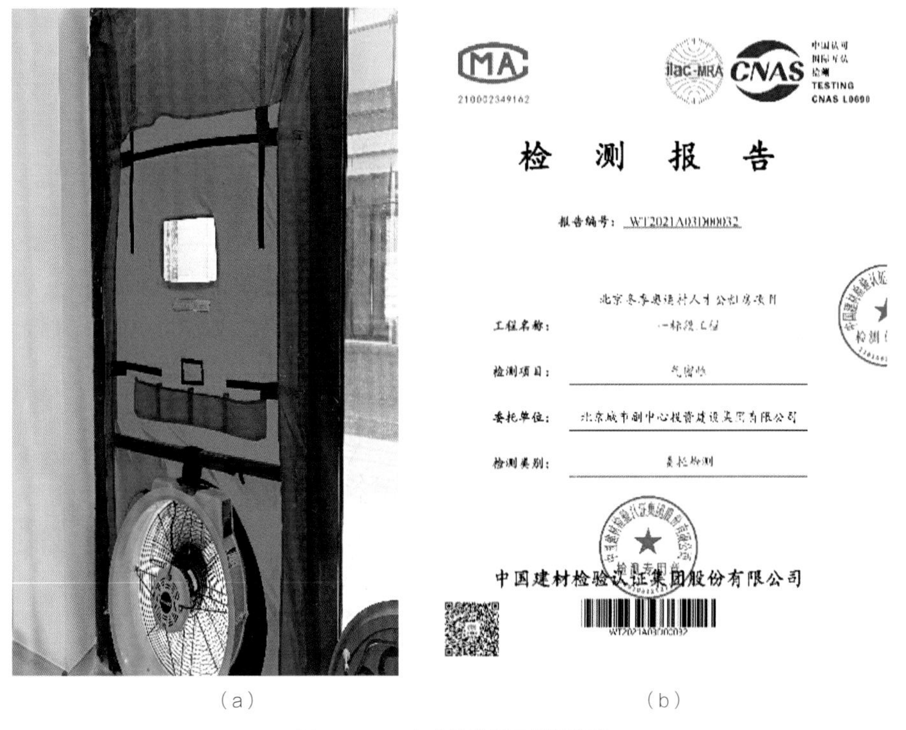


（a）　　　　　　　　（b）

图10.5-4　气密性检测及检测报告

## 10.6　超低能耗建筑证书

超低能耗建筑证书见图10.6-1、图10.6-2。

图10.6-1　超低能耗建筑证书 1

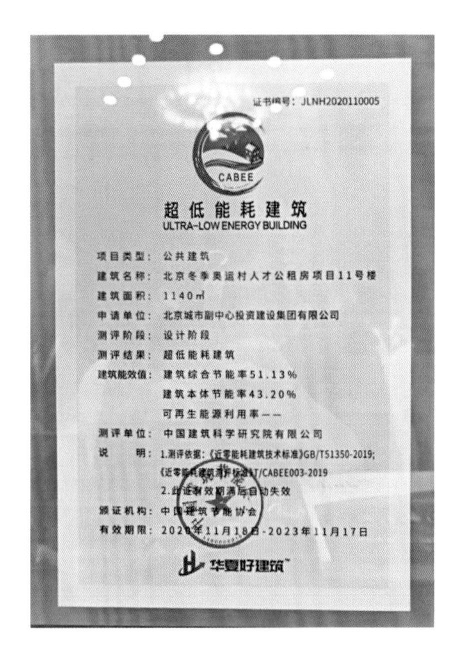


图10.6-2　超低能耗建筑证书 2

# 第2篇

§

# 管理篇

# 11 管理篇导论

北京冬奥会在2022年拉开帷幕，世界再一次将目光投向了“双奥之城”北京。2008年北京奥运会取得了巨大的成功，本届北京冬奥会更是一场前所未有、规模庞大的冬奥盛会。北京冬奥村项目建设是冬奥会顺利召开的重要保障，在建设过程中采用精细化、智慧化的管理，注重工程建设质量品质，为满足运动员居住的舒适度和健康程度的需求，项目建设总承包团队进行了诸多管理模式的创新，使得整个项目按期保质保量地交付。在整个项目管理的过程中，北京冬奥村项目团队凝练了核心管理经验，具体可以概括为“集团总部高标准引领，工程总承包部坚强领导，项目团队科学合理落实”。这些核心管理经验始终贯穿于项目管理的始终，最终使得项目顺利实施，保质保量地高标准交付。北京冬奥村实景见图11.0–1。

图11.0–1　北京冬奥村实景

## 11.1　基于总承包模式的项目管理概述

北京冬奥村项目设计采用的是装配式钢结构住宅体系，对于项目的实施要结合工业化的建造模式特点来组织施工管理，既要考虑设计与生产环节的协同，又要考虑现场施工装配和构件部品生产之间的协调。基于工程设计特点和工期要求，本工程的总体部署思路为：（1）配合设计深化，构件及早加工；（2）结构分区施工，住宅区域先行；（3）钢构先行安装，楼板跟随铺设；（4）竖向分段验收，墙板适时插入；（5）自下而上封围，装修及时插入；（6）机房尽早交安，精装样板引路；（7）水电按时接入、综合调试联动；（8）保证按期竣工、运行保驾护航。

在施工管理方面，结合总包管理规程，组建管理经验丰富的项目部组织机构，明确工程管理目标，制定十大工作方案（场地管理、进度管理、材料管理、交叉施工管理、质量管理、安全绿色施工管理、计量管理、风险管理、资料管理、信息化管理），抓住三个重要环节（质量控制环节、进度控制环节、机电系统安装调试环节）和两项设计（深化设计、不同阶段现场总平面布置规划设计）；做到三个确保（确保施工不出现重大安全事故、确保不出现重大工程质量事故、确保实现总工期）；打好四个阶段战役（基坑及地基处理施工阶段、主体结构施工阶段、装修机电施工阶段、调试验收阶段），确保工程各项管理技术先行；确保工程各项管理目标的实现，交上一份满意的答卷。

## 11.2 总承包管理模式创新

北京冬季奥运村人才公租房（以下简称北京冬奥村）是2022年北京冬季奥运会配套项目，建设意义重大。总承包单位始终秉承以工程大局为重，切实履行总包管理职责，牢固树立“党建引领、技术创新和精益建造”的理念。北京冬奥村在建设过程中形成了诸多创新性的管理经验，可以为装配式钢结构居住建筑的大规模推广起到很好的促进作用。

### 11.2.1 总承包管理创新思路

科技进步能够提高工程施工技术水平，科技的进步也离不开工程技术的不断创新，二者密不可分。另外，管理者不断地总结经验，更新管理方法，可以提高技术管理水平，管理水平的进步离不开创新。工程总承包作为一种新型的项目管理模式，从对业主服务的视角和需求来看，能够更好地为业主提供标准化服务与设计、采购、施工、运营融合的集成化服务。北京冬奥村项目部严格按照集团公司《北京城建工程项目管理规程》的要求，积极从全流程视角来优化服务，实现全流程价值生成。

#### 1. 创新技术管理思想观念

技术创新，理念先行。北京冬奥村的建设涉及了装配式钢结构体系在居住建筑上的大范围应用，绿色建造技术、智慧建造和满足奥运标准的居住建筑使用要求等系列高新技术的创新和应用，在国内多项技术还处于空白领域。要想使技术管理工作得到有效的应用，就要转变观念，确保管理者全面理解技术管理的重要性，一丝不苟，勇于创新，在保证管理质量的基础上，持续改进。技术上不断探索，为冬奥会提供高品质住宅始终贯穿于项目管理团队的技术管理理念之中，技术创新是工程项目管理理念上的一种创新，管理的本质在于树立正确、积极的管理思想。项目团队坚持从实际出发，坚持实事求是的创新精神，并在原有管理理念的基础上进行优化，实现了北京冬奥村的高标准管理。

#### 2. 新型信息化和智慧化管理技术的应用

信息化和智慧化与传统施工技术的融合成为新型建筑业发展的一个重要趋势。北京冬奥村在项目管理过程中积极引入信息化BIM技术，从设计、施工和运维全周期应用BIM提升项目管理水平。BIM技术是一种技术方法，具有典型的便捷性，可以将人的影响降到最低，从而提高工程的整体管理水平。工程项目管理在正式实行前，首先由有关人员进行数值模型化，再由相关人员进行专业的分析、调研，并依据工程量预算制定施工方案、管理方案、施工工艺等，为工程项目的有效实施打下基础。通过对基于BIM技术的三维建筑信息模型的深入研究，可以模拟出每一阶段的施工过程，从而更好地发现问题，从整体上进行优化和改善，以保证项目的整体效益。BIM技术在项目成本管理中的应用也非常广泛，能够对项目的投资预算、后期施工情况进行全面的分析，对各阶段的资源进行准确的评价，保证各项资源的合理配置，减少浪费。通过与参施单位实时分享信息，可以有效地降低工程造价，提高工程建设的经济效益。

### 11.2.2 项目管理创新做法

#### 1. 成本式管理模式

目前市场竞争非常激烈，作为总承包单位，必须以施工成本为中心。在冬奥村项目实施过程中充分地考虑了现场周转料的优化和重复利用率，通过智慧管理平台实现对人员的精准管理，通过BIM技术等对成本进行精准估算。所以，在北京冬奥村施工项目的实际管理中，采用智慧化的成本式管理方式，既可以满足全局的要求，又可以保证竞争性。

### 2. 强化管理人员的工作素质

在整个施工过程中，北京城建集团选派精兵强将组建北京冬奥村项目部，始终以“精心谋划、科学管理”为宗旨，提升项目管理的质量和水平。在工程项目建设过程中，不断加强对施工队伍的工作质量和技术水平的管理提升。对建筑工人和现场管理人员进行定期的质量安全教育和质量安全培训，提高他们的综合素质和工程技术能力。北京冬奥村项目部也不断从高校中聘请专家学者对项目的技术和管理进行指导，从而使项目管理人员的理论水平和观念意识不断提升，进而提升整个项目的管理水平。

### 3. 完善施工管理程序

在施工管理流程上，北京冬奥村项目部的组织架构从直线型转变为扁平型，这样可以加速信息的传递，减少信息传递过程中的复杂程度。同时，扁平化的组织结构，可以让高层和基层的联系更加紧密，快速地将高层的信息传递到基层，让决策人员了解到项目的实际情况，从而在发现问题的时候，及时地解决，并且在基层员工层面来看，更便于领会领导意图。

### 4. 加强责任制管理

要强化施工项目的管理，必须将施工中的各项责任进行合理分摊，使施工各个环节都能得到合理的分工，从而使项目施工质量和安全得到进一步改善，达到更好的管理效果。北京冬奥村项目部建立了完善的奖惩制度，并严格执行，从根本上保障项目进度、质量、安全。另外，在施工过程中，把责任落实到项目的每个个体上，让每个人都能在项目中树立起一种责任感，进而保证项目的顺利进行，提高工作质量，使项目各项指标达到相应的评价标准。

## 11.3 管理策划与实施

北京冬奥村由北京城市副中心投资建设集团有限公司作为建设单位，北京城建集团作为总包单位负责一标段建设任务。项目建设过程中，建立完善的管理组织体系、质量保证体系、进度管理体系、成本管理体系和安全管理体系，通过科学的研判、合理的规划、精细的管理，实现了项目的高标准管理。在北京冬奥村建设前期，北京城建集团冬奥村项目部进行了科学合理的前期策划与准备，具体的工作流程如下：

（1）项目开工前工程总承包部（以下简称总部）通过考察和评选，确定有实力、有良好业绩的分包单位进行合作。

（2）项目部组建后，总部工程管理部根据项目的建设周期，在参照项目主要经济技术指标的基础上，初步判定主要进度节点的工程工期和总工期，分析可能影响项目进度计划的因素并提出预控措施。

（3）总部技术部负责组织图纸会审，总包单位各部门参加，对各专业之间的衔接，图纸对工程质量的影响，施工工艺的可行性等进行研讨并提出改进意见，以完善设计图纸对工程施工的指导作用。

（4）总部质量部根据以往客户关系管理部门反馈的工程质量问题，审核项目部确定的工程质量控制点和控制方法并加以完善。

（5）要求项目部根据工程进展的不同节点，有针对性地识别项目的安全、消防危险源，并协调监理、施工单位加以控制。

（6）制定工程档案竣工归档的工作计划。

（7）掌握国家、行业、地方有关工程管理的法律法规，了解与工程管理有关的标准、规程、规范，以明确工程管理的依据。

### 11.3.1 施工部署

#### 1. 施工阶段划分

本工程划分为四个施工阶段进行施工组织，分别是：地基与基础施工阶段、主体结构施工阶段、装修及机电安装施工阶段、系统综合调试及竣工验收阶段。见表11.3–1。

施工阶段划分 表11.3–1

| 序号 | 施工阶段 | 施工管理内容 | 重点 |
|---|---|---|---|
| 1 | 地基与基础施工阶段 | 包括施工前期准备（测量控制网建立、机械进场、场地布置、临设建设等），土方开挖及基坑支护，基底清槽，塔式起重机基础施工。进行垫层、防水、基础底板、地下室混凝土结构、劲性混凝土结构施工等 | 提前安排塔基施工，结构施工前的材料招标、采购、试验等，做好结构施工现场平面布置与规划 |
| | | | 重点组织好材料加工、运输，搅拌站的选择、劳动力的组织管理。选定钢结构专业分包单位，提前进行深化设计、构件加工。解决钢结构与钢筋混凝土结构的交叉施工问题 |
| 2 | 主体结构施工阶段 | 钢结构的深化设计、原材料的采购、构件的加工制作、构件安装、钢筋桁架楼承板的加工制作及安装、预留、预埋、防火涂料施工等 | 重点做好钢结构的施工组织、资源配置，做好流水施工、垂直运输。提前完成钢结构、钢筋桁架楼承板的深化设计，按计划进行构件加工 |
| 3 | 装修及机电安装施工阶段 | 包括ALC条板安装，外幕墙安装、外门窗安装，室内普装、精装、屋面施工 | 重点做好外墙施工的深化设计、加工、制作及安装施工组织。抓紧完成外幕墙的安装和屋面防水施工，确保雨季前实现封顶封围，为室内装修创造条件 |
| 4 | 系统综合调试及竣工验收阶段 | 包括系统联合调试、消防验收、电梯检测验收、各系统验收、竣工验收等各项验收 | 前期重点是系统联合调试，为消防、电梯、人防等专项验收以及竣工验收创造有利条件。后期重点是做好消防、弱电、电梯等专项验收，为工程竣工验收创造条件 |

#### 2. 塔式起重机选型与施工升降机布置

根据本工程结构形式，在每栋主楼旁边设置一台塔式起重机，共设置10台。为便于塔式起重机拆除，将塔式起重机设置在主楼外、纯地下室范围内。

根据本工程的装饰装修及机电安装的工程量，结合本工程的结构平面及高度和场地条件、交通组织、工期安排等因素，设置11台施工电梯，每栋住宅1台。

#### 3. “平行分区，分段流水”作业原则

本工程采用“平行分区，分段流水”的作业方式。地下结构以结构图纸中标明的施工后浇带划分为3个施工作业区，安排3支土建劳务队，组织平行施工。各个作业区内，按施工流水段，组织材料和作业人员形成流水作业。地上结构根据各主楼单层面积小的特点，按层划分流水段，从而使各个施工区施工有条不紊，既形成了有序施工的局面，又节省了资源，达到快速、经济、合理的目的。

地下的局部劲性混凝土结构及地上的钢结构，安排2个专业分包单位负责加工制作及安装。地下B1、B05层进行混凝土结构施工时，钢结构安装跟随土建分区及流水段施工。地上钢结构安装，按一节柱三层分段，南侧商业首、二层及部分顶层按一节柱二层分段。

4. 临设布置

办公区位于施工现场的西侧，距离约500m，建1栋U形3层的办公楼，1栋3层宿舍楼，办公楼及宿舍楼采用集装箱式活动房。建1栋会议室、1栋职工食堂，采用钢结构形式。办公区用于总包单位的办公及生活，提供会议室、开水间、卫生间、洗浴间、洗衣间、厨房、空调机房、室外健身运动场地、旗台、停车场等设施。集装箱式房、钢结构会议室、食堂的墙板、顶棚均采用A级岩棉夹芯彩钢板。

## 11.3.2 施工顺序

（1）总体施工顺序。

整个工程的施工顺序按照：先地下、后地上；先结构、后围护；先主体、后装修；先土建、后机电的施工顺序进行布置，从下往上进行，内部装饰是从上到下。施工阶段是在结构和装饰中穿插进行，各专业的分项和土建工程要紧密配合，在总包单位项目部的统筹协调和指挥下，才能保证项目的顺利进行。

总体施工流程见图11.3-1。

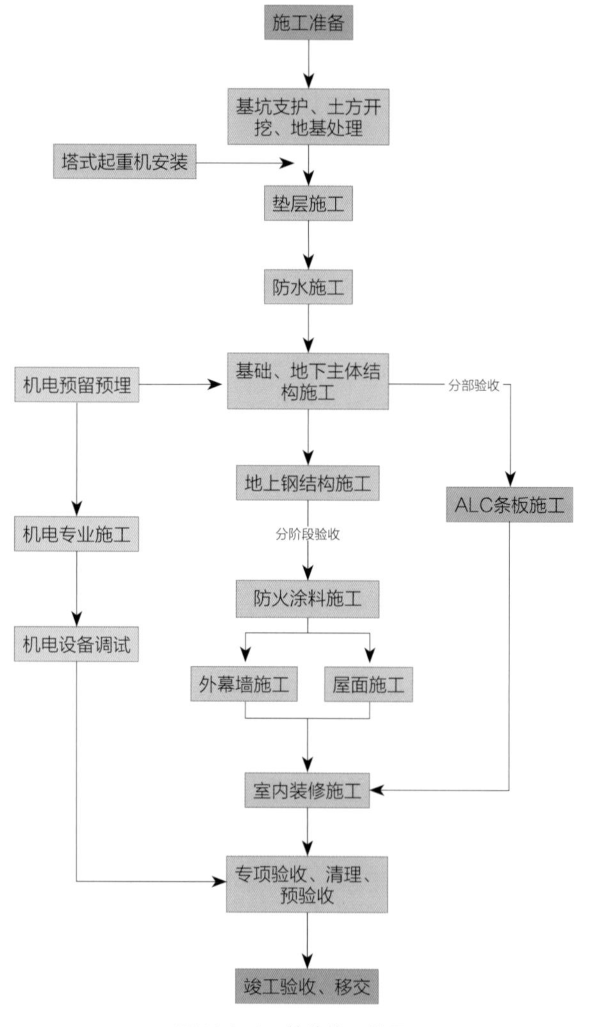


图11.3-1　总体施工流程

（2）机电专业总体施工流程。

各分部分项工程施工顺序总原则：①施工时按照先地下室、后地上；先主干管、后支管及附件；先系统试压和冲洗、后防腐和保温的原则进行；②在同一空间内，先施工给水排水，后施工通风管，再施工冷水、热水，最后施工电气桥架、线槽；③按子系统进行系统调试，按子系统进行中间交工验收。

（3）机电专业总体施工程序：①先进行施工现场布置，组织人力、机具进场，组织施工图设计交底及会审，编制质量计划、施工组织设计及各专业施工方案，配合土建预留预埋，进行材料设备进场验收；②对土建预留洞、预埋件、地沟及设备基础进行检查验收；③进行风管、管道、支架的预制，通风空调主风管的安装，给水排水、消防、空调冷水主干管的安装，水箱及其他非标准构件的预制加工和安装，电缆桥架和线槽的安装，电气布线；④设备就位、调平、找正，通风支管及附件的安装，给水排水、消防、空调冷水支管及附件的安装，冷凝水管的安装，电气检查接线；⑤各种管道、设备的强度试验、清洗、吹扫及其面漆、保温、色标、外观检查、安全装置调整、单机试运转；⑥配合装修安装风口、喷头、灯具等，系统调试、系统试运、交工验收；⑦保修、回访。

机电专业总体施工流程见图11.3-2。

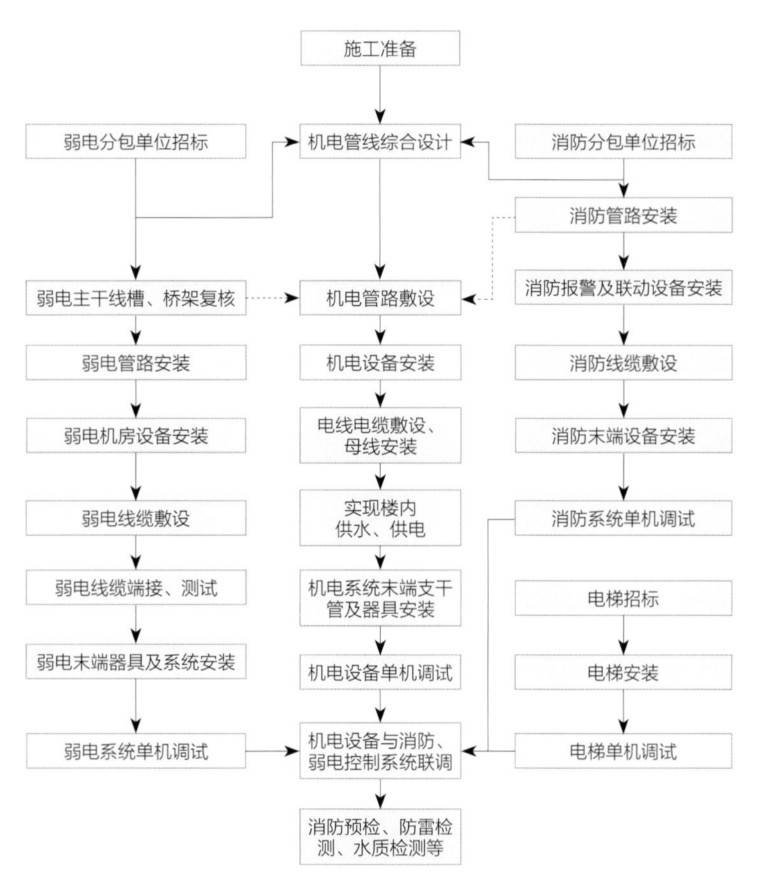


图11.3-2 机电专业总体施工流程

## 11.4 组织结构

### 11.4.1 组织管理机构设置原则

#### 1. 能完全满足工程建设施工需要的原则

本工程不同于其他装配式住宅工程，是2022年冬奥会的运动员公寓项目，建设任务光荣而艰巨，工期紧张而标准高。为此，本工程的施工组织管理机构设置完全贴合冬奥村工程的需要，组建一支有着类似工程建设经验、老中青组合、精干高效的施工总承包项目部。

#### 2. 能解决工程建设中的重点难点问题的原则

工程建设过程就是各项问题解决的过程，因此在建立组织和安排组织内人员的时候，需要充分考虑到工程的特点、难点和重点，前瞻性地组建相应的职能部门和选派有能力解决相应问题的人员到机构中，以确保在有限的时间内出色地完成各项管理目标。

#### 3. 能与建设单位紧密对接的原则

在工程建设期间，建设单位将建立自己的职能部门，承担建设单位的管理职能。因此施工总承包项目部在施工组织管理机构设置时，应充分考虑到与其职能部门的对接，保证工程的各项指令接收顺利，落实快捷。

#### 4. 基于2008年奥运会经验更好地完善本项目的原则

2022年举行的是冬奥会，其建设过程与2008年奥运会的建设过程有很多相似之处。因此，在充分分析比较两届奥运会的相同与不同之处后，借鉴夏季奥运会的成功经验，来建立本项目的施工组织机构。

### 11.4.2 组织管理机构设置

#### 1. 施工总承包部组织机构

根据工程施工组织管理机构的设置原则，为保证工程施工的高速、优质、安全、绿色环保，施工总承包部组织机构设置决策层、管理层和作业层三个层次。各个业务系统由副经理级的领导管理，业务部门涵盖建设全过程的各个管理方面。根据本工程所包含的施工项目，施工作业层涵盖总包自行施工范围的作业队和建设单位专业分包的作业队，总包将负责协调管理。施工总承包部组织机构图见图11.4-1。

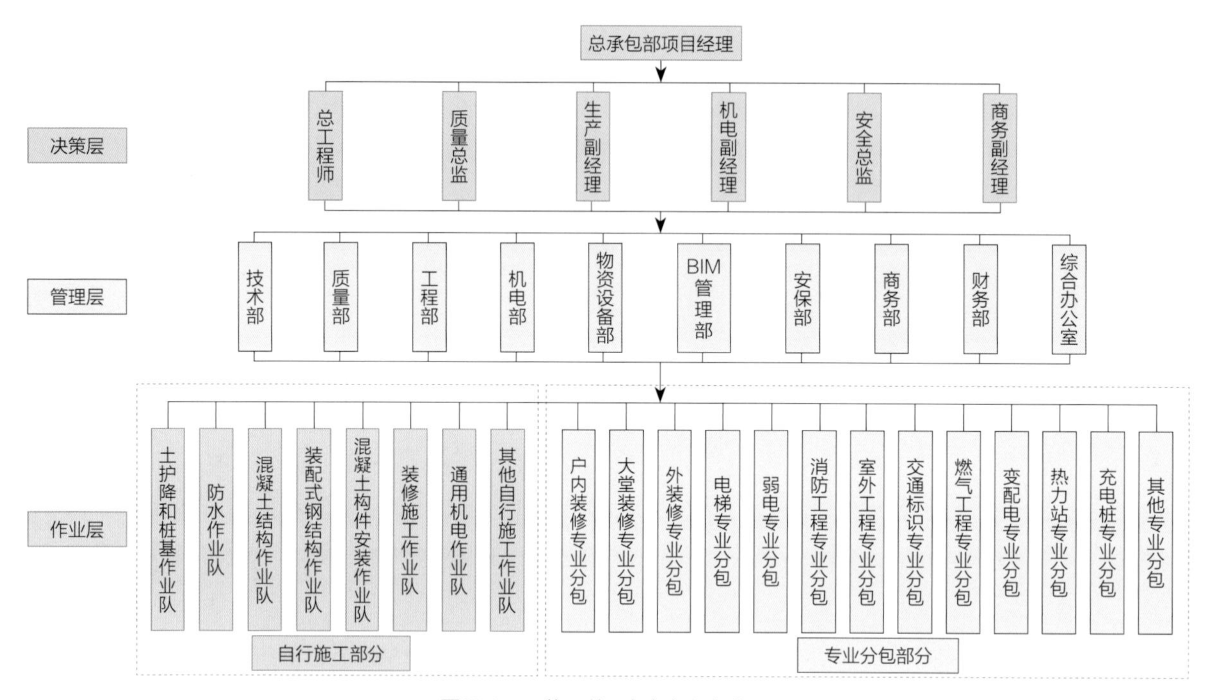


图11.4-1 施工总承包部组织机构图

#### 2. 施工总承包部人员组成

项目团队组建于2018年，骨干成员均参加过北京奥运村、中国历史研究院、北京大兴国际机场、北京城市副中心等重点工程建设，具有丰富的项目管理经验。

施工总承包部人员设置近70人，主要成员拥有研究生及大学本科学历，均拥有高级或中级职称，施工员、测量员、试验员、质检员、材料员、资料员、安全员、劳动力管理员等全部持证上岗。施工总承包部主要领导和业务岗位人员，全部在全集团范围内选拔，具有类似大型工程经验的人员。

#### 3. 主要岗位及管理职责

项目经理由具有重点工程施工管理经验的一级建造师担任，负责协调各种资源，确保各项目标的实现。选派一名具有同类工程施工经验、技术水平较高的教授级高级工程师担任总工程师，充分发挥技术保障作用。领导岗位还包括：生产经理、质量总监、安全总监、商务经理，分别由公司委派工作能力强、经验丰富的业务骨干担任。

项目部人员按照不同施工阶段安排专业人员进场，管理人员是动态的。项目部人员构成除专业结构合理外，在年龄结构上以中青年技术人员为主体，做到理论知识与实践经验相结合，确保该工程各项目标的实现。根据管理体系图，建立岗位责任制和监督制度，明确分工职责、授权范围、落实责任，各岗位各司其职，以科学、有序的状态高效率地完成本工程。

### 11.4.3 基于信息化管理的组织管理创新

北京冬奥村建设期间全专业、全过程应用BIM技术辅助管理，并在建设单位的主导下协同项目所有参与方应用BIM技术，BIM技术辅助施工的BIM模型深度达到LOD400深度级别。因此项目组织结构为了能够更好地适应建筑信息化，建立了符合BIM应用的人员组织结构。BIM项目应用实施的组织架构如图11.4-2所示，针对一个项目由一个项目总工及技术部BIM主管负责，由土建BIM组、钢结构BIM组、机电BIM协调组、装修BIM协调组、其他专业BIM协调组、综合应用BIM组和BIM质量控制组组成。

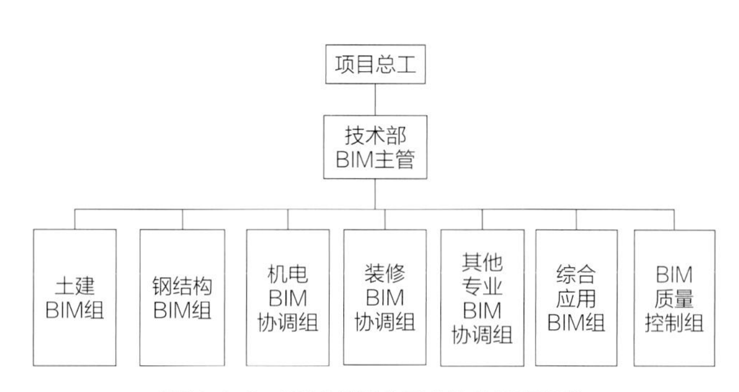


图11.4-2 BIM项目应用实施的组织机构

在BIM技术应用过程中，建立建设单位、设计单位、监理单位、总包单位和分包单位共同参与的BIM系统运行保障体系，各参与方设专人负责BIM工作，做好各参与方的协同配合；采用专业软件搭建项目协作平台，确保项目信息无损流转。

编制BIM系统运行工作计划，明确出图时间、出图深度。建立BIM系统运行例会制度，解决模型搭建过程中的问题，确保模型搭建时间、精度等。建立BIM系统运行检查机制，协同设计单位、监理单位、分包单位定期进行执行情况检查，了解工程情况，确保模型和施工同步。BIM体系有效运行是各参与方不同于传统模式施工额外配置人员和诸多软件共同协作的结果，需要上级的支持和大量资金的投入，因此在冬奥村项目建设管理过程中，项目总包单位充分地考虑了BIM的应用特点，建立了符合BIM应用模式的人员组织结构，保障项目顺利进行。

# 12 风险管理与创新

## 12.1 风险管理的一般性理论

### 12.1.1 风险的内涵

工程项目在实施过程中不可避免会遇到诸多方面的不确定性因素影响，使工程项目的实际目标与预期目标产生一定的差异。这些不确定性因素引起的工程项目目标的差异，称为工程项目风险。北京冬奥村作为典型的工程项目，其风险也具有工程项目风险的多样性特点。冬奥村项目建设规模大、施工周期长、施工进度紧，项目全生命周期内时时刻刻受经济风险、自然风险、技术风险、合同风险、法律风险等多重影响，风险相互关联，交叉影响。风险管理只能通过降低风险发生概率、减少风险损失、分散或转移风险来减少风险影响，并不能完全消除风险的存在。

### 12.1.2 风险识别

项目风险识别是一项全面、周密、复杂的工作，需要对各种可能的致险因素进行详尽分析和充分比较，要对大量的信息进行筛选，去伪存真。风险识别作为冬奥村项目风险管理的第一步，也是风险管理的基础。只有在正确识别出冬奥村项目建设全过程风险的基础上，项目管理者才能够选择适当有效的方法进行处理。

风险识别的方法通常采用风险调查法、专家调查法、经验数据法、流程图法等，建设工程风险识别往往要同时采用多种识别方法相结合进行风险识别，但无论使用哪种识别方法都离不开风险调查这一识别方法。

（1）风险调查法是指从项目管理的组织、自然环境、经济、技术、合同等方面分析建设工程潜在的风险，只有在施工过程中不断的进行风险调查才能掌握其发展的必然规律。

（2）专家调查法，顾名思义通过召开专家会议或书面问卷等形式由专家发表意见后，风险管理人员整理归纳选出合理方案。

（3）经验数据法则是根据以往的建设工程风险管理的有关数据或资料及管理人员的经验来预测拟建项目中潜在风险。

（4）流程图法是将建设工程按施工步骤或阶段顺序以若干个模块形式组成一个流程图，在各个模块中识别潜在的风险因素或风险事件，从而使管理者在项目推进过程中对各个阶段的风险有所提示并做出风险应对措施。

### 12.1.3 风险评估

北京冬奥村风险识别后，下一步的项目风险管理工作就是要对识别后的风险进行评估。风险评估就是使用科学的方法对风险的性质、风险事件发生的概率及其后果的大小进行定性定量估计，以减少项目计量的不确定性。风险估计的对象是工程项目的单项单个风险，而非项目整体风险。

风险评估考虑两个方面，风险事件发生的概率、风险事件发生可能造成的损失。风险评估的目的就是为了加深对项目本身和环境的理解，进一步制定项目质量、进度、成本、安全等目标实现的可行性方案，明确风险事件对于项目各方面的影响程度；尽可能使项目所有的不确定因素都经过充分、系统的考量；同时比较项目各方案的风险大小，从中选择出风险事件发生概率最小、损失最小的方案。

### 12.1.4 风险对策

项目风险对策是针对项目的风险评估结果，为降低风险事故的负面影响而制定风险应对策略和技术手段的过程，根据风险特性制定风险管理计划及对应措施。将风险按其发生概率、对建设项目目标的影响范围、影响持续时间、缓急程度分级排序。将项目利益相关者作为风险应对主体，参与制定项目风险应对。风险应对计划依据风险管理计划、风险排序、风险认知等，得出风险对应计划、剩余风险、次要风险、合同协议以及为其他过程提供的依据。

风险应对通常采用风险预防、缓解、转移和自留四种方法，每一种都有其侧重点。

（1）风险预防，以工程技术为手段，通过对危险因素的处理来达到损失控制的目的。比如，建立健全安全文明规章制度，通过对施工人员的安全教育培训提高防范危险意识，施工现场定期进行督查巡查，及时发现危险行为和隐患，防止风险因素出现。加强风险的防护能力，对重大技术认真评估，尽量采用成熟技术，而不能为了降低成本而采用投机性的设计或者不成熟的技术。

（2）风险缓解，首先是承认风险事件的客观存在，然后考虑适当采取措施降低风险出现的概率或者最大程度地降低风险所造成的损失。风险缓解与风险转移的本质不同，它不能消除风险，只能降低风险。风险缓解采用的形式可能是选择一种减轻风险的新方案，比如，选用更成熟有把握的施工技术、熟悉的施工工艺或者采用更可靠的材料或设备。风险缓解还可能涉及变更施工环境条件，以使风险发生的概率降低。分散风险也是有效缓解风险的措施，通过增加风险承担者，减轻每个个体风险承担者的风险压力。

（3）风险转移，是指项目管理单位为避免承担风险损失，有意识地将风险损失财务后果转移到其他单位去承担。比如，施工单位进行工程分包、工程保险、工程担保等。工程保险、工程担保是项目风险管理对策中使用较多的两种方法。施工企业的工程保险和工程担保虽然会增加施工成本，但会使工程施工活动过程有所保障，稳定人心，从风险损失中获得补偿。

（4）风险自留，不同于其他风险对应方法，是一种风险财务技术，它既不改变风险发生的概率，也不控制风险发生后的后果，而对明知可能会有风险发生，在权衡了其他风险应对方法之后，根据自身资金能力，从经济性和可行性角度考量，仍将风险留下。若风险损失真的出现，则依靠项目主体自有资金，去弥补风险的损失。

## 12.2 风险管控体系构建与管理方法创新

北京冬奥村项目建设是一项复杂的系统工程，其实施过程不可避免地会受到各种不确定因素的影响，即存在风险性的问题。工程项目在实施过程中一旦出了问题就很难补救，不像重复性的市场活动和工业生产，常常可以在以后找到机会弥补。加之风险管理较为复杂，这一方面在于信息的不完整或信息的相对滞后，对它们的识别及性质的把握相当困难；另一方面对它们进行处理的工具、方法或手段常常是无章可循。因此，工程项目管理中最重要的任务可以说就是对风险问题的识别分析和管理。

### 12.2.1 管理风险分析

#### 1. 冬奥村项目建设意义重大

2022年第24届冬奥会是继我国成功举办2008年夏奥会后的又一次盛会，是中华民族圆梦冬奥的一件盛事，北京将成为世界上第一座“双奥之城”。习近平总书记对办好北京冬奥会做出重要指示强调，坚持绿色办奥、共享办奥、开放办奥、廉洁办奥，高标准、高质量完成各项筹办任务，确保把北京冬奥会办成一届精彩、非凡、卓越的奥运盛会。

北京城建集团成为全球既建造过夏季奥运会主场馆、又承建冬季奥运会主场馆的总承包商。冬奥村是运动员到一个国家参加冬奥会的第一站，是运动员对冬奥会的第一印象。冬奥村在赛会期间将为参赛各国运动员提供住宿、餐饮、社交场所，是冬奥会北京赛区重要的非竞赛类场馆之一，建设意义重大。北京冬奥会的举办，工程建设受到社会高度关注，赛会期间冬奥赛场、冬奥村成为全世界瞩目的焦点。因此必须精心策划、统筹安排，确保建设工期、质量、安全、绿色施工等各项目标的实现，"精雕细琢"把北京冬奥村建设成"内坚外美"、符合人居环境的"舒适、健康、智慧"建筑。

### 2. 工期风险挑战

如何在保证安全、质量的前提下，确保工程进度，是本工程的难点，也是面临最大的风险。紧张的工期，也对质量、安全管理提出了更高的要求，必须确立质量安全第一的原则，采取合理的技术措施、施工部署及资源投入，确保工程进度。

### 3. 新型装配式钢结构建筑体系应用风险挑战

装配式钢结构建筑体系目前在居住建筑中大规模应用较少，作为冬奥会国家工程上进行系统的应用，还存在着重要的风险挑战，特别是对于高品质住宅耐久性、隔声、抗裂等各种性能的探索，均对项目产生了巨大的风险挑战。小截面钢结构制作与安装技术、防屈曲钢板剪力墙深化设计与安装技术、室内轻质隔墙与钢结构连接技术、电梯运行减隔振技术、住宅舒适度技术等，都需要提前研究与策划，并在实施过程中加强管控，做好工程总结。

### 4. 不同阶段使用功能转换存在的风险挑战

工程的建设定位为冬奥会及冬残奥会运动员公寓及配套服务用房，作为奥运遗产，赛后经过功能改造，成为北京市高端人才公租房进行持续运营。工程的使用性质为公租房，是保障性住房。社会保障性住房是我国建设中较具特殊性的一种类型住宅，由政府统一规划、统筹及配租，监管细化要求多、监管力度大，因此确保结构安全、满足使用功能、做到可持续发展要求是本项目建设的重要风险挑战。

### 5. 施工质量标准高

为了把冬奥村打造成"精品工程、样板工程"，项目制定了创高优的质量目标：获得北京市建筑结构"长城杯"金质奖、北京市建筑"长城杯"金质奖，中国钢结构金奖，暂夺中国建设工程鲁班奖。因此要做好施工策划，过程中需规范施工、注重细节、精益求精，在质量上严格管理。这些高质量目标的达成，也为项目建设团队提出了巨大的风险挑战。

### 6. 绿色施工风险挑战

本工程位于北京奥林匹克公园中心区，距离国家级环境监测子站仅一路之隔，绿色施工标准要求高。北京在2019年前后正处在扬尘治理的攻坚阶段，绿色施工、可持续发展不仅意味着最大限度提高资源利用率，减少施工过程对生态环境的负面影响，而且也体现着北京城建集团的责任与担当。这对于项目管理来说，在保障符合环保要求的条件下，对项目进行建设，具有较大的风险挑战。

实现安全生产，既是施工企业永恒的社会责任，也是企业发展的根基所在。本工程施工工期紧，深基坑、肥槽有限空间作业、超限模架、钢结构、起重吊装等危险源较多，这也是项目实施过程中的重要安全风险。

通过创建"北京市绿色安全样板工地""全国建设工程项目施工工地安全生产标准化学习交流项

目”等活动，不断地规范、提升项目绿色、安全管理水平。

#### 7. 地上群体建筑密集带来的工程风险挑战

本工程地下为整体车库，建筑平面尺寸长约220m，宽约110m，地下建筑面积8.3万$m^2$。地上11栋高层住宅及5栋多层裙楼，建筑面积约10.6万$m^2$。地上16栋建筑全部集中在地下车库上，楼间距相对较小，给塔式起重机平面布置、各栋号施工组织、地下结构裂缝控制、后浇带留置与封闭等都带来了较大的难度，具有很强的风险挑战。

由于建筑物密集，因此地下后浇带全部为沉降后浇带，水平长度约5060m，竖向长度约5400m。设计经过核算，无法采用跳仓法等技术措施取消后浇带，因此需要采取加强第三方沉降观测、根据观测记录及施工进度确定最佳后浇带封闭时机、设置无粘结抗裂预应力钢筋、采用补偿收缩混凝土等措施，达到尽量提前封闭后浇带，并满足结构抗裂的要求。

现场布置10台塔式起重机以满足施工生产需要，而且西侧还有相邻标段的塔式起重机处于交叉覆盖状态，如此密集的塔式起重机，给群塔作业管理、塔式起重机顶升安排、各栋号施工进度协调管理带来了很大的难度，对于工程建设也带来了巨大的风险。

#### 8. 工程总承包管理协调风险挑战

本工程的专业分包较多、工程量大，作为工程总承包单位，如何做好自行施工范围内的施工项目，并管理和协调配合好众多专业分包，做到管理有序、措施到位、目标落实，是本工程能够顺利建设的重要风险挑战之一。

冬奥村项目的特殊使用要求决定了在建设期间和工程竣工后，需要密切配合建设单位做好冬奥村的建设、验收、维保等系列工作，如接受国际奥组委、北京冬奥组委等机构的观摩、检查、验收，赛时、赛后功能转换改造等。

#### 9. 场地狭小施工组织困难风险挑战

本工程现场场地十分狭小，拟建建筑距离用地红线仅3m，且用地红线紧邻现有的市政道路、高架桥，致使现场临时设施规划困难，这些对于工程建设形成了巨大的风险挑战。

通过对工程进行整体规划、确定施工顺序，利用后期施工的幼儿园作为钢筋加工场，与奥体文化商务园区的管理单位进行沟通、协商，获得了部分道路的使用权，作为现场运输及堆料场地，以满足施工生产的需要。

### 12.2.2 风险管理原则

在全面分析评估风险因素的基础上，制定科学有效的风险管理方案是建设工程项目风险管理的关键所在。北京冬奥村项目风险管理原则可以概括为以下几个方面：

（1）全过程主动性原则。将冬奥村项目风险管理贯穿项目全过程建设期，前期准备阶段、施工阶段、保修阶段、运营阶段，遵循事先控制、主动控制原则。伴随项目进程发展变化过程中出现的新情况、新问题，及时调整风险管理方案采取措施，贯穿项目全过程，充分体现风险管理的特点和优势。在冬奥村建设过程中，特别是项目前期的方案阶段，对于装配式钢结构体系的选择面临着技术路线、生产厂家、结构性能等多方面的技术风险。项目团队采用全过程主动原则，对于问题实行早调研、早谋划、早处理的原则，有效地避免了风险的发生。

（2）针对性、有效性原则。冬奥村项目风险管理方案针对已识别的风险源，建立健全针对冬奥村项目特点的风险管理体系，组织制定相应的风险应急方案措施，如质量事故应急预案、安全施工应急方案、疫情防控应急方案等，明确风险责任人、风险处理程序及时限，保障风险事故发生前及时有效避免，发生后及时有效处理，使得风险事故可控，将风险的影响及损失控制在最低。适用有效的风险管理措施能大大提高风险管理的效率和效果。

（3）综合性原则。北京冬奥村实施过程涉及的主体众多，作为总承包单位以工程大局为重，积极主动协调各方关系，与各参与方密切配合，采取综合治理原则，动员各方力量，科学划分风险责任，建立风险利益的共同体和项目风险管理综合体系，将风险管理的工作落到实处，为工程顺利推进保驾护航，推动项目按计划稳步实施，最终达成目标实现。

### 12.2.3 风险应对措施

北京冬奥村采取了一种以风险管理为核心的项目管理体系全面风险管理思想，即将风险管理与其他管理相融合，渗透于施工过程的每一项活动之中。并且由于项目的进行是一个动态活动过程，随时间和环境的变化而变化，冬奥村项目风险管理是一个基于项目目标的全方位、全过程动态进化过程。对于项目管理产生的风险主要可以采取以下几个方面的措施来应对，具体包括：

（1）经济管理措施。冬奥村项目部设立专门的合同管理岗位，制定合同方案设计，包括风险分配方案、风险责任条款设计，明确合同管理人员责任，确保使项目合同履行进度和合同执行情况都严格按照合同的要求执行。执行成本管理程序，对成本形式的每项活动进行监控和动态调整，保障成本始终控制在预算范围内。

（2）技术管理措施。冬奥村项目工期紧、任务重，如何在保证安全、质量的前提下确保工程进度，项目部从技术管理角度对制定各项技术工作要素进行组织和管理，实现对工程质量、进度、成本、安全的有效控制。作为项目总承包单位，项目团队积极调研新技术方案，确定了装配式钢结构住宅体系化的技术方案，并协调各个专业分包，以保证质量安全第一原则，坚持适用性、可行性，采取合理的技术措施、施工部署及资源投入，确保工程顺利推进。

（3）组织管理措施。冬奥村项目部贯彻综合、系统、全方位原则和经济、合理、先进性原则，落实风险管理责任，制定一系列项目管理流程及管理制度和标准、建立组织机构针对性地选配人员、明确岗位职责分工，积极推广使用风险管理信息系统等现代管理手段和方法。

### 12.2.4 风险管理的重要性

作为建设工程项目管理中不可或缺的一部分，风险管理的目的是保障冬奥村工程项目总体目标的实现。北京冬奥村风险管理目的即达到成本、进度和质量目标。通过工程项目风险管理能降低工程项目的风险成本，工程项目的总成本才能够降下来。工程项目风险管理把风险导致的各种不利后果减小到最低程度，正符合工程项目有关方在进度和质量方面的要求。

工程项目计划制定是为未发生的工程项目活动做安排，充满不确定的因素。工程项目风险管理的重要职能就是减少工程项目全过程的不确定性，为工程项目计划的制定提供依据，有益于提高工程计划的准确性和可行性。

风险管理是工程项目成本管理的一部分，工程项目风险管理通过风险分析，预测出可能发生的风险费用，并将不可避免费用列为一项成本。这就为工程项目预算中列入的应急预备费用提供了重要依据，增加了工程项目预算的精准度，从而避免在工程项目实际活动因风险发生造成超支而引起的项目成本不确定。

风险管理能够有效地对风险进行控制和补救，在工程项目的实施过程中，许多风险隐患终成为现实影响。工程项目风险管理就是利用科学的风险分析方法，对工程项目潜在风险进行分析，针对性地拟定出各种具体的风险应对预案，以备风险事件发生时进行有效的控制和补救。

## 12.3 风险管理文化

### 12.3.1 风险管理意识全员化

北京冬奥村以“风险管理为核心的项目管理体系全过程风险管理思想”为引导，在建设工程各个环节、各个部位、各个阶段，统一全员风险意识，推行以风险管理为主线的动态项目管理，实现风险管控全过程覆盖，确保项目风险管理可防可控。风险管理的关键是统一思想认识，将风险意识传递到施工现场每一位作业人员，从管理人员到一线工人拧成一股绳，对施工每一环节都时刻保持危机意识。在作业中养成日常风险防范习惯，提高自我管理、互相监督的意识和主动性。

冬奥村项目部将安全、质量和绿色环保施工理念融入风险管理中，以项目经理为风险管理最高领导，统一管理人员、一线作业人员对于风险的认知，增强全员忧患意识，强调失误零容忍。冬奥村工程风险管理不遗漏每一道工序、每一批新设备新材料的使用。对重点风险进行专项主题研究，将大部分风险控制在施工工艺可行性研究阶段，避免施工过程中不可控风险的出现。同时为了及时应对突发风险事件，提前制定综合和专项风险应急预案，确认风险应急流程，明确风险责任人。预案严格执行，将安全、技术标准落实到每一项施工活动中。

在冬奥村项目中，风险管理不是某个部门的职责，而是项目部全员的行动指导。在风险管理过程中，项目部管理人员和一线作业人员共同参与关键工序和重大事项的风险识别、分析和控制工作，项目部管理人员每天到现场巡查指导工作，与技术人员和一线作业人员共同参与现场施工工作，随时解决施工难题，监控风险因素状态。一线作业人员实时反馈作业现场情况及重点关注风险因素的动态变化情况，全员共同参与风险排查，在互动交流中使得风险隐患逐一发现，真正做到全员风险管控。

冬奥村项目部通过全员培训考核的方式将思想意识更加直接地转化到实际工作中。制定专项培训课程，内容包括但不限于冬奥村项目专项风险管理实施方案、应急预案、日常安全行为规范等，使全员对风险管理可以正确认知和正确实施执行，提升管理人员的风险管理水平，增强一线作业人员的风险认知和实操水平，全员掌握整套风险管理文件体系的运作。项目部编制《施工现场安全生产事故应急预案》《起重机械事故应急预案》《防汛应急预案》《疫情防控应急预案》等多项安全生产事故应急预案，制定演练计划，并按照计划实施演练，强化施工作业人员的应急救险能力。

作业人员的安全风险培训，以日常HSE培训为重点，采用入场前培训、日常上岗前教育及再教育等多种形式进行。在传统安全教育的基础上，利用云培训、VR安全体验式教育、北京城建集团工人安全教育微课堂、可视化教育、二维码交底等多元化教育手段对工人进行安全风险教育，提高工人安全风险意识、强化工人安全风险责任。制定风险管理考核和奖惩机制，在平常施工期间，就风险管理体系对现场施工人员进行考核，让风险管控具体到每个施工细节。

### 12.3.2 风险管理推动项目决策科学化

冬奥村项目在每个关键节点以风险管理活动形式预判和评价当前风险，对风险处置结果进行确认。如果风险事件不在合理可控范围内则无法启动后续环节，需返回上一个环节及时调整，如此循环，以确保所有工序施工时都处于可控、安全的状态。以风险可控为指向标的科学决策为工程施工的顺利开展保驾护航。

施工过程中的决策和风险辨识是紧密联系在一起的，若风险分析和措施无法达到要求，在进行决策时，就不能启动当前工序，必须经过调整解决，完全消除风险或风险降低至可接受范围后，决策层才能下达施工命令。在决策过程中实行风险一票否决制，以风险可控为指向标，真正实现“决策跟着风险走”。

冬奥村项目涉及多个专业，每个专业负责人在各工序施工前就本专业潜在的风险隐患向项目经理进行汇报，确定风险状态都可防可控。项目部通过风险决策流程，包括：风险识别研讨、专家咨询、风险预案确认、重点难点专项讨论等，综合讨论咨询意见作为决策，明确风险因素是否消除、风险处置方案措施是否到位，风险处置效果是否在可接受范围内，确保风险均排查到位。在每一个细节都满足施工条件后，启动当前工序，如果不满足决策条件，需要返回上一道工序重新进行风险排查，或者采取有针对性的措施加以处置。

### 12.3.3 风险管理推动技术创新化

北京冬奥村主体结构采用装配式钢结构体系，能够有效地提升项目的建设效率和绿色低碳的性能。大规模采用钢框架-防屈曲钢板剪力墙结构，在满足使用功能的前提下，实现装配式施工，不仅难度较大，且施工活动中存在较多不确定的风险因素，给工程建设和风险管理带来了极大的挑战。在探索施工技术过程中通过风险分析发现普通传统技术工艺无法避免的风险隐患时，需要打破常规施工方案，依靠技术创新，催生新技术、新工艺，以风险管理促技术创新，以技术创新防范化解风险隐患。依托北京冬奥村项目，已形成专利14项，科技成果2项。项目着眼于项目全生命期的BIM应用，利用BIM技术进行虚拟设计、建造、维护及管理，给项目管理带来较大的经济效益，大幅降低项目风险，减少项目实施过程中的未知，让管理变得轻松和精细化。

# 13 质量管理与创新

## 13.1 质量管理总体要求

坚持“质量第一，预防为主”的质量控制方针和PDCA循环的质量控制工作方法，不断改进过程质量控制，重点抓好执行（施工）和监督（检查）两大质量控制线。制定项目质量管理制度：奖罚制度、样板制度、例会制度、实测实量制度、三检制度等，明确分工职责，落实质量控制责任，各司其职。项目经理对项目质量控制负总责，过程质量控制由每一道工序和岗位的责任人负责。

做好“人、机械、材料、方法、环境”五大控制，推行样板引路制。严格质量检查验收制度，每道工序必须按作业班组自检、互检和质检员专检的程序进行质量验收，验收不合格，不能进入下道工序施工。加强过程质量控制，将质量问题消灭在过程中。

推行全面质量管理，从施工准备到工程竣工，从材料采购到半成品与成品保护，从工程质量的检查与验收到工程回访与保修，对工程实施全过程的质量监督与控制。编制项目《质量计划》，体现从工序、分项工程、分部（子分部）工程到单位工程的过程控制，体现从资源投入到完成工程质量的最终检验和试验的全过程控制。

将确定的工程质量目标层层分解到每一分部工程、分项工程，以分部、分项工程质量目标的实现来保证工程总体质量目标的实现，各专业分包工程确定的质量目标要与总体质量目标一致。以质量管理的组织协调措施和对工程测量、技术方案（作业指导书）、材料及工序产品的检验和试验、机械设备的保养与维修、工程细部的施工设计等质量控制为重点对象。

结合本工程的具体特点，将基坑支护设计与施工、梁柱节点、防水工程、钢结构细部深化设计、内外装修交接部位的节点设计与施工、公共区域各专业的平衡布置、土建装修与机电安装间的统一协调等作为施工的重点和难点，对相应的关键工序和特殊过程编制作业指导书。对质量计划的实施要有严格的控制措施，以保证取得最佳的质量控制效果。定期验证质量计划的实施效果，以改进质量控制中存在的问题，达到工程质量的持续改进。

## 13.2 质量管理体系

北京冬奥村项目部广泛开展了QC小组活动，有效地提升了工程质量，获得7项省部级及以上QC小组活动认证。冬奥村项目部以《质量管理体系 要求》GB/T 19001—2016为准则，以工程合同为质量管理制约手段，强化项目质量管理职能，建立以项目经理为领导，生产经理、总工程师中间控制，各职能部门管理监督，各专业施工队操作实施的项目质量管理保证体系。

项目部设“质量总监”岗位，具体负责项目的质量管理与控制。配备专职质检人员，负责项目的质量检查。各分包单位也应建立各自的质量保证体系，负责分包范围内的施工质量管理与控制。配备专职质检人员，负责分包工程施工过程的质量检查。

形成横向到边（即项目经理→生产经理、总工程师→职能部门→管理人员）、纵向到底（即项目经理部→分包单位→作业班组→作业人员）的质量管理控制网络，形成全员参与，全面、全过程控制的质量保证体系。

项目部质量管理坚持策划为先，编制《质量创优策划方案》；落实交底制度；建立样板展示区；推行样板引路、挂牌制、三检制、联合巡检制、专业会签制；建立“奖罚制”，通过一系列管理方案制度提升管理效果。

## 13.3 质量管理特色及创新

### 13.3.1 质量管理特色

#### 1. 建立健全质量管理制度

为保证质量目标的实现，自开工之日起，项目部坚持落实表13.3-1中的质量管理制度。

项目部质量管理制度 表13.3-1

| | | | |
|---|---|---|---|
| 1 | 质量例会制度 | 9 | 样板制度 |
| 2 | 质量教育培训制度 | 10 | 问题追究制度 |
| 3 | 质量会诊制度 | 11 | 实测实量制度 |
| 4 | 成品保护制度 | 12 | 三检制度 |
| 5 | 重要工序旁站制度 | 13 | 奖罚制度 |
| 6 | 对分包队伍质量管理制度 | 14 | 技术交底制度 |
| 7 | 质量检查制度 | 15 | 挂牌制度 |
| 8 | 原材料及施工检验制度 | 16 | 岗位责任制 |

#### 2. 样板制

北京冬奥村项目在施工过程中坚持“方案先行，样板引路”，每个分部、分项工程施工前均建立样板制，将各工序的样板施工标准及施工流程明确，并经监理、业主等工程师共同签字确认后，再按照样板标准大面积开始施工。

各样板如图13.3-1～图13.3-3所示。

#### 3. 三检制和挂牌制

在施工过程中坚持检查上道工序、保障本道工序、服务下道工序，做好自检、互检、专检；在三检完成后，由项目责任人组织作业队伍填写验收资料，报项目质量部进行验收，合格后由项目质量部组织向监理报验，验收合格后才能进入下道工序。

图13.3-1 实体样板展示区

图13.3-2 外墙幕墙样板

图13.3-3 装修样板

4．物资采购及管理

物资采购程序：商务部负责物资统一采购、供应与管理，并根据质量管理体系要求，对本工程所需采购的物资进行严格的质量检验和控制。如图13.3–4所示。

物资材料进场保护及分类码放并做好标识。

5. 材料进场验收

材料进场验收程序：材料运至施工现场后由物资部会同专业工程师、质量工程师并邀请业主、监理工程师检查验收。如图13.3–5所示。

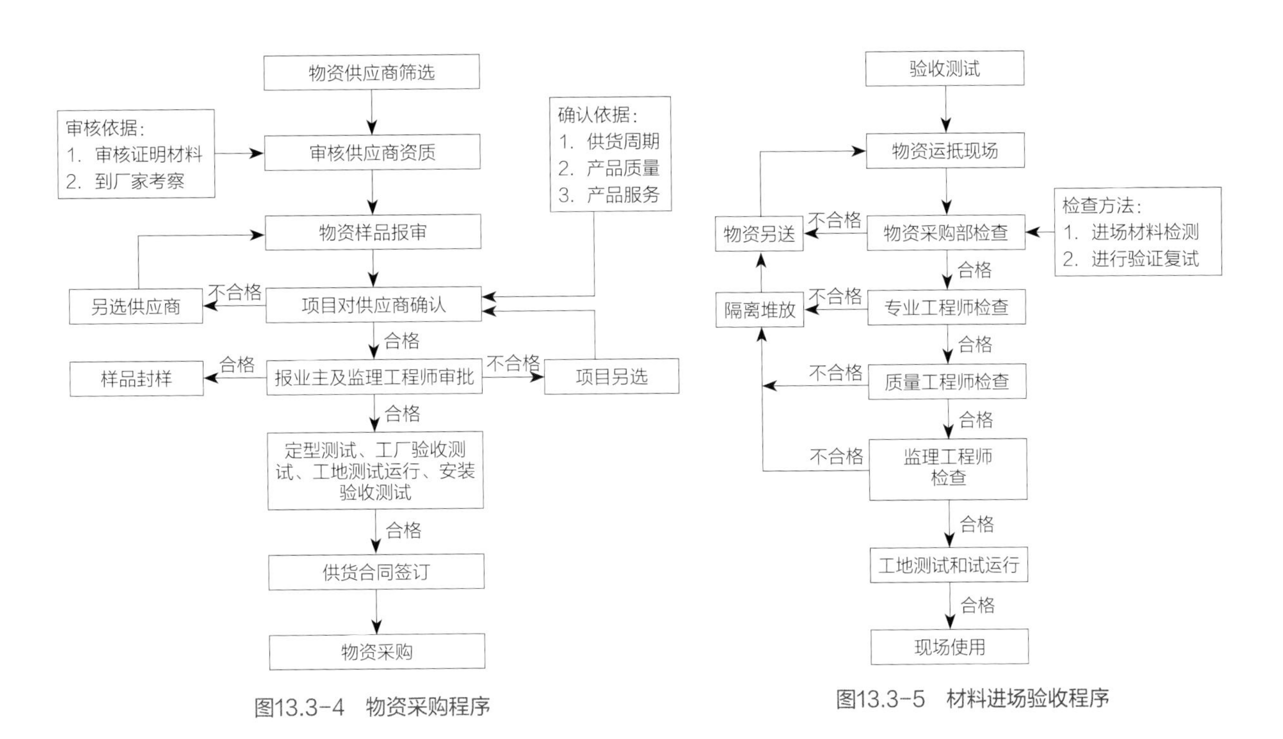


图13.3–4　物资采购程序

图13.3–5　材料进场验收程序

6. 交底及培训

每一分项工程开始前，由冬奥村项目质量部对分包管理人员、施工班组就具体质量要求进行交底，使之增强质量意识，熟悉质量要点，确保在施工过程中质量始终处于受控状态。质量目标的分解落实、技术文件的有效实施更多地依赖于各级管理人员的综合素质与其工作质量。先后以专家授课、观摩学习、再学习教育等形式普及质量管理知识，对工程实体质量的保证具有积极的意义。

质量培训见图13.3–6。

7. 质量例会制度

冬奥村项目质量部每周定期召开质量例会（图13.3–7）、不定期地召开现场质量分析会（图13.3–8），总结前一周出现的质量问题，针对下一周的主要施工内容进行质量预控。通过"检查→发现→整改→实施"这一系列循环质量措施，在施工过程中及时有效地改正了很多质量问题，为工程质量打下了坚实的基础。

8. 质量月活动

为提高工程质量，每年组织召开"质量月活动"。通过活动，提升了质量管理意识，提高了质量管理水平，并在质量月活动中连续获得"优胜单位"。

质量奖罚见图13.3–9。

图13.3-6　质量培训

图13.3-7　质量例会

图13.3-8　现场质量分析会

图13.3-9　质量奖罚

#### 9. 分户验收

冬奥村项目部为保证运动员住得放心、住得安心，整个工程进行全方位多轮次分户验收工作，主要包括四个部分：总包单位100%自检，监理100%复检，物业单位100%交接检，建设单位30%抽检。通过这四道验收程序，对每一户所有验收项进行细致严格的检查，达到验收合格率100%。加强分户验收工作，细化分户验收检查表。

### 13.3.2　质量管理创新点

#### 1. 对设计的质量控制

在建设项目开始前，相关部门将审查设计文件，在本项目设计中未作详尽说明或疏忽之处，由工程师以书面方式予以更清晰的说明和补充。在工程建设期间，若发生较大的变化，必须严格按照相关的变更申请程序，对变更项目进行专业评审。在处理施工期间出现的非重大变化时，应由施工、设计、监理三方共同审核。在工程建设前，相关人员应审查所采用的设计方案。

#### 2. 对工程施工的质量控制

对工程施工的各阶段进行有效的管理，降低风险，避免事故发生。对工程质量有影响的问题，首先要用专业科学的检测手段去检测，在处理的时候要始终把工程质量放在首位。尽管一些问题没有出现，但项目管理者必须采取科学有效的预防和控制措施，以防止事故的发生。

#### 3. 严格实施工程质量的检验工作

工程质量检查是判定工程质量符合相关法规的主要方法，对工程质量进行严格的检查是保证工程建设顺利完成的关键。

（1）检查的项目。要清楚地理解工程的检验标准、内容和方法，保证在实际检验中实现程序化、规范化和制度化。通常检验的内容包括原材料、半成品、工程结构、物理和机械的检验，而检验的主要方法就是测量、试件的物理检测、仪器的无损检测、敲击等。

（2）检查方式。在工程质量检测中，必须严格实行自检与专检相结合、日检与抽验相结合、定期抽查与不定期抽查相结合的方法。项目质量检查员必须严格按照上述的检查形式，对施工项目的质量进行专门的检查。

（3）对工程质量的检验做到高标准、高质量、严要求。在工程施工中，施工管理制度、规范要求、技术措施、施工质量检查等都要求严格、专业。出现质量问题的工程，必须严肃处理，不能马虎，要把一切问题都考虑进去，并加以处理。

### 13.3.3 质量管理创新成果

冬奥村项目建设过程中，坚持目标导向、需求导向和问题导向，不断改进、不断优化、不断创新，打通“堵点”，解决“难点”，消除“痛点”，形成质量管理创新成果。

#### 1. 行业监管模块化

聚焦冬奥村项目工程施工关键环节，按照“实战实效”的原则，将行业、企业、项目端三层架构，分割成劳务人员管理、起重机械管理、视频在线监控、扬尘在线监测、关键岗位人员管理、样板工地考评、监理考评、质量检测管理、预拌混凝土质量管理、工程质量无纸化验收10个子系统模块，构建指标体系，明确各自目标任务，集成数据采集、资源共享、相互协作，优化治理行业管理弊端。

#### 2. 靶向架构精准化

冬奥村项目部针对施工中容易出现施工质量问题，施工质量难以控制的难点，通过建立预拌混凝土质量监控子系统，实现了生产、运输和使用阶段的全过程闭环管理，做到了生产企业的配合比、检测等数据自动分析和预警，通过电子合格证、交接试块制度、联动实体检测监管等手段，实现了生产、运输和使用阶段的全过程闭环管理。协同商务、驻站监理、质量部等部门，实现了对混凝土质量的跨部门协同管控。

#### 3. 场景应用智能化

利用人脸识别、道闸考勤等技术，实现对现场人员的实时管理；通过对在线粉尘数据的自动收集，实现了预警信息的自动发送，并可以启动相应的除尘设施；采用电子凭证、二维码追溯管理，对有问题的起重设备进行自动限制；实现了对混凝土的实时配合比、检测等数据的实时采集，实现对非正常状态的分析和预警；利用AI对品质检验过程中的异常状况进行自动分析，从而达到对检验全过程的跟踪，真正做到了“阳光”的检验。

#### 4. 质量安全管理闭合化

冬奥村总承包单位严格落实标准化质量安全管理措施，各施工单位协同管理，构建“人员、设备、材料、施工环境”的全过程监控体系，健全“发现问题、启动预案、及时处置、举一反三”的隐患治理机制，实时掌握重大危险源特别是深基坑、起重机械作业情况，自动排查提醒未到位项目、人员，切实提升系统隐患治理能力。本工程未发生任何质量安全事故。

## 13.4 质量管理主要措施

北京冬奥村由总承包单位统筹安排，监理公司监管，设计院精心服务。总承包单位管理与协调，各分包单位配合实施的高效管理体系，全方位贯彻“高品质”管理思想。共同制定了样板制、首件首验制、例会制、工序验收确认制等30余项质量管理制度。冬奥村制定了多项质量管理标准，包括坚持策划为先，编制《质量创优策划方案》；落实交底制度，建立样板展示区，推行样板引路、挂牌制；坚持“三检制”；坚持“联合巡检制”；坚持“专业会签制”；建立“奖罚制”，提升管理效果。

质量样板展示区见图13.4-1，质量巡检及验收见图13.4-2。

图13.4-1　质量样板展示区

图13.4-2　质量巡检及验收

（1）坚决贯彻质量样板制，在施工现场设置质量样板展示区，根据施工进度及时更新样板，并组织相关人员进行学习。针对重点工序先行施工样板，指导现场施工。

（2）每周组织技术质量联检、召开质量问题分析会。召集各管理层主要人员参加，针对现场存在缺陷，分析原因，制定整改措施以利下一步改进。追根溯源，深入分析，追查责任人，对存在的问题提出解决措施，下发质量问题整改通知单，并对责任人进行质量教育，保证过程精品的实现。

（3）通过组织劳动竞赛，在作业区之间比进度、比质量、比安全，以竞赛促进工程质量的提高。定期组织质量评比检查，对直接、间接责任人进行奖罚，奖罚分为会议口头表扬/批评，通报表扬/批评，物质奖励/处罚三个等级。质量工程师分区负责制，加强现场控制，提高一次验收合格率。

### 13.4.1　准备阶段的质量控制

（1）由项目总工程师组织对设计图纸进行认真细致的审核，力求全覆盖发现图纸设计中存在的问题。不仅要考虑图纸之间的相互吻合，还要从使用功能和装饰效果方面加以考虑。

（2）查阅地质勘察报告，察看现场，对基坑开挖、基底土质等情况进行深入了解。和监理工程师一道与土方分包单位进行轴线和标高控制基准点交接，复核基底尺寸及标高。

（3）制定基础施工阶段钢材、模板、预拌混凝土等材料和塔式起重机、地泵、钢筋机械、木工机械等设备采购计划，计划中要包括品牌、供应商、材质和设备的机械性能要求等，报监理、业主审批，并一起对供应商进行考察后确定。

（4）编制《施工测量方案》、《基坑支护与土方施工方案》、《钢筋施工方案》、《模板施工方案》、《混凝土施工方案》等，合理安排施工工序，做好每道工序的质量标准和施工技术交底工作，并搞好技术培训。

（5）编制施工测量方案，根据测量基准点测设建筑物轴线及标高控制点，反复校核后，妥善加以保护，防止移位。

（6）配备相关的施工、设计规范和质量验收标准、图集。

### 13.4.2　施工阶段的质量控制

#### 1. 技术控制

（1）以技术为先导，加强施工工艺管理，保证工艺过程的先进、合理和相对稳定，以预防和减少质量事故的发生。

（2）每一分项工程在开工前要先进行技术交底，并办理签字手续，技术交底要逐级落实到操作工人一级。

（3）在施工过程中，业主和监理工程师提出的有关施工方案、技术措施及设计变更的要求，在执行前向执行人员进行书面技术交底。

### 2. 工程测量控制

（1）配备具有相应资格证书和足够工程测量经验的测量工程师或测量员，配备先进的测量仪器，并经过监理工程师的审批。

（2）测量工具在使用前和使用过程中，要按要求进行检定，以保证测量的准确性和精度。

（3）设置数量适宜的测量控制点，并相互校核，确保测量准确。每层均要做好测量记录，并归档保存。

（4）所有定位点和水准点的位置应报监理工程师审批，并为指定分包人或其他承包人提供基准定位线和定位点。

### 3. 材料质量控制

（1）在合格供应商名册中按计划招标采购材料、半成品和构配件。

（2）严格控制进场原材料的质量，对钢材、水泥、混凝土、防水材料等除必须有合格证外，尚需抽样进行复检；业主提供的材料、半成品等也应按规定进行检验和验收，严禁不合格材料用于工程。

（3）材料的搬运和储存应符合要求，入库、出库均应建立台账。并对入场的材料、半成品、构配件进行标识，材料在使用前均应报监理工程师审批。

（4）对需要提供样品的材料或半成品，样品经建设单位和监理工程师认可后，按要求进行封样，并作为大批材料或半成品进场验收的依据。

（5）材料的使用情况应做好记录，使材料使用具有追溯性。

### 4. 机械设备的质量控制

（1）合理配备施工机械，使施工机械满足施工要求。

（2）做好施工机械的维修保养，使之处于良好的工作状态，并做好标识。

（3）机械设备操作人员应熟练掌握机械的操作规程，并持证上岗。

### 5. 计量控制

（1）根据工程所需配齐所有计量器具。

（2）国家规定强制检定的计量器具必须100%按时送检，同时做好平时的抽检工作。计量过程必须使用检定合格的计量器具，无检定合格证、超过检定周期或检定不合格的计量器具严禁使用。

### 6. 工序质量控制

（1）施工作业人员必须经过考核合格后持证上岗。施工管理人员和作业人员必须按操作规程、作业指导书和技术交底文件进行施工。

（2）推行质量样板制度，样板和样品的质量必须获得业主和监理的确认，并以样板质量标准进行施工，不得低于样板质量标准。

在主体结构施工阶段，应提供以下主要工序的工艺质量样板：

①典型的钢筋绑扎，包括各类连接方式；

② 典型模板，包括支撑和拉结方式；

③ 典型混凝土构件浇筑成形后的表面；

④ 典型的砌体；

⑤ 业主和监理要求的其他样板。

在装修阶段，影响装修质量的每道工序均应提供样板，各类典型房间包含的各类装修和装备工艺质量均应提供样板间，以确定房间的整体装饰效果。

安装工程的管线、器具、设备也应提供样板。

（3）加强施工过程中的跟踪检查，发现质量问题，及时处理，并在每天上、下午的下班前，对作业的工程各组织检查一次。

（4）工序的检验和试验应符合过程检验和试验的规定，对查出的质量缺陷应按不合格控制程序进行处置。

（5）隐蔽工程做好隐蔽检查记录，专业质检员做好复检工作，然后再报请监理验收。

#### 7. 特殊过程质量控制

（1）对在项目质量计划中界定的特殊过程，应设置工序质量控制点进行控制，并编制专门的作业指导书和质量预防措施，经项目总工程师批准后执行。

（2）对于质量容易波动、容易产生质量通病或对工程质量影响比较大的部位和环节加强预检、中间检和技术复核工作。

#### 8. 工程变更控制

严格执行工程变更程序，工程变更经有关单位批准后方可实施。工程变更的内容应在相关的施工图纸上及时标识清楚。

#### 9. 成品保护

（1）各工序成品采取有效措施妥善保护，下道工序的操作者即为上道工序的成品保护者，后续工序不得以任何借口损坏前一道工序的产品。

（2）施工专业队伍多，穿插施工量大面广，不仅要保护好自己的成品不受他人破坏，还要防止破坏他人的成品。

（3）指定分包人和其他承包人的施工成品保护在未移交给总承包人之前，由其自己负责。

#### 10. 收集整理施工资料

及时准备、收集施工原始资料，并做好整理归档工作，为整个工程积累原始的、真实的质量档案，使资料的整理与施工进度同步，并能如实反映各部位工程质量。

### 13.4.3 竣工验收阶段的质量控制

（1）单位工程竣工后，项目总工程师应组织有关专业技术人员按最终检验和试验的规定，根据合同要求对工程质量进行全面验证。在最终检验和试验合格后，对建筑产品采取防护措施。

（2）对指定分包工程全面验证合格后，移交完整的资料给总承包人。

（3）按编制竣工资料的要求收集整理质量记录，按合同要求编制工程竣工文件，并做好工程移交准备。

（4）编制质量保修书和产品使用说明书。在工程竣工后或投入使用前，组织相关的专业技术人员和有关设备设施的厂家技术人员对业主的物业管理人员进行机电设备、设施、楼宇自控系统等的操作和维护的培训，并提供相应的维修手册和操作说明。

（5）工程交工后，项目经理部应编制符合文明施工和环境保护的撤场计划。

（6）整理好竣工资料，包括图片资料和声像资料。

## 13.5 关键分项工程质量控制

### 1. 地基与基础施工

（1）工程所有CFG桩，承载力满足设计要求，桩身完整。

（2）主楼采用CFG地基，开挖至基槽后进行地基钎探，均符合设计图纸及地勘报告的要求。

### 2. 钢筋工程

1）原材进场

钢筋在保证设计规格及力学性能的情况下，钢筋应平直，钢筋表面必须清洁无损伤，不得有颗粒或片状铁锈、裂纹、结疤、折叠、油渍和污漆等。钢筋端头必须保证平直无弯曲。钢筋表面的凸块不允许超过螺纹的高度。

钢筋原材进场实行一次抽样复试检验制度，凡第一次抽样重量偏差或力学性能检验不合格时，一律取消双倍复试检验，按不合格材料进行退场处理，并做好相关退场记录。

钢筋检查见图13.5-1。

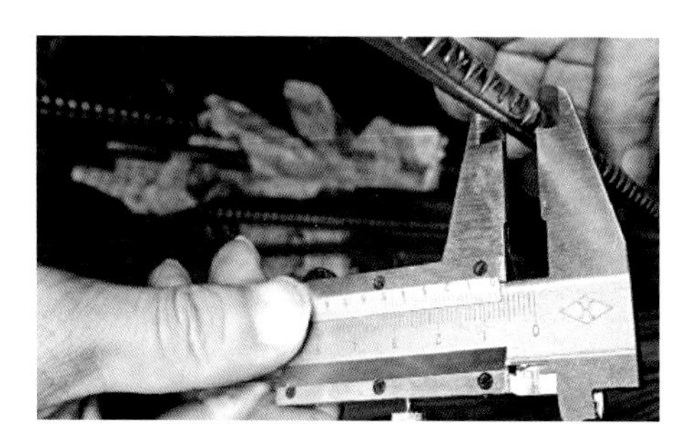
图13.5-1 钢筋检查

2）加工

本工程钢筋采用人工结合智能机械加工，弯曲长度及角度检查合格后投入使用。

3）定位

横向钢筋控制：采用竖向定位梯控制混凝土的断面尺寸，控制钢筋的保护层，控制钢筋的排距，控制水平筋的间距，可代替墙体竖向钢筋，定位筋比墙体筋大一个规格型号。

竖向钢筋控制：采用墙体水平梯子筋控制墙体立筋的间距及位置，固定于墙体上口300 ~ 500mm范围内；可重复使用，确保定位准确。

4）直螺纹连接

加工钢筋接头的操作工人一律经专业技术培训后方可上岗，确保人员稳定。

钢筋直螺纹接头的加工经工艺检验合格后方可进行，合格丝头一律戴成品保护帽，防止丝头损坏影响现场安装。直螺纹接头安装时用管钳扳手拧紧，确保钢筋丝头在套筒中央位置。标准型接头安装后的外露螺纹不超过1倍螺距。接头安装完后用扭力扳手校核拧紧扭矩，校核用扭力扳手每年校核一次，准确度级别5级。对于验收合格的直螺纹接头及时点红、黄、蓝三色油漆进行标示。

钢筋直螺纹连接检验照片见图13.5-2。

5）钢筋安装验收

钢筋安装过程中对钢筋水平、竖向间距，弯钩长度及垂直度随时进行抽检，合格后方可进行下步工序。

钢筋间距检验照片见图13.5-3。

6）钢筋成品保护

钢筋成品保护贯穿全过程，包括墙体等构件混凝土浇筑时设置专门看筋人员、预留竖向钢筋包裹

图13.5-2　钢筋直螺纹连接检验照片

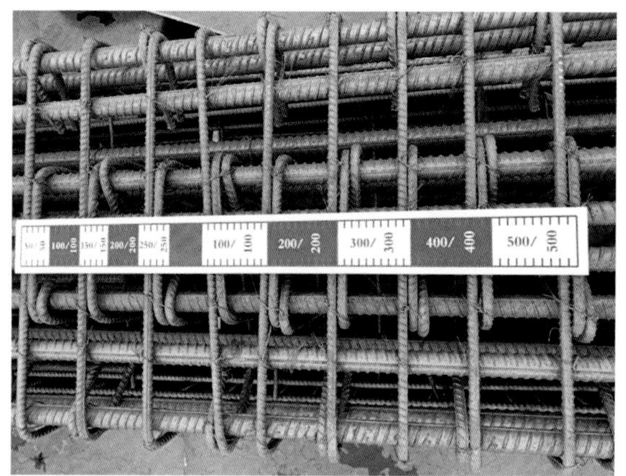


图13.5-3　钢筋间距检验照片

防止混凝土浇筑的污染等。

### 3. 模板工程

1）模板设计

模板施工前进行模板选型及方案设计，确保平、立面及阴阳角模板强度，明确各部位模板支设方式。

2）模板加工

模板加工完毕后复核尺寸，与设计无误后投入使用。

3）模板安装

模板严格按照方案设计排布主、次龙骨，后浇带设置独立支撑体系。模板安装质量检测见图13.5-4、图13.5-5。

图13.5-4　墙体模板垂直度检测

图13.5-5　顶板模板标高检测

### 4. 混凝土工程

1）原材控制

本工程混凝土均采用预拌混凝土。搅拌站根据设计要求及项目特点做出针对性配合比设计，进场混凝土进行小票审核及坍落度检测后方可投入使用。

设置专人对混凝土运输单、开盘鉴定、配合比通知单、混凝土氯化物和碱总量计算书、混凝土合格证等资料进行收集，并定期对混凝土搅拌站的试配、原材料复试等进行审查。

2）过程控制

现场设置标养室，配置自动温湿度控制仪和温湿度计，安装空调来保证养护室的养护温度。混凝土试块必须经监理见证取样，同条件试块注明时间、部位、强度等级后放置在代表的部位。混凝土试块见证取样见图13.5-6。

混凝土分层浇筑，分层振捣，做好浇筑标高控制杆。振捣过程避免振捣棒触碰钢筋，防止钢筋跑位。浇筑高度超过2m设置倒料板，避免模板跑位。

测量人员按每个相应部位在混凝土面上弹好墙体及门窗洞口边线，墙柱钢筋上弹好结构500mm线，墙体按顶板下皮上返5mm处两侧弹水平线，并做好标记。按剔凿部位沿线用云石机切割，深度均为10mm，切缝必须顺直。以切割线为界线将软弱层混凝土剔除，露出石子，及时清理干净剔凿部位并用水冲洗干净。从而保证上下层混凝土结构能够更好地结合。

3）混凝土养护

对于已浇筑完的混凝土结构，专人负责养护，覆膜并浇水养护在混凝土浇筑完毕后的12h内进行，浇水次数根据能保持混凝土处于湿润的状态来决定。

顶板混凝土覆膜浇水养护见图13.5-7。

图13.5-6　混凝土试块见证取样

图13.5-7　顶板混凝土覆膜浇水养护

4）成品保护

混凝土拆模后及时对竖向结构阳角及楼梯间梯段等部位进行成品保护。

### 5. 钢结构工程

1）钢结构进场构件的检验

由于钢构件工厂化制作，在工厂完成的钢构件在装卸车、长途运输过程中可能导致构件变形，从而影响钢结构的安装质量。因此，对所有进入施工现场的钢构件都必须进行现场检查验收。

构件现场检查验收的重点：

（1）加工制作资料的完整性；

（2）复验构件的几何尺寸；

（3）检验构件防腐质量，是否有运输过程中的破损；

（4）构件编号、构件测量标记是否齐全正确。

复验过程发现任何缺陷都应进行修补，严禁将问题构件安装到建筑结构上。构件复验合格，即可与加工单位办理移交手续。

2）焊接材料的检测

焊条、焊丝、焊剂、电渣焊熔嘴等焊接材料与母材的匹配应符合设计要求及现行国家标准《钢结构焊接规范》GB 50661的规定。

3）钢结构焊接检测

（1）超声波探伤。

① 焊缝的检测比例和要求。

设计要求对一、二级焊缝应采用超声波探伤进行内部缺陷的检验，当超声波不能对缺陷做出判断时，应采用x射线探伤，其内部缺陷探伤方法应符合现行国家标准《焊缝无损检测 超声波检测技术、检测等级和评定》GB/T 11345。

设计的检测要求：

一级焊缝——钢梁节点的连接焊缝，100%超声波探伤。

二级焊缝——除一级外的全熔透焊缝，其中钢梁现场对接焊缝、钢梁交叉结点上下翼缘的焊缝以及钢板的对接焊缝要求进行100%超声波检测，其余二级焊缝按20%进行超声波探伤。

三级焊缝——角焊缝和部分熔透焊缝，以外观检查为主，必要时可进行磁粉或着色探伤。

② 超声波探伤复验数量。

一、二级焊缝超声波探伤检测数量见表13.5-1。

**一、二级焊缝超声波探伤检测数量　　表13.5-1**

| 序号 | 一、二级焊缝超声波探伤检测数量 |
|---|---|
| 1 | 对于工厂制作和工地安装的一、二级焊缝，委托具有相关检测检验资质、CMA认证、大型钢结构工程检测检验经验且在项目当地住建委备案的单位按设计要求进行抽检 |
| 2 | 若出现有争议的检测情况，在可能的情况下，采用X射线探伤 |

4）焊钉（栓钉）焊接工程检测

（1）焊钉和钢材焊接应进行工艺评定，其结果应符合设计要求和国家现行有关标准的规定，瓷环应按其产品说明书进行烘焙。

检查数量：全数检查。

（2）焊钉焊接后应进行弯曲试验检查，其焊缝和热影响区不应有肉眼可见的裂纹。

检查数量：每批同类构件抽查10%，且不应少于10件；被抽查构件中，每件检查焊钉的数量的1%，但不应少于1个。

现场构件验收主要是焊缝质量、构件外观和尺寸检查，质量控制重点在钢结构制作厂。经检查，缺陷超出允许偏差范围的构件，在现场进行修补，满足要求后方可验收，对于现场无法进行修补的构件应送回工厂进行返修。

### 6. 机电安装工程

为防止因管材质量、施工操作质量及其他工种施工造成管路堵塞，配管工程应采取以下管路防堵预防措施：

① 保证一管一孔，严禁出现一管多孔导致线盒堵塞。

② 线盒应与模板固定牢固，防止浇筑时线盒偏位。套管焊接处必须饱满，避免出现漏焊进灰。

③ 成排电管水平敷设时至少保证2cm的间距，防止混凝土浇灌不实。钢导管经过伸缩缝处时，做补偿措施。

④ 运用BIM技术将各专业管道进行综合排布，消除灯具、配电箱被管道遮挡问题，调整点位成排成线，避免装修阶段为保证美观出现的剔凿返工。

⑤ PVC管路连接应使用套箍连接，胶粘剂均匀涂抹在管的外壁上，插入套箍的两管口对齐。胶粘剂要求粘结后1min内不移动，保证粘结效果，管孔上用顶帽型护口堵好管口，最后用聚苯板块堵好盒口。

⑥ PVC管尽量避免与钢管交叉，一定要在交叉点两侧用垫块作支撑，避免来回走动时将PVC管踩扁。且钢管尽量先敷设，PVC管后敷设，避免电焊伤到PVC管。

⑦ JDG直管连接时，两管口分别插入直管接头中间，紧贴凹槽处两端，用紧定螺钉定位后，进行旋紧至螺母脱落，管路连接处宜涂以电力复合脂，防止进灰。

### 7. 分户质量验收

对于顶板模板已经拆除，具备测量验收条件的住宅楼各个房间，质检员采用红外线测距仪和相关质检工具，对每个部位的结构尺寸偏差都按要求测量，并登记成册。

数据册为以后的装修工作做好基础，对装修阶段的重点检查部位做到心中有数，避免交房带来的纠纷；也为质量部梳理质量问题，总结质量通病，及时有效整改提供重要依据。

### 8. 资料管理

（1）充分利用《建筑工程资料管理》软件进行资料管理。

（2）分包资料纳入总包管控。

影像资料包括数码照片与视频两种。项目工作人员每天在现场巡视时都会携带手机，对现场施工过程、各级领导检查来访及安全文明施工情况进行拍摄。同时本项目也在现场施工过程中，使用DV录制专门视频，并进行归档，存储于专用电脑中进行保存。

### 9. 装修样板间工程

（1）公共部分。

样板间公共部分施工提前进行深化设计，排砖布置，综合考虑选择最优排砖方案及地砖选型，在保证整齐美观的前提下将地砖损耗降到最低。

（2）户内部分。

室内装修严格按照《建筑装饰装修工程质量验收标准》GB 50210—2018及相关标准进行施工，保证墙体立面垂直度、表面平整度及阴阳角方正均控制在2mm以内，保证房间净空尺寸，从而确保了住户的使用面积。

### 10. 外墙工程

采用窗墙体系层间装配式半单元幕墙，本项目严格控制外墙面板安装验收程序，采用工人上岗前培训、对作业条件监督等措施来对外墙施工质量进行控制，确保拼缝精细、安装完美。

### 11. 屋面防水保温

本工程屋面采用倒置式屋面，与传统施工法相比第一能使防水层无热胀冷缩现象，延长了防水层的使用寿命；第二保温层对防水层提供一层物理性保护，防止其受到外力破坏。保温应用挤塑聚苯板保温材料，其具有闭孔率高，保温节能效率高，施工快捷简便等特点。防水采用3mm+3mm厚热熔型聚酯胎SBS改性沥青防水卷材，确保屋面不渗漏。

### 12. 防水工程

卫生间统一采用聚合物水泥基防水涂料，具有高强度、高延伸率、高固含量、粘结力强等特点。自然流平，延伸性好，能克服基层开裂带来的渗漏。常温施工，操作简便，无毒无害，耐候性、耐老化性能优异。

### 13. 门窗工程

针对建筑市场门窗厂家鱼龙混杂，质量难以得到保障的现状，为了把冬奥村建设成精品工程，体现大国工匠精神，总包单位和建设单位从装修策划开始就从源头严把质量关，精心挑选门各组成构件的品牌。门工程经过策划挑选，住宅户内推拉门、平开门采用木门，户门采用钢质四防门，表面氟碳喷涂。门窗五金配件满足现行国家标准规范，满足使用6万次以上的A级产品要求，不锈钢部分材质不低于304。

# 14 技术管理与创新

本工程是2022年冬奥会的运动员村，赛后经过改造成为北京市引进高端人才的公租房，因此设计单位引进了较多的新理念、新体系、新材料，例如防屈曲钢板剪力墙、再生混凝土、超低能耗建筑、生活垃圾分类处理技术、5G技术应用、智慧家居、智慧社区、健康建筑等。为了实现设计意图，达到使用功能要求，在工程实施过程中要与设计单位紧密结合，深刻理解设计意图，积极应用新技术、新工艺、新材料，加强科技投入，与科研院所合作，实现项目的科技创新及新技术应用。

技术是建设工程的基本要求，技术管理作为北京冬奥村施工管理全过程中一项重要内容，起到了关键作用，冬奥村项目在施工过程中充分发挥总承包管理模式优势，从技术管理角度对各项技术工作要素进行组织和管理，实现对工程质量、进度、成本、安全的有效控制。

## 14.1 工程项目技术管理概述

### 14.1.1 以技术标准规范为指导

国家、行业颁布的技术标准规范是建设工程的基础。一般情况下，这两项都是强制性的，而当地政府和企业自行制定的标准要比前面两个标准高，这就是“高标准严要求”。技术标准规范是有关使用设备工序，执行工艺过程以及产品、劳动、服务质量要求等方面的准则和标准。当这些技术标准规范在法律上被确认后，就成为技术法规。冬奥村项目注重技术标准规范的学习，严格按照国家、行业标准执行，是确保工程质量安全的有效途径。

### 14.1.2 健全技术档案资料管理

冬奥村项目注重技术原始资料数据，建立健全原始资料管理制度，将原始资料（试验记录、质量检查记录、测量记录、设计图纸、设计交底、设计变更、洽商记录、施工日记及质量处理等）管理完善、健全，真实地反映项目的形成和施工中遇到的问题。冬奥村项目优化规范技术文件的管理，将技术档案标准化管理推动对技术文件更全面地计划和执行。充分发挥技术档案在施工过程中的重要性，使建设工程更加有序、科学、规范地进行下去。

工程资料的形成应符合国家法律、法规、施工质量验收标准、工程合同和设计文件的规定。冬奥村项目部作为总包单位，负责工程全部施工资料的管理工作，各分包单位在退场前按有关规定向总包单位提供其分包范围内完整、真实、有效的工程资料。冬奥村项目部设专职资料管理人员2名，各劳务或专业分包单位配置资料员，在总包的统一管理下开展工作。建立工程资料管理体系、管理制度。设置专用资料室，达到“三铁”“八防”的要求，配备灭火设施。采用统一的金属文件柜，并按顺序标注序号，方便资料的归类与查阅。统一项目各参施单位的资料管理软件，并配备专用电脑，做好档案异地备份工作，防止电子资料信息的损坏与丢失。

冬奥村项目工程资料管理以满足评定工程质量、竣工验收以及“长城杯”“钢结构金奖”“国家优质工程奖”“鲁班奖”评优活动的要求为标准。随进度同步形成工程资料，共10个分部、54个子分部、241个分项、18386个检验批。工程技术资料三级目录齐全，资料完整、有效，数据真实准确，可追溯性强。

冬奥村项目实行技术档案文件的全过程管理，在原有的管理模式下，扩展了技术档案管理员的职责和深度，使其不再只是单纯的保存文件，而是全面负责整个项目的文件工作。在技术文件形成、积累、归档的全过程中，对各个部门及各分包单位进行全面指导、监督、检查和协调工作；严格控制文档的质量，保证文档的质量。档案管理员的介入，从源头上对档案资料进行质量控制，保证了档案资料的品质。

### 14.1.3 加强工程技术方案管理

工程技术方案管理是国家及行业的强制性要求，《中华人民共和国建筑法》第三十八条规定：建筑施工企业在编制施工组织设计时，应当根据建筑工程的特点制定相应的安全技术措施；对专业性较强的工程项目，应当编制专项安全施工组织设计，并采取安全技术措施。住建部令第37号《危险性较大的分部分项工程安全管理规定》的第十条规定：施工单位应当在危险性较大分部分项工程施工前组织工程技术人员编制专项施工方案。第三十二条：施工单位未按照本规定编制并审核危险性较大分部分项工程专项施工方案的，依照《建设工程安全生产管理条例》对单位进行处罚，并暂扣安全生产许可证30日；对直接负责的主管人员和其他直接责任人员处1000元以上5000元以下的罚款。

预防工程项目安全质量事故，保障人民群众生命和财产安全，是工程建设的基本要求。技术保证措施是有效防止工程安全质量事故的基础，其核心是加强施工技术方案管理。冬奥村项目针对防范工程项目安全质量事故，制定包括保障体系、组织保证措施、技术保证措施、应急预案等一系列技术管理方案。加强施工技术方案管理是有效防止工程安全质量事故的必然要求。在保证工程质量、安全和工期的基础上，取得良好的社会经济效益是冬奥村工程项目管理的另一目标。加强施工技术方案管理，保证冬奥村项目工程质量安全是项目效益的基础，合理控制工期进度从而降低管理成本，可以优化施工资源实现均衡生产，是提高工程效益的重要手段。

## 14.2 施工技术管理

施工技术管理是项目施工中各个方面、各个环节中都有的一种管理。技术管理的不断完善和改进，需要长期积累的经验，专业的技术知识，以及行之有效的技术措施。施工技术管理包括图纸会审、图纸交底、技术交底、计量管理、测量管理、试验管理、技术档案资料整理等。

### 14.2.1 图纸会审与图纸交底管理

施工图纸会审是技术文件中的一部分。施工图纸是施工的一个重要基础，设计图纸审查是施工之前的一个非常重要的流程，它对改进设计、完善施工、挖掘潜力、保证施工进度、保证工程质量都是非常必要的。这一阶段的工作，不仅可以及时理解设计意图、技术需求、发现问题并及时处理，避免技术、质量事故或不必要的返工，而且还可以挖掘出更深层次的潜能，找到更好的技术和方法。所以施工图纸会审的技术管理必须十分严格。

冬奥村项目图纸会审管理，首先由项目部根据项目特点制定总体的计划，对设计图纸完整性，是否符合国家有关政策、规范和法规进行审查。其次针对图纸细节问题对比核对，如：结构图与建筑图在尺寸、标高方面是否一致；跨专业之间是否矛盾；各类管线是否发生碰撞；结构图中的预埋、预留孔洞、管件是否满足设备安装要求等。

在图纸会审之前，冬奥村项目部作为总包单位组织有关专业技术人员对图纸进行审查，将有关人员的意见或建议集中汇总，经讨论、分析，形成统一意见，交由建设方、设计方和监理方等会审单位共同讨论确定。在设计、建设、施工、监理等部门审核后，由总包单位组织编制会审记录，并由设计、建设、施工、监理等单位签署，以形成最后的会审记录，作为施工、竣工结算的依据。

施工图纸由冬奥村项目部专业资料员统一管理，建立图纸收、发放台账。收发台账注明图纸领取日期、图号、数量以及收、发者的签字；下发时认真对图纸进行核对，并在发放台账上注明日期、图号、数量及收、发者的签字。在施工过程中如设计重新修改某部位图纸，项目技术部以书面形式下发通知，通知中注明新图图号及作废图纸图号，并且做好发放登记工作，确保按有效图纸进行施工。

各相关部门人员在收到图纸后认真核对，若发现问题应以书面形式及时反馈，并汇总到总包技术部，由技术部与设计和建设单位进行沟通。项目主要管理人员参加建设单位组织的图纸会审，并做好会议记录，完善图纸会审交底。

项目部建立设计文件、图纸全员阅读制度，在办公区设置“看图室”，放置全专业设计图纸一套，用于项目管理人员阅读图纸。“看图室”由技术部负责管理，及时替换作废图纸，并将图纸变更绘制到蓝图上，以确保图纸的唯一性及准确性。

### 14.2.2 技术交底管理

技术交底是把设计要求、施工措施贯彻到基层工人的有效方法，是技术管理中一项重要环节。其目的在于使作业人员了解规范要求、质量标准、施工工艺、施工特点、劳动组织、技术组织、安全措施、消耗控制等方面的知识，以及某些特殊、复杂、施工难度大的工程的有关注意事项，包括对新材料、新工艺的特殊要求。在每个分项、工序作业之前，都要进行交底，并有相应的管理制度。

技术交底逐级、逐层进行。由冬奥村项目技术负责人向相关管理人员交底，管理人员向班组长交底，为确保每一个接受交底人能比较直观地理解交底内容，重要交底中的细部做法采用节点图来描述。分包技术负责人组织本单位工程技术人员，参加总包组织的图纸交底、技术要求和现场条件的交底。技术交底做到简单明了，突出重点，切实可行。专业分包技术部门必须按照总包的要求，对施工管理层进行图纸和方案交底；施工管理层对操作层进行交底。各级交底必须以书面形式进行，并有接受人的签字。专业分包应将技术交底作为档案资料加以收集记录，并将内部的技术交底反馈给总包技术部以备检查。技术交底内容包括：施工组织设计交底、专项施工方案交底、各分项工序施工前的技术交底、变更洽商交底、“四新”技术应用交底等。

方案交底会如图14.2-1所示。

图14.2-1 方案交底会

### 14.2.3 计量管理

在施工技术管理中，计量技术、计量管理与计量质量、计量精度等方面有着密切的联系。如果计量错误，将会使工程质量达不到标准，或造成更大的损失。冬奥村项目部加强对计量技术的管理，做到不出差错，合理配置仪表、正确使用和维护、定期对仪器进行检查，保证仪器的精确度。明确计量标准，实行计量工作责任制，并与考评方法相结合。定期组织计量技术管理与培训，以提升专业人员的整体技术水平。

冬奥村项目部由测量员兼职计量员负责计量工作，建立计量器具台账及器具的标识，负责计量器具的送检，计量员负责绘制工艺计量流程图，在公司协同办公平台上报本项目的计量台账。

凡出现下列特征的设备均为不合格：已经损坏；过载或误操作；显示不正常；功能出现可疑；超过了规定检定周期。不合格设备应集中管理，由使用单位计量员贴上禁用标识，任何人不准使用，并填写报废申请单，经审核后生效。

### 14.2.4 测量管理

冬奥村项目部设专职测量员，持证上岗，负责测量管理工作。在施工的不同阶段，采用基于全站仪、电子水准仪、RTK、三维激光扫描仪等多种智能测量仪器，解决工程中传统测量方法难以解决的测量速度、精度、变形等技术难题。应用GNSS卫星定位技术进行工程的定位及首级控制网的测设，操作简单，工作效率高。

### 14.2.5 试验管理

冬奥村项目部现场设置集成式试验室，设操作间和标养室及标养设备集成一体化。所有进场材料、构配件及设备均有合格证、检测报告、厂家资质等，资料齐全有效。按照施工各阶段分部分项工程试验取样要求，现场取样均在监理见证下进行。需要现场检测的项目，委托检测单位现场检测。

## 14.3 技术创新成果

### 14.3.1 科技创新成果

科技创新可以提高生产效率从而提升供给能力和潜在增长率。经历了改革开放以来数十年的高速发展，中国经济进入了新的发展阶段。新一轮科技革命带来了数字经济的快速发展，以大数据、云计算、物联网和人工智能等为代表的技术革新，带来了资源配置效率快速提升的可能性，并催生了新的经济形态。在冬奥村项目中同样应用了非常广泛的科技创新技术，并取得了较好的方案，具体见表14.3-1。

科技创新成果　　表14.3-1

| 序号 | 类别 | 名称 | 备注 |
|---|---|---|---|
| 1 | 北京市工程建设BIM应用成果 | 装配式钢结构建筑BIM应用 | Ⅰ类 |
| 2 | 第九届“龙图杯”全国BIM大赛 | 装配式钢结构建筑BIM应用 | 一等奖 |
| 3 | 第二届“共创杯”智能建造技术创新大赛 | 装配式钢结构建筑BIM应用 | 二等奖 |
| 4 | 中国施工企业管理协会首届工程建设行业BIM大赛 | 装配式钢结构建筑BIM应用 | 三等奖 |
| 5 | 北京市住建委科技成果鉴定 | 钢框架-装配式防屈曲钢板剪力墙结构设计与施工技术 | 国际先进 |
| 6 | 北京市工法 | 钢框架-内钢框筒内嵌防屈曲钢板剪力墙施工工法 | |
| 7 | 北京市工法 | 层间装配式窗墙体系半单元幕墙施工工法 | |
| 8 | 住房和城乡建设部科技示范项目 | 基于钢结构的装配式绿色居住建筑 | |
| 9 | 北京市朝阳区科技计划项目 | 北京冬奥村钢结构住宅关键技术研究与应用 | |
| 10 | 建设工程项目绿色建造竞赛活动 | 绿色施工 | 一等成果 |
| 11 | 中国施工企业管理协会工程建设科学技术进步奖 | 钢框架-装配式防屈曲钢板剪力墙结构设计与施工技术 | 二等奖 |

续表

| 序号 | 类别 | 名称 | 备注 |
|---|---|---|---|
| 12 | 发明专利 | 一种用于装配式防屈曲钢板墙快速、高效装配的悬吊吊具 | |
| 13 | 实用新型专利 | 一种带雾霾提示的监控器 | |
| 14 | 实用新型专利 | 一种环基坑多用途喷水系统 | |
| 15 | 实用新型专利 | 一种装配式可调节框架柱定位卡具 | |
| 16 | 实用新型专利 | 一种挡板可调节的可调托撑 | |
| 17 | 实用新型专利 | 一种快速就位和脱钩的钢梁安装节点 | |
| 18 | 实用新型专利 | 一种用于防屈曲钢板墙快速、高效装配的悬吊吊具 | |
| 19 | 实用新型专利 | 一种便于调整预制装配式防屈曲钢板墙状态的稳定型胎架 | |
| 20 | 实用新型专利 | 一种用于桁架板与鱼尾板连接稳定型节点结构 | |
| 21 | 实用新型专利 | 一种电梯井道侧壁防屈曲钢板墙与钢柱隔声封堵构造 | |
| 22 | 实用新型专利 | 一种分户墙的复合隔声结构 | |
| 23 | 实用新型专利 | 一种结构钢梁与幕墙龙骨快速连接构造 | |
| 24 | 实用新型专利 | 一种石材与铝合金装饰格栅组合结构 | |
| 25 | 实用新型专利 | 一种玻璃百叶组合结构 | |

### 14.3.2 新技术应用成果

冬奥村项目包含的新技术、新工艺、新材料较多，在本工程中积极应用住建部推广的十项新技术（2017年版），成立推广领导小组，负责科技开发和“四新”推广应用。编制科技开发和“四新”推广应用计划，在施工过程中加以落实，在工程完工后及时总结。本工程应用了住房和城乡建设部推广的“建筑业10项新技术”中的9大项45小项，具体见表14.3-2。

新技术应用成果表　　表14.3-2

| 序号 | 项目名称 | 使用部位 |
|---|---|---|
| 1 | 地基基础和地下空间工程技术 | |
| 1.2 | 长螺旋钻孔压灌桩技术 | 支护桩、CFG桩 |
| 1.4 | 混凝土桩复合地基技术 | CFG桩 |
| 2 | 钢筋与混凝土技术 | |
| 2.3 | 自密实混凝土技术 | 型钢-混凝土构件 |
| 2.4 | 再生骨料混凝土技术 | 地上楼板 |
| 2.5 | 混凝土裂缝控制技术 | 主体结构 |
| 2.7 | 高强钢筋应用技术 | 主体结构 |
| 2.8 | 高强钢筋直螺纹连接技术 | 主体结构 |
| 2.10 | 预应力技术 | 地下一层顶板、地下各层外墙 |
| 3 | 模板及脚手架技术 | |
| 3.1 | 销键型脚手架及支撑架 | 地下主体结构墙、柱、板、梁 |

续表

| 序号 | 项目名称 | 使用部位 |
|---|---|---|
| 5 | 钢结构技术 | |
| 5.2 | 钢结构深化设计与物联网应用技术 | 主体结构 |
| 5.3 | 钢结构智能测量技术 | 钢结构工程 |
| 5.4 | 钢结构虚拟预拼装技术 | 钢结构工程 |
| 5.5 | 钢结构高效焊接技术 | 钢结构工程 |
| 5.7 | 钢结构防腐防火技术 | 钢结构工程 |
| 5.8 | 钢与混凝土组合结构应用技术 | 地下一层、地下夹层 |
| 5.9 | 钢结构住宅应用技术 | 工程整体 |
| 6 | 机电安装工程技术 | |
| 6.1 | 基于BIM的管线综合技术 | 机电安装 |
| 6.2 | 导线连接器应用技术 | 机电安装 |
| 6.3 | 可弯曲金属导管安装技术 | 机电安装 |
| 6.4 | 工业化成品支吊架技术 | 机电安装 |
| 6.5 | 机电管线及设备工厂化预制技术 | 机电安装 |
| 6.6 | 薄壁金属管道新型连接安装施工技术 | 机电安装 |
| 6.7 | 内保温金属风管施工技术 | 机电安装 |
| 6.8 | 金属风管预制安装施工技术 | 机电安装 |
| 6.10 | 机电消声减震综合施工技术 | 机电安装 |
| 6.11 | 建筑机电系统全过程调试技术 | 机电安装 |
| 7 | 绿色施工技术 | |
| 7.1 | 封闭降水及水收集综合利用技术 | 工程整体 |
| 7.2 | 建筑垃圾减量化与资源化利用技术 | 工程整体 |
| 7.3 | 施工现场太阳能、空气能利用技术 | 办公区、生活区 |
| 7.4 | 施工扬尘控制技术 | 工程整体 |
| 7.5 | 施工噪声控制技术 | 工程整体 |
| 7.6 | 绿色施工在线监测评价技术 | 工程整体 |
| 7.7 | 工具式定型化临时设施技术 | 工程整体 |
| 7.8 | 垃圾管道垂直运输技术 | 装饰装修工程 |
| 7.9 | 透水混凝土与植生混凝土应用技术 | 办公区 |
| 7.10 | 混凝土楼地面一次成形技术 | 地下车库 |
| 8 | 防水技术与围护结构节能 | |
| 8.5 | 种植屋面防水施工技术 | 地下车库顶、屋面 |
| 8.9 | 高性能门窗技术 | 门窗 |
| 8.10 | 一体化遮阳窗 | 窗 |
| 9 | 抗震、加固与监测技术 | |
| 9.1 | 消能减震技术 | 地上结构 |

续表

| 序号 | 项目名称 | 使用部位 |
|---|---|---|
| 9.6 | 深基坑施工监测技术 | 基坑 |
| 10 | 信息化应用技术 | |
| 10.1 | 基于BIM的现场施工管理信息技术 | 工程整体 |
| 10.4 | 基于互联网的项目多方协同管理技术 | 项目管理 |
| 10.5 | 基于移动互联网的项目动态管理信息技术 | 现场管理 |
| 10.7 | 基于物联网的劳务管理信息技术 | 项目管理、现场管理 |

### 14.3.3 校企合作计划促进科技创新

针对北京冬奥村新技术应用多的特点，总包项目部积极与高校进行合作，签订校企合作协议，依托项目建立合作伙伴关系，把北京城建集团丰富的工程施工管理经验和高校的理论研究优势相结合，建立优势互补的科技创新合作平台，提高双方的实力和影响力，推动建筑、结构、机电安装、绿色施工、安全施工、智慧建造的技术进步。

项目部成立以来，先后与北京工业大学、北方工业大学、辽宁工程技术大学和东北财经大学等建立校企合作（图14.3-1），加强各方在科研攻关、科技创新与人才培养方面的合作。与东北财经大学研究的《基于BIM三维可视化下的项目动态管理评价系统》在项目施工过程中的应用取得了良好的效果。

图14.3-1 校企合作单位

### 14.3.4 科技成果总结

项目部成立科技中心，由项目经理牵头，项目总工负责日常管理。在项目实施过程中，提前进行新技术应用策划，挖掘内部潜力，申请集团公司协助，积极与科研院校合作，做好新技术、新材料、新工艺的应用，并及时总结提升，形成专利、QC成果、工法、论文等科技成果。

# 15 进度管理与创新

## 15.1 进度管理难点与目标

### 15.1.1 进度管理难点分析

在项目实施过程中，对各个阶段的进度和最后完工期限的管理被称为进度管理。进度管理的目的在于提高项目进度的透明性，在工程进度明显偏离项目进度的情况下，可以采取恰当的改正或预先采取防范措施。

北京冬奥村采用了装配式钢结构建筑体系，同时兼具预制装配式墙板、楼承板、半单元幕墙等部品部件。本项目存在施工工期紧、任务重，施工部署优化难度大，进度管理、协调工作量大等困难。诸多因素会影响到整个工程的进度，如施工现场环境、资金、物料供应、多专业交叉作业等。此外，工程进度与成本、质量三者之间对立统一关系，加快进度会提高成本，同时可能降低质量；但如果过于追求质量和成本，则可能会对进度有较大影响。所以作为冬奥村项目部在进度管理和实施过程中必须要做到平衡好这三者之间的关系，最终实现进度目标、质量目标、成本目标的最优化。

### 15.1.2 总体进度计划

#### 1. 总工期目标

项目进度是按照时间计划内完成产品的交付和客户需求而不断推进的。在执行过程中，围绕计划、进度和管理三要素进行。明确项目管理范围之后，能够科学合理地分配资源和时间，清晰地界定项目管理范围内的所有活动关系与时间先后顺序，预测好资源的使用时间，监控并控制好项目管理的整个进程。

#### 2. 工期目标及施工进度计划

（1）施工阶段控制目标。北京冬奥村项目对工程施工阶段有细致的划分，通过对这些节点的审查和控制，进而达到对工期的控制。从工程的开始到结束，阶段性分别是：基坑土方开挖和支护、地基处理及抗浮锚杆、基础及地下主体结构、地上主体结构、屋面、二次结构及抹灰、室内装修、外装修、机电预埋及安装工程、室外工程及园林绿化、联动调试、专项验收、竣工验收及备案。

（2）关键节点工期。对于时间节点的控制最为关键的就是对关键节点工期的控制，从工程的开始到结束，里程碑节点分别有：地下结构封顶、地下结构验收、地上结构封顶、地上结构验收、工程竣工验收等。

#### 3. 系统调试施工工期安排

综合调试部署原则：总包牵头，组织到位，分工明确，分区实施，同步完成。成立调试验收领导小组，按专业成立调试、验收小组，同时成立验收资料保障组，并按照调试、验收计划有序实施。先分专业各承包人完成单机单系统调试，再由承包人组织专业牵头单位进行消防、楼控、信息弱电的联动调试。组织原则由点到面、分区分系统，以消防系统调试为龙头，相关系统为脉络，上下呼应。

随着正式电接入，实现逐步正式供电，现场从功能相对简单的分区逐步转入调试运转阶段，同时现场将集中对调试过程中发现的问题和不足进行积极的完善整改，确保实现本工程竣工目标。

## 15.2 进度管理新思路

冬奥村项目进度管理在正常的工期月报的基础上，建立项目工期预报、日报和周报制度，全程及时跟踪工程的动态进展情况，分析、比较实际进度与计划进度的关系，制定预案；特别重视工程项目的工期预报制度，通过分析预测可能发生的影响工程进度的因素，提前预测工程的进展情况，发现问题及时制定措施预案，防止工程拖期。

### 15.2.1 进度管理协调

本工程由项目经理总体负责工程项目的安全、质量、进度、成本控制管理，保证经济效益。生产经理按时下达施工进度计划，实施全过程进度控制，协调、排除进度制约因素，定期召开项目工程例会，协调各分包单位进度、技术、工序搭接的关系。由机电经理负责协调各机电分包商及作业队伍之间的进度矛盾及现场作业面冲突，使各机电分包商之间的现场施工有序合理地进行，主抓机电项目进度管理，从计划进度、实际进度和进度调整等多方面进行控制，确保项目如期施工。由商务经理协助项目经理负责项目经营活动的策划，负责项目成本管理，定期编写项目部经济活动分析报告，主管商务部，负责组织分包施工队伍、重要材料、设备等采购招标，保证工作进度需要。由工程部编制施工进度计划，合理安排施工搭接，确保每道工序按技术要求施工，最终形成优质产品。落实项目进展的进度计划，确保进度计划科学管理，并随工程实际情况不断调整具体实施计划安排，以保证总进度计划的落实。由技术部负责装修、消防、弱电等专业分包单位的深化设计组织工作，并安排深化设计的进度和深化设计工作程序。由机电部安排机电项目施工进度，协调与土建工程的交叉作业事宜，确保整个工程的进度计划和总工期。

### 15.2.2 严控关键线路施工

关键线路是指计划中线路时间最长的路线，其线路时间代表整个计划的计算总工期。关键线路上的工作，都是关键工作，关键工作没有时间储备。关键工序能按期完成则总工期得到保证，关键工序不能按时完成或非关键线路转变为关键线路则影响工程的总体工期，因此对关键线路的控制管理是保证工程进度的根本。

根据本工程为冬奥村的建筑特点，施工的关键线路为：基坑施工→地基处理→清槽、垫层施工→防水及防水保护层施工→基础底板施工→地下结构施工→地上主体结构施工→幕墙安装→装饰装修及机电安装施工→室外工程施工→整体调试→竣工验收。

在确定了关键施工线路后，总包单位对关键线路上的所有工序逐一进行详细分析，充分利用时间空间条件，全面组织穿插流水施工，确保工程按期优质完成。

## 15.3 进度管理措施

### 15.3.1 确保工期的组织措施

冬奥村项目在施工组织上，采用流水施工的方法，使整个工程的资源分配相对均匀，化解场地狭小、资源要求集中的矛盾。在施工程序上，以土建、钢结构施工为主，机电专业等各分项工程做好配合协调。进度计划中安排结构分阶段验收，为机电专业预留、预埋和二次结构砌筑及装修工作创造空间条件。冬奥村项目部定期召开工程例会及各种保证工程进度的专题例会，拿出一定资金作为工期竞赛奖励基金，引入经济奖励机制，结合质量管理情况，奖优罚劣，充分调动全体施工人员的积极性，力保各项工期目标顺利实现。

### 15.3.2 确保工期的管理措施

作为冬奥村项目总承包单位，项目部制定切实可行的总承包管理办法和对分包的管理程序，对各分包商进行有效的管理。优选有实力、负责任的分包商，通过对其进行施工过程管理、计划管理、技术管理、资金管理等，保证各分包单位的施工进度计划完全掌控在总进度计划的控制范围内，保证施工总体进度目标的实现。

施工进度计划包括施工总进度计划、阶段进度计划、分部分项工程进度计划、材料计划、劳动力计划、月（周）进度作业计划等，形成了一个进度控制系统。按工程系统构成、施工阶段和部位等逐层分解，编制对象从大到小，范围由总体到局部，层次由高到低，内容由粗到细的完整计划系统。计划的执行由下而上，从周、月进度计划、分部分项工程进度计划开始，逐级按进度目标控制，最终完成施工项目总进度计划。

### 15.3.3 确保工期的技术措施

工程初期，对招标文件、施工图纸等进行深入细致的研究，对施工控制过程中的特点、难点问题进行详细分析，对可能遇到的困难充分把握，制定了较可行的施工组织设计及专项方案，保证施工的顺利进行。在工程实施中，加强住建部推广应用的十项新技术，以提高施工工效，用先进的技术带来工期的缩短。加强施工质量预控、过程控制、验收控制，争取一次成优，避免返工造成材料、人力浪费及工期的损失。

### 15.3.4 确保工期的经济措施

施工准备期间，编制项目全过程现金流量表，预测项目的现金流，对资金做到平衡使用，以丰补缺，避免资金的无计划管理。建立专门的工程资金账户，随着工程各阶段控制日期的完成，及时支付各专业队伍的劳务费用，防止施工中因为资金问题而影响工程的进展，充分保证劳动力、机械、材料的及时进场。

### 15.3.5 确保工期的资源保障措施

资源的投入包括劳动力、施工机械及设备器具、周转材料、资金等，如何保障资源投入是确保工期的关键所在。冬奥村项目部充分考虑节假日的影响因素，制定保证施工人员稳定的措施。项目经理总负责协调各部门，做好资源的投入工作，保证投入的资源满足施工的需要，或略有富裕，使工程顺利进行。

### 15.3.6 进度计划管理

了解所有参建施工单位的合同工期，根据冬奥会测试赛对各分包单位的计划工期提出明确要求，以保证总承包单位对建设单位的履约责任。通过审核施工组织设计、施工图纸，了解工程分部、分项工程的重点、难点对工程进度的影响，通过审核相关施工方案了解各分包单位的对应措施是否有效。在审核工期计划时考虑季节性施工、年节假期、中高考及重要社会活动的影响因素。总包单位项目部、总部工程管理部分别对基础、结构、装修、水电设备安装、市政工程在不同区域、不同栋号的施工进行相同或近似条件下的进度对比、分析，对相对滞后的施工单位提出警示。施工单位项目经理在工程过程中协调各单位可能存在的交叉施工，必要时总部工程管理部参与协调工作。

### 15.3.7 基于BIM云计算技术的进度管理

利用BIM云计算技术协助预算编制工作，这得益于BIM技术具有参数化特征，可将既往相似工程资料及信息进行提取，构建数据模型，然后计算新项目的工程量，为项目建设提供便利。基于BIM云计算技术构建相应的算量软件，可对项目决策阶段产生重要作用，使编制更加高效、便捷。除此之外，依托BIM云计算技术算量下的估算编制也更加准确，能够为决策者提供精度较高的估算结果，使项目决策时间得到优化，节省更多成本，为后续进度控制奠定基础。通过上述比较能够发现，对于决策阶段进度管理而言，传统模式和BIM云计算进度管理模式在流程上具有显著差异，因而所发挥的效率自然也不同。

在BIM云计算技术的指导下，可实现施工阶段的数字化进度管理。开展施工进度控制，是组织施工活动的基础，通过良好的质量与进度控制，能够及时掌握施工总体情况，为获得更多社会以及经济效益创造可能。随着信息技术的不断应用，建筑企业施工活动中融入更多信息技术和智能化管理，不仅显著提升施工质量和进度管理数据的收集和整合效率，也为施工管理决策提供更加准确的依据。在信息技术的影响下，施工质量与进度控制的最初功能与定位优势逐渐被弱化，需要对其进行重新定位，只有这样，才能切实提高信息管理水平。在具体实施过程中，强调线上与线下功能相结合，但要注意不能完全将关注点放在线上，而忽视施工现场自身在空间上的限制。同时，也不能过分专注于线下管理，而忽略对线上管理的探索。积极了解目前建筑领域的发展需求，构建更为多样化的“空间”与“版块”，制定合理的施工管理方案并加以落实，促进质量和进度控制效果提升。

# 16 成本管理与创新

## 16.1 成本管理创新

### 16.1.1 智慧施工在成本管理中的作用

北京冬奥村项目建设工程将BIM技术、物联网、大数据和云计算等新兴信息技术与传统的建造技术融合，引入了新型工程项目建造模式——智慧施工，以改进建筑行业的成本管理模式，有效地实现工程信息的传递与共享。BIM技术、物联网、大数据和云计算等新兴信息技术的兴起与发展为我国智慧化建造提供了契机。新兴信息技术在工程建造过程中的集成应用能够实时、精确、高效地传递与共享工程数据信息，涉及所有相关方，能够有效解决工程项目全生命周期中的信息断层与专业间的技术壁垒问题，实现工程项目各参建方之间的协同工作，降低施工成本。

### 16.1.2 智慧施工成本管理体系

#### 1. 施工资源精细化管理

施工资源管理在工程施工成本管理中占据着很重要的地位，资源的合理配置是工程项目组织与管理的核心。在建设工程施工资源的优化中，智慧建造体系能够帮助项目管理人员将施工资源信息实时输入施工成本管理系统中，建立基于BIM的4D施工模型，数据信息转换平台IFC标准能完成来自不同应用软件的数据转换，系统发挥BIM与云计算的集成优势整合转换后的数据信息。对施工工序中涉及的相关资源进行计算，为管理人员提供工期、人力、材料、机械设备等实际应用数据，使其清楚掌握施工资源的占用情况，及时发现施工资源与成本的矛盾与冲突，并根据数据信息对施工资源进行动态调整与优化，实现资源的合理配置，如图16.1–1所示。在整个过程中，材料资源占整个建设项目的资源比例最大，其中，水泥、钢材、木材消耗最多，因此，基于智慧建造体系的施工资源精细化管理对于施工成本管理过程中的资源节约至关重要。

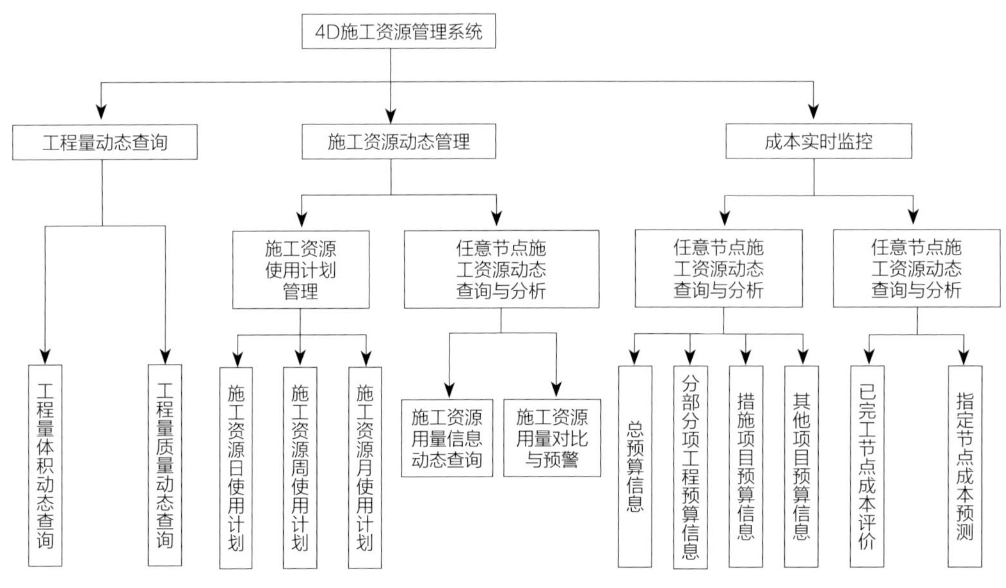


图16.1–1 4D施工资源管理系统示意图

1）混凝土工程

混凝土的施工过程需要严格执行规范要求，智慧建造的信息采集层能够实时监控浇筑过程，完成材料配合比检测，避免因混凝土的质量缺陷带来的成本增加。该体系的实时信息反馈能够精准地反映混凝土的振捣密实与养护周期，既能防止振捣不合理、养护不及时带来额外费用，又能减少浪费。该资源优化管理体系下的资源供应计划与消耗统计更加科学合理，能够避免资源浪费，节约成本。

2）钢筋工程

钢筋在工程施工过程中用量大且费用高，因钢筋浪费带来的成本问题屡见不鲜。传统管理中采用的审核钢筋翻样表与阶段钢筋用量，由于钢筋预算与实际消耗量的差距较大，且施工部位无法精准拆分，不能真正实现钢筋的精细化管理。智慧建造体系中的资源优化管理系统基于BIM软件与广联达软件，对钢筋模型按施工段自动翻样，4D可视化能够提前自动排布钢筋，合理优化钢筋断料，减少余料浪费，减少了钢筋加工环节带来的材料损耗。

3）模板工程

智慧建造体系能够将信息技术引入到模板工程施工当中，通过BIM软件建立的模板支架模型，能够摆脱传统二维图纸与技术交底不直观的困难状况，实现模板三维搭设可视化，直观地完成对工人的技术交底，同时可以从空间与信息维度精准定位模板大小与空间位置，杜绝模板位置偏差现象。另外，模板作为周转性材料，在施工过程中存在着周转次数低、回收利用不充分等问题，基于智慧建造体系的资源优化系统，能够通过对模板用量的精确统计导出模板下料加工图与优化方案，并结合材料性能设置科学的周转参数，提高模板周转次数，减少材料损耗。

### 2. 全过程施工成本控制

施工阶段的成本控制涉及的因素众多，成本、进度、质量、安全等信息互相关联。为提高全过程的成本控制水平，多角度关联项目信息，需要引入科学合理的信息集成平台BIM 5D。该模型是在原有的三维模型基础上引入时间与成本维度，从而创建集成进度与成本数据信息的多维信息模型。

（1）事前成本预防。BIM 5D模型的可视化应用可以提前发现图纸问题并实时反馈，进而不断地修正与完善信息模型。通过广联达BIM 5D软件进行施工模拟，能够调整专业间的冲突，优化设计，提前发现并解决施工过程中可能存在的问题，进而提高施工效率，降低变更成本，减少工程返工。BIM平台的BIM算量软件能够分类型、分工段汇总工程量以及预算信息，为成本预测提供科学的依据。同时该平台能够完成对进度计划和施工方案的模拟，进而生成各时间节点的资源、资金累计消耗值，也可以实时查询任意施工工序的资源、资金需求情况，以此制定合理的成本计划，有效实现施工成本的事前控制。

（2）事中成本控制。通过实际成本与计划成本的实时对比分析，降低成本超支带来的损失。RFID技术能够实现BIM模型对施工现场的动态监控，通过模型可以获取现场资源消耗情况，完成实际消耗与计划值的对比。BIM 5D模型可以查询到任意时间节点、施工工序的实际成本和计划成本，平台根据偏差程度做出预警，提醒管理人员采取控制措施。当出现工程变更时，BIM模型可以完成自动扣减，计算出变更部分的工程量以及成本、资源变化，并通过BIM平台在线发出变更通知，提醒各相关方做出调整，以减少成本损失。对于事前与事中控制的过程如图16.1-2所示。

（3）事后成本分析。成本核算、成本分析和成本考核属于事后成本控制，广联达BIM 5D软件的算量计价功能为事后成本控制提供了便利。基于5D模型快速统计和汇总实际成本，与预算成本进行对比分析，从而做出施工项目盈亏与节超分析，并一键生成图表方便查阅，也可实现从时间、工序、构件等多维度进行成本核算与分析。分析成本偏差产生的原因，第一时间采取补救措施，实现成本的精益控制，并将成本信息导入BIM平台数据库，为类似的项目成本控制提供经验参考。BIM 5D平台是集3D信息模型、精确的施工进度信息和造价成本信息于一体的施工投资、进度及成本管理的数字化实时监控系统，能够有效地对成本费用的实施进行动态模拟和决算，确保各类信息数据及时准确地调用、查阅、核对，实现工程成本从量的精细控制到价的全过程控制，最终优化施工成本管理，提高施工成本的精细化管理水平。

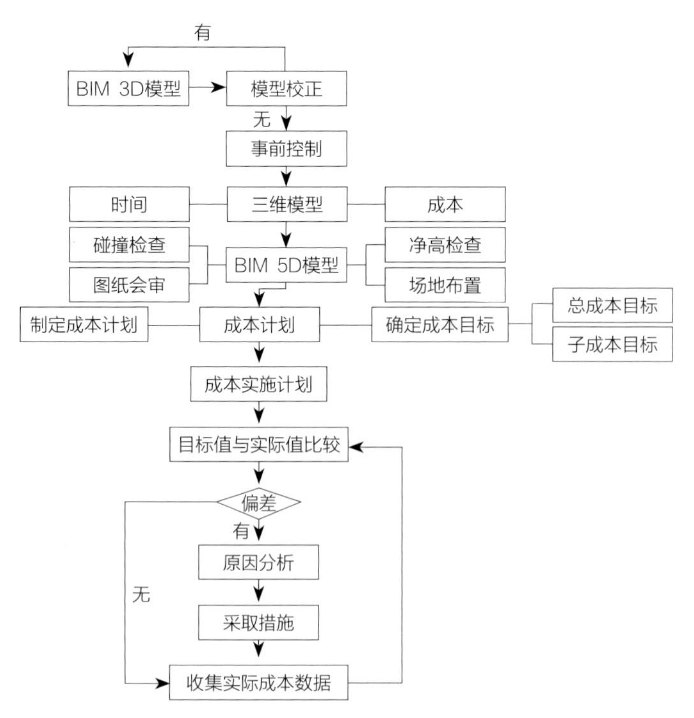

图16.1-2　施工成本控制流程图

### 3. 工程量精准计算

智慧建造体系能够提供比传统工程量计算更加智能、精确的自动化算量功能。传统工程量计算过程繁杂，干扰因素众多，往往因为各种不确定因素或者人工失误带来工程量计算的偏差。智慧建造体系通过BIM技术对新兴信息技术的集成，发挥了云计算与大数据的优势，摆脱了传统手算的人为因素影响以及缺项漏项问题。BIM模型以WBS（工作分解结构）为核心集成了施工成本、进度等信息，可以实现从时间、空间、工序等维度查询数据信息，从而得到以构件为单位的工程量数据更加客观、全面。BIM 5D平台能够自动进行扣减计算，并完成不规则异形构件的精准计算，大幅度提高了工程量计算能力与施工效率，智慧成本管理体系使得施工成本多算对比管理得以实现，有利于施工阶段的成本精细化管理。

### 4. 工程变更管理

施工阶段的工程变更比较频繁且大多不可避免，对施工成本带来的不利影响，往往会导致工期延误、成本超支，甚至会造成劳动生产率降低，因此工程变更管理也是成本控制的重点之一。智慧建造体系下的BIM技术可以对各专业模型进行碰撞检查，可视化功能可以实现复杂节点或隐蔽工程的动画形象展示，能够直观地发现碰撞点和空间位置，及早发现设计冲突和遗漏，实现零碰撞交叉，杜绝因设计问题引起的变更与返工。另外，利用BIM技术的协同工作以及RFID的动态监控等功能，能够对施工过程中发生的变更情况实时跟踪和反馈，从而提高工程变更管理信息化，保证信息数据及时共享，减少施工成本浪费。

### 5. 成本信息集成与共享

传统的施工成本管理由于缺乏有效的信息采集与分析处理，不能实时传输与统一存储，导致大量有效成本信息缺失，出现信息断层，全生命周期内的成本信息也难以衔接，使得各相关方之间的协同工作难以实现。本项目利用BIM技术、云计算等在信息集成中的海量数据存储、处理与编程优势，并融合互联网与物联网等先进技术，提出了智慧建造信息集成平台，能为各参与方提供所需的信息服务，大幅度减少信息获取成本，彻底解决传输延迟以及信息难以存储等问题。云计算提供的一种名为MapReduce的编程模型，能够提高海量数据的处理效率，基于该模型能够实现大型数据的并行处理，有利于建设项目各参与方之间的高效协同工作，促进智慧施工成本管理的变革。

## 16.2 成本管理重点

### 16.2.1 成本控制

根据判定的成本目标，执行成本管理程序，对成本形成的每项经营活动进行监督和调整，使成本始终控制在预算成本活动范围内。通过成本管理程序能够及时发现成本偏差，随即分析原因，采取措施及时纠正，达到预期的降低成本目的。在计划成本初步确定后，为了保证成本计划的实现，业务部门按各自职能范围具体落实。内业部门每月按照劳动力计划及其动态曲线，计算人工费，向项目经理提供人员使用情况报表。

### 16.2.2 成本分析

施工控制中的成本控制是通过经常及时的成本分析，检查各个时期各项费用的使用情况和成本计划的执行情况，分析节约和超支的原因，从而挖掘成本的潜力。成本分析工作，每月末进行一次，将本月预算数与实际发生的人工费、材料费、机械费、管理费分项进行对比，考核计划成本的执行情况。着重分析预算成本与实际成本的差异，找出原因，制定调整措施，进入成本控制循环，使项目成本始终保持在有明确目标的轨迹上。项目成本管理按照成本管理程序先确定预算成本，在此基础上预测成本降低额，编制计划成本，根据计划成本控制实际成本。施工过程中进行成本分析，找出误差原因，制定解决措施，调整计划成本，使项目成本管理不断完善、健全。

## 16.3 基于BIM的工程总承包成本控制方法与应用

### 16.3.1 过程中的成本控制

#### 1. 利用碰撞检查优化结构

北京冬奥村所包含的专业数量非常多，在施工阶段由于各专业间缺乏有效沟通，会产生一些设计问题。利用BIM技术进行碰撞检查，对施工结构、安装等模型进行合并，用碰撞检查对各个构件和图元进行检查。碰撞检查对之后的设计节点深化非常有帮助，能有效节省工期，降低成本。

#### 2. 利用数值模拟优化施工方案

冬奥村项目耗费最多的材料是钢材，同时，也对钢结构和钢筋混凝土的要求比较高。此类工程对工程技艺和精度要求也很高，这些因素造成成本费用上涨。节省成本，让施工图纸表达清晰、减少工序重复、降低工程难度成为关键点。考虑到这些材料的复杂度，专业分包队伍要按照预期时间完工，可以利用Tekla软件对钢结构进行深化设计，根据整个工程图纸和各部分的细节分析确定钢结构尺寸，优化工程图纸，为后续的构件分段提供帮助。对一些钢构件进行数字标注和注解，明确各部分工程所需要的钢构件，这种一一对应的标注印记能使施工队在运送材料时避免发生错误，减少运送成本，提升施工过程中钢构件的使用率。

### 16.3.2 过程中的成本监控

#### 1. 有效计算成本的各个参数

运用模型方法计算出数据分析需要的各种参数：*BCWP*（实际完成工作的预算成本）、*ACWP*（完成工作的实际成本）、*BCWS*（计划工作预算成本）。这几个参数对成本的控制有非常重要的意义，能够直观表达出资金的预算问题。

2. 根据参数计算出评价指标

从模型当中获得的参数，有利于进一步分析工程项目，计算出几个评价指标：*CV*（成本偏差）、*SV*（进度偏差）、*CPI*（成本实施指数）、*SPI*（进度实施指数）。其中，$CV = BCWP - ACWP$；$SV = BCWP - BCWS$；$CPI = BCWP/ACWP$；$SPI = BCWP/BCWS$。

3. 根据参数、指标进行详细的数据分析

将各种参数计算出的指标数据大小进行比较，能够确定各项工作的费用是否足够，工程进度能否按时完成，并且可以采取一些提前措施。

4. 实现成本预警

通过参数指标计算出成本的偏差，可以对工程项目的成本发展趋势进行监控，根据偏差的出现时间和大小，分析偏差到什么时候需要调整。这个任务仅靠成本的监察功能是无法实现的，需要建立一个能够衡量成本偏差的指标进行更准确的判断，可以在成本偏差到达临界值时预警，并且做出调整，以免造成损失。在工程项目的成本预警功能当中，可以选择将*CPI*值划分成五个不同的级别，由相应的偏差发展决定等级：高偏差、较高偏差、中度偏差、较低偏差和低偏差。每一级别的偏差代表着不同程度的预警信号，这就能够直观地在偏差出现变化时，做出准确的等级划分。

5. 有效的预测成本

根据工程项目的偏差值的大小，看它是否达到了预期的设定区间。如果达到了，说明成本的绩效指标也达到了某个区间，工作人员就可以在发现情况以后立即采取相应措施进行改正，并根据数据对之后的成本发展做出分析预测，为项目各种资源的分配起到积极的指引作用。

采用此方法对成本的进度、偏差的大小进行分析，根据数据分析结果找出这种情况出现的因素，并且利用因素影响数据结果的同时，对工程项目的成本进行有效预测，预测整个项目工程结束后的成本预算情况。根据项目完工以后的成本预算，可以合理充分地安排资金的投入比例，做出合适的资源分配体系，有利于监控项目成本。

6. 竣工时的控制

工程竣工阶段项目的成本是整个工程管理控制的重要部分。在最后的阶段，所计算的工程量较大。传统的图纸构建计算会使一些数据信息缺乏可靠性，而BIM技术的参数化特点，能从各个方面同时进行计算分析，包括几何、空间等。在施工阶段变更的BIM模型，相应数据也会随之变化。竣工阶段的BIM模型是将任何时期的新型数据都包含在内的，提高了结算效率，在一定程度上也节约了成本。

# 17 群体工程HSE管理

建设工程安全管理是指在工程建设全过程中，采取有效的措施与方法对参与其中的人、物等因素进行控制，以保证工程建设的安全、稳定，确保整个工程的顺利进行。安全管理对于一个工程项目能否顺利完工而言非常重要，它是工程项目建设过程中必不可少的一项关键工作，是提高建筑企业、建设项目的经济效益和社会效益的基础。加强建设单位、监理单位和施工单位的工作责任感和专业素质，加强对各类危险和潜在问题的发现和处理；建立和实施科学、合理、有效的奖励和惩罚机制，对提高安全管理系统具有重要意义。同时必须不断地创新施工技术手段，以降低安全事故的发生，保证工程质量和人员的安全和生命财产的安全。北京冬奥村建设过程中正是以安全管理内涵和理论为指导，开展安全管理工作，进行安全管理方案的设计和实施。

## 17.1 群体工程HSE突出问题

HSE是Health（健康）、Safety（安全）、Environment（环境）的英文缩略语，HSE管理体系的形成和发展是石油天然气勘探开发工作多年经验积累的成果，它于20世纪90年代由石油、天然气、矿业等对环境影响较大的行业提出，并逐渐发展到其他领域。传统的工程建设项目管理管控目标是做好“三控”，即成本控制、质量控制和工期控制。但随着社会的发展，人们逐渐意识到不能只考虑经济效益，更应关注从业者本身的健康与安全，生产过程也应该尽量减少对外部环境的影响，实现可持续绿色发展与高质量发展，HSE管理体系因此应运而生。HSE管理体系就是以健康、安全、环境3个方面为一体的管理体系的简称，其重要特征是实施“事前、事中、事后”的全过程管理。因此，完善的HSE管理体系能够成为应对突发事件的有效机制。北京冬奥村工期紧，深基坑、肥槽有限空间作业、超限模架、钢结构起重吊装等危险源较多，因此必须强化安全管理，本着“安全第一，预防为主”的原则，采取各种有效措施，确保安全生产。

## 17.2 群体工程HSE管理方案

### 17.2.1 安全管理体系

安全生产管理体系图见图17.2-1。

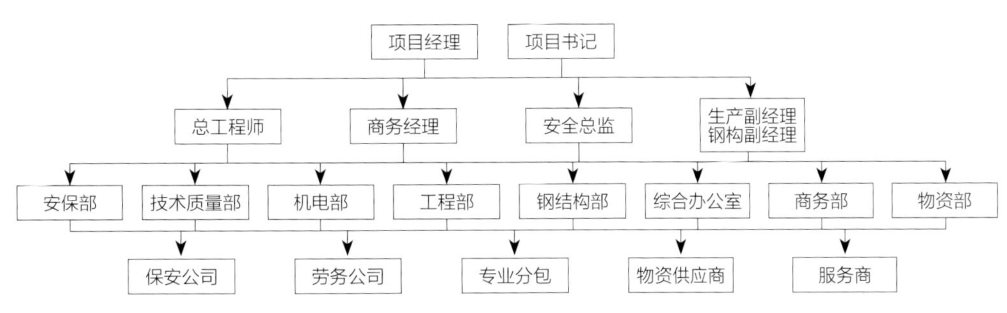


图17.2-1 安全生产管理体系图

### 17.2.2 安全管理组织措施

#### 1. 安全教育及培训

安全教育和培训包括对新进场的工人实行上岗前的三级安全教育、变换工种时进行的安全教育、特种作业人员上岗培训、继续教育等。通过教育培训，使所有参建人员掌握“不伤害自己、不伤害他人、不被他人伤害”的安全防范能力。冬奥村项目部建立了包含安全大讲堂、安全体验教育区等设施的安全培训教育基地。在传统安全教育的基础上，利用云培训、VR体验式安全教育（图17.2–2）、北京城建集团工人安全教育微课堂、可视化教育、二维码交底等多元化教育手段对工人进行安全教育，提高工人安全意识、强化工人安全责任。

项目利用管理平台及培训宝等设施对工人进行云培训，首先使用便携式培训宝对工人身份证进行扫描、对人员进行面部特征扫描记录，并在管理平台中录入工人基本信息，通过便携式培训宝、手机等设备对工人进行远程安全教育、答题测验，各环节完成后，管理平台将自动更新工人安全教育信息，对满足安全教育要求的工人将获准进入施工现场。如图17.2–3所示。

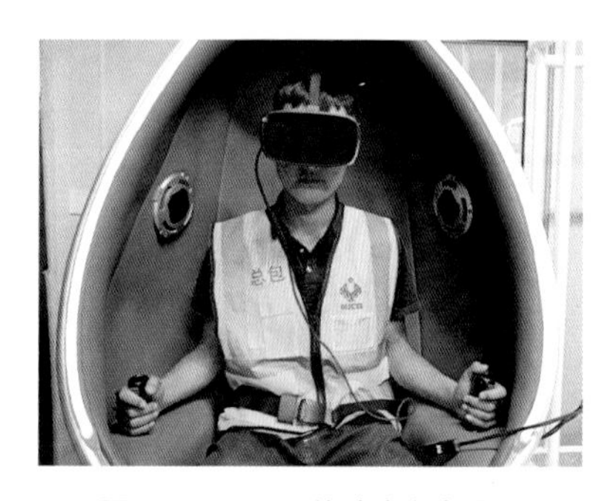

图17.2–2　VR体验式安全教育

图17.2–3　远程安全教育

#### 2. 安全技术交底

冬奥村项目部根据施工组织设计中规定的工艺流程和施工方法，结合现场作业条件，由工长编写针对性、可操作性的分部（分项）安全技术交底，形成书面材料，由交底人与被交底人双方履行签字手续。

#### 3. 班前安全活动

施工班组每天由班组长主持开展班前安全活动，进行作业条件验收，并做详细记录，活动内容是：学习作业安全交底的内容、措施，了解将进行作业的环节和危险度，熟悉操作规程，检查劳保用品是否完好并正确使用。

#### 4. 安全标识及标牌

在施工现场易发生伤亡事故（或危险）处设置明显的、符合国家标准要求的安全警示标识牌或示警红灯，场内设立足够的安全宣传画、标语、指示牌、火警、匪警和急救电话提示牌等，提醒广大参施人员时刻注意预防安全事故。

#### 5. 安全检查

安保部负责施工现场安全巡查并做好日检记录，对检查出的隐患定人、定时间、定措施落实整改；企业安全管理部门定期或不定期到现场进行安全检查，指导督促项目安全管理工作并提供相关支持保障。

#### 6. 个人防护用品

投入使用完备的个人防护用品：如安全帽、双大钩五点式安全带、绝缘手套、防护鞋、工作服、护目镜等，施工中重点加强安全防护用品的采购和正确使用管理。

### 7. 夜间施工安全措施

不超出夜间施工允许作业范围，由夜间施工区域的工长提前告知现场安全员夜间施工的内容及工作时段。安全员必须到现场检查和验收各项安全措施落实的情况，凡达不到安全基本要求的，均不准施工。

### 8. 设备试运行安全管理措施

（1）对管理和工作人员进行培训，使之清楚自己的职责和调试流程。对于能够导致伤害的机械设备，必须为其安装牢固的安全罩等隔离装置，以免活动部件对人员造成伤害。

（2）应给所有的电气设备、电动工具和制动装置安装接地故障断路器。在使用前，要对所有电气设备、制动装置和工具进行检查。

（3）电气设备要有良好的绝缘和接地。

（4）不定期检查其施工作业情况，包括所有总包单位和分包商的材料及设备，查找出任何可能导致人身伤害和财产损失的风险。

（5）打压试水工作，若发生跑冒滴漏，及时停止打压工作，进行处理，避免跑水造成损失。

（6）配备足够监管人员，对现场的调试工作进行全面的了解和监控。

### 9. 劳动纪律管理措施

（1）为贯彻执行“安全第一、预防为主”的安全生产方针，切实加强安全文明施工管理，控制现场的一系列不安全的行为，消除事故隐患，杜绝各类事故、伤害发生，针对冬奥村项目工程特点制定安全施工现场劳动纪律制度如下：

① 凡在本工程总承包范围内的各分包商均应执行本制度。

② 各分包商在项目施工现场上出现的任何安全违规，依据总承包施工合同，分包商将承担安全违规责任，总包将对其违规做出相应的经济处罚决定。

③ 在现场明显位置设立安全管理“曝光台”，对现场违章、隐患予以曝光和经济处罚。

（2）下列是现场每个人必须遵守的基本安全规定，违反规定将被处以一定的经济处罚。采取：暂停工作—重新培训，警告—重新培训，直接驱除出场的管理措施。

① 现场禁止吸烟。

② 进入施工现场的所有人员必须正确戴安全帽。

③ 高处作业必须系安全带。

④ 施工现场施工人员禁止追逐打闹。

⑤ 作业人员禁止酒后上岗。

⑥ 人员进入施工现场必须佩戴工作胸卡及门禁卡。

⑦ 进入施工现场的所有人员要穿上干净工作服，工作服要适合于天气和工作条件。

⑧ 进入施工现场要服从管理。

⑨ 禁止故意损坏施工现场消防设备和器材。

⑩ 使用电气焊要办理相关手续。

⑪ 值勤、值班员要坚守岗位。

⑫ 施工现场车辆符合规定。

⑬ 杜绝违章指挥，禁止干涉他人的工作，拒绝现场安全监督。

⑭ 接受门卫和现场管理人员检查，禁止无理取闹影响门卫正常值勤，服从安全监察人员的管理。

⑮ 禁止私存剧毒、易燃易爆、化学物品及管制刀具。

⑯ 禁止偷拿公私财物或将公物送人。禁止盗窃、破坏或滥用、误用设备和财产，包括安全设备、急救设备和消防设备。

⑰ 禁止赌博、酗酒闹事。

⑱ 管理人员或警卫人员禁止打骂工人。禁止任何打闹、打架、威胁他人行为。

⑲ 驾驶员禁止私自改变行驶路线和私自卸土倒垃圾。

⑳ 禁止清运楼内施工垃圾高空抛撒。

㉑ 禁止刻意隐瞒事故真相。

㉒ 现场未经批准禁止使用明火或燃烧物料。

### 17.2.3 现场安全管理措施

#### 1. 安全防护管理

“四口”、“五临边”严格按要求进行有效防护，确保施工人员的安全。安全管理人员每日对防护部位进行检查，对发现防护不严密部位，立即停止周边区域内施工作业，待防护安装完成后，方可恢复周边区域的施工作业。

#### 2. 临时用电管理

严格执行《施工现场临时用电安全技术规范》JGJ 46—2005、《建设工程施工现场供用电安全规范》GB 50194—2014的要求，采用三级配电、TN-S接零保护和三级漏电保护系统，并安排专业电工24h维护检修，确保安全用电无事故。

（1）施工现场用电编制专项施工组织设计，报经监理单位批准后实施。施工现场临时用电按有关要求建立安全技术档案，用电由具备相应专业资质的持证专业人员管理。

（2）施工现场配电系统严格落实三级配电、逐级漏电管理，并每日对配电箱进行巡视，严格检查配电箱及开关箱使用情况，严格执行配电箱进场验收管理。定期对配电系统进行摇测，确保漏电保护系统灵敏有效；施工现场配电线路使用防火桥架和橡胶绝缘线槽敷设，确保临时用电安全。现场箱变、一级配电箱、二级配电箱均采用工具式定型防护棚进行防雨、防砸保护。

（3）配电室及设施的保护措施，见表17.2-1。

**配电室及设施保护措施表** 表17.2-1

| 设施名称 | 保护措施 |
|---|---|
| 配电柜 | ① 配电柜设置外开门，并加锁由专业电工保护；<br>② 配电柜内设置两路照明线路：普通照明和事故照明；<br>③ 按规定配备砂池、灭火器材；<br>④ 在配电柜架空进出线处，将绝缘子铁脚同配电柜接地装置相连 |
| 配电箱 | ① 装设电源隔离开关及短路、过载、漏电保护器；<br>② 配电箱金属柜架设置保护接零 |

（4）现场照明：手持照明灯使用36V以下安全电压，潮湿作业场所使用24V安全电压，导线接头处用绝缘胶带包好。

（5）配电装置：配电箱内电气、规格参数与设备容量相匹配，按规定紧固在电气安装板上，严禁用其他金属丝代替熔丝。

（6）保护接地与保护接零

塔式起重机、施工升降机等施工机械设备均做防雷接地，且同时做重复接地，电阻值不大于4Ω，以确保施工现场保护零线的重复接地不少于三处；电气设备正常情况不带电的金属外壳和机械设备的金属构架与保护零线连接。

（7）总包单位与所有分包单位签订安全用电管理协议，分包单位必须配备具有上岗证的电工。

#### 3. 隐患排查及整改

编制《安全检查制度》和《隐患排查制度》，依据《重大生产安全事故隐患判定导则》进行管理，并按要求填写《安全检查（隐患排查）记录表》及《安全隐患整改反馈表》。

#### 4. 安全标识管理

施工现场张贴各项安全禁止、警告、指令、提示标识牌，并设置安全知识学习墙、多处悬挂安全宣传条幅、海报，强化施工人员的安全意识。

#### 5. 应急救援管理

项目部编制《施工现场安全生产事故应急预案》《起重机械事故应急预案》《防汛应急预案》《疫情防控应急预案》等多项安全生产事故应急预案，制定演练计划，并按照计划实施演练，强化施工作业人员应急救援处置能力及响应能力。

#### 6. 消防保卫管理

施工现场设置消防泵房1座、微型消防站1座，配备义务消防队进行日常管理；消火栓配备消防器材，安装夜间警示灯。冬期施工将地下及工程内消火栓做保温措施。木料存放区域配备充足灭火器、消防水桶。办公区配备灭火器、消防水桶、消防器材架，每天由总包人员对工程内的消防设施、消防重点部位进行巡视检查，做好记录，确保消防设施、器材灵敏有效。

#### 7. 机械安全管理

本工程设置了10台塔式起重机。项目部配备专职机械设备管理人员，建立机械设备管理制度，每月对塔式起重机两次自查，并填写月检记录表。每月项目部对塔式起重机进行垂直度监测，塔式起重机安装防碰撞系统，确保塔式起重机起重吊装安全。

由于本工程与二标段相邻，在进行塔式起重机布置、顶升策划时需两个标段共同规划，以保障塔式起重机的运转安全。

施工升降机进场前，项目部机械设备管理人员对租赁企业及设备进行考察，施工升降机使用变频模式启动系统，增加安全系数。安拆人员进场前经过专项安全教育及安全技术交底后方可进入施工现场，施工升降机安装过程中，严格按照方案实施。

### 17.2.4 安全风险防控

项目经理在企业主要负责人的授权范围内工作，是工程项目施工安全风险管控的第一责任人。项目部建立健全施工安全风险管控的体制机制，制定工作制度，明确责任主体，采取有效措施，全面、系统识别风险，科学分析、评价风险，在工程项目活动全过程中对施工安全风险进行有效管控。施工安全风险分级、分类、分层、分专业进行管控，明确风险的严重程度、管控对象、管控责任、管控主体。安全风险源分级管控清单及管控措施见表17.2-2。

安全风险源分级管控清单及管控措施表　　表17.2-2

<table>
<tr><th rowspan="2">序号</th><th rowspan="2">风险等级</th><th rowspan="2">风险源</th><th rowspan="2">可能发生的主要事故类型</th><th rowspan="2">主责部门</th><th colspan="3">主要管控措施</th></tr>
<tr><th>技术措施</th><th>管理措施</th><th>应急措施</th></tr>
<tr><td>1</td><td>Ⅰ-Ⅳ</td><td>违章指挥</td><td>所有事故类型</td><td>工程部</td><td rowspan="35">科学先进的施工技术、施工工艺、操作规程、设备设施、材料配件、信息化技术、监测技术</td><td rowspan="35">制定组织制度、责任制度、考核制度、培训制度等各项管理制度，以及选择放弃某些可能招致风险的活动和行为，从而规避风险的决策</td><td rowspan="35">建立应急抢险队伍、储备应急物资、进行有针对性的应急演练</td></tr>
<tr><td>2</td><td>Ⅰ-Ⅳ</td><td>违章作业</td><td>所有事故类型</td><td>安保部</td></tr>
<tr><td>3</td><td rowspan="2">Ⅰ-Ⅳ</td><td rowspan="2">违规活动</td><td>高处坠落</td><td>安保部</td></tr>
<tr><td>4</td><td>物体打击</td><td>安保部</td></tr>
<tr><td>5</td><td>Ⅰ</td><td>基坑工程</td><td>坍塌</td><td>工程部</td></tr>
<tr><td>6</td><td>Ⅰ</td><td rowspan="2">模架工程</td><td>坍塌</td><td>工程部</td></tr>
<tr><td>7</td><td>Ⅱ</td><td>物体打击</td><td>安保部</td></tr>
<tr><td>8</td><td>Ⅰ</td><td rowspan="2">起重机械及安装拆卸工程、起重吊装</td><td>倾覆</td><td>安保部</td></tr>
<tr><td>9</td><td>Ⅰ</td><td>起重伤害</td><td>安保部</td></tr>
<tr><td>10</td><td>Ⅱ</td><td rowspan="3">脚手架工程</td><td>坍塌</td><td>工程部</td></tr>
<tr><td>11</td><td>Ⅱ</td><td>高处坠落</td><td>安保部</td></tr>
<tr><td>12</td><td>Ⅱ</td><td>物体打击</td><td>安保部</td></tr>
<tr><td>13</td><td>Ⅱ</td><td rowspan="3">建筑幕墙安装工程</td><td>坍塌</td><td>工程部</td></tr>
<tr><td>14</td><td>Ⅱ</td><td>物体打击</td><td>安保部</td></tr>
<tr><td>15</td><td>Ⅱ</td><td>高处坠落</td><td>安保部</td></tr>
<tr><td>16</td><td>Ⅰ</td><td rowspan="3">钢结构安装工程</td><td>坍塌</td><td>工程部</td></tr>
<tr><td>17</td><td>Ⅱ</td><td>物体打击</td><td>安保部</td></tr>
<tr><td>18</td><td>Ⅱ</td><td>高处坠落</td><td>安保部</td></tr>
<tr><td>19</td><td>Ⅱ</td><td>四口五临边</td><td>高处坠落</td><td>安保部</td></tr>
<tr><td>20</td><td>Ⅱ</td><td>动火作业</td><td>火灾</td><td>安保部</td></tr>
<tr><td>21</td><td>Ⅱ</td><td>高处作业</td><td>高处坠落</td><td>安保部</td></tr>
<tr><td>22</td><td>Ⅱ</td><td rowspan="3">施工机械</td><td>机械伤害</td><td>安保部</td></tr>
<tr><td>23</td><td>Ⅱ</td><td>触电</td><td>安保部</td></tr>
<tr><td>24</td><td>Ⅱ</td><td>车辆伤害</td><td>安保部</td></tr>
<tr><td>25</td><td>Ⅱ</td><td rowspan="2">临时用电</td><td>触电</td><td>安保部</td></tr>
<tr><td>26</td><td>Ⅱ</td><td>火灾</td><td>安保部</td></tr>
<tr><td>27</td><td>Ⅰ</td><td rowspan="2">办公、生活临时设施</td><td>坍塌</td><td>安保部</td></tr>
<tr><td>28</td><td>Ⅱ</td><td>火灾</td><td>安保部</td></tr>
<tr><td>29</td><td>Ⅱ</td><td rowspan="2">易燃易爆材料物品</td><td>火灾</td><td>安保部</td></tr>
<tr><td>30</td><td>Ⅱ</td><td>爆炸</td><td>安保部</td></tr>
<tr><td>31</td><td>Ⅰ</td><td>有限空间作业</td><td>中毒和窒息</td><td>安保部</td></tr>
<tr><td>32</td><td>Ⅰ</td><td rowspan="4">极端天气</td><td>坍塌</td><td>安保部</td></tr>
<tr><td>33</td><td>Ⅱ</td><td>倾覆</td><td>安保部</td></tr>
<tr><td>34</td><td>Ⅱ</td><td>高处坠落</td><td>安保部</td></tr>
<tr><td>35</td><td>Ⅱ</td><td>物体打击</td><td>安保部</td></tr>
</table>

续表

<table>
<tr><th rowspan="2">序号</th><th rowspan="2">风险等级</th><th rowspan="2">风险源</th><th rowspan="2">可能发生的主要事故类型</th><th rowspan="2">主责部门</th><th colspan="3">主要管控措施</th></tr>
<tr><th>技术措施</th><th>管理措施</th><th>应急措施</th></tr>
<tr><td>36</td><td>Ⅱ</td><td rowspan="3">冬期施工</td><td>高处坠落</td><td>安保部</td><td rowspan="13">科学先进的施工技术、施工工艺、操作规程、设备设施、材料配件、信息化技术、监测技术</td><td rowspan="13">制定组织制度、责任制度、考核制度、培训制度等各项管理制度，以及选择放弃某些可能招致风险的活动和行为，从而规避风险的决策</td><td rowspan="13">建立应急抢险队伍、储备应急物资、进行有针对性的应急演练</td></tr>
<tr><td>37</td><td>Ⅱ</td><td>火灾</td><td>安保部</td></tr>
<tr><td>38</td><td>Ⅱ</td><td>车辆伤害</td><td>安保部</td></tr>
<tr><td>39</td><td>Ⅱ</td><td rowspan="3">汛期雨季</td><td>坍塌</td><td>安保部</td></tr>
<tr><td>40</td><td>Ⅱ</td><td>触电</td><td>安保部</td></tr>
<tr><td>41</td><td>Ⅱ</td><td>高处坠落</td><td>安保部</td></tr>
<tr><td>42</td><td>Ⅰ–Ⅳ</td><td>组织机构不健全</td><td>所有事故类型</td><td>项目经理</td></tr>
<tr><td>43</td><td>Ⅰ–Ⅳ</td><td>责任制未落实</td><td>所有事故类型</td><td>项目经理</td></tr>
<tr><td>44</td><td>Ⅰ–Ⅳ</td><td>管理制度不完善</td><td>所有事故类型</td><td>项目经理</td></tr>
<tr><td>45</td><td>Ⅰ–Ⅳ</td><td>事故应急预案不完善</td><td>所有事故类型</td><td>项目经理</td></tr>
<tr><td>46</td><td>Ⅰ–Ⅳ</td><td>教育培训不到位</td><td>所有事故类型</td><td>安保部</td></tr>
<tr><td>47</td><td>Ⅰ–Ⅳ</td><td>未按要求进行技术交底</td><td>所有事故类型</td><td>技术部</td></tr>
<tr><td>48</td><td>Ⅰ–Ⅳ</td><td>特种作业人员无证上岗</td><td>所有事故类型</td><td>安保部</td></tr>
</table>

加强危险性较大的分部分项工程安全管理，有效防范生产安全事故。依据《危险性较大的分部分项工程安全管理规定》（住房城乡建设部令第37号）、《住房城乡建设部办公厅关于实施〈危险性较大的分部分项工程安全管理规定〉有关问题的通知》（建办质〔2018〕31号）等有关规定，建设单位应当组织勘察、设计等单位在施工招标文件中列出危险性较大分部分项工程清单，施工单位在投标时补充完善危险性较大分部分项工程清单并明确相应的安全管理措施。施工前对项目涉及的危险性较大分部分项工程风险源，进行风险评价，确定风险等级，并采取管控措施。危险性较大的分部分项工程清单见表17.2–3。

**危险性较大的分部分项工程清单　　表17.2–3**

| 1. 危险性较大的分部分项工程部位 | 部位 |
| --- | --- |
| 模板工程及支撑体系 | |
| 混凝土模板支撑工程：施工总荷载（荷载效应基本组合的设计值，以下简称设计值）10kN/m$^2$及以上，或集中线荷载（设计值）15kN/m及以上，或高度大于支撑水平投影宽度且相对独立无联系构件的混凝土模板支撑工程 | 地下模架 |
| 起重吊装及起重机械安装拆卸工程 | |
| 采用非常规起重设备、方法，且单件起吊重量在10kN及以上的起重吊装工程 | 防屈曲钢板剪力墙安装 |
| 采用起重机械进行安装的工程 | 部分钢结构安装 |

续表

| 1. 危险性较大的分部分项工程部位 | 部位 |
| --- | --- |
| 起重机械安装和拆卸工程 | 塔式起重机安拆 |
| 施工现场2台（或以上）起重机械存在相互干扰的多台多机种作业工程 | 群塔作业 |
| 脚手架工程 | |
| 高处作业吊篮工程 | 外装施工 |
| 其他 | |
| 钢结构安装工程 | 钢结构 |
| 含有有限空间作业的分部分项工程 | 水池、采光井、电梯井等 |
| 2. 超过一定规模的危险性较大的分部分项工程 | 部位 |
| 深基坑工程 | |
| 开挖深度超过5m（含5m）的基坑（槽）的土方开挖、支护、降水工程 | 土方开挖、基坑支护 |
| 模板工程及支撑体系 | |
| 混凝土模板支撑工程：搭设高度8m及以上，或搭设跨度18m及以上，或施工总荷载（设计值）15kN/m$^2$及以上，或集中线荷载（设计值）20kN/m及以上 | 地下部分模架，地上C24段首层 |
| 其他 | |
| 施工高度50m及以上的建筑幕墙安装工程 | 外装施工 |

### 17.2.5 主要分项工程安全控制措施

#### 1. 深基坑作业安全

（1）由支护土方专业分包单位对基坑的施工进行交底，充分理解基坑的相关参数及要求。地下结构施工时按照设计要求的地面堆载进行现场的道路及材料存放场地布置，对于不能满足其要求的地段采取支护结构加强、荷载均匀分散等措施，满足其荷载要求。

（2）要求基坑支护施工单位、第三方监测单位及时提供基坑监测数据，依据施工方案及规范，对数据进行分析，确保安全。技质部和安保部对基坑监测单位的监测方案及监测数据进行严格管理，必要时定期参与复核，掌握第一手监测资料。

（3）地下结构施工阶段，由工程部指定专人负责对基坑周边的巡视及材料存放的检查，发现违规和异常，及时上报采取应对措施。基坑边坡附近作业，设专职安全员进行旁站监控。人员上下设置马道，数量不小于2个，便于疏散。

（4）对于基坑渗漏水处应特别关注，查明原因并制定针对性方案，对渗漏水进行及时封堵或疏导。地下结构完成后组织尽早进行肥槽回填，肥槽回填分步进行，确保基坑安全。

#### 2. 钢筋工程安全控制

（1）钢筋吊运由持证信号工指挥，严守操作规程。

（2）所有焊接操作人员必须经考试合格持证上岗。

（3）钢筋施工时，金属物极多，电气危险应注意以下问题：

① 电焊机：一次线不得超过5m，二次线不超过30m，焊把线严禁用钢筋或钢管代替。

② 必须设专用的电焊机漏电保护器，有专用的开关箱，一、二次线不得任意接长，并保证有两级以上漏电保护。

③ 所有电缆线及电焊把线不得拖地，不得被钢筋、钢管压砸，电缆必须架空。乙炔、氧气瓶不得放置在焊点下方，它们之间要保持安全距离。

### 3. 模板工程安全控制

（1）超限模架、新型脚手架必须按相关文件规定，编制专项方案，经公司、监理单位审批后，组织专家论证，通过后再按方案施工。

（2）支柱模、梁底模之前必须先搭好柱、梁脚手架，两侧铺跳板、设防护栏杆。支顶板模板要搭好脚手架。支电梯井模板、梁模板或其他模板，若没有可靠的防护架时，操作人员必须系好安全带。

（3）拆模板：在拆柱模前不准将脚手架拆除。利用塔式起重机拆柱模时应有起重工人配合，木工在拆除必要时系安全带。

### 4. 混凝土工程安全控制

（1）地泵输送管接头必须卡紧。

（2）振捣棒：要求绝缘良好，振捣棒线严禁任意接长。电缆线必须架空，严禁拖地。振捣棒应有专用开关箱，接漏电保护器。操作振捣棒应戴绝缘手套。

（3）夜间施工必须有足够的照明。

### 5. 机电安装安全控制

2m以上的作业为高处作业，必须佩戴安全带；使用的人字梯必须使用可靠的张拉绳，在顺手的位置设置工具袋和零件袋；在高处作业时两个人一组，一人高处作业，一人看护，严禁抛掷零件和工具。

在管道井内施工的时候，将上下两层的洞口用木板封闭，在下层显眼位置设置“施工危险区域，请绕行”的标识，防止落物体伤害。

电焊作业时，随班组配备手提式灭火器及采取其他防火措施。

在有限空间内调试、修理、焊接，或作业时产生有毒有害烟气的，对施工环境内的空气样品进行分析，如超出安全标准，采取强制排风措施，同时操作人员佩戴好个人防护用品。

大型设备安装之前，必须编制安全措施方案。

大型的风管安装时，搭设安全规范的操作平台，防止风管滑落伤人。大型管道垂直安装时，管道下方采取临时防护，管道上方设置可靠的临时固定耳块。

电气工程在调试工作进行之前对相关专业进行交底，并编制调试安全技术方案。在施工电梯内，安全通道等显眼位置张贴宣传标语和标识，特别是在开关处，悬挂“有人作业，合闸有触电危险”的警示标识。调试工作完成后，及时将井道、设备间的门窗上锁，防止非专业人员误操作造成设备损坏和触电事故。

### 6. 防水施工安全控制

（1）材料存放于专人负责的库房，严禁烟火并挂有醒目的警告标识和防火措施。

（2）施工现场和配料场地应通风良好，操作人员应穿软底鞋、工作服、扎紧袖口，并应佩戴手套及鞋盖，外露皮肤应涂擦防护膏，操作时严禁用手直接揉擦皮肤。患有皮肤病、眼病、刺激过敏者，不得参加防水作业。施工过程中发生恶心、头晕、过敏者，应停止作业。

（3）高处作业周围边沿和预留洞口，必须按“洞口、临边”防护规定进行安全防护。

（4）防水卷材采用热融法施工，使用明火操作时，应申请办理动火证，并设专人看火。配有灭火器材。

（5）下班清洗工具。未用完的溶剂，必须装入容器，并将盖盖严。

#### 7. 交叉作业

（1）结构安装过程各工种进行立体交叉作业时，不得在同一垂直方向上操作，下层作业的位置，必须处于依上层高度确定可能坠落范围半径之外，不符合以上条件时，应设置安全防护层。

（2）楼层边口、通道口、脚手架边缘等处，严禁堆放任何构件。

### 17.2.6 绿色施工管理

#### 1. 扬尘治理

施工现场周边严格按照《北京市建设工程安全生产标准化管理图集》搭设围挡，现场大门处设置七板一图及公示牌，周边道路及场区道路硬化处理，裸露地表全部用防尘网覆盖。现场设置环场喷淋、雾炮机、摇臂喷枪、洒水车、雾炮车等多种扬尘控制设备，并采用空气质量监测仪对现场空气质量进行实时监测。现场物料堆码整齐，堆码高度符合安全要求，摆放物资标识牌，并对易扬尘材料进行覆盖。土方施工期间，对进出车辆进行检查，严格按照要求使用办理准运证的车辆。

#### 2. 节水措施

办公区、生活区供水管网根据用水量设计布置，管径合理、管路简洁，洁具均采用节水洁具，办公区室外地面采用透水砖铺设，施工现场设置雨水收集池，污水处理装置对生活污水进行处理后用于周边绿化灌溉。

#### 3. 节能措施

办公区和生活区采用可周转的定型化房屋，包括办公室、宿舍、食堂、会议室、活动室、图书室等各功能房间，合理设置并运用空气源热泵、太阳能路灯、声控灯等一系列节能设备。

#### 4. 节地措施

（1）对现场平面实现合理布置，将办公区、生活区及生产作业区分开布置；

（2）场地统一划分布置、协调和管理，按专业、工种划分施工用地，避免用地交叉、相互影响干扰；

（3）办公区和生活区采用装配式、标准化、定型化集装箱房；

（4）现场临时道路设置均与正式道路一致，减少对周边土地的破坏。

#### 5. 节材措施

（1）采用BIM技术对钢结构进行深化设计，减少材料浪费；

（2）采用BIM技术进行机电管线排布，优化施工方案，减少材料的浪费等；

（3）施工现场采用钢筋桁架楼承板，既节约了模板支撑体系，又提高了钢筋工厂化加工水平。

#### 6. 创新措施

1）扬尘控制创新技术

项目团队为减少扬尘污染，研发了一款可通过移动终端远程控制降尘设备启停的App，并首次将摇臂喷枪在施工现场应用，该项技术获得了国家专利。

2）智慧化工地建设

项目部在各项传统安全管理手段的基础上，通过管理平台、人脸识别、智能安全帽、AI智能监控、AR眼镜、塔式起重机防碰撞系统、智能安全巡查系统等高科技、数字化设备的联动应用，真正做到了安全管理智慧化，利用智慧手段高效保障了项目安全生产、平稳运行。

（1）劳务管理。

通过培训宝对进场人员进行实名登记，并将个人信息录入管理平台内，待人员进行完安全教育后，管理平台对其授予进出施工现场权限，人员便可通过人员通道的人脸识别仪器刷脸进出施工现场、办公区、生活区等场所。各场所人员通道处设置人员信息屏，实时反映进出场人员信息及在场人员信息，通过这种方式的劳务管理，能高效、准确地掌握现场人员实时动态，为安全管理提供可靠信息支撑。项目参施人员均佩戴智能安全帽，该种安全帽内置电子芯片，芯片内存储了佩戴人员的个人信息，通过管理平台与芯片联动后的实时定位，可直接追踪该人员在施工现场的具体位置。

（2）AI智能监控。

项目部在施工现场、办公区、生活区多处设置了AI智能监控摄像头，该摄像头在与管理平台联动后，通过摄像头的AI智能识别、管理平台的后台运算及智能安全帽的识别后，能自动生成该人员违章作业信息，包括人员信息、违章作业项目、违章作业时间及地点等信息，并通过管理平台向项目部安全管理人员发送违章作业通知。项目部安全管理人员将第一时间到达违章作业部位进行纠正，大大降低了因违章作业产生的安全事故发生概率。

AI智能监控还能自动识别烟雾、火灾、边坡坍塌、跑水等安全事故的发生，并及时通过管理平台向项目部安全管理人员发送事故通知，项目部安全管理人员将第一时间到达事故发生地，大大减少了事故发生后的救援时间。

（3）AR眼镜。

项目部为安全管理人员配备了AR眼镜，该眼镜可通过眼镜内置的AI数据扫描器扫描人员面部特征，再通过管理平台提取该人员信息，并瞬时将人员信息反馈至佩戴人员，使得佩戴人员能够第一时间掌握人员信息。

当发生紧急情况时，佩戴人员还可以通过AR眼镜与中控指挥室人员进行实时通话，并将现场影像实时传送至中控指挥室，利于指挥人员做出正确判断。

（4）智能安全巡查系统。

本工程使用了北京城建集团自主研发的智能安全巡查系统，在现场内设置了多达120个安全巡查点，通过项目安全管理人员手持记录仪对巡查点进行扫描，将巡查结果实时录入管理平台，并自动生成巡查报告，确保了项目安全管理人员对施工现场、办公区、生活区每日进行无死角安全巡查，对安全隐患及时发现、纠正。

# 18 协同发展与文化建设

## 18.1 五方协同建造

建设工程项目实施过程涉及的主体众多，主要有建设单位、勘察单位、设计单位、施工单位、监理单位、材料设备供应单位、质量检测单位、工程质量监督站、造价咨询单位等，其中各单位参与施工现场质量管理程度不同，但是其工作行为或工作成果，均会对最终的建设工程质量产生程度不一的影响。而建设单位、勘察单位、设计单位、施工单位、监理单位五方对工程质量影响最为重要，与质量的关系最为密切。建设单位是工程项目的发起者和所有者，勘察设计单位的工作成果是工程项目建设的前提，勘察成果与设计文件又服务于施工合同的物化行为结果的形成，施工单位是建设工程成形的直接建造者，监理单位则受建设单位委托主要负责现场管理，这五方在建设工程全生命周期内的关系是最紧密的，其工作需要相互配合。

北京冬奥村是2022年北京冬季奥运会配套项目，建设意义重大。作为总承包单位以工程大局为重，切实履行总包管理职责，急建设单位所急，想建设单位所想，为工程建设排忧解难。密切联系勘察、设计单位，理解尊重勘察成果及设计意图，高质量完成深化设计任务，及时解决施工中遇到的设计问题。加强与监理单位的沟通，积极配合监理工作流程，以过硬的项目管理赢得监理的信任。积极主动协调外部关系，为工程顺利推进保驾护航。在建设单位的主导下，各参施单位应密切配合，推动项目按计划稳步实施，最终实现各项既定目标。

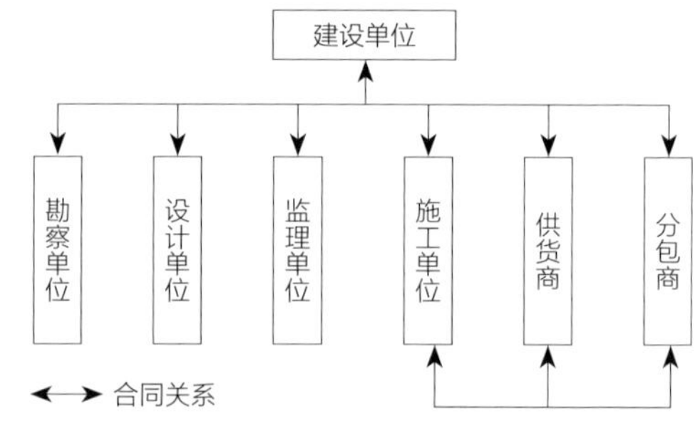

图18.1-1 DBB模式下参建各方合同关系图

由图18.1-1可知，在传统的工程项目管理模式DBB模式下，建设单位需要与所有参建单位签订合同，同时施工单位也可与专业分包、劳务分包、材料供应商等签订分包和采购合同，各主要参建单位属于平等关系。勘察设计单位的工作成果是施工单位和监理单位工作的重要依据，各方都服从和服务建设单位，接受建设单位的管理，此时建设单位可直接干预参建各方的行为，其基本手段就是通过资金投入和工期限定，同时建设单位还委托监理单位常驻施工现场对工程项目进行现场监理。无论何种管理模式，合同所追求的目标不变，主要区别在于各参建单位的合同签订主体存在不同，但是最终建设工程项目仍是在各方的协调配合之下建造出来，参建各方均应对工程项目的质量负责。

### 18.1.1 总包与各参建方协调措施

总包单位与各参建单位的协调措施，见表18.1-1。

总包单位与各参建方的协调措施表　　表18.1-1

| 单位 | 协调内容 |
| --- | --- |
| 建设单位 | （1）认真遵守招标投标文件和施工总承包合同的各项约定。<br>（2）协助建设单位选择优秀的分包商和供应商。<br>（3）积极配合建设单位进行现场检查，接受建设单位的监督和指导。<br>（4）积极为本工程出谋划策，做好建设单位的参谋。<br>（5）认真核定工程进度，为建设单位工程款的拨付提供准确依据 |

续表

| 单位 | 协调内容 |
| --- | --- |
| 监理单位 | (1)积极参加监理工程师主持召开的每周一次的监理例会或随时召集的其他会议，并保证三位能代表总承包方当场做出决定的高级管理人员出席会议，同时确保有关分包负责人参加。<br>(2)严格按照监理工程师批准的施工规划和施工方案进行施工，并随时提交监理工程师认为必要的关于施工规划和施工方案的任何说明或文件。<br>(3)按监理工程师同意的格式和详细程度，向监理工程师及时提交完整的进度计划，以获得监理工程师的批准。无论监理工程师何时需要，保证随时以书面形式提交一份为保证该进度计划而拟采用的方法和安排的说明，以供监理工程师参考。<br>(4)任何时候如果监理工程师认为工程或其任何区段的施工进度不符合批准的进度计划或不符合竣工期限的要求，则保证在监理工程师的同意下，立即采取任何必要的措施加快工程进度，以使其符合竣工期限的要求。<br>(5)承包范围内的所有施工过程和施工材料、设备，接受监理工程师在任何时候进入现场进行他们认为有必要的检查，并提供一切便利。<br>(6)监理工程师要求对工程的任何部位进行计量时，保证立即派出一名合格的代表协助监理工程师进行上述审核或计量，并及时提供监理工程师所要求的一切详细资料。<br>(7)确保在总承包范围内所有施工人员在现场绝对服从监理工程师的指挥，接受监理工程师的检查监督，并及时答复监理工程师提出的关于施工的任何问题 |
| 设计单位 | (1)定期向设计方介绍施工情况及采用的施工工艺。<br>(2)在每个分部分项工程施工前提交与设计有关的施工方案或作业指导书，并听取设计方的意见。<br>(3)定期交换总包单位对设计内容的意见，用总包单位丰富的施工经验来完善细部节点设计，以达到最佳效果。<br>(4)如遇建设单位改变使用功能或提高建设标准或采用合理化建议需进行设计变更时，总包单位将积极配合，若需部分停工，将及时改变施工部署，尽量减少工期损失。<br>(5)总包单位配置设计人员深入现场制作施工详图，进行节点设计，参与施工图纸设计的协调及为二次装修提供设计建议。<br>(6)总包单位将积极组织分包协同设计人认真做好图纸会审工作，完善施工图设计 |

### 18.1.2 产学研融合推进项目建设

北京冬奥村建设过程中与北京工业大学、北方工业大学、辽宁工程技术大学和东北财经大学等多所高校的专家学者建立了深度的产学研合作，邀请专家来现场指导，亲自参与项目建设，对于项目的整体建设问诊把脉。科技与产业“双向奔赴”，为企业带来了发展机遇，也为科研人员提供了施展才华的大舞台。让创新和市场、科研和产业、科学家和企业家更好地对接、联合，加快将科研成果转化为生产力，打通科技与经济社会发展之间的通道，企业的自主研发有了智力支撑，科研人员的知识有了用武之地，从而真正释放出创新驱动发展的原动力。北京冬奥村在整个项目的建设过程中，践行了上述理念，通过与高校学者的互动，解决了大量工程建设难题。北京冬奥村应用建筑业10项新技术的9个大项，45个小项。采用了装配式防屈曲钢板剪力墙等创新技术，取得了良好的社会效益和经济效益。

## 18.2 项目文化建设

工程项目文化和一般企业文化不同，不仅要具有企业自身的文化理念和价值观，还要依据工程项目特征调整文化理念内容。具体而言，项目文化包含工程项目文化理念、管理制度、员工行为规范等内容。现代工程项目的施工内容较为复杂，工程质量要求更高，项目文化起到越来越重要的作用。

### 18.2.1 项目文化建设准则

#### 1. 坚持围绕中心、服务大局

项目文化建设坚持以生产经营为中心，以促进项目整体工作为出发点和落脚点，为项目各项管理目标的实现提供精神动力。

2. 坚持执行标准、突出特色

项目部按照公司的统一要求，结合自身实际，将企业的整体文化和项目自身特色文化统一起来，实现项目文化上承企意、下接地气，发挥其统一思想、凝聚力量、规范行为的作用。

3. 坚持简洁节俭、整洁实用

项目文化建设从重实效、强功能要求出发，按照精细化管理的思路，少花钱多办事，充分发挥实用理念。

4. 坚持以人为本、共建共享

项目文化建设尊重员工主体地位，善于把企业所倡导的和员工所需要的紧密结合起来，以员工素质的提高推动项目文化建设，做到在共建中共享，在共享中共建。

### 18.2.2 冬奥村项目文化建设

北京冬奥村项目部始终贯彻集团公司“创新 激情 诚信 担当 感恩”的核心价值理念，从现场管理、成本控制等方面周密策划，组织生产施工，形成了一套结合项目实际的施工管理模式，并将“一件事、一群人、一条心、一起拼、一定赢”的拼搏精神文化作风贯穿整个施工过程。

北京冬奥村项目部张学生青年突击队，荣获2019年度北京城建集团“优秀青年突击队标杆”称号，见图18.2-1。

图18.2-1 张学生青年突击队荣获2019年度北京城建集团“优秀青年突击队标杆”称号

### 18.2.3 党建引领项目文化建设

用党建引领企业文化建设是现代企业制度下，党建工作与企业文化建设同向融合发展的创新。实践证明，党建文化是企业文化的基础、底色，企业文化是党建文化的具体体现。同理，项目部应积极探索以党建统领项目文化，实现两者合力发展的新模式，在项目文化建设中发挥出党建工作的思想引导作用，为项目文化建设奠定良好的思想基础。

1. 党建措施

（1）加强理论学习，提高政治站位。

北京冬奥村项目党支部先后开展了“不忘初心、牢记使命”主题教育和党史学习教育等活动。通过学习教育，不断增强参与冬奥工程建设员工的荣誉感、使命感和责任感，充分调动了广大党员职工干事创业的积极性、主动性。

（2）严格组织生活，认真开展主题党日活动。

在坚持做好“三会一课”的基础上，北京冬奥村项目党支部先后组织党员职工参观中国人民抗日战争纪念馆、抗美援朝胜利70周年展览等，增强党员意识，提高党性修养。

（3）利用现有资源，积极开展党建共建活动。

北京冬奥村项目党支部与校企合作单位——北方工业大学土木工程学院研究生党支部开展“校企携手强党建、产学研用促发展”红色“1+1”支部共建活动，相互学习，相互借鉴，取长补短，共同促进支部建设。

（4）落实主体责任，深入推进全面从严治党。

加强组织领导，制定党建主体责任清单，层层传导压力，强化监督检查。重要节点都开展廉政教育和提醒，做到警钟长鸣。

（5）坚持以人为本，体现人文关怀。

项目部先后组织了五四青年节主题交流会、母亲节亲情座谈会、“六一儿童节”主题活动等，开展了羽毛球、篮球等系列体育比赛，并定期慰问一线工人师傅，体现了企业的人文关怀。

**2. 党史学习教育**

项目党支部认真按照工程总承包部党委的统一部署和安排，通过多种形式的学习教育活动，进一步提高了广大党员职工对党的光辉历程的认知和了解，增强了其做好本职工作、服务保障冬奥赛事的信心和决心。

（1）结合“三会一课”，确保学习教育人员的覆盖面。

要求员工进行党史学习教育的学习、选派员工参加党史知识竞赛、党支部书记进行专题党课授课等这些举措，充分激发了员工的爱国热情。

（2）结合校企共建，实现学习教育形式的多样性。

充分利用校企共建的良好契机，和北方工业大学土木工程学院研究生党支部开展系列主题支部共建活动，双方各自受益匪浅，起到了学史明理、学史增信、学史崇德、学史力行的作用。

（3）结合生产经营，推进学习教育效果的实效性。

通过要求员工学习党史，学习北京城建集团的发展史，并结合正在参与建设的北京冬奥村项目，可以不断增强员工的荣誉感和自豪感，并将这种热情和动力转化为打造精品工程的自觉行动。

（4）结合时政重点，保证学习教育内容的先进性。

项目部组织全员集中观看习近平总书记在中国共产党成立100周年庆祝大会上发表的重要讲话，并组织党员职工进行专题学习和研讨，引导党员职工把学习“七一”重要讲话精神的成果转化为奋进新征程、建功新时代的实际行动，为促进企业发展贡献自己的力量。

**3. 党建成果**

（1）开展党史学习教育，不断汲取智慧力量。

通过对照党章党规找差距和召开“不忘初心、牢记使命”主题教育组织生活会，领导班子以及全体党员严肃认真地开展了批评与自我批评，更加深刻地查找了自身存在的不足和问题，明确了今后努力的方向，为更好地服务冬奥、建设冬奥增强了信心，为在工程建设中发挥模范带头作用、建功立业奠定了坚实的思想基础。

（2）落实基层党建重点任务和深化党支部标准化规范化建设。

党支部重点加强班子的理论学习，强调班子的团结，严格班子成员办事程序，建设了一支强有力的项目班子，从而为基层党建重点任务的落实提供有力保证。此外，项目通过建立党员学习园地、党员责任区，制定党支部标准化建设目标等举措，深入开展党支部标准化规范化建设。

（3）切实加强对意识形态工作的领导，严格落实意识形态工作责任制。

党支部高度重视意识形态工作，把意识形态工作纳入党建工作和班子成员目标管理，严守政治纪律和政治规矩，管好宣传阵地和党建阵地，在思想上、行动上始终同党中央保持高度一致。

（4）深化落实全面从严治党主体责任，打造廉洁工程。

项目党支部按照"严格贯彻廉洁办奥理念，加强施工管理中的党风廉政建设"精神，全面梳理冬奥工程建设廉政风险点和制定执行有效监督措施，严格贯彻落实中央八项规定精神和反"四风"工作要求，防止违规违纪行为发生。制定"廉洁办奥"主体责任清单，层层传导压力，落实责任。

（5）深入抓好职工思想教育，维护企业和谐稳定。

项目部采取逢会必讲对全员进行思想教育，要求全体参施人员充分认识干好冬奥村工程的重大意义和存在的实际困难，同时抓好职工小家建设，关心职工生活，使广大员工在任何情况下都能始终保持积极向上的精神面貌。

### 18.2.4 工会组织项目文化建设

项目文化建设是一项系统工程，需广大员工广泛参与，工会作为广大员工的组织，充分发挥最面向员工、最能发动员工、最掌握员工思想动态、最具有吸引力和号召力的优势，在项目部文化建设中发挥着重要作用。

#### 1. 活动方式

北京冬奥村项目工会为了提升项目职工的幸福感和归属感，开展"职工小家"建设，将职工小家建设与圆满完成各项生产任务紧密结合，从而使职工更加有能力、有信心保质保量完成冬奥建设任务。

#### 2. 工作开展

项目部通过举办一系列文体、爱心帮扶、慰问活动，激发了员工的工作热情，提升了员工的思想道德品质和综合素质。

1）建立"职工之家"

生活区建起了工人宿舍，为工人统一配备了床铺、衣柜、桌椅等，满足工人居住需求。宿舍统一安装了中央空调，每层宿舍都设有盥洗室和卫生间，并引进专业餐饮公司，满足工人饮食需求，保证饮食安全。

2）建立工会服务站

与服务站配套的设施和设备主要有浴室、图书室、员工超市、洗衣房、开水房等，并及时运用了人脸识别机、刷卡式澡堂、智能会议系统等节能环保、科学智慧系统装置，让员工的生活更方便快捷。

3）设置意见箱

办公区设置意见箱，项目职工可建言献策并相互监督。设立谈心制度，青年职工座谈，项目书记与职工经常性谈心，了解职工思想动态，解决职工诉求。

### 18.2.5 团队文化建设

团队文化以全体员工为工作对象，可以最大限度统一员工意志、规范员工行为、凝聚员工力量，为团队总目标服务。在项目基层打造团队文化，引导广大参建员工传承和发扬企业建设精神，并将其根植于内心、体现在行动上。

### 1. 思想原则

项目部全体员工在集团公司和工程总承包部的正确领导下，践行“创新 激情 诚信 担当 感恩”的企业核心价值理念，以“一件事、一群人、一条心、一起拼、一定赢”的拼搏精神，秉承“绿色、开放、共享、廉洁”的办奥理念，确保完工验收目标的顺利实现。

认准“一件事”，保障北京冬奥会顺利进行。落实“看北京首先要从政治上看”的要求，项目党支部把保障冬奥会顺利进行作为重大政治任务，实地开展党史学习教育，通过组织参观复兴之路展览、重温入党誓词、每月评选优秀员工担任旗手升国旗等活动，筑牢北京城建人“国匠兵魂，使命必达”的初心，履行国企责任，在项目建设上形成增强“四个意识”、融入“四个中心”功能建设，做好“四个服务”的生动实践。

用好“一群人”，锻造干事创业过硬队伍。项目党支部把优化人力资源作为重点工作，精选参加过国家体育场、北京大兴国际机场等世界级工程建设的骨干力量组建项目团队。项目部将工程现场作为培养锻炼青年骨干的练兵场，合理搭建人才梯队，实施导师带徒，“60后”“70后”“80后”“90后”职工同台协作、有序传承、共克难题。

汇聚“一条心”，形成同向同行奋进力量。项目党支部发挥党员先锋模范作用，设置党员责任区、党员先锋岗，组织全体党员承诺践诺，开展“传承红色基因、牢记初心使命”主题活动。聚焦组织群众、凝聚群众、服务群众，优化办公区和生活区环境，设置党员活动室、职工阅览室、职工小家，开展问题互动和星期六义务劳动活动，以“家”“和”文化增强员工归属感，把冬奥村打造成冬奥精品工程成为团队成员共同的追求。

奋力“一起拼”，跑出工程建设加速度。项目党支部将北京城建集团军旅文化融入工程建设全过程，组织召开老兵座谈会，组建项目“突击队”，开展“让党旗在一线高高飘扬”“稳中求进、守正创新，建功冬奥新时代，大干80天”劳动竞赛等活动，激励党员职工向身边劳模学习，营造以劳动为荣、以奋斗为美的工作氛围。

坚信“一定赢”，铸就国匠品质时代丰碑。项目党支部通过“政治党课+管理党课”形式，实现政治引领与管理效能有机融合，召开支委会研究生产、安全、管理等重大事项，建立“质量连带责任制”，团队上下始终坚持贯彻“绿色、共享、开放、廉洁”的办奥理念，在工程建设中精雕细琢，全力打造冬奥精品工程。

### 2. 文化建设

在集团和工程总承包部党委的正确领导下，冬奥村项目党支部坚持以党的十九大精神为指导，深入学习贯彻习近平新时代中国特色社会主义思想主题教育，带领项目团队发扬重信守约、勇担使命的城建铁军精神，攻坚克难，锐意进取，日夜奋战，推动项目各项经济指标保质保量按时完成。

### 3. 人才培养

项目党支部坚持建楼育人的方针，注重人才培养，通过让青年人参与重大工程建设，给他们适时地压担子使其得到锻炼，促进他们尽快成长。

## 18.2.6 社会责任

社会责任作为企业文化的一部分，也是在进行项目文化建设时不可缺少的内容。项目文化和企业社会责任应当相互促进。一方面，项目的核心文化充分考虑到了社会责任，积极主动承担社会责任，可以给企业及项目本身带来好的声誉，获得经济回报；另一方面，社会责任内嵌于项目文化，可以有效加强项目凝聚力、增强项目文化的激励和约束力，为项目的健康发展提供长久的动力。

（1）按时保质完成重要工程节点。

在工程总承包部党委的正确领导下，在项目团队的共同努力下，全面完成重要节点目标。

（2）圆满完成各类视察、调研等接待任务，引起多家媒体重点关注。

项目自开工以来，受到社会各界高度关注，共组织各类工作会、座谈会、办公会260余次；共接待北京市各级领导调研、参观、慰问160余次；接待企业团体及各国奥组委参观100余次。施工过程中多个重要节点的动态引起人民日报、中央电视台、北京电视台等各主流媒体的高度关注。

（3）持续深化落实全面从严治党，严格执行自查自纠。

项目党支部全面贯彻党的十九大精神，在习近平新时代中国特色社会主义思想指导下，以更高的政治责任感和更强的工作力度，自觉把落实全面从严治党主体责任记在心上、扛在肩上、落实在行动上，全力把工程打造成为“精品工程、样板工程、平安工程、廉洁工程”，努力圆满完成冬奥村工程建设任务。

伴随着冬奥村工程建设任务圆满完成，北京冬奥会顺利进行，冬奥村项目部的“一件事”圆满完成，见图18.2-2。

图18.2-2 “一件事”完成

# 19 智慧建造与智慧社区

冬奥村项目部秉承“绿色、共享、开放、廉洁”的办奥理念，将科技创新和智慧建造贯穿北京冬奥村工程建设的全过程。冬奥村项目在建造过程中充分利用智能技术，通过应用智能化系统，提升建造过程的智能化水平，减少对人的依赖，达到安全建造的目的，提高建筑的性价比和可靠性。同时，为全面提升北京冬奥村的舒适性、安全性、便利性、智能化，以“社区健康化”为理念，以人的全周期需求为导向，依托大数据，将冬奥村打造成可进化、有感知、交互式开放智慧社区。

## 19.1 智慧建筑

北京冬奥村在设计、生产、施工和运维全过程采用以BIM技术为基础的智能建造新技术，有效地提升了项目的信息化管理能力，实现了项目高效的管理效率。根据建设流程来看，冬奥村项目建设主要涉及了四个阶段的智慧建造技术应用，包括设计阶段（BIM技术）、生产加工及物流运输阶段、智慧施工管理阶段以及运行维护阶段。

### 19.1.1 设计阶段（BIM技术）

#### 1. 建筑信息建模概述

建筑信息建模（Building Information Modeling，简称BIM）是一种信息技术支持的方法，它涉及以数据存储库的形式应用和维护项目生命周期不同阶段的所有建筑信息的完整数字表示。BIM是建筑行业内一项颠覆性的创新技术，不仅影响行业信息化程度，而且能够引起建筑行业流程的改变和生产范式的变革。BIM的优点是基于三维数字设计和工程软件，建立可视化的建筑数字模型，为参与建设项目的各方（设计方、施工方、运营方等）提供模拟和分析的全面管理平台，并促进三维数字模型在现场的可视化和项目管理参数化的使用。BIM技术与施工过程的有效结合，不仅保证了施工的整体水平，而且通过系统的数据分析辅助决策过程，提高了整个项目的效率和效益。BIM技术在全面性、灵活性、技术性等方面具有很强的优越性。在装配式建筑的设计、生产、建设等各个阶段都能与之紧密结合，从而全方位地推动装配式建筑的发展。

作为一种典型的建筑信息化技术，建筑BIM技术的逐步成熟和推广应用，使得建筑大数据的价值日趋凸显。海量BIM信息化数据累积将建筑行业推向了大数据领域，BIM技术的成熟与推广应用为建筑信息化提供了丰富的数据供给，使得传统的项目管理决策向数据驱动型的管理决策转变。1975年，“BIM之父”乔治亚理工大学的Eastman教授最早提出了BIM理念，建筑信息模型（Building Information Modeling——BIM）是以建筑工程项目的各项相关信息数据作为模型的基础，进行建筑模型的建立，通过数字信息仿真模拟建筑物所具有的真实信息，它具有可视化、协调性、模拟性、优化性和可出图性等五大特点，国内外工业界和学术界将BIM应用视为继CAD技术之后的建筑业第二次革命。BIM技术有效地推动了建筑行业信息化的发展。当前建筑行业大多BIM的应用主要集中在三维建模、碰撞检查、三维展示和施工模拟等层面，对于BIM信息化数据价值应用及形成系统化的管理决策应用也逐步成熟。BIM作为一种信息化技术，为建筑行业不仅带来了技术层面的变革，更是带来了管理层面的变革。

北京冬奥村项目建设着眼于项目全生命期的BIM应用，利用BIM技术进行虚拟设计、建造、维护及管理。BIM技术的应用可以给项目管理带来较大的经济效益，大幅降低项目风险，减少了项目实施过程中的未知，让管理变得轻松和精细化。

通过BIM模型绘制室外管线综合排布图，发现各专业间管线问题，在施工之前提出并加以解决，形成图模会审并进一步办理了设计变更。BIM软件对照施工图纸创建项目模型，利用多维特性深入发现图纸问题，先期提出深化设计方案，并在多维模式下验证解决方案可行性，避免返工浪费。

北京冬奥村设计与装饰BIM效果图见图19.1-1。

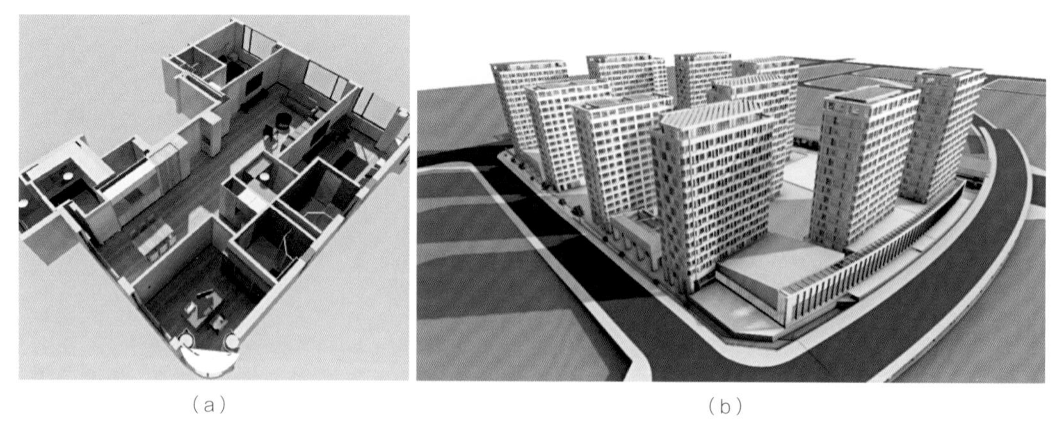

（a）　　　　（b）

图19.1-1　北京冬奥村设计与装饰BIM效果图

## 2. BIM技术在建筑智慧建造中的作用

1）分阶段建模

根据设计和施工阶段，进行分阶段建模。工程项目的各项相关信息数据作为模型的基础，进行建筑模型的建立，通过数字信息仿真模拟建筑物所具有的真实信息。地下、地上结构模型见图19.1-2。

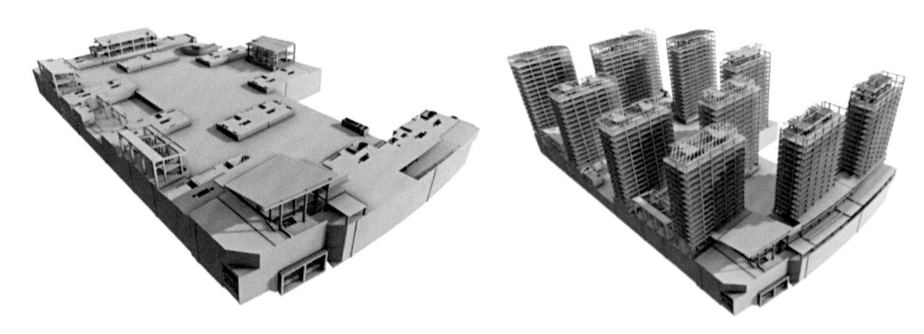

图19.1-2　地下、地上结构模型

2）场地布置

根据现场设施情况，通过BIM技术进行模拟策划、多方案对比，得出合理的设施布置方案，在满足现场安全管理的条件下，尽可能地节约成本。如图19.1-3所示。

图19.1-3　场地布置

3）施工模拟

本工程地下、地上均存在超限、超高的高大模架，总包单位编制了《高大模架专项施工方案》，并通过了专家论证。为加强工人对模架方案

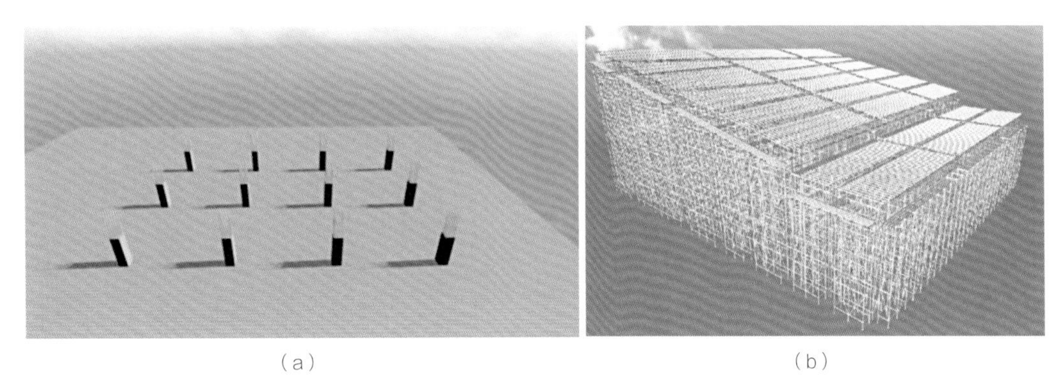

（a） （b）

图19.1-4 施工模拟

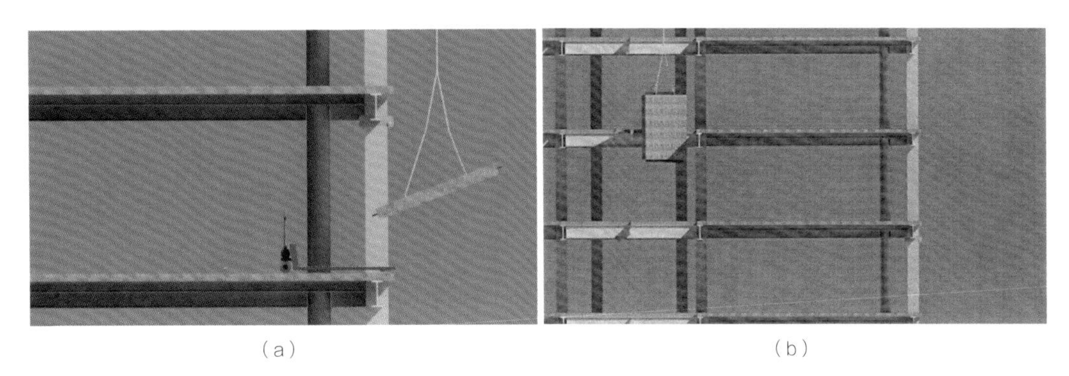

（a） （b）

图19.1-5 多方案比选

的理解，总包单位项目部借助于BIM可视化和模拟化的优势，制作高大模架施工方案视频交底，展示施工建设流程和工程施工顺序，使工人能直观了解模架的搭建流程，掌握模架搭设施工工艺，从而实现高大模架的顺利施工，保障施工质量和工程进度。

施工模拟见图19.1-4。

4）方案比选

由于BIM不仅可视化程度高，并且还可以根据部品部件的尺寸规格精准构建相关信息，在防屈曲钢板墙安装方案比选时，通过模拟吊装和安装工序（图19.1-5），选择最优方案，以确保在安全施工的前提下，保证工程质量和施工工期。

5）进度模拟

冬奥村项目属于国内最前沿的钢结构住宅，运用了大量创新的技术集成体系。因此在建筑施工过程中，具有高度动态性、施工工序多、管理难度大等特征。为了更好地管理施工进度、保证施工质量，采用BIM技术对施工进度进行模拟（图19.1-6）。总包单位根据施工要求，对施工工序进行细化，并排布施工计划。根据施工进度，利用BIM技术模拟实际施工情况，不仅可以查看在各阶段的施工细节，例如：提前进行塔式起重机顶升锚固、场地布置变换、安全防护交替等策划，还可以检验施工进度的合理性，实现“制定施工进度→模拟施工

图19.1-6 进度模拟

→预判施工问题→优化施工进度”的闭环管理。

6）可视化交底

为避免二维CAD图纸无法直观、全面地展示设计信息，导致无法更好地完成施工图设计交底，利用BIM建模技术，将二维图纸升级为三维建筑模型，有针对性地还原作业面仿真现场，增强被交底人对现场环境的感知，并进一步加深其感官印象，实现顺利交底。

7）机电管线综合排布

在未施工之前先根据施工图纸在计算机上进行图纸“预拼装”，经过“预拼装”（图19.1-7），深化设计人员可以直观地发现设计图纸上的问题，尤其是发现各专业之间设备管线的位置冲突和标高重叠等情况，并进行调整、修改，保证施工可执行的技术。

8）BIM+智慧工地决策平台创新应用

为了充分利用BIM成果，将BIM模型嵌入到工地平台，实现对工地的设备、设施、人员、施工进度等要素的统一管理。如图19.1-8所示。

### 3. BIM设计应用的创新之处

北京冬奥村项目通过BIM数据快速生成智慧社区及周边多层次、高精度三维场景，将数据点位标识在模型上，并通过接口协议进行联动，再通过BIM+GIS可视化地图实现建筑体的综合管理，直观体现当前社区内的各类态势、事件，融合数据分析功能，为物业管理提供更加准确的决策参考依据。

着眼于项目的全生命期的BIM应用，利用BIM技术进行虚拟设计、建造、维护及管理。BIM技术的应用可以给项目管理带来较大的经济效益，大幅降低项目风险，减少项目实施过程中的未知，让管理变得轻松和精细化。

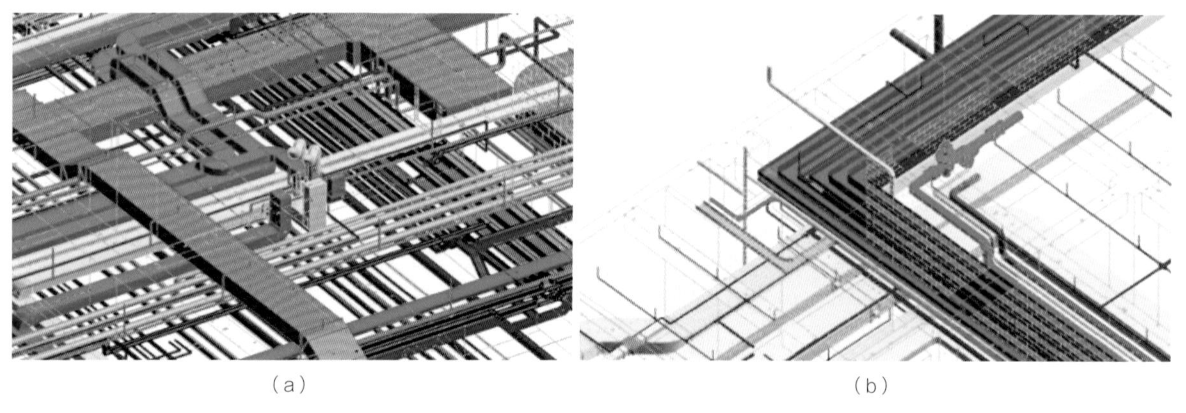

（a）　　　　（b）

图19.1-7　管线综合

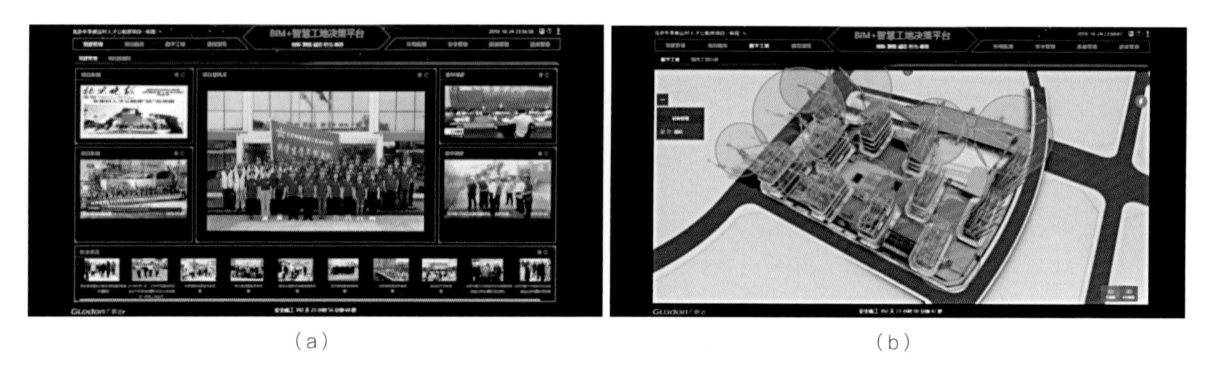

（a）　　　　（b）

图19.1-8　BIM+智慧工地决策平台

（1）项目管理：选择较为成熟基于BIM模型的管理平台，收集整理项目动态管理信息。

（2）深度设计：应用BIM技术进行各专业深化设计，形成全专业的深化设计BIM模型，减少设计问题对施工的影响。

（3）预制加工：为场地布置、钢结构、幕墙、机电、装修等工厂加工提供可靠数据，保障到场运输安装。

（4）动态管理：应用平台软件辅助项目进行质量、安全、进度管控。开发基于手机端的BIM管理平台，实时掌握项目动态管理和信息。

（5）商务管理：将BIM平台与施工现场管理紧密结合，实现基于BIM的进度、成本、竣工交付管理，提高对各专业分包及独立承包商的管理水平和现场协调能力。

（6）方案模拟：利用BIM可视化模拟各类方案，对复杂施工技术方案、节点、施工工序进行验证。进行可视化交底，提高项目管理效益。

### 19.1.2 生产加工及物流运输阶段

北京冬奥村主要采用的是装配式钢结构住宅体系，由于大规模应用装配式钢结构部品和部件，生产加工阶段的数字化应用对于减少设计与生产误差、提升生产效率和自动化水平具有至关重要的作用。智慧建造技术在生产加工阶段主要体现在以下几方面：

（1）运用BIM技术建模，然后输出材料表、构件清单、加工图、安装布置图、切割控制编码等，经过多重审核后，将信息上传至BIM云空间，供后续生产、安装业务远程调用。

（2）使用sinocam自动套料系统，材料利用率与传统相比提高2%，并节约用时30min。

（3）运用三维扫描技术，将生产的构件轮廓扫描到软件内，与理论尺寸进行比对，大幅提高构件的加工精度。

（4）运用智能化焊接机器人，实现坡口自动检测、焊道自动调节修复、参数自动生成等高度智能集成化。

（5）建立全流程信息化管理平台，从深化设计到材料采购、放样套料、下料切割、装配、焊接、涂装、发运等全流程全工序实名制可追溯。

（6）建立智能运输管理平台，进入运输平台登录页面，可以根据工程订单号或者构件号查询到实时路途情况。

#### 1. 部品部件设计

在钢结构设计阶段主要是进行BIM建模以及详图深化，并通过BIM模型导出部品部件清单，清单包含大体的用量和规格。具体步骤：先在Tekla Structures软件中录入基本工程信息之后，设计人员建立结构整体三维模型，作为深化设计、材料管理、构件制作、项目安装业务上的信息共享和可视化管控的载体。三维模型经过设计院校审后，设计人员应用Tekla Structures进行详细深化，其中部品部件的信息可满足工厂加工的要求，通过详细设计之后，直接导出清单，并发放到工厂。

#### 2. 智能化套料软件应用

使用sinocam自动套料系统，覆盖本工程的所有零部件。Sinocam导入目标文件夹后根据原材的尺寸自动生成套料版面，材料利用率87.7%，用时3min，比传统软件节约用时30min，节约材料2%。Sinocam界面见图19.1-9。

#### 3. 数字化检测

数字化检测就是利用深化设计的Tekla模型与扫描获取到的三维点云模型，在天宝扫描仪的专业合

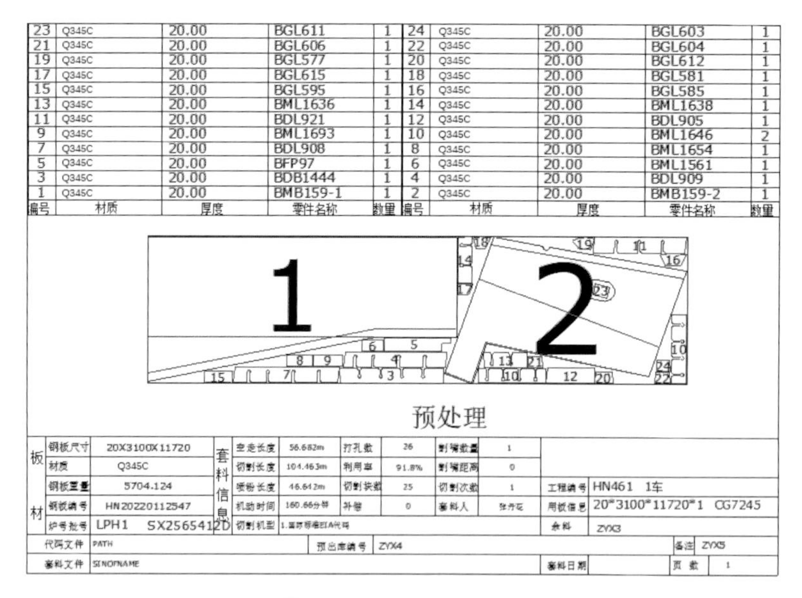

| 编号 | 材质 | 厚度 | 零件名称 | 数量 | 编号 | 材质 | 厚度 | 零件名称 | 数量 |
|---|---|---|---|---|---|---|---|---|---|
| 23 | Q345C | 20.00 | BGL611 | 1 | 24 | Q345C | 20.00 | BGL603 | 1 |
| 21 | Q345C | 20.00 | BGL606 | 1 | 22 | Q345C | 20.00 | BGL604 | 1 |
| 19 | Q345C | 20.00 | BGL577 | 1 | 20 | Q345C | 20.00 | BGL612 | 1 |
| 17 | Q345C | 20.00 | BGL615 | 1 | 18 | Q345C | 20.00 | BGL581 | 1 |
| 15 | Q345C | 20.00 | BGL595 | 1 | 16 | Q345C | 20.00 | BGL585 | 1 |
| 13 | Q345C | 20.00 | BML1636 | 1 | 14 | Q345C | 20.00 | BML1638 | 1 |
| 11 | Q345C | 20.00 | BDL921 | 1 | 12 | Q345C | 20.00 | BDL905 | 1 |
| 9 | Q345C | 20.00 | BML1693 | 1 | 10 | Q345C | 20.00 | BML1646 | 2 |
| 7 | Q345C | 20.00 | BDL908 | 1 | 8 | Q345C | 20.00 | BML1654 | 1 |
| 5 | Q345C | 20.00 | BFP97 | 1 | 6 | Q345C | 20.00 | BML1561 | 1 |
| 3 | Q345C | 20.00 | BDB1444 | 1 | 4 | Q345C | 20.00 | BDL909 | 1 |
| 1 | Q345C | 20.00 | BMB159-1 | 1 | 2 | Q345C | 20.00 | BMB159-2 | 1 |



| 板材 | | | 套料信息 | | | | | | | |
|---|---|---|---|---|---|---|---|---|---|---|
| | 钢板尺寸 | 20X3100X11720 | | 空走长度 | 56.682m | 打孔数 | 26 | 割嘴数量 | 1 | |
| | 材质 | Q345C | | 切割长度 | 104.463m | 利用率 | 91.8% | 割嘴距离 | 0 | |
| | 钢板重量 | 5704.124 | | 缓份长度 | 46.642m | 切割块数 | 25 | 切割次数 | 1 | 工程编号 HN461 1车 |
| | 钢板编号 | HN20220112547 | | 机动时间 | 160.66分钟 | 补偿 | 0 | 套料人 | | 用板信息 20*3100*11720*1 CG7245 |
| | 炉号批号 | LPH1 SX25654120 | | 切割机型 | 1.国际标准EIA代码 | | | | | 余料 ZYX3 |
| 代码文件 | PATH | | | 预出库编号 | ZYX4 | | | | | 备注 ZYX5 |
| 套料文件 | SINOFNAME | | | | | | | | 套料日期 | 页数 1 |

图19.1-9 Sinocam界面

模软件Realworks中进行对比检测。合模界面见图19.1-10。

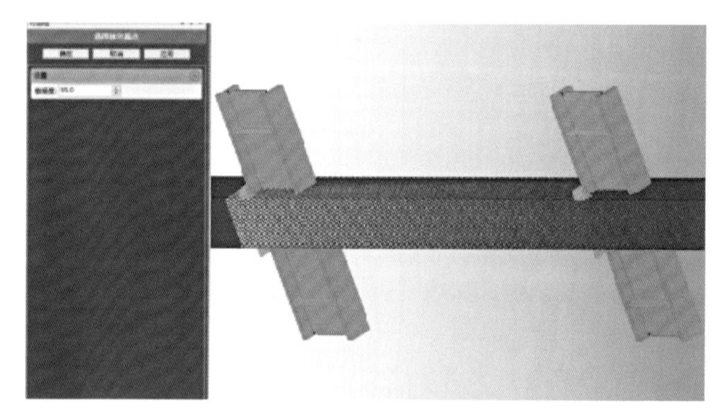

图19.1-10 合模界面

使用最佳拟合对齐数据创建数据彩图，具体的公差范围、色度带都可以自由定制，实现多种检测成果。此时可以对选定的检测公共点进行检测测量，通过对比原始数字模型和虚拟三维点云模型，分析两者的偏差情况。对点云数据进行创建注释，可以显示任意一点的误差数值，并且可以自定义字段设置注释内容。如对工件定位角点、拐点、特征点、定位孔进行自定义标注检测。通过虚拟预拼装的检测功能，减小现场安装的难度。结果数据图见图19.1-11。

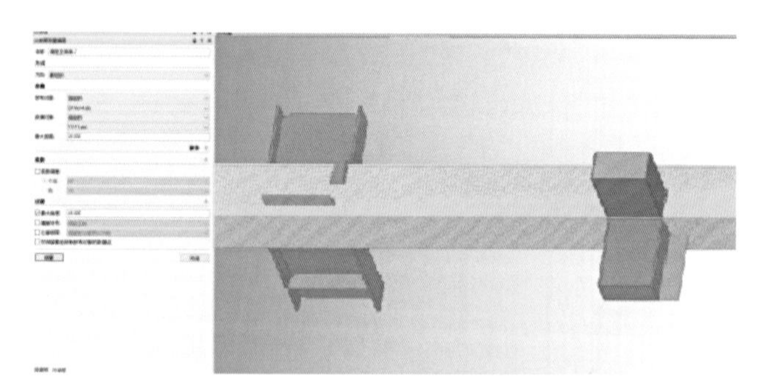

图19.1-11 结果数据图

#### 4. 智能化焊接机器人

采用ER-100轨道式智能焊接系统满足高度智能化焊接。可以适应厚板高强度钢平、横、立以及多角度倾斜位置焊接，实现坡口自动检测、焊道自动调节修复、参数自动生成等高度智能集成化。工艺流程如下：母材准备→构件组装→预热处理→能够通过高压接触传感，全自动检测获取坡口参数信息→通过检测的坡口参数自动生成可靠的焊接规范→通过生成的焊接规范完成多层多道的自动化焊接→焊缝外观检测→焊缝无损检测。智能化焊接机器人见图19.1-12。

#### 5. 全流程信息化管理平台

从深化设计开始到材料采购、放样套料、下料切割、装配、焊接、涂装、发运等全流程全工序实名制可追溯，质检、无损检测实名制可追溯。

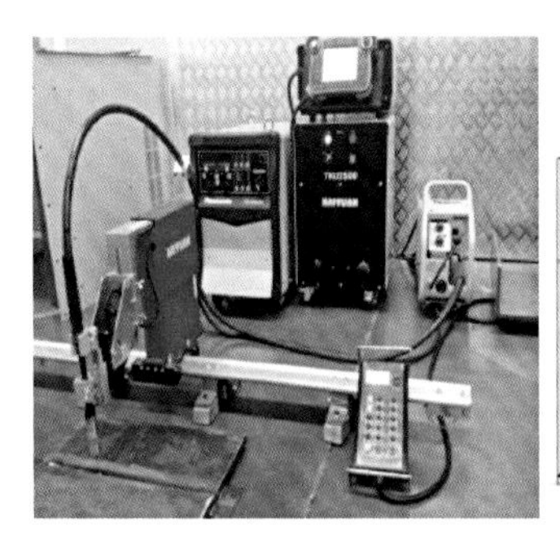

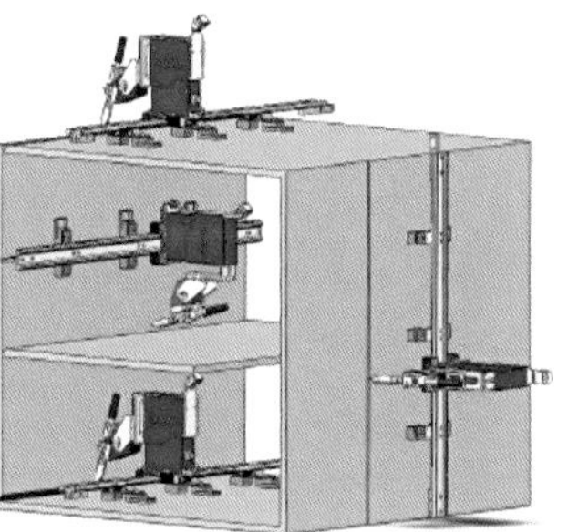

图19.1-12　智能化焊接机器人

图19.1-13　智能信息系统登录界面

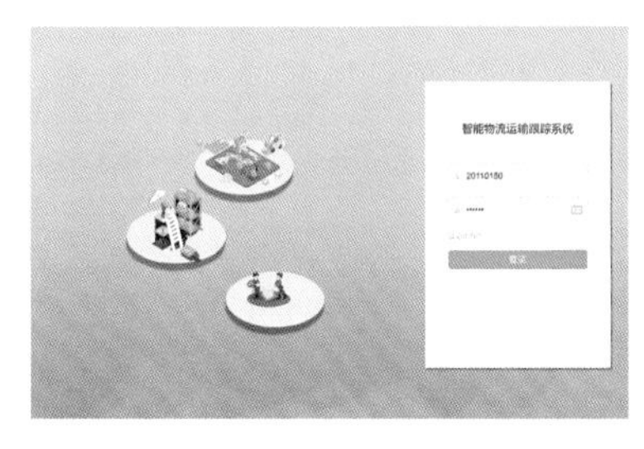

图19.1-14　智能运输管理平台登录界面

图19.1-15　智能运输管理平台界面

智能信息系统登录界面见图19.1-13。

6. 智能运输管理平台

为了实现BIM全生命管理周期信息化，本项目使用专业的构件运输平台，实现了构件全程跟踪功能。运输平台登录页面，可以根据工程订单号或者构件号查询到路途情况。智能运输管理平台登录界面见图19.1-14，智能运输管理平台界面见图19.1-15。

### 19.1.3 智慧施工管理阶段

1. 劳务管理

通过培训宝对进场人员进行实名登记，并将个人信息录入管理平台内，待人员进行完安全教育后，管理平台对其授予进出施工现场权限，人员便可通过人员通道的人脸识别仪器刷脸进出施工现场、办公区、生活区等场所，各场所人员通道处设置人员信息屏，实时反映进出场人员信息及在场人员信息。通过这种方式的劳务管理，能高效、准确地掌握现场人员的实时动态，为安全管理和劳动力管理提供可靠的信息支撑。管理平台劳务管理见图19.1-16。

2. AI智能监控

总包单位在施工现场、办公区、生活区多处设置了AI智能监控摄像头，该摄像头在与管理平台联动后，通过摄像头的AI智能识别、管理平台的后台运算及智能安全帽的识别后，能自动生成该人员违章作业信息，包括人员信息、违章作业项目、违章作业

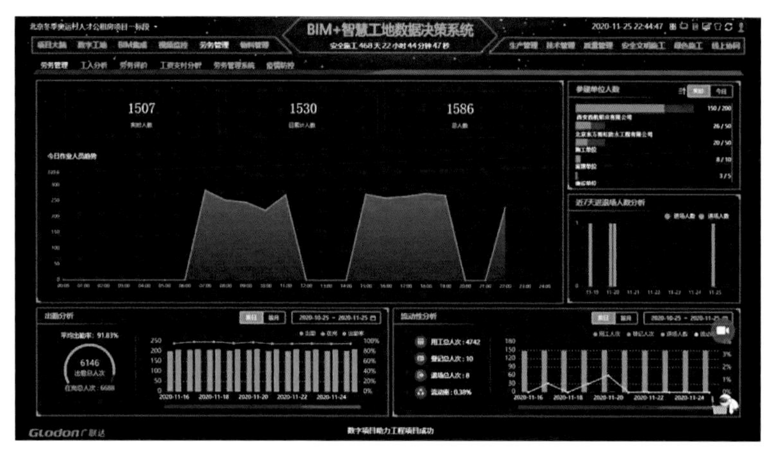


图19.1-16　管理平台劳务管理

图19.1-17　AI智能摄像头

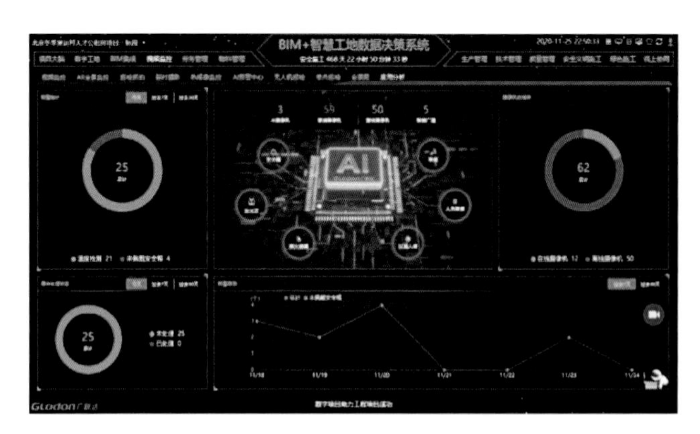


图19.1-18　管理平台统计违章作业情况图

时间及地点等信息，并通过管理平台向总包项目部安全管理人员发送违章作业通知，项目部安全管理人员将第一时间到达违章作业部位进行纠正，大大降低安全事故的发生概率。

AI智能监控还能自动识别烟雾、火灾、边坡坍塌、跑水等安全事故的发生，并及时通过管理平台向项目部安全管理人员发送事故通知，项目部安全管理人员将第一时间到达事故发生地，缩短了事故发生后的等待救援时间。

AI智能摄像头见图19.1-17，管理平台统计违章作业情况图见图19.1-18。

### 3. 塔式起重机防碰撞

为保证群塔作业环境的安全，本工程为所有塔式起重机安装了塔式起重机防碰撞装置。当塔式起重机作业存在不安全环境时，塔式起重机防碰撞系统（图19.1-19）将会提示塔式起重机司机。如安全隐患未消除，则防碰撞系统将会强行对塔式起重机进行断电处理，以确保塔式起重机运行安全。

为减少塔式起重机司机吊装时安全事故的发生，本项目为所有塔式起重机均配备了吊钩摄像头，实现了吊装作业可视化，大大减少了塔式起重机司机吊装时的视觉盲区，确保了吊装安全。

### 4. 智能安全巡查系统

本工程使用了北京城建集团自主研发的智能安全巡查系统，在工程内设置了多达120个安全巡查点，通过项目安全管理人员手持记录仪对巡查点进行扫描，将巡查结果实时录入管理平台，并自动生成巡查报告，确保了项目安全管理人员对施工现场、办公区、生活区每日进行无死角安全巡查，对安全隐患及时发现、纠正。智能安全巡查系统使用见图19.1-20。

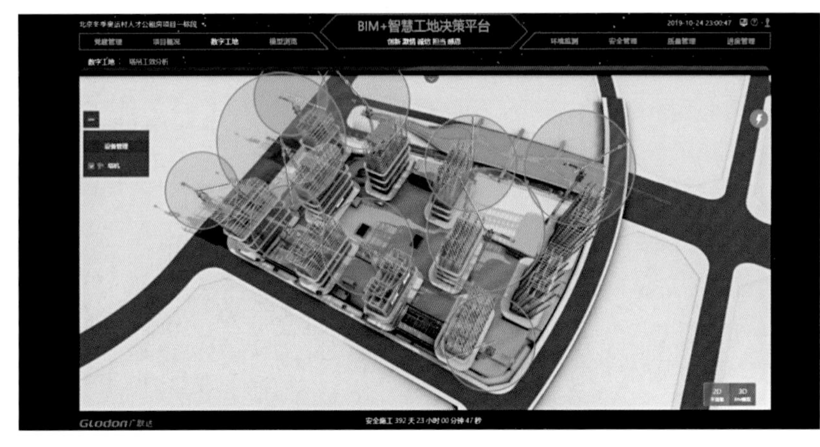


图19.1-19　塔式起重机防碰撞系统

图19.1-20　智能安全巡查系统使用

### 19.1.4 运行维护阶段

建筑物的运维管理是项目全生命周期管理的重要组成部分，它不是从建筑物交付使用时才开始实施的，而是贯穿于建筑物的全生命周期。信息是管理的基础和载体，建筑物的运行和维护管理依赖于前期建筑物设计、施工等阶段的各种信息。对于装配式建筑而言，构件是装配式建筑的重点管理对象，因此构件的设计、生产、运输和安装阶段产生的各种信息是装配式建筑运行维护阶段的重要依据。

建筑物运维阶段的数据来源包括构件在设计、生产、运输、施工和运维阶段产生的信息，以及BIM模型信息。在数据库系统的支撑下，能够实现建筑物的空间定位、设备维护、灾害疏散、能耗管理以及建筑物维修。

#### 1. 空间定位

基于BIM技术的可视化，可从建筑物的BIM模型中直接看到各构件、设备以及管线的位置分布，从而实现精准的空间定位。运维人员可以通过BIM模型，确定异常构件或设备，提高管理效率。

#### 2. 设备维护

在施工过程中，构件和管线的施工信息不断得到完善，施工结束后，构件或设备的各种信息如材料属性、生产厂家、施工负责人均被记录，设备需要更换或维护时，通过BIM模型和所需维护的各种信息，可方便地实现设备的维护。

#### 3. 灾害疏散

现代建筑结构复杂，当发生紧急事件时，通过BIM模型可迅速找到紧急逃生出口，以及快速启动应急设施。因此，结合空间定位功能，能有效地实现发生灾害时的人员疏散。

#### 4. 能耗管理

在建筑物内安装各种传感器、探测器和仪表，能获取水、电、燃气等能源的消耗信息，通过BIM模型，可将建筑物按照能耗的等级进行分类，从而协助运维人员进行建筑能耗管理，最终达到降耗的目的。

## 19.2 智慧社区运维管理

### 19.2.1 智慧社区构建

#### 1. 设计理念

北京冬奥村项目设计充分遵循“以运动员为中心、可持续发展、节俭办赛”三大理念，本着对运动员和随队官员生命健康高度负责的态度，为每一位居住者营造温暖的家，打造冬奥健康智慧家园。同时北京冬奥村致力于塑造面向未来的智慧人居环境，项目以“社区健康化”为设计理念，以人的全周期需求为导向，依托大数据，打造可进化、有感知、交互式开放智慧社区（图19.2–1）。

#### 2. 系统概述

传统信息技术在选型、实施、开发、升级、维护等环节都太过复杂，成本也很高，大多数企业难以有效利用。在目前物业管理行业各项成本不断增长、企业经营压力增大的情况下，利用云服务和业务模式创新方式来提高工作效率、降低成本，并提高社区管理服务的效率，成为重点的发展方向，因此本工程选择综合云平台为智慧社区提供服务。

云服务器是一种简单高效、安全可靠、处理能力可弹性伸缩的计算服务。用户无需购买和搭建服务器，通过租用云服务即可迅速创建或释放任意多台服务器资源。云服务器帮助快速构建更稳定、安

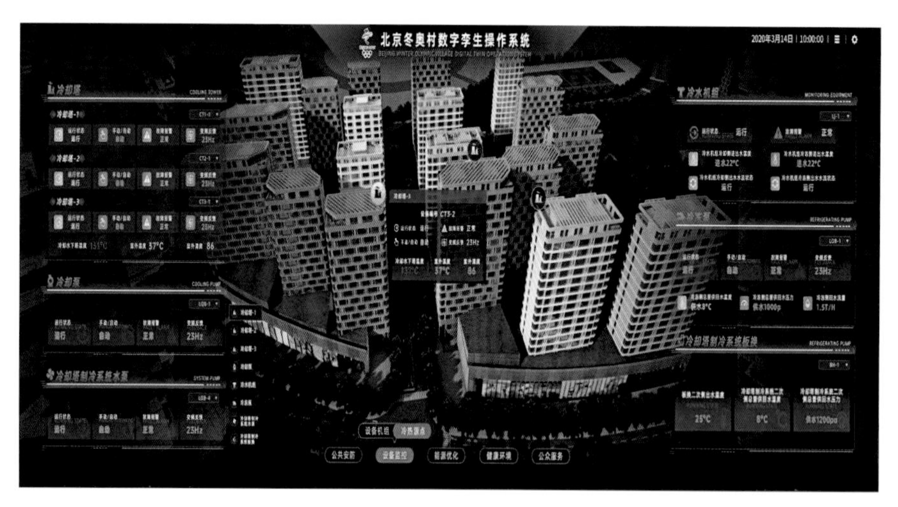


图19.2-1　智慧社区云平台

全的应用，降低自身的运维难度和IT成本。通过建立智慧社区综合云平台能够为业主降低运营成本、提供更多增值服务。

3. 功能要求

1）智慧社区基础场景搭建要求

支持融合矢量电子地图、地名数据、倾斜摄影测量、人工三维模型数据、BIM数据快速生成智慧社区及周边多层次、多精度三维场景。

支持地形、道路、建筑、植被、水系、构筑物、停车场、出入口、围墙、卡口等空间要素，可结合遥感影像、倾斜摄影测量、人工三维模型数据、BIM数据等数据，通过预制符号库、风格库、建筑模型库、二维地图模板、三维场景模板，实现多种样式（不同时辰、不同日照、不同季节、不同气象环境，展现不同的空间可视化效果）三维场景生成和展示。

支持社区周边低精度（建筑白模、低精度倾斜摄影、精简三维空间要素为主），社区内部中精度（手工三维模型、高精度倾斜摄影为主），核心区域高精度（以手工三维模型、BIM为主，支持地上或地下、室内或室外、建筑楼层、管线三维数据）。

2）智慧社区基础场景动态更新要求

支持将社区及周边各类基础数据（地形、道路、建筑、绿地、构筑物、水系、停车场、出入口、围墙、卡口）上传服务器，实现基础场景数据的智能更新发布和版本管理，以便实现智慧社区内部及周边道路、设施、绿地等空间要素变化后能够由运维人员（非专业技术人员）进行简单的操作即可实现智慧社区基础场景的快速智能更新。

3）智能设施设备数据维护要求

支持社区内各类智能设施数据接入、管理和可视化呈现，主要包括智能设施三维数据和动态监测数据。智能设施三维数据主要包括BIM数据及设施基础属性，支持相关设施以文件上传和在线录入方式进行入库管理，并支持数据的在线查询、浏览及图表空间可视化。

智能设施监测数据主要是智能传感器在线采集数据，支持传感器数据的实时接入、历史数据入库管理，并提供相应接口便于数据进行实时查看；对历史数据进行分时段查询、空间查询及图表、空间可视化。

4）动态时空数据管理及自定义可视化要求

支持以文件上传、实时推送、数据库连接、数据服务API等数据接口方式进行智慧社区动态时空数据接入、转换处理和归档入库，包括智能设施监测、社区舆情、车辆轨迹、人员轨迹、视频识别、天气监测、环境监测等时空数据的高吞吐量的写入、动态转换和汇聚集成，并支持所有集成数据目录管理、快速查询浏览及图表、二维地图、三维场景空间可视化。

5）智慧社区业务数据管理及可视化要求

支持以文件上传、网络服务、动态地图标注等方式进行社区预案、事件数据的录入，支持预案、事件数据的在线管理、查询、分析和三维场景可视化呈现。

6）高性能时空数据计算分析要求

支持各类动态时空数据进行高性能空间计算，包括电子围栏、轨迹回放、热点提取、等值线提取、空间插值、空间抽析、聚合计算、密度计算、流量统计（OD分析），以分析出小区人口、车辆、环境、天气变化的时空规律。

7）社区动态数据可视化专题快速定制要求

支持在智慧社区三维场景的基础上，接入各类时空点、时空网格、时空流、时空场及空间区域等时空数据构建出散点、标记（Marker）、热力、网格、轨迹、飞线、空间统计等动态时空图层，支持对各种图层动态展示效果进行灵活的风格配置，以展示多源动态时空可视化效果。

支持以拖拉拽为主的方式制作智慧社区指挥大屏，将多个图表、二维地图、三维场景按照不同的组合布局、配色风格、过滤筛选条件，制作环境、交通、安防等各类业务专题。

支持拖拉拽为主的方式制作智慧社区大数据分析报告，通过地图、图表组合，在个人电脑、手机、平板电脑上全面展示智慧社区大数据。

8）支持第三方应用集成联动要求

以三维空间场景为底座实现视频监控、公共广播、可视对讲、电子巡更、出入口管理、停车场、建筑设备、建筑能效、智能家居等系统的对接集成、分析联动和可视化支撑。

### 4. 平台架构与技术要求

总体采用B/S架构以降低系统总体安装部署、升级维护成本，提升系统开发维护的效率。通过安全开放的在线服务，实现各类社区数据的接入服务、共享服务、查询服务、分析计算服务；前端采用Web浏览器实现智慧社区空间数据和非空间数据的请求、处理和动态可视化呈现，同一应用可以跨Windows、iOS、Android等操作系统使用。平台架构见图19.2-2。

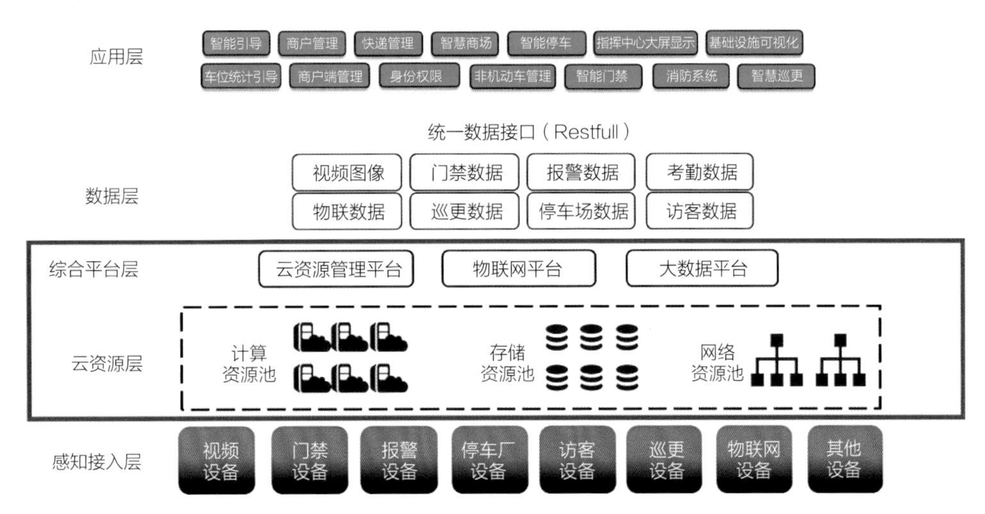


图19.2-2 平台架构

智慧社区综合云平台从逻辑架构上划分，主要分为IaaS基础设施层和PaaS综合平台层。IaaS基础设施层是智慧社区平台的基础设施保障，最底层为物理层，由基于通用技术的服务器、IP/FC SAN/NAS/对象存储、SDN网络交换机以及安全设备组成；第二层为虚拟化层，将底层物理设备虚拟化为基础资源池，为上层平台提供计算、存储、网络等虚拟化资源；第三层为云服务层，由云管理平台将虚拟化层的基础资源作为各种服务统一对外提供。PaaS综合平台层主要分为云资源管理平台、物联网平台、大数据平台，以及其他相关平台。体现智慧社区云计算及其服务能力的核心层，为智慧社区的各类应用服务提供驱动和支撑，应包括统一管理、数据交换、数据处理、数据服务、支撑平台和统一接口等功能单元。

1）PaaS平台层技术要求

按照国家统一标准规范建设统一平台，包含PaaS层基础能力。本项目需在云支撑服务平台层面建设具备完善的平台层组件及服务，包括基础云计算管理平台、大数据服务平台、物联网服务平台。

（1）云计算管理平台。

利用虚拟化技术，将计算、存储变成资源池来创建标准化的虚拟数据中心，并由云管理平台提供资源池管理接口，对虚拟化后的资源池进行统一调度；云管理平台提供自助界面、服务台界面以及其他方式，为迁移上云的各应用系统提供多种分配策略，按业务实际使用情况灵活分配资源。

基于主流开源体系OpenStack、Kubernetes开发，具备良好的开放性，提供北向API开放接口；实现对计算虚拟化、分布式存储、SDN网络、裸金属、负载均衡、Docker容器、数据库和大数据等资源的统一管理和自动化调度。

（2）大数据服务平台（图19.2-3）。

大数据系统以hadoop+MPP为基础，在平台上建立数据采集、数据存储、数据处理及加载、数据治理与管控、数据应用、统计分析等；最终实现业务整体情况的全方位展示，并对数据进行统一管理、统一分析、统一应用。大数据服务主要是基于数据资源池提供数据综合治理服务和数据计算服务。

图19.2-3　大数据服务平台

大数据分析流程主要包含数据采集、数据综合治理、治理后数据存储以及查询、计算、分析等几个部分组成，平台需具备完善的服务组件用于整个大数据分析流程。考虑到各类系统的上线、非结构化数据及结构化数据的存储需求以及自主可控需求，平台需集成开源非结构化及结构化数据库，为保证系统切合社区物联网数据的特点，组件支持进行二次开发。

（3）物联网服务平台。

物联网系统作为统一物联网操作系统和中间平台，具有安全性、轻量级、低功耗、实时快速、开放性和互联互通等关键能力，南向支持监听多种物联网协议以及各个物联网终端设备运行数据，北向为应用开发者提供一站式完整数据平台，有效降低开发门槛，大大缩短了开发周期。

2）智慧社区综合管理服务应用

实现平台端的物业管理和住户服务功能。应包含管理人员、运维人员、居民的移动端。

智慧社区管理平台支持多项目多主体管理，结合社区内物业服务、社区运营、环境监测、能耗管理等各类业务，并对接各专业子系统功能，统一进行运营管理，同时在此基础之上建立社区数据库，为今后社区精细化运营提供有力支持。具体功能应至少包含以下内容：

（1）巡更管理。

巡更管理功能用于管理社区内所有巡更人员的巡更路线、计划、任务等，通过预先设定计划排班，由系统自动进行任务的派发，派发的任务附带内容描述以及巡更点指引，大大减少管理人员以及巡更人员的工作量，并通过各类状态的链接，使整个巡更功能模块形成工作流闭环并留下记录，使工作完成情况和质量有据可查。

（2）巡检管理。

巡检管理功能用于支持物业巡检部门的工作管理，可根据不同的设备类型设定自定义的巡检单模板。设定计划排班后，由系统自动进行任务的派发，派发的任务中巡检单自动匹配，当巡检人员发现与巡检标准不符的问题时，可直接提交至巡检管理系统的巡检问题中，再由相关的管理人员进行问题指派处理。

（3）保洁管理。

保洁管理功能用于对物业下属保洁人员以及保洁完成质量进行管理，主要分为保洁以及质量核查两块业务，根据系统中预设排班情况以及规则，自动派发任务给保洁人员，保洁人员对预设保洁点进行保洁，完成后核查人员可使用核查功能对其进行二次检查，并根据检查结果判定是否重新指派保洁任务。系统内将两套功能融合联动，建立完善的保洁管理流程。

（4）应急管理。

应急管理功能模块用于管理应急预案、应急资源、应急排班等，并记录巡检中发现的安全隐患，其中应急预案针对不同人员，实现对整体预案的分解和分发，确保所有人员可以理解自身角色所需的应急情况分工。系统中还可以根据需要，集成烟感、监控等应急报警设备的报警信息，进行应急报警提示，帮助物业及时发现紧急情况。

（5）缴费管理。

缴费管理包含收费套餐、套餐绑定、模拟算费、收费记录、费用催缴等功能，物业可通过收费管理预设物业各项收费的费用计算规则，生成收费套餐，结合系统中房屋面积等信息，模拟计算每期每户应缴费用，在此基础上，通过与缴费记录进行比对，可对未缴费用进行催缴提醒等操作。

（6）库存管理。

库存管理用于管理物业资产，可自定义设置各类需要进行管理的资产属性模型，以此为基础建立资产数据库，为后续维护管理做数据基础。资产库存可以查看所有库当前的资产保有量，包含物资类型、物资数量、库名称、负责人等信息，支持搜索查询，系统中发生领用、采购、借还等动作时，均可通过联动或录入方式进行资产库的更新，以此作为物资管理参考依据。

（7）表具管理。

表具管理模块对社区内所有水表、电表、燃气表等表具进行管理，包含表具类型管理、接替单价设置、仪表匹配、远程抄表、模拟算费、走表量统计等功能。若表具本身具有远程缴费功能，平台可接入缴费记录数据以及费用催缴功能，帮助物业更加全面地掌握管理范围内所有商户或住户的水电使用情况，通过线上缴费等手段，替代传统的上门抄表收费方式。

除住户以及商户的表具外，公摊区域表具也可在平台进行管理，包含计费规则设定、远程抄表、公摊算费、能耗统计等功能，对公摊区域能耗进行独立管理与统计。

（8）办公管理。

办公管理功能用于物业内部办公流程等管理以及支持功能，包含考勤管理、审批管理、通信录管理、企业IM接入等，支持对日常工作情况以及流程完成情况等进行数据统计，辅助管理决策。

（9）项目管理。

项目管理功能支持多项目多主体管理，支持在冬奥村社区基础上，扩展到其他社区，用平台功能，或按照区域以项目为单位进行分区管理。各项目之间可根据权限进行数据以及用户隔离，适用于集团化的管理运营扩展。

（10）合同管理。

合同管理可用于管理物业合同，通过导入方式帮助物业保存电子版合同文件，支持批量下载导出以及在线预览，可对接租赁管理平台，获取租赁合同并下载打印；物业可对合同进行分类管理，形成电子合同档案库。

（11）系统管理。

系统管理中，包含平台各类后台支撑设置。功能较多，包括基础信息管理、人员群组管理、角色权限管理、住户房屋信息管理、系统日志管理等。通过系统管理配置设定平台的基本规则，信息的管理维护、用户的账号等都是通过系统管理进行配置。

3）智慧社区住户服务功能

（1）投诉建议。

将投诉功能以及建议收集流程化：收集到客户在手机端的投诉后，以工单形式归入待处理，进入工单流转流程，流程节点包括待处理、处理中、处理结束、完成、无效等，可根据单号、人员等进行模糊搜索；收到建议时，物业可进行查看以及建议反馈。

（2）报事报修。

将报修功能流程化，收集到客户在手机端的报事报修后，以工单形式归入待处理，进入工单流转流程，流程节点包括待处理、处理中、处理结束、完成、无效等，可根据单号、人员等进行模糊搜索。

（3）通知公告。

平台中可以通过编辑器编辑公告、通知，并定向发送至特定分组用户账号中。支持平台端预览，发送后的通知支持随时进行下架处理，内容可包括社区公告、政策发布、办事指南、消息推送、社区活动等。

发布功能中还可进行调研问卷的创建和发送，可以定向发送给目标用户，支持预览。可以查看单条反馈，也支持查看所有问卷的最终统计结果，调研问题支持单选、多选、填空、选择框、评分、投票等形式内容。

（4）短信平台。

通过对接短信服务商，平台增加了以短信提醒方式对部分住户进行信息通知，如费用催缴等，以避免住户漏看消息，短信支持编辑发送以及发送历史查看功能。

（5）呼叫中心。

为方便物业集中管理客户来电，呼叫中心功能通过集成电话设备，接入来电提醒以及电话录音，呼叫中心接到电话呼叫时，将弹出窗口提醒。提醒中包含来电号码、根据号码匹配的住户信息、历史报修维护等记录；来电历史支持播放往期电话录音或下载录音文件。

（6）增值服务。

增值服务包含周边商户、付费服务预约以及线上商城接入等。周边商户功能即为商户信息资料发布，可根据需要进行招商或者免费发布，包含商家名称、电话、地址、服务分类、联系人等信息。居民可在移动端中查看，可为商户宣传提供帮助。

物业可根据服务提供能力选择提供预约搬家、预约保洁等付费服务，住户通过移动端进行时间预约，由物业或第三方服务公司接单进行服务。

平台支持接入线上商城功能，为线上商城服务商提供住户端入口，丰富物业的增值服务能力。

**5. 住户移动端功能**

1）一键开门

支持住户通过移动端以扫码、蓝牙或NFC等方式进行快捷开锁，一键开门按钮可创建快捷方式放置于手机桌面，开门形式根据硬件支持的形式进行开发。

2）访客邀请

包括人行访客以及车行访客邀请。住户可以邀请访客进入社区，通过二维码或密码分享的形式，将开门权限临时授予访客，开启小区门和单元门，省去亲自下楼接人的麻烦。

3）通知公告

住户可以通过手机查看社区管理人员发布的社区公告、社区新闻、办事指南等信息，支持查看当前已发布的所有信息记录。

4）报事报修

报事功能可选择需要报给物业的事件类型，以及处理时间，提交后可等待物业进行处理和反馈；报修功能可选择需要物业帮助修理的家居部件或服务，根据实际情况填写需求单，提交经过物业审核后，将由维修人员联系住户约定时间上门维修，维修完成后用户可以对服务进行评价。

5）投诉建议

住户可通过投诉建议反馈对物业服务的意见或提出当前存在的问题，提交之后将可查看物业处理状态以及消息反馈，处理结束后可对服务进行评价。

6）增值服务

根据物业提供服务能力，住户移动端将上线增值服务，如预约搬家、预约保洁等，住户可直接使用移动端进行生活相关增值服务的预约和消费。

7）用户中心

用户中心功能包含所有用户基础信息以及设置管理功能，包含我的房屋、我的账单、合同管理、联系管家等，住户可通过用户中心进行注销登录等基础操作。

**6. 其他要求**

与冬奥会平台、冬奥会各场馆、延庆冬奥村、张家口冬奥村等场馆的管理平台进行对接，实现冬奥村与奥组委平台的数据交换、共享，为奥组委提供数据支持。

移动端预留与冬奥组委移动应用服务平台的接口，用于赛时与奥组委移动端的对接，为运动员提供便捷的服务，同时也用于智能家居等领域的展示和控制。

提供面向城市相关管理部门信息化平台的标准化数据共享接口，与相关管理部门信息化平台充分衔接，提升安全管理水平和紧急事件应急能力。

通过城市相关管理部门信息化平台提供的面向数字孪生平台的标准化数据共享接口，获取相关共享数据资源，包括但不限于5km内的交通设施、避难设施、消防站、派出所、医院位置分布等设施基础信息数据；城市地震速报、洪水预警信息、气象预警信息等。

对接城市管理部门视频共享平台，如雪亮工程、公安视图库等，为公安或其他管理部门提供社区内视频信息，为城市安全管理提供视频资源接入。

### 19.2.2 智慧运维系统应用

#### 1. 设计理念

房间内搭建空气质量监测系统，安装$PM_{2.5}$、$CO_2$、甲醛等环境传感装置和新风设备系统，通过监测室内环境数据，自动调节新风系统的运行状态。利用能耗监控平台，对建筑运行过程中的碳排放进行统计，实现碳排放数据的采集、处理、查询和公示等管理功能，对园区内的碳排放信息进行整体管理。

构建5G信息通道，通过4D-BIM运维平台，建立可转换的智慧社区平台，赛时为运动员提供全方位的赛时赛务服务，赛后为住户提供集家居、安防、智能为一体的理想生活服务。

同时，致力于开发建设无障碍智慧服务平台（图19.2-4），运动员及住户可通过手机App进行村内无障碍路线导航，查看无障碍设施使用状况并进行预约。客房内，还可通过手机App或智能控制面板实现对灯具、空调、窗帘等家居的控制。无障碍设施见图19.2-5。

（a）　　（b）　　（c）　　（d）

图19.2-4　无障碍智慧服务平台

（a）　　（b）

图19.2-5　无障碍设施

### 2. 系统概述

智能人居系统包含：户内设备的控制、组网和调试功能，户内环境管理功能，户内智能照明功能和户内能源管理功能。

### 3. 控制、组网和调试功能

1）控制交互功能

用户对户内智能系统的控制方式，应包括现场控制、手机控制、语音控制、自动控制等方面。现场控制是指用户在户内通过手动操作的方式，控制智能系统。这包括通过墙面开关、操作面板、智能中控面板进行系统操作。墙面开关或情景面板应采用物理实体按键方式，而不是触摸面板，以保证用户可以不通过视觉辅助情况下操作。允许用户通过智能手机自定义墙面开关面板的控制关系或情景触发内容。

手机控制是指用户可以通过智能手机或平板控制智能系统。不论用户是否在户内，只要手机或平板联网，都可以控制智能系统，并获得实时的反馈。语音控制是指通过智能音箱或者智能手机的语音控制功能，通过语音指令控制智能系统。

自动控制包括用户可自定义的定时任务，用户可自定义的条件触发任务，以及无需用户干预的全自动控制策略。对于全自动控制策略，允许用户激活或关闭，允许用户自定义其运行参数，例如不同的运行模式。

2）系统组网功能

智能系统中的设备通过网关与互联网保持通信。设备可通过网关上行状态数据和传感器数据，并接收下行指令，设备支持多网关漫游能力。网关可冗余部署，设备可自动选择周边已配置的多台网关中的最优网关进行联网。如果设备发送上行数据时，其通信的网关突然掉线或断电，设备可在30s内自动切换到其他正常联网的网关，设备可至少在10台网关之间完成切换。

系统内设备之间的组网方式为网状（mesh）自组网，将设备通电后，设备自动寻找已配置的系统网络，并加入到当前网络中。设备之间的通信不依赖于Wi-Fi网络，可以在Wi-Fi部署之前完成现场控制功能。当所有网关、中央控制器、主机等设备断电、断网后，系统仍应保持基本的现场控制功能。这时，用户仍可以通过墙面开关面板进行开关、启动情景模式等操作。并且，系统可以自动根据不同时间段启动不同的情景模式。

### 4. 户内环境管理功能

针对不同居住者需求习惯、睡眠或非睡眠等状态的差异，以保证室内空气清新、控制污染物水平、调节湿度、保证差异化热舒适为目标，提供订制化的室内空气环境，建立户级新风净化和供暖设备的智能管理，传感器的管理精度达到每个独立封闭空间。温湿度测量误差不超过5%，污染物测量误差不超过10%，起居房间颗粒污染物净化30min内达标，节能10%以上。

1）户内空气环境自动管理功能

基于每一个独立空间的实时空气质量、室外环境状况，以及住户的个性化要求，自动控制户内的空调、新风等设备。控制软件应统筹考虑热舒适性、空气质量达标要求、能耗、噪声、时段和其他用户的个体感受。系统应充分利用大数据和人工智能技术，在保持手工控制能力的同时，减少人员对设备的操作，实现智能管理。

2）空气环境监测

在每个人员主要活动的独立空间中实时监测室内的空气质量数据，并实时上传到指定平台服务器。上传的间隔时间可自动根据传感器数值的变化率自适应调节，最短不超过10s，最长可达到30min。空气质量应该至少包括：温度、湿度、$CO_2$浓度、$PM_{2.5}$含量和总挥发性有机物（TVOC）等。

3）机电设备控制

系统需要实现对户内安装的与热舒适和空气健康相关机电设备的控制，包括但不限于多联机空调机、风机盘管、新风机、新风阀门等，可实现的功能应该与所配置的设备本身具备的所有本机功能一致。新风和空调可以按照设备本身的最小控制单元控制（每个出风口或每个房间）。控制功能应提供云端HTTP接口，可实现远程控制和对设备状态的查询。控制延时小于1s，设备状态上报延时小于10s。

4）户内环境自动控制

系统需要根据户内的实时空气质量和预先设定好的环境控制目标，自动对机电设备进行控制。决策频率可适应环境指标的变化率自适应调节，最短的决策频率不应该低于1min/次。规则举例：当室外$PM_{2.5}$浓度较高，室内$PM_{2.5}$浓度正常，并且室内$CO_2$浓度正常时，新风采用内循环，并以维持室内$PM_{2.5}$不因渗透效应增长的恰当风速运行，规则需要支持系统部署后的在线升级。

### 5. 户内智能照明功能

根据生物节律光理论优化设计冬奥村智能照明系统，在尊重住户自主选择的前提下，辅助住户进行睡眠管理，应对时差调整，提高睡眠质量。科学规划全屋照度、色温分布，实现泛光照明，使卧室、客厅等重点区域实现随时间变化自动调节。灯具亮度（光通量）可实现0.05%至100%指数曲线调节，色温内部控制级数不低于20000级，实现引导入睡、晨光闹钟等照明场景设计。

线性灯具设计采用“间接照明”方式，光线经由光源发出后，通过墙壁、天花等表面反射扩散到空间中，保证空间整体亮度的均匀过渡，避免光源直射产生的眩光干扰，为室内创造柔和舒适的光环境。

1）无线控制的可调光灯具

为应对冬奥村建设中赛时和赛后的不同需求之间的快速改装需要，所有照明灯具和墙面开关面板采用无线通信方式。新增、拆除或移动无线墙面开关面板时，不需要改造任何线路，而是可以通过软件重新配置开关和灯具的控制关系。

墙面面板控制照明灯具时，不依赖网关、主机或互联网、Wi-Fi、5G。即使网关或主机断网、断电情况下，墙面开关仍可控制照明灯具的开关，触发预设的照明情景模式，或根据时间段自动触发不同的照明情景模式。当网关正常联网时，灯具的开关状态可实时同步到云平台，同步延时小于2s。

户内主要空间的照明灯具采用亮度、色温均可连续调节的LED灯具。其光通量可在0.05%至100%之间调节，并按照适合人眼感知的指数曲线调节。色温可在3500K至6000K之间连续调节。亮度和色温的内部控制级数不少于20000级，对外控制接口可采用256级或1024级。调节亮度或色温时，灯具应采用柔和的渐变方式，渐变时间宜设置为50～100ms。渐变调节中无顿挫感、颗粒感。

2）节律光

户内灯光的管理系统，结合时间和居住者的需求，运行算法脚本，完成对户内光环境的自动管理，以达到健康建筑要求的标准，并实现节能。包括根据所在地经纬度的室外自然光的亮度和色温，结合人体生理作息规律，模拟自然光的变化，持续调节色温和照度。让室内的照明随着自然光一起变换，打造顺应“日出而作，日落而息”的节律照明。色温自动连续调节过程采用柔和的渐变方式，无顿挫感、颗粒感。

3）单户照明策略可订制功能

针对不同居住者需求习惯，例如人走灯关、入睡引导、起夜模式、晨光闹钟等情景的差异，提供订制化的室内光环境。结合手机App，用户可以根据自身喜好，个性化调节，同时系统会学习记忆用户的使用习惯，实现人工智能控制管理。具有远程脚本编程和管理功能，支持在线升级。

#### 6. 户内能源管理功能

建立对居住空间户内的照明、空调及关键电器的精准能耗监测系统。基于用户行为节能算法和需求侧响应算法等关键技术，及时发现户内是否有用电异常情况，对重点用电设备进行能源管理。

1）户内能源计量功能

以户为单位进行精准能耗监测，并对主要耗能设备进行用电计量，包括电视、抽油烟机、冰箱、洗衣机等，并通过无线方式上报数据。

2）分户供热计量及暖气阀门控制功能

以户为单位进行集中供暖热量计量监测，并通过无线方式上报分户计量数据。热计量上报数据包括：进水温度、回水温度、流速、热功率、累计热量等，以上各测量值均在改变后上报，延时低于10s，以房间为单位控制供暖的开关。通过无线联网的电控阀门，可从控制中心或与阀门独立的本地计算单元接收指令，控制供暖的开关。考虑电控阀门的执行延时，总控制延时不超过30s。

### 19.2.3 智慧社区及智能人居系统关键技术

在装配式住宅建筑施工领域，为满足高层住宅的功能要求，同时兼顾施工的便利性，采用户内全专业深化后进行现场管路预埋，结合设计参数选型及产品技术规格书的要求进行人居系统及产品最终选型。

对标准层户内采用全专业BIM进行深化，合理排布各种管线，墙面、顶棚末端点位统一布置；为满足赛时运动员居住需求，结合赛后房间居住使用需求，进行管线预埋及点位综合布置，避免后期大规模拆改。

#### 1. 智能人居预留条件

利用户内智能主机及无线开关面板联动壁灯、筒灯、灯带、吸顶灯及电动窗帘，实现户内智能灯光控制；利用户内智能主机及空气质量传感器联动新风换气机、多联机空调，实现室内温湿度自动调节到舒适的设定值。

做好包含户内空气质量传感器、智能照明、电动窗帘智能控制、户内空调、地暖、新风等的智能监控点位的管线预留设计，为后期智能人居系统建设做好管线预留和设备安装条件。

1）空气质量传感器

每个卧室安装空气质量传感器（图19.2-6），实现对每个房间的独立空气质量探测，可联动控制新风设备，给住户打造健康舒适的居住环境。

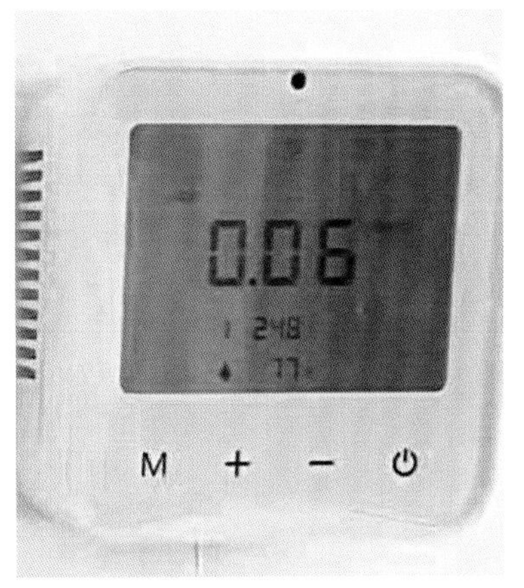

图19.2-6　空气质量传感器

2）智能照明

智能调光照明系统通过对各类智能灯具的组合，为不同的生活情景，预设不同位置灯光的开关、亮度和色温，可以在适当的时间、适当的地点，为住户的生活活动提供适当的照明环境。如图19.2-7所示。

图19.2-7　智能照明

图19.2-8　智能窗帘

3）智能窗帘

全屋配备智能电动窗帘，不需额外的布线，不破坏墙壁，按百分比精确控制、手动及遥控控制。支持手拉开启与关闭、遥控器控制以及手机App智能控制。如图19.2-8所示。

4）智能地暖系统

配合户内地暖分集水器，实现地暖智能控制。可实现App远程控制，定时控制等智能调温，节能省钱。

5）多联机中央空调智控

手机App了解空调使用情况，远程开关多联机中央空调，设施任务空调模式和定时开关，联动其他设备实现无人自动关闭空调等。

6）新风系统

对接室内新风系统，联动户内空气质量传感器，实现户内空气质量优化调节。可用手机App了解室内新风使用情况，远程开关新风，设置任意新风模式和定时开关。

### 2. 智能化专网

为各智能化子系统包括视频监控系统、出入口控制系统、报警系统、停车场管理系统、楼宇可视对讲系统、建筑设备监控系统、建筑能效监管系统等提供数据传输网络基础，实现智能化设备之间、系统之间的互联互通。

### 3. 物联网

为保证后期物联网设备的顺利接入，前期需做好物联网环境的预留，包括在楼内、园区内设置物联网基站预留管。

### 4. 应急智能系统

冬奥村设有紧急救助报警系统，设置于卧室床头柜上方、卫生间马桶侧面，此系统主要是应对行动不便的人及老年人需要帮助的时候，可以按动紧急救助按钮发出救助声光报警信号。冬奥村智慧社区景观见图19.2-9。

图19.2-9　社区景观

# 20 项目可持续发展

北京冬奥村建设过程中，项目的可持续发展是北京冬奥村的重要目标。北京冬奥村是2022年北京冬奥会及冬残奥会的非竞赛类场馆，是运动员和随队官员的赛时之家，提供住宿、餐饮、医疗、健身等保障服务。赛后，改造为人才公租房，面向符合首都城市战略定位的人才配租。北京冬奥村建设首次在居住建筑中大规模采用钢框架-装配式防屈曲钢板剪力墙结构，在满足使用功能的前提下，实现了装配式施工，作为高标准的居住建筑，北京冬奥村在冬奥会闭幕后，作为北京市人才公租房使用。从冬奥村全寿命周期来看，冬奥村项目的建设从技术选择的角度需要满足可持续的要求，体系可以灵活地改动。北京冬奥村采用装配式钢结构体系，可以灵活进行拆改，有效地满足了项目未来可持续发展的要求。智能人居系统实现智能灯光遮阳控制、新风空调联动、温湿度空气质量智能调节等，体验舒适人居环境的同时，达到绿色节能的目的，引领高端住宅未来可持续发展方向。因此，北京冬奥村项目建设的过程中从经济可持续、环境可持续和社会可持续三个维度全面考虑了项目的可持续发展要求，将建筑与自然融为一体，见图20.0-1。

图20.0-1 建筑与自然融为一体

## 20.1 可持续发展一般性理论

### 20.1.1 可持续发展研究角度

可持续发展的概念自提出以来，有来自不同学科的学者，结合学科实际提出了对可持续发展的定义。不同的学科对可持续发展的定义不同，但是大致都是从社会、经济、环境三种角度出发：一是从社会属性出发定义可持续发展，如世界自然保护联盟（IUCN）提出可持续发展是为了使发展得以持续，必须考虑社会、生态等因素。Eizenberg，E.等提出了一个新的社会可持续概念框架，是由平等、安全、生态消费、城市形态四个互相关联的面向社会实践的概念组成，每个概念在该框架中具有独特的功能。二是从经济属性出发定义可持续发展，如Barbier，E B.提出可持续发展是在保证自然资源的质量与其所提供服务的前提下，让经济发展的净效益增加到最大限度。三是从自然环境属性出发定义可持续发展，如Forman，R.T.T.提出可持续发展是寻求一种最佳的生态系统，从而使人类生存环境得以持续。此外，还有一些学者是从伦理角度出发定义可持续发展，如Pearson，C. 提出可持续发展的核心是目前的决策不应损坏后代人维持和改善其生活标准的能力。经济增长、社会包容和环境保护是实现可持续发展需要协调的三大核心要素，因此很多的研究也都从经济、社会和环境三个维度进行展开。

### 20.1.2 可持续发展评价方法

目前可持续发展评价类问题主要包括三个研究步骤：构建指标体系、确定指标权重、综合评价。每一个步骤都有不同的研究方法，而针对建筑工业化可持续发展评价来说，深入分析建筑工业化发展的特征及现状，找到适合该问题的研究方法是最重要的一个步骤和环节。在通过文献研究的基础上，将评价类文献的研究方法总结为表20.1–1、表20.1–2。

**常用研究方法及优缺点** **表20.1–1**

| 研究方法 | 方法描述 | 方法优缺点 | 研究者（研究机构） |
| --- | --- | --- | --- |
| 专家咨询法 | 依靠专家的经验和知识，在提出评价指标的基础上，通过调查问卷等方式征询专家意见，对指标进行调整的方法 | 简单易行<br>应用方便<br>主观性强 | Ji, Y.B.等 |
| 理论分析法 | 对评价对象、评价内容进行综合分析，并选择重要的发展特征指标 | 辩证分析、缺乏与实际结合 | 易弘蕾 |
| 频度分析法 | 对目前各统计年鉴、行业报告、学术论文等进行统计，选择使用频度高的指标 | 样本充足、容易<br>不切合研究现状 | 光辉 |
| 聚类分析法 | 对评价指标进行分类，降低指标维数 | 减少研究对象的数目，指标间可以具有相关关系 | 郑梦莹等 |
| 主成分分析法 | 根据多项指标的实际观察值，通过数学坐标旋转进行降维，找出影响评价目标的几个不相关的综合指标来代替原来为数较多的彼此有一定相关关系的指标 | 对指标进行简化、<br>减少计算复杂性 | 张红等 |
| 因子分析法 | 通过变量相关系数矩阵内部结构的研究，利用少数变量描述所有变量包含的大多数信息 | 对指标进行简化，减少计算的复杂性，用有限个不可观测的隐变量来解释原始变量之间的相关关系 | 郑梦莹等 |

**常用指标权重确定方法及优缺点** **表20.1–2**

| 方法分类 | 研究方法 | 方法描述 | 优缺点 | 研究者（研究机构） |
| --- | --- | --- | --- | --- |
| 主观赋权法 | 层次分析法 | 将多目标决策问题的各种因素通过划分为相互联系的有序层次，利用专家打分等方法算出各个层次每个因素的权重值 | 系统性分析、简单便捷、适用于数据缺乏情况；主观性强 | 徐雨濛 |
| | 德尔菲法 | 以问卷形式征询专家，专家之间互不联系，将评价、反馈过程持续三、四轮直到得到较集中意见 | 操作简单<br>主观性强 | 董文丽等 |
| 客观赋权法 | 变异系数法 | 根据各个指标在所有被评价对象上观测值的变异程度来对其赋权 | 权重大小体现指标分辨能力；适用于比较独立的评价指标 | 陈小波 |
| | 熵值法 | 通过分析各个指标传递给决策者的信息量大小来确定指标权重值 | 不能体现指标独立性的大小及评价者对指标的理解程度 | 杨芳 |
| | 主成分分析法 | 通过因子矩阵的旋转得到因子变量和原变量的关系，然后将主成分的方差贡献率作为指标权重 | 只能得到有限个<br>主成分的权重 | 张红等 |
| 组合赋权法 | 线性加权组合法 | 将各种赋权方法得出的权重值进行加权汇总求组合权重值 | 综合了主观和客观赋权法的优点 | 李新建 |

### 20.1.3 可持续发展原则

可持续性是人类在自然资源环境承载力下长久维持的一种状态。可持续发展对我们未来生活方式提出了标准，即不能突破生态环境承受能力。若“发展”无视自然生态的人类物质基础，那么“发展”必然是失败的。可持续性原则以人类各种生产生活行为不能突破生态环境承载力为核心，工程可持续发展的原则是能够对工程进行可持续性改造。

#### 1. 公平性原则

所谓公平是指机会选择的平等性。可持续发展的公平性原则包括两个方面：一方面是本代人的公平即代内之间的横向公平；另一方面是指代际公平性，即世代之间的纵向公平性。可持续发展要满足当代所有人的基本需求，给他们机会以满足他们要求过美好生活的愿望。可持续发展不仅要实现当代人之间的公平，而且也要实现当代人与未来各代人之间的公平，因为人类赖以生存与发展的自然资源是有限的。从伦理上讲，未来各代人应与当代人有同样的权利来提出他们对资源与环境的需求。可持续发展要求当代人在考虑自己的需求与消费的同时，也要对未来各代人的需求与消费负起历史的责任，因为同后代人相比，当代人在资源开发和利用方面处于一种无竞争的主宰地位。各代人之间的公平要求任何一代都不能处于支配的地位，即各代人都应有同样选择的机会空间。

#### 2. 持续性原则

这里的持续性是指生态系统受到某种干扰时能保持其再生产力的能力。资源环境是人类生存与发展的基础和条件，资源的持续利用和生态系统的可持续性是保持人类社会可持续发展的首要条件。这就要求人们根据可持续性的条件调整自己的生活方式，在生态可能的范围内确定自己的消耗标准。要合理开发、合理利用自然资源，使再生性资源能保持其再生产能力，非再生性资源不至于过度消耗并能得到替代资源的补充，环境自净能力能得以维持。可持续发展的可持续性原则从某一个侧面反映了可持续发展的公平性原则。

#### 3. 共同性原则

可持续发展关系到全球的发展。要实现可持续发展的总目标，必须争取全球共同的配合行动，这是由地球整体性和相互依存性所决定的。因此，致力于达成既尊重各方的利益，又保护全球环境与发展体系的国际协定至关重要。正如《我们共同的未来》中写的“今天我们最紧迫的任务也许是要说服各国，认识回到多边主义的必要性”“进一步发展共同的认识和共同的责任感，是这个分裂的世界十分需要的。”这就是说，实现可持续发展就是人类要共同促进自身之间、自身与自然之间的协调，这是人类共同的道义和责任。

### 20.1.4 可持续发展的组织与实施

（1）倡导以人为本思想。通常情况下，建筑工程施工和管理工作绝大部分都要由相关工作人员来完成，他们的工作积极性和技术水平对于管理效果的影响是比较大的。可持续发展理念下，坚持以人为本的思想实施建设工程管理工作，深入挖掘项目参建人员的需求，引入培训、奖惩措施，提高施工管理人员的综合素质能力和职业道德水平，激发他们的工作热情，使之端正工作态度，形成严谨的工作作风，有利于防范主观因素引起的质量安全事故和资源浪费，使建设工程施工管理任务高效完成，创造更为可观的效益。

（2）遵循资源节约原则。可持续发展理念下的建设工程管理工作应该坚决遵循资源节约的原则，尽可能地利用好各种类型的资源和能源，减少管理成本的支出。使用先进技术手段编制工程预算，实施对施工成本的动态管控，持续优化资源配置，防止出现资源的不必要浪费。在建设工程管理工作中，可持续发展理念起到了有效的指导作用，建设工程项目所得经济效益将更为丰厚。

（3）重视管理责任落实。构建生产管理责任制，将建设工程管理责任科学划分给相关管理人员，使之认识到自己肩负的艰巨使命，同时定期组织他们学习先进管理思想和可持续发展理念，提高他们与工程管理工作的匹配度。管理人员在实际工作开展过程中运用更加科学有效的手段，对于那些影响工程质量效益的因素予以动态管控，及时安排材料、设备进场、退场，将建筑垃圾运送到指定地点处理，减少污染物的排放。各方形成合力，落实管理责任，将会对建设工程项目的开展及管理目标的实现起到积极作用。

## 20.2 环境可持续发展

北京冬奥村可持续性目标是“创造奥运会和区域可持续发展的新典范”，设计理念来自于北京四合院的院落形式，中心花园设计灵感来自于清代图卷《冰嬉图》，将奥运文化和北京优秀传统文化相融合，体现出北京千年古都既古老又现代的独特魅力。北京冬奥村建设过程中，全程考虑了环境可持续的要求，采用符合绿色施工技术要求的施工方法，充分利用新能源技术和环境监测技术，有效地满足了项目环境可持续的要求。

### 20.2.1 建筑垃圾减量化与资源化利用技术

冬奥村项目施工现场垃圾减量与资源化的主要技术包括对钢筋采用优化下料技术，提高钢筋利用率；对钢筋余料采用再利用技术，如将钢筋余料用于加工马凳筋、预埋件与安全围栏等。对模板的使用进行优化拼接，减少裁剪量；对木模板应通过合理的设计和加工制作提高重复使用率；对短木方采用接长技术，提高木方利用率。对混凝土浇筑施工中的混凝土余料做好回收利用，用于制作过梁、混凝土砖等。在二次结构的加气混凝土砌块隔墙施工中，做好加气块的排块设计，在加工车间进行机械切割，减少工地加气混凝土砌块的废料。废塑料、废木材、钢筋头与废混凝土的机械分拣技术；利用废旧混凝土为原料的再生骨料就地加工与分级技术。现场直接利用再生骨料和微细粉料作为骨料和填充料，生产混凝土砌块、混凝土砖，透水砖等制品的技术。利用再生细骨料制备砂浆及其使用的综合技术。

### 20.2.2 施工现场新能源利用技术

北京冬奥村项目施工办公区、生活区及施工现场均设置太阳能路灯。施工现场太阳能光伏发电照明技术中的照明灯具负载应为直流负载，灯具选用以工作电压为12V的LED灯为主。办公区、生活区安装太阳能发电电池，保证道路照明使用率达到90%以上。冬奥村项目施工办公区、生活区的制冷、供热及热水供应均采用空气源热泵机组，分组控制，并设定自动开关，当室内温度达到预设值后，可低功率运行。

### 20.2.3 施工扬尘控制措施

冬奥村项目工程现场实施分区管理，将现场划分为施工区、办公区、大门及出口周边道路，共四类区域进行管理，各区域分别作为扬尘控制责任区，设专人进行管理，责任落实到人。

施工场区地面抑尘控制措施，为有效控制施工场区地面的扬尘，冬奥村项目施工现场采用硬化、绿化、覆盖、塔式起重机喷淋洒水、雾炮洒水等多项措施，综合利用，有效控制地面扬尘，同时将安装空气质量实时监测仪，实时掌握现场空气质量状况。

## 20.3 经济可持续发展

《2030年前碳达峰行动方案》是我国2030年前实现碳达峰顶层设计和纲领性文件，系统部署了“碳达峰十大行动”，其中“循环经济助力降碳行动”是十大行动之一。《“十四五”循环经济发展规划》（发改环资〔2021〕969号）聚焦建立健全绿色低碳循环经济体系，对我国循环经济发展做出顶层设计和全面部署。在实践方面，应牢牢把握降碳方向，坚持政府和市场两手发力，以核算量化为关键，以市场机制为动力，点上精耕细作，面上整体塑造，以循环经济高质量发展助力“双碳”目标落地。北京冬奥村在建设过程中深入学习和领会了相关精神，通过一系列举措，将北京冬奥村建设成为“双碳”之村、绿色之村。

### 20.3.1 经济可持续发展策划

第一，高质量发展数字经济，为冬奥村数字化和持续绿色创新产出提供动力。一方面，冬奥村加快推动数字经济，促进数字经济与实体经济有效融合，进而提升数字化治理能力。在智能化和数字化的新兴生态系统下，北京冬奥村应该加速数字化与实体融合，以适应社会经济发展的变化，逐步让数字化转型成为助力北京冬奥村持续绿色创新的重要选择。另一方面，北京市政府应更加重视数字经济在绿色创新和产业结构升级中的作用。北京冬奥村积极发展数字经济，依托数字技术促进持续绿色创新，发挥绿色创新的减污效应；北京冬奥村在建设过程中积极淘汰落后产能，进行产业升级，在促进经济发展和减少环境污染等方面起到了带头示范作用。

第二，充当加快实现资源型城市向非资源型城市转变的典型案例。北京冬奥村项目根据实际出发，在建设过程中大力推进绿色、低耗工艺和材料的使用，工艺和材料与绿色、可持续挂钩，推动清洁城市发展；北京冬奥村项目在建设过程中大力推进数字化经济，推动了数字经济与建筑业的融合，优化资源配置，减少城市对资源的过度依赖，从而促进持续绿色创新。

第三，积极提高施工项目网络化发展水平，助力数字经济高质量发展和企业持续绿色创新。数字经济领域离不开互联网的发展，各地区应积极提高互联网领域核心技术突破，构建新型网络，用新型基础设施支撑数字经济发展。针对这种全新的业态，北京冬奥村项目大胆尝试，小心实践，在建设过程中大力推进建设项目数字化、网络化发展，针对不同的建筑施工环节，制定了特色整体解决的数字化方案，加快了建设和完善数字基础设施，助力数字经济发展。同时，北京冬奥村在建设过程中充分认识“互联网+”对企业持续绿色创新的重要性，及时更新管理理念和管理模式，实现施工管理目标细化和合理配置施工资源，为北京冬奥村“双碳”背景下的经济可持续性发展打下良好的基础。

### 20.3.2 经济可持续发展策划程序

#### 1. 推动国家相关法规政策体系的完善和落地

北京冬奥村项目的成功实施，离不开国家相关法律政策体系的完善和落地，而项目又为相关法律法规及政策起到了示范和引领作用。北京冬奥村作为国家的标杆项目，在建设过程中，秉承着“双碳”这一理念不断向前，为国家相关法律法规的完善和落地提供了现实参考，将循环经济降碳纳入低碳转型等相关法规制定、修订中。在节能、节水、降碳、资源综合利用等领域，北京冬奥村项目建设都起着领先和带头作用。国家在“双碳”建设过程中，需要强化税收等优惠政策落实和创新，明确树立大力发展循环经济的鲜明导向，释放清晰政策信号，而冬奥村项目在这其中扮演先锋和示范的作用。绿色金融政策在项目建设过程中起到了极大的帮助，为北京冬奥村项目资金纾困和践行“双碳”标准提供了坚实助力。北京冬奥村项目的成功表明，国家应当鼓励支持金融机构创新和丰富碳减排支持工具，探索推出循环经济降碳专题金融产品，加强金融机构引导，针对循环经济碳减排重点领域、各类企业，强化碳减排贷款等优惠产品供给。完善市场化机制推进循环经济减碳，利用好国家碳交易市场，探索推进循环经济各类主体通过国家核证自愿减排量（CCER）机制，参与碳交易市场，激发通过循环经济实现绿色低碳转型的内生动力。

**2. 创新丰富实践载体**

“双碳”政策要求聚焦循环经济重点领域，在产业园区循环化发展、大宗固废综合利用、资源循环利用体系建设，以及生活垃圾减量化、资源化等方面，按照区域、园区、产业、企业等维度，探索谋划一批面向降碳的循环经济试点示范，建立健全面向降碳的循环经济试点示范体系。北京冬奥村作为国家示范性项目，围绕降碳方向，迭代升级园区循环化改造试点、餐厨垃圾资源化综合利用和无害化处置试点、资源循环利用示范试点等有序推行，将降碳作为试点建设重点任务，将碳减排成效作为试点创建、评估和验收的重要标准。北京冬奥村将循环经济发展充分纳入低零碳试点示范，作为绿色低碳试点建设的重点任务，探索开展循环经济降碳类低碳建设。

**3. 全统计监测体系**

“双碳”下的绿色将统计核算作为激发循环经济降碳活力的“关键因子”，构建基于碳减排量为核心的微观动力机制。这要求深化循环经济统计评价研究，加强重要资源消耗量、回收利用量、资源利用效率的监测、评估，加快建立统计制度体系。结合碳排放统计核算体系建设，加快研究循环经济碳减排核算方法，建立循环经济碳减排评价体系，试行循环经济碳减排认证管理机制。北京冬奥村项目充分应用数字化手段归集、校验循环经济碳减排核算基础数据，探索利用大数据开展循环经济碳减排核算评价，选取循环经济发展成熟度高、物质流和能量流相对简单、边界清晰、数据基础相对较好因素，开展循环经济碳减排统计核算试点，由点及面迭代推广。

### 20.3.3 经济可持续发展方案的论证

循环经济是在经济社会发展中尽可能地减少资源投入，系统性地减少废弃物，以最少的资源消耗和环境成本，支撑经济社会可持续发展，能够从根本上解决资源短缺、能源紧张、环境污染等问题，是助力经济社会发展，实现绿色低碳高质量的经济形态和发展模式。以北京冬奥村为先头示范作用的循环经济具有多重资源环境效益，既能达到资源节约的目的，也能够实现减少$CO_2$等气体排放，二者协同效应十分显著。根据中国循环经济协会测算，在“十三五”发展期间，我国每年通过发展循环经济能够降低$CO_2$排放的数量规模达到10亿t以上，我国碳减排成效25%以上来源于开展循环经济活动。循环经济以减量化为第一原则，以再利用和资源化为关键举措，其降碳机理是通过原材料和产品的循环利用，在能源资源消耗上做好“减降”，在资源利用上做好“提效”，降提并举，通过直接降碳、间接降碳双重作用，达到减少碳排放的最终目的。循环经济实现降碳主要有三种路径。

**1. 源头“清”碳**

北京冬奥村项目通过推进废弃物综合利用，实现对原生资源的节约和替代，将冬奥村的项目机理放大来看，就是从源头上清除由原生资源开采、冶炼、加工等环节产生的资源、能源消耗和碳排放。

**2. 过程“减”碳**

北京冬奥村项目通过生态化的设计、清洁化的生产，再综合叠加对物料进行替代、流程进行优化等途径减少各类资源的投入，能够直接减少资源能源消耗，降低经济活动过程中的碳排放。比较典型的如，煅烧环节能耗和石灰石分解过程是碳排放的重要来源，如果将石灰石等碳酸盐类高载碳原料，替换成粉煤灰等固体废弃物，就能大幅降低$CO_2$的排放，有效降低煅烧环节能耗和石灰石分解产生的碳排放。另外，钢生产过程中碳排放也较多，北京冬奥村项目加强再生资源的回收利用，如废钢铁、废铝、废塑料等，通过缩短工艺流程，能够减少能源、资源消耗，从而实现碳减排。根据测算，如果这一方法在全国实行，在钢铁冶炼中，将天然铁矿石替换成废钢，生产每吨钢的$CO_2$排放量可减少约1.6t。

#### 3. 循环“削”碳

北京冬奥村项目通过再制造、高质量翻新、延寿等，推动产品和材料的循环再利用，延长使用周期，提高利用效率，能够削减制造新件所需要的资源、能源消耗总量，减少$CO_2$的排放量。提高材料再利用率，能够减少碳排放；通过产品的循环，再制造产品的材料节省率能够达到70%～80%，碳减排率80%以上。

### 20.3.4 经济可持续发展的组织与实施

#### 1. 持续完善宏观调控

绿色经济理念指引下，要求加大对绿色建筑技术的管理力度，结合区域现实情况设定建筑节能环保总目标，并切实给予区域绿色建筑发展以必要的支持与引导，从而在市场指引下加大对绿色建筑材料的研发与使用力度，以此助推建筑经济实现可持续发展。

在实践中，北京冬奥村的节能监测体系可纳入对医院、宾馆、商场等主体的监测，重点利用太阳能、浅层地热等可再生且无污染的能源，在此基础上构建绿色能源系统，推动区域可再生能源建筑建设，使绿色能源使用比例达到65%以上。同时，北京冬奥村项目持续优化建设并推广应用建筑能耗监测平台，通过针对区域内所有公共性高能耗建筑物实施节能监测，在未来的应用包括商场、宾馆、高校、医院等，助推节能服务、节能改造等工作的展开。通过加强绿色建筑项目示范建设和管理，北京冬奥村项目按绿色建筑标准设计建造比例达95%以上。

#### 2. 加大绿色建筑理念的宣传力度

北京冬奥村的示范作用为提升绿色建筑购买率，促使消费者形成绿色消费观，为绿色建筑经济发展创造更好的条件。

北京冬奥村项目的利益相关方，包括多家设计、施工、监理单位扎实开展绿色建筑宣传活动。在相应的宣传活动中主要完成了以下几项工作：第一，设点宣传。宣传建筑节能主题、有关政策法规和技术标准、建筑节能减排新技术、新产品应用材料等，通过宣传促使全民形成建筑节能意识，营造良好的节约氛围。第二，理论讲座。开展建筑节能、绿色建筑推广学习讲座，集中组织建设、施工、监理单位人员学习《中华人民共和国节约能源法》《民用建筑节能条例》《民用建筑节能管理办法》等，让大众充分认识到大力推广绿色建筑的意义。

## 20.4 社会可持续发展

### 20.4.1 社会可持续发展策划

#### 1. 坚定实施“双碳”目标

国家在深入推进能源革命和实现“双碳”目标的过程中，要强化顶层设计，统筹考虑当下制造业绿色转型发展和相应的减碳成本，在保障经济平稳运行的基础上，按照不同的地区、产业类型和结构，因地制宜、循序渐进地进行制造业产业结构低碳化调整。北京冬奥村项目大力推动“两高”行业碳排放减量替代办法，在工程施工过程中将“两高”项目的新增碳排放量由各类途径落实替代源。此外，国家未来将应对能源挑战。深入推进能源革命，大力发展可再生能源，逐步构建现代能源体系成为重要任务。北京冬奥村在项目建设中大力采用清洁低耗能源，并且在后续运营过程中，突出以太阳能光伏等清洁能源作为供应，为未来国家应对能源危机，推动能源转型做出表率。

### 2. 大力推动绿色技术创新应用

政府应积极提供政策支持，针对制造业重点领域的前沿科技和绿色技术，以提升制造业高质量发展和降低碳排放水平为目标。北京冬奥村在具体落实过程中，通过增加相关领域基础研究经费投入，利用专项财政补贴，畅通专利申请渠道等方式，加强对本项目绿色技术创新的支持力度，引导绿色创新技术应用到实践当中，再在实践中不断获取经验，改进不足，从而不断提高制造业绿色技术创新能力，构建节能减排、智能高端的绿色制造体系，实现北京冬奥村项目最终的绿色化转型。北京冬奥村通过技术创新和制度创新的双向互动、深度融通和优势互补，来放大绿色技术创新对“双碳”目标实现的支撑作用。

### 3. 完善制造业绿色发展体系

促进制造业高质量发展，要建立完善一揽子有利于绿色低碳高质量发展的财政、金融、土地、价格、生态环境等政策体系。要不断提高制造业数字化和智能化水平，不断促进制造业中高碳型产业向低碳型产业转变。北京冬奥村在实践中坚持绿色技术创新，将绿色理念贯穿于制造业全产业链中，注重科技成果向生产阶段的转化，加强对高素质人才的吸纳和培养，聚焦制造业节能减排和绿色低碳新产品、新技术的创新研发，加快实现自身的绿色转型发展。同时，北京冬奥村项目也在加大绿色低碳发展理念的宣传力度，努力提升项目利益相关方的绿色低碳意识，推动绿色低碳的生产建造方式贯穿项目全生命周期。

## 20.4.2 社会可持续发展策划的程序

### 1. 提高绿色创新水平的社会增益

提升区域碳排放强度综合治理能力和绿色发展创新水平。首先，北京冬奥村很好地示范了企政协调，依据碳排放空间溢出特性，政府提出生态安全治理策略（如调度优化清洁能源、区域植树造林等），企业强化设备生产管理，人员生态环境安全培训等。经企政协调，一方面，提高企业经济效益，另一方面降低区域环境污染。其次，北京冬奥村项目实现了绿色清洁能源和企业高新技术相结合，同时由低碳点转向低碳面，带动社会效益、绿色生态共同发展。最终，北京冬奥村基于“大数据”相关技术手段，创新构建碳排放监测智慧管理平台，该平台具备科学性、数据准确性、全方位性等，依托绿色高新创新技术实现企业区域碳排放科学、全面地监测带动城镇居民、区域经济，共建绿色、环保、高效益的企业共享机制。

### 2. 创新能源，能源供给改革

随着“双碳”目标提出，各企业为限制区域碳排放空间溢出，降低碳排放强度驱动因素成为根本目标。在此背景下，北京冬奥村项目为创新能源发展，降低碳排放溢出效益，着力推进能源革命，优化能源供给结构，实现能源效率提升进行了非常有意义的实践。同时建设清洁低碳、安全高效的现代能源体系，降低碳排放强度驱动因素，优化区域碳排放溢出性。

北京冬奥村项目依据碳排放驱动因素构建多元供应体系，同时优化能源输配网络和设施建设，在大力推进煤炭清洁高效利用的同时减少碳排放驱动因素。最终确立以绿色低碳为方向，推进产业创新、商业模式创新，同时紧密结合其他领域高新技术，通过创新能源改革技术，将能源技术及其关联产业培育成带动我国产业升级的新增长点。

### 20.4.3 社会可持续发展方案的论证

#### 1. 高质量发展数字经济可以为数字化转型和企业持续绿色创新提供动力

一方面，各地区要加快发展数字经济，促进数字经济与实体经济有效融合，进而提升数字化治理能力。在智能化和数字化的新兴生态系统下，北京冬奥村项目加速数字化转型，以适应社会经济发展的变化和需求，逐步让数字化转型成为助力社会发展的持续绿色创新的重要选择。另一方面，地方政府应更加重视数字经济在绿色创新和产业结构升级中的作用。政府积极发展数字经济，依托数字技术促进建筑企业持续绿色创新，发挥企业绿色创新的减污效应；鼓励建筑企业淘汰落后产能，进行产业升级，在促进经济发展和减少环境污染等方面实现共赢。

#### 2. “双碳”政策可以加快实现资源型城市向非资源型城市转变

相比于非资源型城市，资源型城市面临更大的碳排放压力。因此，资源型城市应该加速建设具有特色和竞争力强的制造业产业集群，向高科技、高质量、高增值、低能耗、低物耗和低排放的先进制造业和现代服务业协同发展转型，推动产业向高端化、集聚化和智能化升级，从而实现向非资源型城市的转变。北京冬奥村项目作为先锋的示范项目，在推动未来建筑生产迈向价值链高端，推动数字经济与制造业的融合，优化资源配置，减少城市对资源的过度依赖，从而促进持续绿色创新上起着不可或缺的作用。

#### 3. “双碳”政策能积极提高互联网发展水平，助力数字经济高质量发展和企业持续绿色创新

数字经济领域离不开互联网的发展，北京冬奥村项目积极提高互联网领域核心技术突破，用新型基础设施支撑数字经济发展。北京冬奥村项目的数字化和智能化的成功应用，充分说明了政府应加快建设和完善数字基础设施，助力数字经济发展。同时，北京冬奥村项目让政府和建筑企业都充分认识到“互联网+”对企业持续绿色创新的重要性，及时更新管理理念和管理模式，实现企业管理目标细化和合理配置企业资源，为企业的长远发展打下良好的基础。

### 20.4.4 社会可持续发展的组织与实施

#### 1. 增强行业创新开发能力

为解决绿色建筑技术创新性偏低这一问题，政府在实践中需要加大对建筑企业的支持力度，鼓励企业进行绿色建筑材料、绿色施工技术等的研发；鼓励相关企业与科研机构、高校展开合作，结合绿色建筑行业现实需求，在建筑行业经济建设要素整合的条件下共同进行新材料、新工艺、新技术的研发与推广应用。聚合GIS、云计算、大数据、智能生态云识别、物联网等技术，融合人工智能、全息感知体系等技术为北京冬奥村打造“智慧城市生态大脑”。北京冬奥村项目通过专业化、集成化和多元化服务，以科技创新为引领，推动城市智慧化建设，为加速现代信息技术与城市建筑领域深度融合、促进城市建筑节能与绿色建筑创新发展提供设计规划方案，也为推动城市绿色发展贡献科技力量。

在实践中，北京冬奥村着重落实了三项工作：第一，加强绿色低碳科技研发。围绕碳达峰碳中和、装配式建筑新型信息技术等，开展建设科技攻关与应用。第二，促进科技创新成果转化。以成果转化为导向，推动科技成果转化。第三，激发人才创新活力。大力实施人才战略，大力引进绿色低碳人才，并鼓励其积极开展绿色创新活动。

### 2. 建立并推行绿色建筑评估体系标准

想要推动绿色建筑经济实现高效发展，搭建并推行与其相匹配的评价标准体系是必由之路。政府需要结合区域实际情况开展绿色建筑技术和绿色建筑材料审查，通过合理评价绿色建筑，实现绿色建筑工程施工管控水平的提高。

北京冬奥村项目在实践过程中逐步构建起绿色建筑材料管理机制，在公共建筑、重点工程项目中加大对绿色建筑材料的应用力度。结合现阶段的绿色建筑发展情况，对建筑工程中绿色建筑材料的应用比例做出明确规定，通过设定更加科学的核算办法，加速推动绿色建筑材料在绿色建筑工程建设中的融合。

### 3. 着力加强对建设工程管理的完善

为进一步助推绿色建筑高质量发展，北京冬奥村项目加大了对绿色建筑工程的管控力度，严格落实绿色建筑项目规划与设计方案，同时针对所有工程项目的施工全过程进行监管；在项目竣工结算时，及时、高效地依照行业标准完成竣工验收，以此保证绿色建筑工程建设中所使用的所有施工技术方案均落实到位。同时，北京冬奥村项目重点落实了对绿色建筑示范项目建设过程的监督指导，在工程建设技术规范中增加绿色建筑基本要求，并通过在建筑行业内深入推广依照相关要求展开施工建设和项目管理，以此更好地支持绿色建筑的可持续发展。

# 大事记

北京冬奥村自开工以来，先后实现了地下结构封顶、主体结构封顶、外幕墙亮相、竣工验收移交北京冬奥组委、北京冬奥会保驾服务、北京冬奥村开放日等重要节点任务，得到了北京冬奥组委、各级政府部门、业主单位及社会各界的高度赞扬和肯定。

（1）2018年主要事件：

① 2018年9月27日北京冬奥村工程正式开工（图1）。

图1　冬奥村人才公租房项目开工仪式

② 2018年10月27日时任北京市委书记蔡奇、市长陈吉宁等领导莅临北京冬奥村视察工作，并在项目部会议室调度冬奥工程建设情况。

（2）2019年主要事件：

① 2019年6月1日项目部圆满承办了北京市住建系统“安全生产月”启动仪式活动，活动受到了北京市住建委、与会单位和人员一致好评。

② 2019年7月16日提前完成正负零结构封顶。并得到了北京电视台及相关媒体的关注和报道。

③ 2019年9月26日首栋楼（14-1号楼）钢结构封顶。并得到了北京电视台的关注和报道。

④ 2019年10月28日顺利通过地基与基础分部工程及地下部分主体结构分部工程验收。

⑤ 2019年10月29日顺利通过北京市绿色安全样板工地检查验收。

⑥ 2019年10月26日、12月8日顺利通过北京市建筑结构长城杯两次检查。

⑦ 2019年10月31日提前完成钢结构封顶。

⑧ 2019年12月3日提前完成主体结构封顶。并得到了中央电视台、北京电视台的关注和报道。

（3）2020年主要事件：

① 2020年5月15日顺利通过主体结构验收。

② 2020年7月23日顺利通过了中国钢结构金奖现场核查验收，工程各方面管理得到了与会专家的一致好评。

③ 2020年8月31日提前完成了外装亮相节点任务，受到了北京市重大办、建设单位、监理单位的一致好评，并于9月12日得到了中央电视台、北京电视台的关注和报道，进行了宣传。

④ 2020年10月27日高分顺利通过了绿色建造水平评价过程验收，评委专家对项目绿色建造给予了高度评价。

⑤ 2020年12月15日时任北京市委书记蔡奇、市长陈吉宁等领导莅临北京冬奥村项目视察工作，对工程建设情况表示满意。

⑥ 2020年12月23日获得“2020年建设工程项目施工工地安全生产标准化学习交流项目”，项目经理张学生作为唯一的施工单位代表在大会作经验分享发言。

（4）2021年主要事件：

① 2021年5月30日顺利通过竣工验收。

② 2021年10月25日提前完成了所有房间向北京冬奥组委移交工作。各项施工节点均比原计划提前完成，安全、质量均受控。

③ 2021年11月20日、21日北京冬奥村开展全流程全要素测试，取得圆满成功，获得社会各界参与测试人员的一致好评。并得到了中央电视台、北京电视台的关注和报道。

④ 2021年12月17日顺利通过北京市建筑长城杯验收。

⑤ 2021年12月25日启动项目管理成果总结。

（5）2022年主要事件：

① 2022年1月4日中共中央总书记、国家主席、中央军委主席习近平在北京考察二〇二二年冬奥会、冬残奥会筹办备赛工作，莅临北京冬奥村项目。

② 2022年1月18日项目部保驾团队正式进入北京冬奥会、冬残奥会赛时保驾阶段，直至2022年4月6日圆满完成。获得北京市冬奥村运行保障组、北京冬奥组委北京冬奥村运行团队的赞扬。体现了中国速度、中国质量。

③ 2022年4月27日北京冬奥村开放日，邀请建设单位、设计单位、监理单位、施工单位的建设者家属，以及社会各界朋友参观交流，取得了良好效果。并得到了中央电视台、北京电视台的关注和报道。

（6）2023年主要事件：

2023年7月9日召开北京冬奥村书稿评审会，邀请清华大学、北京工业大学、北京科技大学、北京交通大学、辽宁工程技术大学、东北财经大学等高校老师及北京城建集团专家、学者对书稿给予指导（图2）。

2022年北京冬奥会及冬残奥会期间，北京冬奥村、冬残奥村成功接待来自92个国家和地区的代表团，为各国运动员提供了极为舒适和健康环保的居所。北京冬奥村、冬残奥村作为第24届冬奥会和冬残奥会体量最大、接待人员最多的非竞赛场馆，成功地向各国参赛人员展示了中国建筑的特有魅力，所有入住北京冬奥村、冬残奥村的运动员和官员均赞叹北京冬奥村、冬残奥村让他们感受到了中国建筑承包商优异的施工质量和精益求精的工匠精神。北京冬奥村工程建设团队、赛时保驾团队在赛后陆续收到来自北京冬奥组委、北京市重大办等单位的感谢信，向社会各界、集团公司交出了一份圆满的答卷。为推动中国建筑业装配式钢结构居住建筑的发展做出了贡献（图3）。

图2　北京冬奥村书稿评审会

# 北京市2022年冬奥会工程建设指挥部办公室

## 感谢信

北京城建集团有限责任公司：

筑造冰雪盛会，“建”证无与伦比。习近平总书记多次强调场馆和配套基础设施建设是北京冬奥会筹办工作的“重中之重”。冬奥工程建设为北京成功举办一届“真正无与伦比”的冬奥会做出了重要贡献。

6年来，在北京市委、市政府的坚强领导下，在北京市冬奥工程建设指挥部直接指挥下，北京冬奥村项目牢记总书记嘱托，提前高质量兑现北京申办庄严承诺；胸怀国之大者，彰显出冬奥建设者心中有国、默默奉献、勇于创新、追求卓越的“国之匠者”精神；坚持奥运标准，践行“绿色、共享、开放、廉洁”办奥理念，实现了高质量、高标准、高速度建设；突出“科技、智慧、绿色、节俭”特色，展现出冬奥工程建设的国际一流水平、简约厚重的中国气质。在此，谨向贵单位并向参与北京冬奥工程建设的全体人员致以由衷感谢和崇高敬意。

奋斗正当时，一起向未来。北京冬奥会、冬残奥会的成功举办饱含你们的心血汗水，这份宝贵的可传承的冬奥资产也必将极大激励和推动你们各项事业行稳致远，奋力谱写中华民族伟大复兴梦的新篇章！

北京市2022年冬奥会工程建设指挥部办公室

2022年4月6日

图3 感谢信（一）

# 北京2022年冬奥会和冬残奥会组织委员会

## 感　谢　信

北京城建集团有限责任公司：

举世瞩目的北京2022年冬奥会、冬残奥会已胜利落下帷幕，中国向世界奉献了一届“简约、安全、精彩”的奥运盛会，使奥林匹克精神在北京“双奥之城”再次闪耀，值此之际，我们向贵单位表示深深的感谢！

北京冬奥村（冬残奥村）在北京2022年冬奥会及冬残奥会期间为参赛各国运动员和随队官员提供住宿、餐饮、社交等服务，承载着对外展示和国际交流的内涵。贵单位在冬奥会、冬残奥会的举办过程中，为各国运动员建造了“舒适、健康、智慧”的居住建筑，讲政治、顾大局，坚持首善标准，全方位保驾护航，让各国运动员感受到家人般的温暖，彰显了首都国企担当，在国际舞台上展现出了北京国企奋发有为的崭新风采。为讲好中国故事、传播好中国声音做出了突出贡献。

在党中央的坚强领导下，双奥国匠铸精品，服务冬奥襄盛会。“冬奥之花”已璀璨绽放，在此诚挚地向贵单位的鼎力支持和付出表示由衷的感谢！让我们不忘初心，携起手来，一起向未来！

北京冬奥组委北京冬奥村（冬残奥村）运行团队

2022年3月17日

图3　感谢信（二）

# Milestones

Since the inception of construction, the Beijing Winter Olympic Village has achieved significant milestones, including the completion of the underground structure, finalization of the main structure, installation of the external curtain wall, successful inspection, handover to the Organizing Committee for the Beijing Winter Olympics, provision of support services during the Beijing Winter Olympics, and the official opening of the Beijing Winter Olympic Village. These accomplishments have been met with high praise and recognition from the Organizing Committee for the Beijing Winter Olympics, various government departments, stakeholders, and the wider public.

(1) Major events in 2018:

① On September 27, 2018, the construction of the Beijing Winter Olympic Village officially commenced.

② On October 27, 2018, the Secretary of the Beijing Municipal Party Committee, Cai Qi, and Mayor Chen Jining, accompanied by other officials, inspected the Beijing Winter Olympic Village. Subsequently, a project progress meeting was convened in the project department's meeting room to review the development's status.

(2) Major events in 2019:

① On June 1, 2019, the project team effectively organized the launch event for the "Safety Production Month" of Beijing's construction system, receiving high praise from the Beijing Municipal Commission of Housing and Urban-Rural Development, collaborating agencies, and staff members.

② On July 16, 2019, the zero-level structure was completed ahead of schedule, attracting the attention of Beijing Television and other media outlets.

③ On September 26, 2019, the steel structure of the first building (Building 14-1) was successfully completed, receiving media coverage from Beijing Television.

④ On October 28, 2019, the foundation and underground main structure division works passed the inspection successfully.

⑤ On October 29, 2019, the project passed the green and safety sample site inspection successfully.

⑥ On October 26 and December 8, 2019, the project passed two inspections for the Beijing Architectural Structure Great Wall Cup.

⑦ On October 31, 2019, the steel structure capping was completed ahead of schedule.

⑧ On December 3, 2019, the main structure was topped out ahead of schedule, attracting attention from both CCTV and Beijing Television.

(3) Major events in 2020:

① On May 15, 2020, the project successfully passed the inspection of the main structure.

② On July 23, 2020, the project successfully passed the on-site inspection of the China Steel Structure Gold Award, receiving unanimous praise from the expert panel.

③ On August 31, 2020, the external façade was revealed ahead of schedule, earning praise from the

Beijing Major Projects Office, the construction unit, and the supervision unit. The unveiling was publicized on September 12, garnering media attention from CCTV and Beijing Television.

④ On October 27, 2020, the project completed the green construction evaluation process with high scores, receiving high commendation from experts for its commitment to green construction practices.

⑤On December 15, 2020, the Secretary of the Beijing Municipal Party Committee, Cai Qi, and Mayor Chen Jining visited the project site and expressed their satisfaction with the progress of the construction project.

⑥ On December 23, 2020, the project was honored as a "2020 Model Project for Standardized Safety in Construction." During the conference, project manager Zhang Xuesheng, representing the construction unit, delivered a speech sharing insights and experiences.

(4) Major events in 2021:

① On May 30, 2021, the project successfully passed the final completion inspection.

② On October 25, 2021, all rooms were delivered to the Organizing Committee for the Beijing Winter Olympics ahead of schedule, with all construction milestones achieved in advance. Stringent safety and quality control measures were upheld throughout the process.

③ On November 20-21, 2021, a comprehensive and thorough testing of the Winter Olympic Village was successfully completed, garnering unanimous acclaim from participants representing diverse sectors. The achievement was prominently featured by CCTV and Beijing Television in their media coverage.

④ On December 17, 2021, the project successfully passed the Great Wall Cup inspection for building structures in Beijing.

⑤ On December 25, 2021, the project team initiated the process of consolidating and documenting the management accomplishments of the project.

(5) Major events in 2022:

① On January 4, 2022, Xi Jinping, General Secretary of China, President of China, and Chairman of the Central Military Commission of China, conducted an inspection of the preparations for the 2022 Winter Olympic and Paralympic Games, which included a visit to the Beijing Winter Olympic Village.

② On January 18, 2022, the project support team transitioned into the operational phase for the Winter Olympic and Paralympic Games, fulfilling its responsibilities by April 6, 2022. The team was commended by both the Beijing Winter Olympic Village Operations Support Team and the Beijing Winter Olympics Organizing Committee for exemplifying China's commitment to efficiency and excellence.

③ On April 27, 2022, the Beijing Winter Olympic Village hosted an open day, extending invitations to representatives from the construction, design, supervision, and contracting sectors, as well as their families and members of the public. The event garnered positive feedback and media coverage from CCTV and Beijing Television.

(6) Major events in 2023:

On July 9, 2023, a review meeting was convened for the Beijing Winter Olympic Village manuscript, with esteemed professors from Tsinghua University, Beijing University of Technology, University of Science and Technology Beijing, Beijing Jiaotong University, Liaoning Technical University, and Dongbei University of Finance and Economics in attendance, alongside experts from Beijing Urban Construction Group, to offer valuable guidance.

During the 2022 Beijing Winter Olympic and Paralympic Games, the Beijing Winter Olympic and Paralympic Villages accommodated delegations from 92 countries and regions, offering athletes exceptionally comfortable, healthy, and eco-friendly living spaces. These villages, the largest non-competition venues in terms of scale and accommodation for the 24th Winter Olympics and Winter Paralympics, showcased the unique beauty of Chinese architecture to athletes from around the world. Athletes and officials residing in the villages praised the exceptional construction quality and craftsmanship of the Chinese contractors. As a result, the construction and operational support teams of the Beijing Winter Olympic Village received letters of appreciation from the Beijing Organising Committee for the 2022 Olympic and Paralympic Winter Games and the Beijing Major Projects Office, demonstrating their successful contribution to society and the organization at large. Furthermore, this project significantly advanced prefabricated steel structure residential buildings in China's construction industry, setting a new standard for future development and innovation in the sector.

# 参考文献

[1] 任洹，杨晨鑫. 浅谈钢结构住宅在我国的发展及前景［J］. 四川建材，2022，48（06）：74-75+77.
[2] 中华人民共和国住房和城乡建设部. 钢结构住宅建筑产业化技术导则［S］，2001.
[3] 周绪红，王宇航. 对我国钢结构住宅发展的建议［J］. 中国建筑. 金属结构，2020，20（1）：24-26.
[4] 张兵. 装配式钢结构住宅一体化建造技术［J］. 建筑施工，2022，44（02）：275-277.
[5] 卓盈. 刍议工业化钢结构住宅建造及推广［J］. 居舍，2020（12）：21.
[6] 孙泽阳. 钢结构住宅产业化的现状探索［J］. 科技创新导报，2014，11（16）：45.
[7] 赵洵. 高层建筑工程施工的技术探讨［J］. 建材与装饰，2017（11）：27-28.
[8] 聂建国，余志武. 钢-混凝土组合梁在我国的研究及应用［J］. 土木工程学报，1999（02）：3-8.
[9] 韩林海. 钢管混凝土结构：理论与实践（第二版）［M］. 北京：科学出版社，2007.
[10] 钟善桐. 钢管混凝土结构［M］. 北京：清华大学出版社，2003.
[11] 李大伟. 基于WELL标准的健康建筑产品综合效益研究［D］. 广州：华南理工大学，2020. DOI：10.27151/d.cnki.ghnlu.2020.004605.
[12] 李娟. 建筑信息模型技术与装配式建筑的融合策略［J］. 居舍，2022（19）：165-168.
[13] 韩雪斌. 基于BIM技术的建筑智慧建造［J］. 建筑技术开发，2022，49（12）：75-77.
[14] 崔光勋，纪晓海，陈小波. 日本长期优良集合住宅体系化设计策略研究［J］. 新建筑，2015，No.162（05）：94-98.
[15] 丰海永. 工程技术管理体系化分析［J］. 工程建设与设计，2017（22）：169-170.
[16] 卢雪娇，王超. 建筑工程技术管理中的控制要点与优化措施［J］. 居业，2022（06）：149-151.
[17] 王玲. 基于工程技术管理的油藏综合分析系统的设计与实现［D］. 北京：中国石油大学（华东），2014.
[18] 陶飞，刘蔚然，张萌，等. 数字孪生五维模型及十大领域应用［J］. 计算机集成制造系统，2019，25（1）：1-18.
[19] 张驰. 数据资产价值分析模型与交易体系研究［D］. 北京：北京交通大学，2018.
[20] 李芳，邱波，李莉，等. 基于BIM技术的医院建筑空间智慧化管理探索——以成都中医药大学附属医院为例［J］. 中国医院建筑与装备，2021，22（09）：89-9.
[21] 李广源. 加强工程施工技术管理的措施探讨［J］. China's Foreign Trade，2011，14.
[22] 郑海云. 建筑工程中技术管理重要性分析［J］. 科技创新导报，2009，32.
[23] 武鹏. 建筑工程施工质量控制及评价方法应用研究［D］. 西安：西安建筑科技大学，2005.
[24] 左运源. 浅谈文件生命周期理论在工程建设项目档案管理的应用［J］. 广西电业，2014（3）：32-34.
[25] 卢宏绍. H公司B40X项目进度管理研究［D］. 桂林：广西师范大学，2022.DOI：10.27036/d.cnki.ggxsu.2022.001155.
[26] 江林. 项目管理知识体系PMBOK指南第6版［M］. 北京：电子工业出版社，2018.
[27] 林修齐，邵鸣皋. 全面质量管理的组织与推行［M］. 上海：上海科学技术出版社，1991.